普通高等教育
建筑环境与能源应用工程系列教材

JIANZHU

Building Environment
and Energy Engineering

建筑设备自动化

（第2版）

总主编 /付祥钊
编 著 /卿晓霞 李 楠 王 波
主 审 /龚延风

重庆大学出版社

内容提要

本书在系统介绍建筑设备自动化系统基本概念的基础上,全面阐述了建筑设备自动化的核心技术——计算机技术、自动控制技术、数据通信技术和系统集成技术;深入分析了空调系统和冷热源系统的控制调节,以及其他建筑设备自动化和建筑设备自动化系统的集成等。

本书可作为高等学校建筑环境与能源应用工程、建筑电气与智能化、电气工程与自动化等专业的教材,还可供从事建筑智能化工程设计、施工、监理、系统集成的技术人员作为专业进修之用。

图书在版编目(CIP)数据

建筑设备自动化/卿晓霞,李楠,王波编著.—2版.—重庆:重庆大学出版社,2009.5(2022.1重印)
(建筑环境与能源应用工程系列教材)
ISBN 978-7-5624-2584-7

Ⅰ.建… Ⅱ.①卿…②李…③王… Ⅲ.智能建筑—房屋建筑设备—自动化系统—高等学校—教材 Ⅳ.TU855

中国版本图书馆CIP数据核字(2009)第007114号

建筑环境与能源应用工程系列教材
建筑设备自动化
(第2版)
总主编 付祥钊
编 著 卿晓霞 李 楠 王 波
主 审 龚延风
责任编辑:陈红梅 版式设计:陈红梅
责任校对:任卓惠 责任印制:赵 晟
*
重庆大学出版社出版发行
出版人:饶帮华
社址:重庆市沙坪坝区大学城西路21号
邮编:401331
电话:(023) 88617190 88617185(中小学)
传真:(023) 88617186 88617166
网址:http://www.cqup.com.cn
邮箱:fxk@cqup.com.cn (营销中心)
全国新华书店经销
POD:重庆新生代彩印技术有限公司
*
开本:787mm×1092mm 1/16 印张:17.25 字数:431千
2002年9月第1版 2009年5月第2版 2022年1月第10次印刷
ISBN 978-7-5624-2584-7 定价:45.00元

编审委员会

序

20世纪50年代初期，为了北方采暖和工业厂房通风等迫切需要，全国在八所高校设立“暖通”专业，随即增加了空调内容，培养以保障工业建筑生产环境、民用建筑生活与工作环境的本科专业人才。70年代末，又设立了燃气专业。1998年二者整合为“建筑环境与设备工程”。随后15年，全球能源环境形势日益严峻，而本专业在保障建筑环境上的能源消耗更是显著加大。保障建筑环境、高效应用能源成为当今社会对本专业的两大基本要求。2013年，国家再次扩展本专业范围，将建筑节能技术与工程、建筑智能设施二专业纳入，更名为“建筑环境与能源应用工程”。

本专业在内涵扩展的同时，规模也在加速发展。第一阶段，暖通燃气与空调工程阶段：近50年，本科招生院校由8所发展为68所；第二阶段，建筑环境与设备工程阶段：15年来，本科招生院校由68所发展到180多所，年招生规模达到1万人左右；第三阶段，建筑环境与能源应用工程阶段：这一阶段有多长，难以预见，但是本专业由配套工种向工程中坚发展是必然的。较之第二阶段，社会背景也有较大变化，建筑环境与能源应用工程必须面对全社会、全国和全世界的多样化人才需求。过去有利于学生就业和发展的行业与地方特色，现已露出约束毕业生人生发展的端倪。针对某个行业或地方培养人才的模式需要改变，本专业要实现的培养目标是建筑环境与能源应用工程专业的复合型工程技术应用人才。这样的人才是服务于全社会的。

本专业科学技术的新内容主要在能源应用上：重点不是传统化石能源的应用，而是太阳辐射和存在于空气、水体、岩土等环境中的可再生能源的应用；应用的基本方式不再局限于化石燃料燃烧产生的热能，将是依靠动力从环境中采集与调整热能；应用的核心设备不再是锅炉，将是热泵。专业工程实践方面：传统领域即设计与施工仍需进一步提高；新增的工作将是从城市、城区、园区到建筑四个层次的能源需求的预测与保障、规划与实施，从工程项目的策划立项、方案制订、设计施工到运行使用全过程提高能源应用效率，从单纯的能源应用技术到综合的能源管理等。这些急需开拓的成片的新领域，也是本专业与热能动力专业在能源应用上的主要区别。本专业将在能源环境的强约束下，满足全社会对人居建筑环境和生产工艺环境提出的新需求。

本专业将不断扩展视野，改进教育理念，更新教学内容和教学方法，提升专业教学水平。将在建筑环境与能源应用工程专业的基础上，创建特色课程，完善专业知识体系。专业基础部分包括建筑环境学、流体力学、工程热力学、传热学、热质交换原理与设备、流体输配管网等理论知识；专业部分包括室内环境控制系统、燃气储存与输配、冷热源工程、城市燃气工程、城市能源规划、建筑能源管理、工程施工与管理、建筑设备自动化、建筑环境测试技术等系统的工程技术知识。各校需要结合自己的条件，设置相应的课程体系，使学生建立起有自己特色的专业知识体系。

本专业知识体系由知识领域、知识单元以及知识点三个层次组成，每个知识领域包含若干个知识单元,每个知识单元包含若干知识点,知识点是本专业知识体系的最小集合。课程设置不能割裂知识单元,并要在知识领域上加强关联,进而形成专业的课程体系。重庆大学出版社积极学习了解本专业的知识体系,针对重庆大学和其他高校设置的本专业课程体系,规划出版建筑环境与能源应用工程专业系列教材,组织专业水平高、教学经验丰富的教师编写。

这套专业系列教材口径宽阔、核心内容紧凑,与课程体系密切衔接,便于教学计划安排,有助于提高学时利用效率。学生通过这套系列教材的学习,能够掌握建筑环境与能源应用领域的专业理论、设计和施工方法。结合实践教学,还能帮助学生熟悉本专业施工安装、调试与试验的基本方法,形成基本技能;熟悉工程经济、项目管理的基本原理与方法;了解与本专业有关的法规、规范和标准,了解本专业领域的现状和发展趋势。

这套系列教材,还可用于暖通、燃气工程技术人员的继续教育。对那些希望进入建筑环境与能源应用工程领域发展的其他专业毕业生,也是很好的自学课本。

这是对建筑环境与能源应用工程系列教材的期待!

付祥钊

2013 年 5 月于重庆大学虎溪校区

第二版前言

本书自2002年第一次出版以来，受到了广大读者的关注和欢迎，已多次重新印刷，并于2006年入选“普通高等教育‘十一五’国家级规划教材”。

本书编者一直为建筑环境与设备工程专业的本科生讲授“建筑设备自动化”课程。几年来，随着课程教学改革的进一步深入和计算机技术、数据通信技术及自动控制技术的快速发展，以及《智能建筑设计标准》(GB/T 50314—2006)、《综合布线系统工程设计标准》(GB 50311—2007)、《民用建筑电气设计规范》(JGJ 16—2008)等最新国家标准的相继颁布，第一版教材的相关内容亟待充实和更新。同时，通过对第一版教材长达6年的教学实践，编者也深感原教材在内容上需要进一步补充和完善。在充分听取广大师生的意见和建议的基础上对原教材做了修订，其主要修订内容如下：

一是进一步完善和加强技术基础的相关内容。具体来说，将第一版的“第2章建筑设备自动化的技术基础”拓展为第二版的“第2章数据技术基础”、“第3章计算机网络技术基础”和“第4章计算机控制技术基础”；在全面更新、完善第一版教材内容基础上，补充了工业以太网、令牌环网、令牌总线网等控制网络的相关内容，并对传感器及执行器的类型、选择及其与控制系统的连接等内容进行了详细的介绍，对PID控制规律进行了较为深入的分析和阐述；更加系统地归纳了建筑设备自动化系统的理论体系和技术基础。

二是将第一版的“第3章暖通空调系统自动化”拓展为“第5章空调系统的控制调节”和“第6章冷热源系统的控制调节”，进一步突出了本教材的基本内容和重点。

三是采用最新和更全面的系统集成技术对原教材的第5章内容进行了修订。

四是每章增加了思考题，便于学生课后复习和思考。

五是为帮助读者更好地理论联系实际，补充了典型建筑设备自动化系统产品及工程案例的内容。

总之，本书在保持原教材基本框架体系的基础上，力求进一步做到教材结构合理、内容全面、系统完整、视角新颖、重点突出。

本书可作为高等学校建筑环境与设备工程、建筑电气与智能化、电气工程与自动化等专业的教材，还可供从事建筑智能化工程设计、施工、监理、系统集成的技术人员作为专业进修之用。

本书共9章，由重庆大学卿晓霞、李楠、王波共同编著，全书由卿晓霞统稿，并由南京工业大学龚延风教授担任主审。第1,2,8章由王波编著；第4,7,9章(其中4.7.2,4.7.3

节由李楠编著)由卿晓霞编著;第3章由王波(其中3.6节由卿晓霞编著)编著;第5,6章由李楠编著。本书可供54~64学时教学使用。

在本书编写过程中,参考引用了众多专家学者的研究成果以及清华同方、西门子楼宇科技、江森自控、Delta控制等国内外著名楼控系统公司的产品资料和应用案例,使本书内容得以充实,在此表示深深的感谢!

非常感谢龚延风教授在百忙之中对书稿进行了认真的审阅,并提出了宝贵而中肯的意见。

由于作者水平所限,本书难免有错漏、不妥之处,恳请广大师生批评指正。

编著者

2009.5

第一版前言

智能建筑是为了适应现代信息社会对建筑物的功能、环境和高效率管理的要求，特别是对建筑物应具备信息通信、办公自动化和建筑设备自动控制和管理等一系列功能的要求，在传统建筑的基础上发展起来的。智能建筑与传统建筑的主要区别在于其具有“智能”，而智能建筑的“智能”主要是通过其中的各种建筑智能化系统（建筑设备自动化系统 BAS：Building Autmation System，通信网络系统 CNS：Communication Network System 和办公自动化系统 OAS：Office Automation System）来实现的，其中建筑设备自动化系统 BAS 对建筑物内各类机电设备的运行、安全状况、能源使用和管理进行自动监测、控制，对实现智能建筑安全、舒适的环境和节能高效的运行管理起着决定性的作用，而暖通空调（HVAC）系统的自动控制又是 BAS 重中之重的内容。在智能建筑中，空调系统的耗电量占总耗电量的 50% 左右，而其监控点数量常常占监控点总数的 50% 以上。然而从目前已投入使用的 BAS 来看，大多数 BAS 仅能完成设备的运行参数检测、设备的启/停控制等基本功能，能真正实现空调系统经济运行的很少，离节能的目标更是相去甚远。有的项目盲目照搬别人的方案，花费大量资金建立庞大的自动化系统，但其功能却不符合实际需要，不能解决最迫切需要解决的问题，达不到预期目标。凡此种种现象，原因是多方面的，其中一个重要原因是负责暖通空调系统设计、运行管理的技术人员不了解 BAS 及相关的技术，不知道 BAS 能实现什么功能，如何实现这些功能，BAS 及其相关的技术对自己专业会产生什么样的影响；而设计、施工 BAS 的电气、自控专业人员又不了解暖通空调工艺，不知道实现暖通空调系统控制的最优解决方案。也就是说缺乏暖通空调与 BAS 及相关技术的结合点，缺乏这两部分专业技术人员的“接口”与交叉。当今信息时代，科学技术发展迅速，多学科的交叉渗透已是必然，社会需要更多知识面广博的复合型专业人才。暖通空调系统的设计、运行管理人员掌握一定的建筑设备自动化及其相关技术的知识，将有助于促进相关学科发展的高新技术在本专业领域的应用；有助于在实际应用中取得更好的效果、更高的效益；有助于我国智能建筑快速健康的发展。

高等教育是面向未来的事业，建筑环境与设备工程专业担负着为本行业培养高级专门人才的重任。我们必须考虑社会发展对人才知识、能力的要求，改革人才培养模式，调整专业结构，改革教学计划和课程结构体系，以培养出适合国民经济和社会发展需要的高素质创新人才。为此，我们编写《建筑设备自动化》一书，供高校建筑环境与设备工程专业及其他有关专业开设相应课程使用。

建筑设备自动化包括建筑设备自动化技术和建筑设备自动化系统两方面的内容，本书从这两方面入手，结合建筑环境与设备工程专业的特点，主要内容涵盖了支撑 BAS 的技术基础，并力求做到少而精。在系统介绍智能建筑基本概念的基础上，论述了建筑设备自动化的技术基础，建筑设备自动化系统的原理、功能及建筑设备自动化系统的集成等内容。主要包括：智能建筑的基础知识，数据通信技术基础，计算机网络技术基础，计算机控制技术基础，暖通空调设备自动化，其他共用建筑设备自动化以及建筑设备自动化系统的集成等。由于学时所限，有些内容不能更多深入，希望本书能起到抛砖引玉的作用。

本书计划讲授 32 学时，由重庆大学卿晓霞副教授主编，并编写了第 3、4 章，2.3、2.4 节，重庆大学王波副教授编写了第 1、5 章，2.1、2.2 节。康侍民副教授、周玉礼高级工程师审阅了第 3 章，并提出了许多宝贵的意见。全书由付祥钊教授主审。

在本书编写过程中，参考引用了众多专家学者的研究成果，使本书内容得以充实，在此对这些作者表示深深的感谢。

如果读者朋友发现本书有错误、不妥之处，恳请批评指正。

编　者

2002.6

目 录

1 绪　论

以计算机技术为核心的信息技术(IT:Information Technology)的深入开发和广泛应用,正极大地改变着人类的工作、生活和学习方式。信息技术与社会经济的持续发展必然会影响人类主要的活动场所——建筑物的功能及性能,这是由于人们对建筑物在安全、健康、舒适、便利、高效、节能和信息交换与共享等诸多方面正不断地提出新的更高要求。

建筑物除了造型的美观、结构的稳定、内部空间划分的合理性这些传统的建造要求之外,建筑物现代化功能的扩展,则主要是通过在建筑物内不断地采用各种新型建筑设备系统来实现的,如建筑供配电系统、照明系统、给排水系统、电梯系统、火灾自动报警系统、暖通空调系统、安防系统、电话电视系统、计算机网络系统等。这些建筑设备系统的正常运行管理及维护,靠人工方式是越来越难以实现,甚至是无法实现,必须大量应用建筑设备自动化技术。换句话说,必须通过在建筑物中配置和运行各种建筑设备自动化系统,才能保证各种建筑设备系统的正常运行和建筑物各种现代化功能的正常实现。

本章简要介绍建筑设备自动化的定义、建筑设备自动化系统,以及建筑设备自动化发展等内容,即建筑设备自动化的基本框架。

1.1　建筑设备自动化概念

1.1.1　建筑设备自动化的定义

目前,国内外对于建筑设备自动化尚无统一定义。

现代汉语词典关于“自动化”的解释是:自动化是最高程度的机械化。机器、设备和仪器能全部自动地按规定的要求和既定的程序进行生产,人们只需要确定控制的要求和程序,不用直接操作。

编者关于建筑设备自动化的定义是:建筑设备自动化是将计算机、自动控制、数据通信与计算机网络等技术应用于建筑设备系统中,使得建筑设备系统能够对建筑物内外环境的变化自动地感知并作出相应的反应,为提供优良的建筑环境服务。

那么,建筑设备自动化与建筑设备智能化又有何异同呢?

建筑设备智能化是建筑设备自动化的更高级程度。它强调通过系统集成技术和人工智能等技术的应用，使得建筑设备系统及其集成系统，能够对建筑物内外环境的变化作出更恰当的反应。

采用建筑设备自动化技术或建筑设备智能化技术，运行建筑设备自动化系统或建筑设备智能化系统，可以把人们从繁杂的系统运行操作与维护中解放出来，极大地提高了工作效率和建筑设备系统的服务功能，以及运行与维护管理质量。

本书中，当不需严格区分建筑设备自动化与建筑设备智能化的概念时，将两者统称为建筑设备自动化。

1.1.2 建筑设备自动化的目的

不论是哪一种建筑设备系统，实现建筑设备自动化的目的都是相同的，可以归结为以下 6 点：功能实现、降低能耗、故障诊断、提高工效、改善管理、绿色生态。

1）功能实现

建筑设备系统功能的实现往往都有一定的工艺要求，通常必须通过配置相应的自动化系统才能保证系统功能的正常实现。

例如，空调系统的功能就是根据室外气候的变化和室内热湿度的变化来改变送入室内的冷热量，从而控制室内的温度、湿度于设定值。气候和室内各种热湿干扰都是随时间不断变化的，空调系统就必须不断地进行相应的调节。显然，这用人工方式进行调节是不可能满足室内环境控制的要求。

2）故障诊断

建筑机电设备系统运行一段时间后就会出现这样那样的问题，轻者影响系统功能的实现，重者可能造成设备的损坏或导致严重后果（如火灾自动报警系统的失灵可能会导致重大人员伤亡和财产损失）。采用建筑设备自动化技术可以对建筑设备系统的运行状态自动进行监测与诊断，可早期发现事故隐患，及时采取应对措施，降低事故的影响，防止重大事故的发生。

3）提高工效

随着建筑物内安装运行的建筑设备系统数量的增多和系统功能的增强，如何降低运行维护人员的工作量和劳动强度，愈来愈成为一个重要问题。有些大型建筑，即使不考虑参数调节和节能，仅从节省运行人员角度考虑，也应安装建筑设备自动化系统。投入到建筑设备自动化系统的投资，有时仅由于人力的节省就可在几年内收回。

4）改善管理

建筑设备自动化可以极大地改善建筑设备系统的管理水平。大型建筑的机电设备系统要求有完善的管理，包括对各系统图纸资料的管理，运行工况的长期记录和统计整理与分析，各种检修与维护计划的编制和维护检修过程记录等。这些管理工作的工作量很大，手工完成难以获得好的效果。建筑设备自动化系统却可以很好地承担这些工作，显著提高系统的运行与维护管理水平和质量。

5)降低能耗

据统计,在我国能源总消费量中建筑能耗所占的比例已从1978年的10%上升到2001年的27.45%,目前已高达38%。其中,我国95%的已建和新建的建筑属于高耗能建筑,建筑节能形势十分严峻。

建筑能耗主要包括空调能耗、照明能耗和电梯能耗。采用建筑设备自动化技术,可以优化空调系统、照明系统和电梯系统的运行控制,提高系统运行效率,达到节能的目的。

供热、空调系统能耗一般占建筑能耗的60%以上。根据实际工况确定系统合理的运行方式和调节策略,与不适当的运行方式相比,可以大量降低能耗。

6)绿色生态

绿色生态建筑(小区)是指建筑(小区)的规划、设计和建设,体现以人为本、健康舒适,重视资源的节约与再利用,并与生态环境协调、融合。绿色生态建筑(小区)具体是通过若干绿色系统实现绿色生态目标的,绿色系统包含能源系统、水环境系统、气环境系统、声环境系统、光环境系统、热环境系统、绿化系统、废弃物管理与处置系统、绿色建筑材料系统。建筑设备自动化是实现绿色生态建筑(小区)不可或缺的技术手段,它起到促进绿色生态指标落实的作用。

1.2 建筑设备自动化系统

建筑设备自动化技术是通过物化于建筑设备自动化系统(设备)而加以应用的,建筑设备自动化的功能也是通过各种建筑设备自动化系统来实现的。

1.2.1 广义与狭义建筑设备自动化系统

《智能建筑设计标准》(GB/T 50314—2006)给出了建筑智能化系统的分类,涉及建筑设备自动化系统的系统有:建筑设备监控系统、安全技术防范系统、火灾自动报警系统、应急联动系统、公共安全系统、建筑设备管理系统、信息设施系统和智能化集成系统。其中,建筑设备监控系统(也称为楼宇自动化系统或楼宇自控系统)相当于狭义的建筑设备自动化系统,而建筑设备管理系统则相当于广义的建筑设备自动化系统。狭义建筑设备自动化系统的监控范围主要包括暖通空调、给水排水、供配电、照明、电梯等设备。广义建筑设备自动化系统的监控范围,是在狭义建筑设备自动化系统的基础上增加消防与安防设备系统的监控。

本书涉及的建筑设备自动化系统是指广义的建筑设备自动化系统,如图1.1所示。

1.2.2 建筑设备自动化系统的功能

1)基本功能

自动测量、监视与控制是建筑设备自动化系统的3大基本功能,通过它们可以正确地

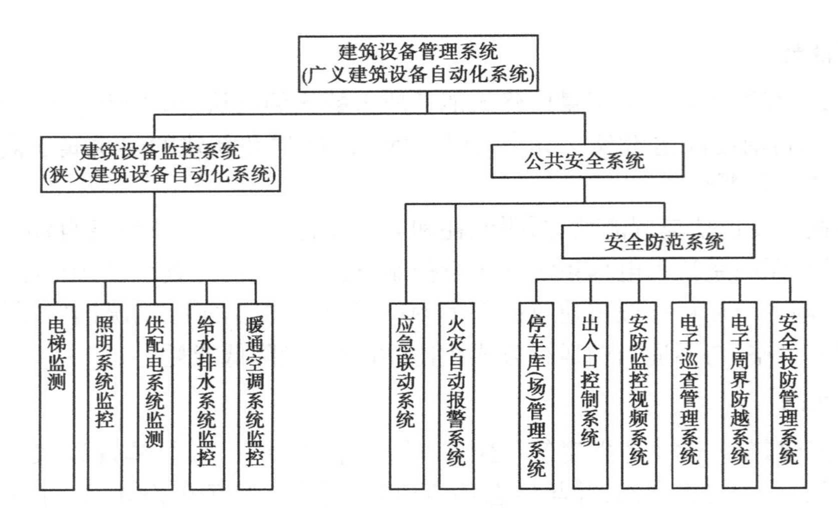

图1.1　广义与狭义建筑设备自动化系统

掌握各建筑设备系统的运转状态、事故状态、能耗、负荷的变动等情况，从而适时采取相应处理措施，以达到建筑物正常运营和节能的目的。

(1)自动测量　在高层建筑中，由于建筑设备的各系统分散在各处，为了加强对设备的管理，测量是非常重要且不可缺少的。其方式有如下几种：

①选择测量　选择测量是指在某一时刻，值班人员需要了解某一点参数值，可选择某点进行参数测量，并在荧光屏上用数字表示出来，或用打印机打印出来。如果测得的数值与给定值之间有偏差，就将其偏差送到中央监控装置中去。

②扫描测量　扫描测量是指以选定的速度连续逐点测量，对测量点所取得的数据都规定上限值和下限值，每隔一定时间扫描一次。测量数据如果在规定值以外，则由蜂鸣器报警，并在荧光屏上显示出来。

③连续测量　目前，国内主要用仪表进行在线测量、指示。

(2)自动监视　自动监视是指对建筑物中的暖通空调、给排水，供配电、照明、电梯等设备等进行监视、控制、测量、记录等，一般可分为运行状态监视和故障监视。

①状态监视　状态监视的目的是监视设备的启/停、开关状态及切换状态等。

②故障监视　机电设备发生异常故障时，应分别采取必要的紧急措施及紧急报警。通常情况下，重大故障紧急报警一发出，必须紧急停止和切断电源，轻微故障时一旦发出报警，应马上紧急停止，而不切断电源。

(3)自动控制　系统的控制方式有开环控制和闭环控制。

①开环控制　开环控制是一种预定程序的控制方法，它根据预先确定的控制步骤一步一步地实施控制，而被控过程的状态并不直接影响控制程序的执行(如启/停控制等)。

②闭环控制　闭环控制则要根据被控过程的状态决定控制的内容和实施控制的时机，控制用计算机需要不断检测被控过程的实时状态(参数)，并根据这些状态及控制算法得出控制输出，对被控过程实施控制(如空调系统的温度、湿度自动调节等)。

2)整体功能

通常情况下,各类建筑设备自动化系统的整体功能包括以下10个方面:

①实现机组和设备的启/停控制和必要的联锁操作;

②实时监测和记录设备运行的工作状态;

③实时监测和记录设备的故障报警信号;

④实时监测和采集系统的主要参数,如温度、湿度、流量、电压、电流等;

⑤按预定的控制程序对系统的被控参数进行自动调节,使其运行在设定的范围;

⑥实现机组的台数控制和优化运行;

⑦采用综合措施实现节能运行;

⑧在实现自动控制功能的同时,提供远距离操作和就地操作的功能;

⑨自动形成系统运行报告、设备故障报警报告及设备维修报告;

⑩提供的系统运行状态、故障报警的实时数据和历史数据记录等可以图形化界面显示。

1.2.3 建筑设备自动化系统的监控内容

建筑设备自动化系统按子系统进行监控的内容如下:

1)供配电系统

对供配电系统一般只进行监测,并不进行控制操作。对建筑物和建筑群的高低压配电系统、变压器、备用发电机组的运行状态和故障报警进行监测,并检测系统的电压、电流、有功功率、功率因数和电能消耗数据等。

2)公共照明系统

将建筑物和建筑群中的公共照明设备,按预定的时间表或照度进行开关控制,并监测其运行状态和故障报警。

3)制冷系统

对建筑物和建筑群中的制冷系统进行监测和控制。

4)热源和热交换系统

对热源系统一般只监测其运行状态、故障报警信号和运行参数,由其本身的控制器进行控制和调节。控制热交换器一次侧的流量来调节热交换器二次侧水的温度,并控制循环泵的启/停;补水泵的启/停;监测设备的运行状态和故障报警信号。

5)空调系统

对空调机组和新风机组要求按室外温度选择系统的工作模式;按预定的时间表进行机组的启/停;系统有关部件的联动;按预定的控制规律调节温度和湿度参数使其符合设计要求;监测系统的运行状态、主要参数和故障报警信号。

6)通风系统

对建筑物内的送、排风机进行监控;按预定的时间表或室内 CO_2 的浓度控制机组的启/停;监测风机的运行状态和故障报警信号;除自动控制外,可提供远距离操作和就地控制;用于消防的加压风机、排烟风机等由消防联动控制台控制。

7)给排水系统

对建筑物的给水系统、排水系统、中水系统进行监控。有些工程中还包括水处理系统,如直饮水水处理系统、游泳馆(池)水处理系统等。

8)电梯系统

只监测电梯的运行情况(工作状态,有时要求显示运行楼层信息)和故障信息。

1.2.4 建筑设备自动化系统的设备组成

建筑设备自动化系统的设备一般包括:被控对象、传感器、控制器、执行器、中央监控计算机和计算机网络等部分。

1)被控对象

被控对象是自动控制系统中,工艺参数需要控制的机器、设备或生产过程。被控对象是自动控制系统的主体。

2)传感器

传感器是对现场各类被控量的检测装置,实现温度、湿度、压力、流量、电压、电流、声、光、空气和水质等物理量的自动检测。

3)控制器

控制器通常应包括I/O接口、运算模块、通信模块、显示模块等部分。控制器的功能如下:

①被控对象监测数据的采集。被控对象的数据包括设备的运行状态信息、故障报警信息、检测参数等。

②根据对被控对象的检测结果,通过与设定值进行比较、计算给出相应的控制作用。

③控制作用的输出。根据控制策略给出对执行器的控制作用,通常以0~10 V、4~20 mA或数字脉冲信号等形式表示。

④接受中央监控计算机下载的控制程序。

⑤通信接口与通信协议。控制器与中央监控计算机进行网络通信,网络通信采用符合国际标准的通信协议。

⑥控制器应在中央监控计算机有故障时仍能独立工作。

4)执行器

执行器将控制器的输出信号施加到被控对象,实现对被控对象的调节,如管道上的电动阀门、风道上的电动风门等。

5)中央监控计算机

中央监控计算机一般采用商用微机、工业控制计算机、容错计算机或双计算机热备份方式,实现对整个系统的集中监测、控制与管理。

中央监控计算机的功能应包括:

①完成复杂的优化运行计算和智能控制功能。

②设置和修改系统的设定值。

③通过符合国际标准的开放式网络通信协议和接口,实现与现场控制器连接。

④采用友好的组态软件,极大地方便管理员进行系统组态、参数的设置和修改。

⑤汉化显示和图形显示,使人机界面友好、操作方便;实现多窗口技术和触摸屏技术,使操作灵活简便。

⑥通过鼠标点击或无线遥控,实现对现场设备的远距离操作。

6)计算机网络

建筑设备自动化系统中的计算机网络包括2类:控制网络和信息网络。控制网络是在现场设备(控制器、传感器、执行器)之间实现互联的、传输实时监控信息的网络;信息网络是中央监管计算机与服务器(如数据库服务器)、建筑设备自动化子系统、办公自动化系统之间实现连接的、可传输多媒体信息的网络。

1.3 建筑设备自动化的核心技术

建筑设备自动化的核心技术涉及计算机、自动控制、数据通信及控制网络、系统集成等技术。

1.3.1 计算机技术

现代自动控制在很大程度上等同于计算机控制,而数据通信及控制网络技术也是基于计算机技术发展起来的。

与建筑设备自动化系统相关的计算机技术主要包括:计算机硬件技术、计算机软件技术、计算机网络技术、嵌入式技术、多媒体技术和信息安全技术。

1)计算机硬件技术

(1)微处理器技术　随着半导体集成电路制造工艺的飞速发展,作为计算机“大脑”的中央处理器(CPU)无论是从体积还是从功能上都有了难以置信的变化,20世纪90年代有了能够处理多媒体信息、运算速度达每秒上亿次并且能够进入家庭的高性能微机。微处理器30年来的发展基本符合“摩尔定律”,即工作速度每18个月增加1倍,而成本则每18个月降低50%。今天,计算机技术在包括所有建筑设备自动化系统在内的人类工作和生活的几乎各个领域都有着广泛的应用。

除了速度、集成度的极大提高外,微处理器的发展还经历了从CISC(复杂指令集计算机)技术到RISC(精简指令集计算机)技术(在同样主频、同样工艺尺寸、同样芯片面积情况下,可大大提高速度)、从单微处理器到多微处理器并行处理技术的发展。

如果要在建筑设备自动化系统中的智能传感器、智能执行器、控制器、监控计算机、服务器、工控机等设备之间找出有什么共同点的话,那么就是它们都使用了微处理器。

(2)存储技术　目前,计算瓶颈已从过去的 CPU、内存、网络变为现在的存储(系统)。存储技术的发展趋势可用大容量、高速度、低价格、小型化、网络化、可靠性来形容。

从 1991 年开始,硬盘的密度以每年 60% 的速度提高。而到 1997 年后,每年的增长则超过了 1 倍。现在,商品化硬盘的密度已达到每平方英寸 20 GB,实验室则已达到100 GB,比 1957 年 IBM 推出的第一台硬盘的密度提高了上千万倍。

高端硬盘的速度有了明显的提高,15 000 r/min、5 ms 的硬盘已经面世,20 000 r/min 的硬盘正在实验室中研制。

网络存储有 3 种典型结构,即 DAS(Direct Attached Storage,直接附加存储)、NAS(Network Attached Storage,网络附加存储)、SAN(Storage Area Network,存储区域网络)。

IP 存储的主要思想是所有的连接都采用以太网和 IP 协议,其主要技术有 iSCSI(internet Small Computer System Interface)和 IP-SAN。

2)计算机软件技术

(1)面向对象技术　面向对象技术与客户机/服务器技术是 20 世纪 90 年代计算机技术发展的两大代表。面向对象技术包括面向对象程序设计语言、面向对象的软件开发方法和面向对象数据库等方面。面向对象软件开发技术将最终取代传统的结构化软件开发技术。

(2)数据库技术　数据库技术是计算机中发展最快、应用最广泛的技术之一,它已成为计算机信息系统和计算机应用系统的重要技术基础和支柱。

数据仓库技术是从数据库技术发展而来的,是面向主题的、稳定的、综合的、随时间变化的数据集合。

数据挖掘(DM:Data Mining)是从超大型数据库或数据仓库中发现并提取隐藏在内部的信息的一种新技术,其目的是帮助决策者寻找数据间潜在的关联,发现被决策者忽略的要素,从而作出正确的决策。

实时数据库管理系统(RTDBMS)是数据库系统发展的一个分支,它适用于处理不断更新的快速变化的数据及具有时间限制的事务处理。实时数据库技术是实时系统和数据库技术相结合的产物,利用数据库技术来解决实时系统中的数据管理问题,同时利用实时技术为实时数据库提供时间驱动调度和资源分配算法。

(3)客户机/服务器技术　客户机/服务器(C/S:Client/Server)技术是一种优化的网络计算模式。它将一个计算机应用分解为 2 部分,交由网络上不同的计算机来分别执行。把复杂的计算任务留给后端的服务器(高性能计算机)处理,而把一些频繁与用户打交道的简单任务交给前端客户机(PC 机)来处理,客户机与服务器之间是一种请求/响应的关系。

在客户机/服务器结构中,开发工作主要集中在客户方,客户方不但要完成用户交互和数据显示的工作,而且还要完成对应用逻辑的处理工作,即用户界面与应用逻辑位于同一个平台(PC机)上。这样就带来了2个突出的问题,即系统的可伸缩性较差和安装维护较困难。

(4)浏览器/服务器技术　浏览器/服务器(B/S:Browser/Server)技术是在C/S技术的基础上,将客户机上的应用程序简化为统一的浏览器软件,使得应用系统的开发和维护集中在服务器端,大大降低了应用软件的开发周期和成本。Internet和Intranet就是采用的B/S技术。其优点在于:开放的标准,较低的应用开发及管理成本,客户端的维护工作量少。

3)计算机网络技术

自20世纪90年代以来,计算机网络技术及应用发展迅速。广域网的ATM技术、局域网的以太网技术、Internet/Intranet/Extranet、光纤网、接入网、综合布线系统、网络管理、网络安全等技术都得到了很大的发展及广泛应用。

计算机网络是目前大多数建筑设备自动化子系统得以正常工作的基础平台,也是系统集成的必要条件,因此网络化是建筑设备自动化系统的发展方向之一。建筑设备自动化系统涉及的计算机网络包括信息网络和控制网络,信息网络包括以太网(详见3.5节)和Internet/Intranet(内联网),控制网络包括串行通信总线、现场总线和工业以太网(详见3.6节)。

4)嵌入式系统技术

嵌入式系统在本质上是一个专用的计算机系统,与一般计算机系统不同的是,它不是一个单独存在的完整系统,不以独立设备的物理形态出现。嵌入式系统根据应用系统或主设备的应用需要,嵌入到应用系统或主设备内部,成为它们的一个部分,起着运算、处理、存储以及控制的作用;嵌入式系统强调专用性、可靠性、实时性、经济性,具有体积小、集成度高、效率高、功耗低、基本资源齐全、专用资源明确的特点。

嵌入式系统自从Intel公司自30多年前投入市场以来,已取得了迅猛的发展,特别是近几年无论在MCU(Micro Controller Unit,微控制单元或单片机)、软件系统、开发工具与方法和互联网的结合,以及在应用上都取得了重大的发展。

嵌入式系统自从Intel公司推出单片机4004以来,已从原来的4位、8位单片机的少数品种,发展到现在难以统计的数以千计的型号。目前,典型的嵌入式系统MCU有8位、16位和32位等几类。嵌入式系统中,神经元芯片3150、3120特别令人注目。神经元芯片是十分特殊的单片机,主要用于LonWorks网络的节点控制,其最大特点是可以嵌入到工业控制器或家用电器中,是网络家电和智能家居的一种十分重要的单片机。

嵌入式系统软件包括嵌入式操作系统、嵌入式中间件和嵌入式应用软件。

1981年Rcady System公司推出了世界上第一个商业嵌入式操作系统EOS(Embedded Operation System)的实时内核VRTX32。目前,最有代表性的EOS有:

①基于Linux的EOS:μCLinux,BlueCat Linux,Red Hat Linux,HardHat Linux,RT Linux等。

②普通EOS:QNX,VxWorks,Window CE,Palm OS,VRTX,PSOS,LynxOS,μC/OS-Ⅱ等。

典型的嵌入式中间件包括网络协议栈、Flash 文件系统、Java 虚拟机、嵌入式数据库等。嵌入式系统中必然还有完成特定任务的应用软件,这些软件架构在嵌入式操作系统和中间件软件之上,针对特定的硬件需求完成相应的处理任务。

5)计算机多媒体技术

多媒体技术是处理文字、数据、图像、声音、视频及各种感知信息的技术,包括数字化信息处理技术、多媒体计算机系统技术、多媒体数据库技术、多媒体通信技术和多媒体人机界面技术等。多媒体计算机(MPC)和视频点播(VOD)系统是多媒体产品的代表。

ITU-T(国际电信联盟电信标准化组)和 ISO(国际标准化组织)成立了联合视频专家组(JVT),并于 2003 年 3 月通过了 H.264/AVC 的视频编码标准。其特点如下:视频压缩比是 H.263 和 MPEG-4 的 2 倍;对于网络,特别是 IP 和无线网络具有良好的自适应能力。H.264/AVC 已被公认是下一代视频编码标准。

6)信息安全技术

计算机信息安全技术是由计算机管理派生出来的一门科学技术,其目的是为了改善计算机系统和应用中的某些不可靠因素,以保证计算机正常运行、信息不被篡改和破坏、信息的授权合法使用。

信息安全技术包括密码技术、反病毒技术、防火墙技术、入侵检测技术(IDS:Intrusion Detection Systems)、入侵防御技术(IPS:Intrusion Prevention System)、安全运营中心(SOC:Security Operation Center)等。

1.3.2 自动控制技术

计算机控制技术是计算机技术与自动控制技术相结合的产物,是构成建筑设备自动化系统的核心技术之一。因此,建筑机电设备系统采用计算机控制以后,才能真正提供一个安全、节能、高效、便利与节能环保的环境。

智能控制是人工智能与控制理论交叉的产物,是传统控制发展的高级阶段,对于解决复杂系统的控制难题是行之有效的。传统控制和智能控制是自动控制发展的不同阶段。传统控制的理论体系比较完整,解决了系统的可观、可控和稳定性问题,但只适用于被控对象可用数学模型描述的系统。智能控制是针对系统的复杂性、非线性和不确定性而提出来的。

典型的传统控制技术为 PID(比例-积分-微分)控制技术。

典型的智能控制技术包括模糊逻辑控制、神经网络控制和专家控制。

1.3.3 数据通信与控制网络技术

1)数据通信

数据通信就是在数字设备(计算机或其他数字终端装置)之间的通信。电话语音通信是人与人之间的通信,而人通过说话操作机器人则是人与机器之间的通信。

根据传输信号的不同,通信可分为模拟通信和数字通信。

所谓"模拟通信",即线路上传送的电信号无论在时间上或是在幅度上都是连续的(如正弦波)。数字信号与模拟信号不同,它是一种脉冲信号,信号在时间上是离散(即不连续)的、幅度值是非连续变化的(如电报信号)。

数字通信是指用数字信号作为载体来传输信息,或者用数字信号对载波进行数字调制后再传输的通信方式。

2)数字数据通信

根据在数字设备(计算机或其他数字终端装置)之间的信号传输,是采用模拟信号还是数字信号,数据通信可分为模拟数据通信和数字数据通信两类。由于计算机使用二进制数字信号,所以计算机与其外部设备之间,计算机局域网、城域网,以及建筑智能化系统中常用的控制网络(如 RS-485, LonWorks 等)都是采用的数字数据通信方式。此外,我国目前电话网中的交换网和传输网部分实现了数字数据通信,而接入网部分(从本地交换机到用户电话机)目前基本上采用模拟传输方式。

3)数据通信与控制网络

控制网络是建筑设备自动化系统中在传感器、控制器、执行器之间传输测控信号的网络。建筑设备自动化系统的管理层一般采用信息网络(主要是以太网),而控制网络主要用在监控层和现场控制层。现场总线是典型的控制网络,采用的是数字数据通信方式。

综上所述,数据通信技术(尤其是数字数据通信技术)及控制网络技术显然是实现建筑设备自动化系统及系统集成的不可或缺的核心技术。

1.3.4 系统集成技术

一般来说,系统集成是指在一个大系统环境中,为了整个系统的协调和优化,在相同的总目标之下,将相互之间存在一定关联的各子系统,通过某种方式或技术结合在一起。

建筑设备自动化的系统集成就是将不同厂家生产的具有不同功能的分离的建筑设备自动化系统,通过合理运用系统集成技术,集成为一个相互关联的、统一协调的系统,实现信息综合、资源共享、设备互操作,以达到建筑设备系统的整体运行优化、全局突发事件(如火灾等)的及时应对、运行数据的深度处理与决策支持的目的。

建筑设备自动化系统集成的内容,主要包括网络集成、数据集成、界面集成和全局集成4个方面(详见第8章)。

1)网络集成技术

网络集成是将各应用系统(包括建筑设备自动化系统)中的多种网络实现互联,特别是要解决异构网络的互联问题,为进一步的数据集成、界面集成和全局集成做好基础平台的准备。网络集成技术主要包括 BACnet 和 TCP/IP 等。

2)数据集成技术

网络集成,即网络之间的互联互通,不是系统集成的最终的目的,只是一个必要的前提条件。由于各建筑设备自动化系统之间需要实现数据交换和共享,因此数据集成是系统集成的重要内容。数据集成技术主要包括 OPC,ODBC,JDBC,XML 等技术。

3)界面集成技术

界面集成是在数据集成的基础上,将多个应用系统的不同的用户界面,集成为一个统一风格的用户界面,实现数据的集中化访问和功能的集中化操作。换句话说,界面集成就是使用户能够在统一的显示器界面上,获取不同应用系统(包括各种建筑设备自动化子系统、物业管理系统等)的数据,操作不同应用系统的功能。

界面集成技术主要有 Portal,SSO 等技术。

4)全局集成技术

全局集成是在网络集成、数据集成和界面集成的基础上,在多个应用系统之上实现新的全局性功能。例如,在应用系统之间实现联动、全局紧急事件的应急处理、系统运行数据的统计分析、数据挖掘与决策支持、与企业 OA 系统的集成等。

全局集成技术主要有 SOA(面向服务的架构),Web Services(Web 服务)等技术。

1.4 建筑设备自动化的应用

建筑设备自动化技术始于 20 世纪 20 年代的建筑采暖和空调需要的简单温度控制,盛于 20 世纪 80 年代兴起的智能建筑,扩展于 21 世纪发展起来的节能建筑和绿色建筑。

1.4.1 在智能建筑中的应用

建筑设备自动化系统是智能建筑中不可或缺的基本配置。可以说,智能建筑的"智能"主要是通过配置与运行包括建筑设备自动化系统在内的各种建筑智能化系统来实现的。

智能建筑或建筑智能化的实现要素,除具有一定"智能"的设备系统外,实际上还涉及智能材料和智能结构,不过这已超出了本书范围。

1)什么是智能建筑

"智能建筑"一语首次出现于 1984 年由美国联合技术公司(UTC:United Technology Corp.)的一家子公司——联合技术建筑系统公司(United Technology Building System Corp.)在美国康涅狄格州的哈特福德市所改建完成的 City Place 大楼(都市大厦)的宣传词中。该大楼以当时最先进的技术来控制空调设备、照明设备、防灾和防盗系统、电梯设备、通信和办公自动化等,除可实现舒适性、安全性的办公环境外,并具有高效、经济的特点,从此诞生了公认的第一座智能建筑。大楼的用户可以获得语音、文字、数据等各类信息服务,而大楼内的空调、供水、防火防盗、供配电系统均为计算机控制,实现了自动化综合管理,使用户感到舒适、方便和安全,引起了世人的注目。

进入20世纪90年代,智能建筑在我国开始起步并在沿海等经济发达地区、城市得到了迅速的发展。1990年建成的北京发展大厦(18层)可认为是我国智能建筑的雏形,开始采用建筑设备自动化系统、通信网络系统、办公自动化系统,但3个子系统没有实现集成,还不够完善。1993年建成的位于广州市的广东国际大厦可称作大陆首座智能化商务大厦,具有较完善的建筑智能化系统及高效的国际金融信息网络,通过卫星直接接收美联社道琼斯公司的国际经济信息,还提供了舒适的办公与居住环境。

目前,国内外对于智能建筑尚无统一定义。尽管如此,从下面介绍的几种国内外较有影响的定义中,能够比较清晰地了解智能建筑概念的内涵。

(1)美国智能建筑学会的定义　智能建筑是通过对建筑物的4个基本要素,即结构、系统、服务和管理,以及它们之间的内在联系进行最优化设计,从而提供一个投资合理的、具有高效、舒适、便利环境的建筑空间。

(2)日本智能大楼研究会的定义　智能大楼是指具备信息通信、办公自动化信息服务,以及楼宇自动化各项功能的、便于进行智力活动需要的建筑物。

(3)欧洲智能建筑集团的定义　智能化建筑为使其用户发挥最高效率,同时又以最低的保养成本,最有效地管理其本身资源的建筑。

(4)我国《智能建筑设计标准》(GB/T 50314—2006)的定义　智能建筑是以建筑为平台,兼备信息设施系统、信息化应用系统、建筑设备管理系统、公共安全系统等,集结构、系统、服务、管理及其优化组合为一体,向人们提供安全、高效、便捷、节能、环保、健康的建筑环境。

2)建筑智能化系统

建筑智能化系统的主要特点是,通过在建筑物内安装运行的各种机电设备系统的自动化、智能化,实现对建筑内外环境变化的“智能”感知及反应,让各种建筑机电设备系统具有类似人的“智能”。

根据《智能建筑设计标准》(GB/T 50314—2006),建筑智能化系统主要包括:智能化集成系统(IIS:Intelligent Integration System)、信息设施系统(ITSI:Information Technology System Infrastructure)、建筑设备管理系统(BMS:Building Management System)和信息化应用系统(ITAS:Information Technology Application System),以及机房系统和防雷接地与电磁屏蔽系统。

根据《智能建筑设计标准》(GB/T 50314—2006),建筑智能化系统的组成及分层结构参见图1.2。

3)建筑设备监控系统

建筑设备监控系统(BAS:Building Automation System),即狭义的建筑设备自动化系统,它是对建筑物中的各类建筑设备系统实施监测与控制的系统。

建筑设备监控系统的基本功能是对建筑物内的各种建筑设备实现运行状态监视,并对启/停和运行进行控制,并支持设备运行管理,包括维护保养及事故诊断分析,计量及费用管理;支持对建筑环境进行监测与控制;通过对包括空调、供配电与照明、电梯等高耗能

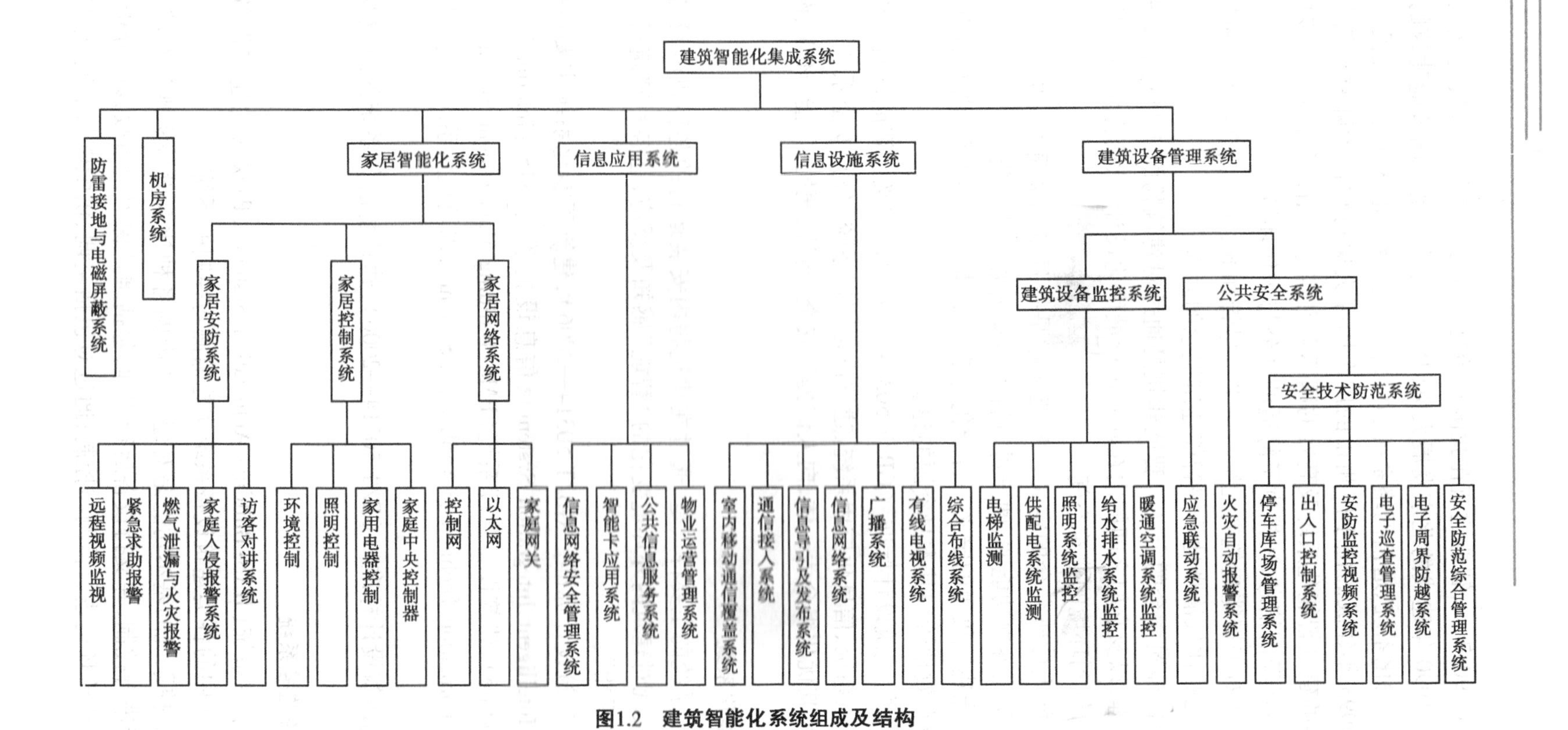

图1.2 建筑智能化系统组成及结构

设备的监测与优化控制，在不降低舒适性的前提下实现节能、降低运行费用。

建筑设备监控系统的监控范围参见1.2.3节。

4)公共安全系统

公共安全系统(PSS:Public Security System)是指为维护公共安全，综合运用现代科学技术以应对危害社会安全的各类突发事件而构建的技术防范系统或保障体系。

公共安全系统包括安全防范系统(SPS:Security and Protection System)、火灾自动报警系统(FAS: Fire Automation System)和应急联动系统(EIS:Emergency Interlocking System)。

安全防范系统是以维护社会公共安全为目的，运用安全防范产品和其他相关产品所构成的入侵报警系统、视频安防监控系统、出入口控制系统、防爆安全检查系统等；或由这些系统为子系统组合或集成的电子系统或网络。

火灾自动报警系统由火灾探测器、火灾报警控制器和消防控制设备等组成。系统形式通常有区域报警系统、集中报警系统和控制中心报警系统3种，以适应不同保护对象等级建筑的需要。

应急联动系统一般是针对大型建筑物或其群体，以火灾自动报警系统、安全技术防范系统为基础构建的。应急联动系统应具有下列功能：对火灾、非法入侵等事件进行准确探测和本地实时报警；采取多种通信手段，对自然灾害、重大安全事故、公共卫生事件和社会安全事件实现本地报警和异地报警；指挥调度；紧急疏散与逃生导引；事故现场紧急处置。应急联动系统通常配置下列系统：有线/无线通信、指挥、调度系统；多路报警系统(110,119,122,120,水、电等城市基础设施抢险部门)；消防-建筑设备联动系统；消防-安防联动系统；应急广播-信息发布-疏散导引联动系统。

5)建筑设备管理系统

建筑设备管理系统(BMS:Building Management System)，即广义的建筑设备自动化系统，它是对建筑设备监控系统和公共安全系统等设施进行综合管理的系统。

建筑设备管理系统是在一个统一的图形操作界面上对建筑设备监控系统和公共安全系统监控的各种设备进行全面监视、控制和管理。建筑设备监控系统和公共安全系统主要实施对相关建筑设备的自动监控，而建筑设备管理系统能使各实时监控子系统高度集成，做到安防、消防、设备监控三位一体，实现建筑设备监控系统和公共安全系统之间的协调和上位管理。

6)智能化集成系统

智能化集成系统(IIS:Intelligent Integration System)是将不同功能的建筑智能化系统通过统一的信息平台实现集成，以形成具有信息汇集、资源共享及优化管理等综合功能的系统。

智能化集成系统涉及智能化系统信息共享平台的建设和信息化应用功能的实施。智能化集成系统平台具有与各建筑智能化系统进行数据通信、信息采集和综合处理的能力，标准化的系统集成通信协议和接口，实现对各建筑智能化系统进行综合管理，能够支撑工作业务系统及物业管理系统。

1.4.2 在节能建筑中的应用

节能建筑是指在保证舒适的前提下，通过围护结构、通风、光照、自动控制等方面来降低能源消耗，节能效果达到相应节能标准规定的建筑。

在谈及建筑的节能时，常使用节能建筑或建筑节能这两个名词，在不需严格区分的情况下，二者常混用。严格地讲，节能建筑更多的是指建筑的选址、建筑设计、结构设计、暖通空调设计、建筑电气设计等所采用的节能技术，应符合节能和环保要求。建筑节能通常是指建筑业在其建材开发、加工、生产等建设过程，建筑物建成后运行过程中空调、电力、照明、给排水和其他动力设备的节能，以及维修改造等过程的节能。

建筑节能离不开建筑设备自动化技术。建筑节能，特别是公共建筑的节能，除涉及建筑设计、围护结构、建筑材料和建筑设备系统等方面外，还包括各建筑设备系统运行控制的优化设计、调试与科学的运营管理。虽然建筑设计、围护结构及材料和各建筑能耗设备系统的设计和节能是建筑节能实现的前提和基本条件，但建筑设备自动化技术在建筑节能（特别是公共建筑）中的节能作用是不可低估和替代的。

从建筑节能角度看，建筑设备自动化技术可在建筑全寿命周期中的以下阶段发挥作用：

（1）设计阶段　能耗设备系统（主要是HVAC，供配电，照明、电梯和给排水系统）的节能控制策略及合理的设备配置与选型，这将为运营期的节能奠定基础。

（2）设备系统调试阶段　节能优化控制调试。

（3）设备系统运营阶段　通过建筑设备自动化系统（最好采用智能控制技术）实现能耗设备系统的优化运行控制，实施切实可行的能效管理策略，通过精细化管理达到节能的目的。正确地采用建筑设备自动化技术和能效管理策略，能大幅度地节省建筑运营期的能耗及费用。

另外，在建筑节能工作中对具体建筑项目的能耗计量、能耗诊断与评估、能耗监测等进行动态管理，也是需要建筑设备自动化技术的支持。例如，采用基于建筑设备自动化系统的能源管理系统（主要用于公共建筑），可通过下述手段实现节能：

①利用能源消耗动态图，形成操作信息；

②绘制负荷曲线，预测负荷变化，优化系统实时响应；

③通过负荷曲线的变化周期，采取措施减少负荷峰值和谷值。

建筑设备自动化技术还可支撑再生资源（如水源热泵、地源热泵、热电联供、太阳能等）的利用和节能管理。

根据统计资料，建筑设备自动化系统即使不够完善，但与手动控制相比，仍可以节省10%以上的能耗。正确、合理地运用建筑设备自动化技术，能实现20%以上的节能。

1.4.3 在绿色建筑中的应用

关于绿色建筑的定义，国际上尚无一致的意见，范围界定亦有所差别。我国《绿色建筑评价标准》(GB/T 50378—2006)中的定义：绿色建筑是在建筑的全寿命周期内，最大限度地节约资源（节能、节地、节水、节材）、保护环境和减少污染，为人们提供健康、适用和高效的使用空间，与自然和谐共生的建筑。

在绿色建筑中，建筑设备自动化技术除具有在智能建筑与节能建筑中的作用外，还在促进绿色指标的落实，达到节约、环保、生态等要求方面发挥不可替代的作用。利用建筑设备自动化技术，可实现对气、水、声、光环境的有效监测与调控，以及对各类污染物进行自动检测与报警。

1.5 建筑设备自动化的发展

1.5.1 建筑设备自动化发展史

中国工程院院士江亿教授对建筑设备自动化的发展做了如下总结。

建筑设备自动化至今已有近百年的历史。早期是为满足采暖和空调需要的简单温度控制、排污水泵的水位控制、电气设备的继电保护等构成简单的建筑设备自动化系统，提供基本的控制和保护功能。

20世纪40年代，随着工业环境对空调系统控制要求的不断提高，这种简单控制在很多场合已不能满足要求，于是逐渐发展出气动控制系统。完善的气动控制系统，由传感器(把被测物理量变换为气压大小)，气动调节器(利用射流原理对气压进行放大和计算)，及气动执行器(以压缩空气为动力，可根据输入气压值推动阀杆移动)组成。同时，也配有气压信号的显示记录装置。这样，就第一次构成了基本完整的建筑设备自动化系统。由于以气体压力为媒介来传递信息，因此气动系统速度较慢，测量控制精度较差，同时还要配备专门的气源和配气系统，系统结构较复杂。但气动控制系统可靠性非常高，除非管道堵塞或漏气，这类系统很少出现故障，尤其在抗干扰方面，在执行器的可靠性方面都有突出的优点。20世纪40—50年代，气动系统在空调控制中得到广泛的推广。我国在这一时期内，除了很少的一些从国外引进的气动控制系统的工程案例外，没有出现过气动控制系统时期，也没有相关的标准、规范。

进入20世纪50年代后，电子技术开始出现和迅速发展。由于电子控制系统在控制速度和精度上都要优于气动控制系统，因此以模拟电路构成的电子控制系统开始在建筑设备系统的控制中出现。开始，电子技术主要是替代气动系统中的传感器和调节器，到了60年代，才逐步全面替代气动控制系统。20世纪50年代中期，出现了半导体晶体管，到了60年代就开始由晶体管替代体积大、耗电高的电子管制作的基于模拟电路的控制器。

20 世纪 60—70 年代是电子模拟控制系统发展的黄金时代。由于工业建设发展的需要,我国也第一次开发出控制系统产品并制定了国家产品标准。这就是一直持续使用到 20 世纪末的 DDZ-3 型过程控制系统。在空调控制中,我国也陆续开发出一些专用的控制仪表,如动圈式比例调节器,P4 型比例积分恒温控制器等。这些仪表产品的出现,也促成和保证了我国恒温恒湿空调系统的建成和发展。1958 年,在清华大学建成了我国第一个温度控制为 ±0.1 ℃的恒温试验室。在 20 世纪 70 年代中期,为满足光栅刻线工艺的要求,我国建成了温度控制为 ±0.01 ℃的恒温室。这一阶段,自动控制主要是为了解决工业生产和科学研究中特殊环境的需求,而以人的舒适性为目标的舒适空调的控制和民用建筑的管理几乎没有涉及。

随着 20 世纪 50 年代计算机的出现和迅速发展,尤其是半导体集成电路进入计算机,使计算机的可靠性大幅度提高,成本大幅度降低,也使得计算机控制开始在建筑设备自动化中出现。目前,认为世界上第一个采用计算机监测和控制的建筑是美国“9·11”中被炸掉的纽约世界贸易中心。它是 1969 年开始试运行的,与现在的计算机控制完全不同的系统。整个巨大的建筑用一台计算机管理,主要是监测各个设备的运行状况,启/停主要设备和为一些主要的调节器给出设定参数。1973 年,日本大林组公司在大阪的办公大楼也成为亚洲第一个采用计算机监测控制的建筑。在 20 世纪 70 年代,我国主要还使用国产的中小规模集成电路构成的 DJS 系列计算机,没有涉及建筑设备控制的计算机应用。

20 世纪 70 年代出现的微型计算机和后来陆续出现的单片计算机为计算机控制的发展开辟了崭新的天地,也带来了建筑设备控制和管理的计算机应用的飞速发展。单片机强大的计算能力,高度的集成性能,低廉的成本和出色的易开发、易使用性,使其迅速占领了自动控制领域,替代常规的模拟电路的自动控制产品,并使建筑设备自动控制系统产生了巨大的变化。在 20 世纪 80 年代初期,我国开始出现了基于单片机的空调系统控制,并且逐渐在工业环境控制中推广。到了 20 世纪 90 年代,随着大型公共建筑的大规模兴建,计算机监测控制和管理系统开始全面进入民用建筑。

飞速发展的网络通信技术使建筑设备自动化进入了新的阶段。只有数字通信技术的大规模普及,才使得一座建筑乃至一片建筑群的测量与控制数据得以相互交换、集中管理和集中分析处理,使得建筑设备自动化系统所涉及的功能大幅度扩展。目前,新建的大型公共建筑基本上都装有全面的建筑设备自动化系统。楼内各类空调、照明、给排水、通风的控制设备,都是依靠网络通信技术实现与中央控制管理计算机的通信。在中央控制室内,了解全楼的运行状况,对某个设备进行启/停控制或调节,已经司空见惯。在由若干栋建筑组成的小区内实现联网控制和管理,在一个城市对某些建筑进行统一控制管理,都是不成为问题的。中国移动通信在每一地区都建设有分布在各个位置的基站,以支持蜂窝网通信。这些基站都是无人值守站,基站的温湿度环境又要求控制在一定范围内,这就是通过一套联网的远程控制管理系统,实现了各个基站的空调设备的控制和管理。

目前,计算机和通信技术的发展已经为更好的建筑设备控制管理提供了必需的技术手段,但如何充分利用这些新的技术手段,充分挖掘计算机与通信技术的潜力,更好地解决建筑设备自动化的问题,却做得很不够。建筑物内可以实现计算机控制下的全自动调节了,但怎样调节才能够更好地创造适宜的室内环境,怎样调节才能进一步节省机电系统的运行能耗?一个城市内的各座建筑的自动化系统可以联网,统一管理了,但应该怎样分析比较这些从不同建筑物中得到的运行数据,找到某座建筑物中可能出现的故障或运行问题而整体地提高用能效率和运行水平?这些方面的进展目前看来还远远不够,这些问题已成为当前亟待解决的突出问题。

1.5.2 建筑设备自动化发展趋势

随着信息技术与智能控制技术的不断发展,建筑设备自动化技术也必然会随之快速发展。在可预见的未来,建筑设备自动化技术的发展趋势有以下几个方面:

1)工业以太网

尽管现场总线作为实时的数字通信系统在工业过程控制和建筑设备自动化系统中获得了广泛的应用,然而现场总线这类专用的实时通信网络具有成本高、速度低、支持的应用有限和国际标准兼容性差(IEC 61158 中含有互不兼容的 8 个现场总线标准)等问题,如何利用现有网络技术来满足工业控制需要,是目前迫切需要解决的问题。其中,如何把以太网(Ethernet)应用到工业,已经成为工业控制和实时通信研究的热点。

Ethernet 具有成本低、稳定和可靠等诸多优点,已成为最受欢迎的通信网络之一。然而,由于 Ethernet 是多个站点共享传输信道,存在数据发送的冲突性,因此无法保证数据包有一个确定的传输时延,使之无法在工业控制中得到有效应用。不过随着 Ethernet 的发展,包括快速 Ethernet、千兆 Ethernet、万兆 Ethernet 产品及其国际标准,以及双工通信技术、交换技术、信息优先级技术等来提高实时性,已经可以解决因数据包冲突所产生的带宽问题和传输时间的不确定性问题。工业以太网正在逐步成为工业控制,以及实时性要求不及工业过程控制的建筑设备自动化系统的控制网络。这样,建筑设备自动化系统的底层控制网络与高层管理层的信息网络就可统一为以太网,从而显著地降低建筑设备自动化系统的实现和运行维护成本。

2)无线传感器网络

无线传感器网络是一种低成本,超低功耗,短距离,适宜在建筑物内进行无线通信的技术。用这种技术制作的温度传感器,可以在微型电池的驱动下持续工作 1 年,在建筑物内可实现 100 m 范围内的数据通信。这样,对建筑物内各处温度等物理参数的测量就成为非常容易实现的事。如果各种测量传感器和实现控制调节作用的执行器(如电机、电动调节阀门等)都采用这种无线方式,建筑自动化系统的硬件平台将非常灵活和易于实现,工程师就可以把主要精力集中在如何做好控制调节和管理,使系统真正可以改善建筑功能,降低运行能耗,完善管理功能。

3)RFID

RFID(Radio Frequency Identification),即射频识别技术,俗称电子标签。RFID 是一种

无源、非接触式的自动识别技术,它通过射频信号自动识别目标对象并获取相关数据。RFID芯片可从接收器的射频信号中取得微弱的电能,从而支持其以无线方式发出身份信号。如果建筑物内每个人员都佩戴带有RFID芯片的证章,则建筑设备自动化系统可在任何时候准确地了解每个人所处的位置和建筑物内每个空间区域内的人数。利用这些信息,可以更好地根据人数调节空调、通风、照明系统的运行,更有效地做好安保和人员流动控制;在火灾情况下,则因为准确掌握每个人的位置,也就可以更有效地组织疏散和避难。

4)智能控制

智能控制是自动化学科的崭新分支,是人工智能、控制理论和运筹学的交叉学科。作为一门新兴的交叉学科,其基本思想是仿人的智能实现对复杂、不确定系统进行有效的控制。在智能控制的诸多方法中,模糊控制、神经网络控制和专家控制是3种最为典型的智能控制。

空调系统作为建筑设备自动化系统的重点监控对象,由于建筑室内热湿环境受室外气候参数、室内机电设备、照明设备运行及人员活动等多因素的影响,实际构成一个高维多变量的实时变化过程,被控对象具有强耦合、非线性、不确定性、慢时变、大滞后的特点。基于数学模型的传统控制理论及方法难以取得理想的控制效果。智能控制技术的发展与应用,有望解决上述复杂控制系统的控制难题。

思考题

1.1 简述建筑设备自动化的定义。

1.2 简述建筑设备自动化的目的。

1.3 狭义建筑设备自动化系统与广义建筑设备自动化系统有何区别?

1.4 建筑设备自动化系统有哪些基本功能?

1.5 建筑设备自动化系统集成的目的是什么?它包括哪几个层面的集成?

1.6 建筑设备自动化的核心技术有哪些?

1.7 简述建筑设备自动化技术在节能建筑和绿色建筑中的应用。

1.8 试说明建筑智能化与建筑设备自动化的关系。

1.9 试画出建筑智能化系统组成及结构图。

2　数据通信技术基础

数据通信技术是建筑设备自动化系统中计算机网络的技术基础。数据通信和电话网络中的话音通信、无线电广播通信不同，它有其自身的规律和特点。数据通信技术已经形成了一门独立的学科，主要研究对计算机中的二进制数据进行传输、交换和处理的理论、方法以及实现技术。

2.1　通信系统模型

通信的目的就是传递信息。一次通信中产生和发送信息的一端称为“信源”，接收信息的一端称为“信宿”。信源和信宿之间要有通信线路才能互相通信。传输信息的通路称为信道，一个信道一般就是一条通信线路。所以，信源和信宿之间的信息交换是通过信道进行的。

根据传输媒体是否有形，物理信道可以分为有线信道和无线信道。有线信道是指包括对绞线、同轴电缆、光纤等以各种有形线路（即有线媒介）传递信息的方式；无线信道是指包括无线电、微波和红外线等以电磁波在大气（即无线媒介）中传播信息的方式。信道的物理性质不同，对通信的速率和传输质量的影响也不同。

另外，信息在传输过程中可能会受到外界的干扰，这种干扰称为噪声。不同的物理信道对各种干扰的感受程度不同。例如，如果信道上传输的是电信号，就会受到外界电磁场的干扰，光纤信道则没有这种干扰。

以上描述的通信方式是很抽象的，忽略了具体通信中的物理过程和技术细节。由上述抽象的描述可得到如图2.1所示的通信系统模型。

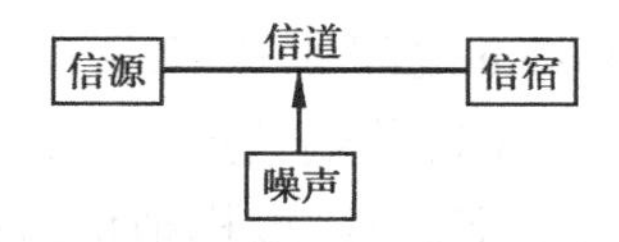

图2.1　通信系统模型

一般而言，通信系统的信源产生的信息可能是模拟数据形式，也可能是数字数据形式。模拟数据取连续值，而数字数据取离散值。在数据进入信道之前要将其变换成适合信道传输的载波信号（荷载/携带数据的传输信号），这些信号可以是模拟信号，也可以是数字信号。

模拟信号是随时间连续变化的信号，这种信号的某种参量（如幅度、相位、频率等）可以表示要传输的信息。电话机送话器输出的话音信号、电视摄像机产生的图像信号等都是模拟信号。数字信号只取有限个离散值,而且数字信号之间的转换几乎是瞬时的。数字信号以其某一瞬间的状态表示它们传输的信息(如用高电平表示"1",低电平表示"0")。

图2.2为模拟信号和数字信号的波形示意。

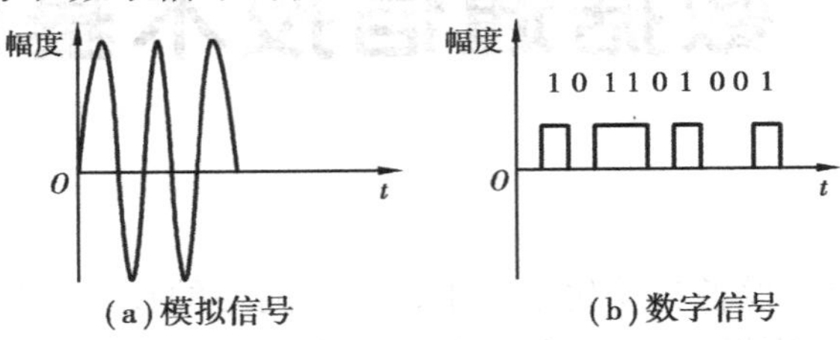

图2.2 模拟信号和数字信号

2.2 数据通信系统模型

数据通信系统模型如图2.3所示。

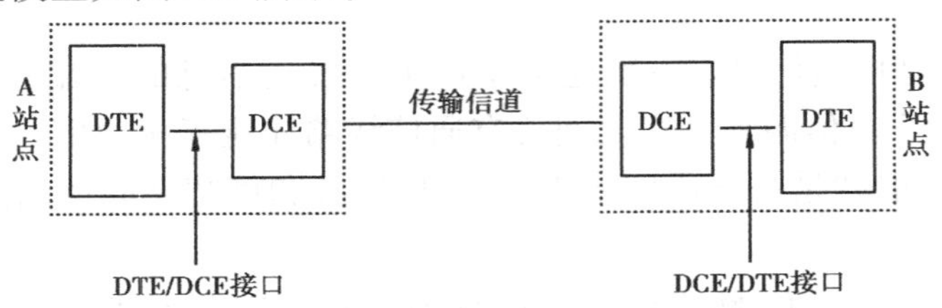

图2.3 数据通信系统模型

1)数据通信系统的主要组成部分

(1)数据终端设备(DTE:Data Terminal Equipment) 即信源/信宿设备。

(2)数据通信设备(DCE:Data Communication Equipment) 即各类调制解调器(如ADSL Modem/电视机顶盒等)。

(3)DTE和DCE之间的接口 实现DTE与DCE之间的连接,如家用PC与ADSL Modem之间的RS-232连接。

(4)传输信道 可以是有线信道或无线信道,也可以是数字信道(信道中的传输信号为数字信号)或模拟信道(信道中的传输信号为模拟信号)。

其中,DTE可以是计算机或数字终端设备,也可以是信源或信宿。通过使用DCE和传输信道(可以是模拟信道或数字信道),DTE可以发送或接收(或者同时发送和接收)数据。DCE对于模拟信道(传输模拟信号的信道)通常是调制解调器,对于数字信道(传输数字信号的信道)可以是数据服务单元(DSU:Data Service Unit)。

数据是运送信息的实体,是针对DTE而言(DTE发送或接收数据)的;信号则是数据的电气的或电磁的表现,是用来载运数据的。信号是针对信道而言的,每种信道都只能传输适合该信道的信号。数据必须转换为信号(通常为电信号或光信号)才能在信道上传输。无论数据或信号,都既可以是模拟的,也可以是数字的。

2)调制的方法

虽然数字化已成为当今发展的趋势,但数据究竟是数字的还是模拟的,这是由所产生的数据的性质决定的。例如,当人们说话时,由于声音大小是连续变化的,因此话音的声波就是模拟数据,但数据必须转换成为信号才能在网络媒体上传输。对于模拟信道,即使数据是数字形式的,仍要将数字数据转换为模拟信号方能传输。将数字数据转换为模拟信号的过程叫做调制,反之称为解调。被调制成适合某种模拟信道传输的信号称为载波,载波一般为正弦波。载波基本的调制方法有:

(1)调幅　载波的振幅随发送的信号而变化,即频率和相位都是常数,振幅为变量。

(2)调频　载波的频率随基带数字信号而变化,振幅和相位为常量,频率为变量。

(3)调相　载波的初始相位随基带数字信号而变化,振幅、频率为常量,相位为变量。

3)数据转换

模拟数据和数字数据都可以转换为模拟信号或数字信号:

(1)模拟数据用模拟信号传输　如早期的电话系统就是这样的。

(2)模拟数据用数字信号传输　将模拟数据转化成数字形式后,就可以在数字信道中传输,可以使用先进的数字传输和交换设备。

(3)数字数据用模拟信号传输　有些传输媒体只适合于传播模拟信号,譬如光纤、无线信道及电话系统的本地回路(电话机与本地交换机之间的线路)。使用这样的信道时,必须将数字数据经调制变换为模拟信号后才能传输。

(4)数字数据用数字信号传输　一般来说,把数字数据编码成数字信号的设备比起从数字到模拟的调制设备更简单、更廉价,且数字信道的信号传输质量更好。

2.3　傅里叶分析与信道带宽

2.3.1　傅里叶分析

任何周期信号都是由一个基波信号和各种高次谐波信号合成的,按照傅里叶分析法可以把一个周期为 T 的复杂函数 $g(t)$ 表示为无限个正弦和余弦函数之和:

$$g(t) = \frac{a_0}{2} + \sum_{n=1}^{\infty} a_n \sin(2\pi nft) + \sum_{n=1}^{\infty} b_n \cos(2\pi nft) \tag{2.1}$$

式中,a_0 是常数,代表直流分量,且 $a_0 = \frac{2}{T}\int_0^T g(t)\,dt$,$f = \frac{1}{T}$ 为基频;a_n, b_n 分别是 n 次谐波振幅的正弦和余弦分量:

$$\begin{cases} a_n = \dfrac{2}{T}\displaystyle\int_0^T \sin(2\pi nft)\,\mathrm{d}t \\ b_n = \dfrac{2}{T}\displaystyle\int_0^T \cos(2\pi nft)\,\mathrm{d}t \end{cases} \tag{2.2}$$

2.3.2 周期脉冲信号的频谱与信道带宽

频谱是指组成周期信号的各次谐波的振幅按频率的分布图。这样的频谱图以频率 f 为横坐标,相应的各种谐波分量的振幅 u 为纵坐标,如图 2.4 所示。

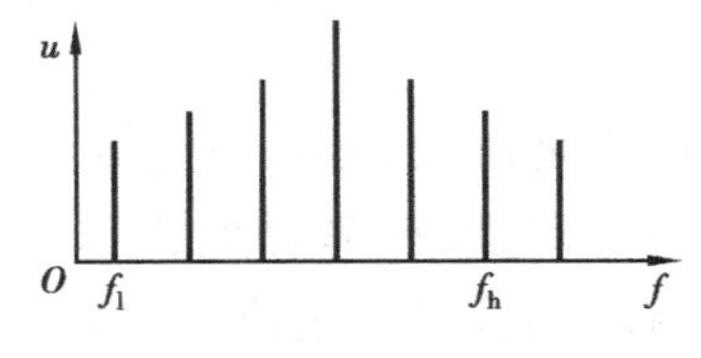

图 2.4 信号的频谱图

图 2.4 中谐波的最高频率 f_h 与最低频率 f_l 之差称为信号的频带宽度,简称信号带宽。

周期性脉冲如图 2.5(a)所示。其幅值为 A,脉宽为 τ,周期为 T,对称于纵轴。这是一种最简单的周期函数,实际数据传输中的脉冲信号要复杂得多。但是对这种简单周期函数的分析,能够得出关于信道带宽的一个重要结论。

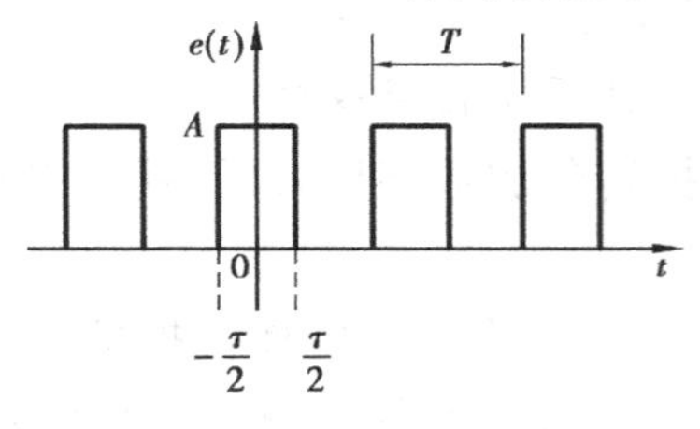

(a)周期性脉冲

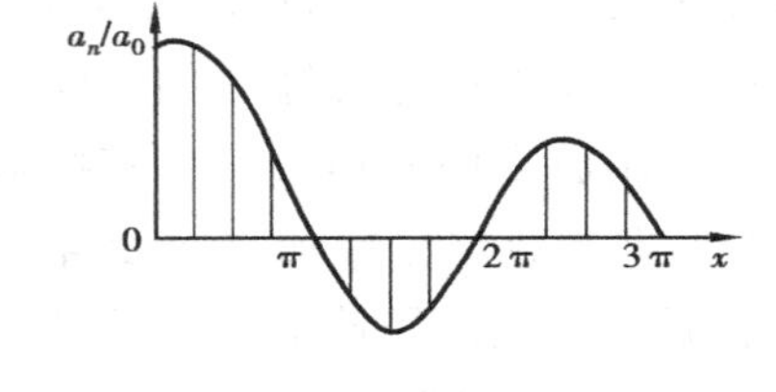

(b)周期性脉冲的频谱

图 2.5 周期性脉冲及其频谱

上述周期性脉冲的傅立叶级数中只含直流和余弦项,令 $\omega=2\pi/T$,有:

$$g(t) = \frac{A\tau}{T} + \sum_{n=1}^{\infty}\frac{2A\tau}{T}\frac{\sin\frac{n\tau\omega}{2}}{\frac{n\tau\omega}{2}}\cos n\omega t \tag{2.3}$$

令 $x=\dfrac{n\tau\omega}{2}$,则式(2.3)可写成:

$$g(t) = \frac{A\tau}{T} + \sum_{n=1}^{\infty}\frac{2A\tau}{T}\frac{\sin x}{x}\cos n\omega t \tag{2.4}$$

由式(2.4)可得到周期脉冲的频谱,如图 2.5(b)所示。图中横轴用 x 表示,纵轴用归一化幅度 a_n/a_0 表示$\left(a_0=\dfrac{2A\tau}{T}, a_n=\dfrac{2A\tau}{T}\dfrac{\sin x}{x}\right)$,谱线的包络为$\dfrac{\sin x}{x}$,当 $x\to\infty$ 时,$\dfrac{\sin x}{x}\to 0$。由图 2.5 可看出,谐波分量的频率越高,其幅值越小。可以认为,信号的绝大部分能量集中在第一个零点的左侧,由于在第一个零点处 $x=\pi$,因而有$\dfrac{n\tau\omega}{2}=\pi$,亦即 $n\tau=T$。若取 $n=1$,则有 $\tau=T$。我们定义周期脉冲信号的带宽为:

$$B = f = \frac{1}{T} = \frac{1}{\tau} \tag{2.5}$$

可见,周期脉冲信号的带宽与脉冲的宽度成反比。与之相关的结论是:传送的脉冲频率越高(脉冲越窄),则信号的带宽越大,其要求信道的带宽越大。信道的带宽是指信道频率响应曲线上幅度取其频带中心处值的 $1/\sqrt{2}$ 倍的两个频率(f_1 和 f_2)之间的区间宽度,如图 2.6 所示。为了使信号中的失真小些,信道要有足够的带宽。

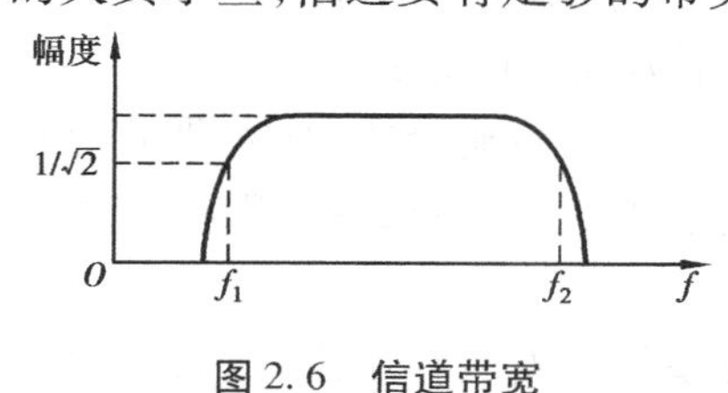

图 2.6 信道带宽

2.4 奈奎斯特公式和香农公式

信道的最大数据传输速率是受信道带宽制约的。对于这个问题,奈奎斯特(H. Nyquist)和香农(C. Shannon)先后展开了研究,并从不同角度在不同的条件下分别给出了两个著名公式:奈奎斯特公式和香农公式。

2.4.1 奈奎斯特公式

奈奎斯特公式给出了无热噪声(热噪声是指由于信道中分子热运动引起的噪声)时信道带宽对最大数据传输速率的限制:

$$C = 2H \log_2 L$$

式中,H 表示信道的带宽(以 Hz 为单位);L 表示某给定时刻数字信号可能取的离散值的个数;C 表示该信道最大的数据传输速率。例如,若某信道带宽为 4 kHz,任何时刻数字信号可取 0,1,2,3 四种电平之一(即 $L=4$),则最大数据传输速率为:

$$C = 2 \times 4 \text{ Hz} \times \log_2 4 = 16 \text{ kb/s}$$

2.4.2 香农公式

香农则进一步研究了受噪声干扰的信道情况,给出了香农公式:

$$C = H \log_2(1 + S/N)$$

式中,S 为信号功率,N 为噪声功率,S/N 为信噪比。

上述公式计算得到的只是信道数据传输速率的一个上界,真正要达到它是十分困难的。

2.5 网络拓扑结构

网络中各个节点相互连接的方法和形式称为网络拓扑(Topology)结构。网络拓扑结构是决定网络特性的主要因素之一。

拓扑结构的选择往往和传输介质的选择和介质访问控制方法的确定紧密相关。选择拓扑结构时,应该主要考虑以下方面的因素:

(1)费用低　不管选用什么样的传输介质,都需要进行安装,如挖电缆沟、敷设电缆管道。因此,费用的降低直接与拓扑结构的选择、相应传输介质的选择、传输距离的确定有关。

(2)灵活性　网络终端设备往往安装在用户附近,在建网时应考虑到在设备搬动时能够容易地重新配置网络拓扑结构,还要考虑到原有节点的删除和新节点的加入。

(3)可靠性　在局域网中通常有2类故障:一类是网中个别节点的损坏(只影响局部);另一类是整个网络无法运行。因此,拓扑结构的选择要使故障检测和故障隔离较为方便。

2.5.1 基本的网络拓扑结构

基本网络拓扑结构有3种:总线型、星型和环型。

1)总线型拓扑结构

(1)基本概念　总线拓扑结构采用单根传输线作为传输介质,所有的站点均通过相应的硬件接口直接连接到传输介质(总线)上。任一站点发送的信号都可以沿着介质传播,而且能被所有其他站点接收,如图2.7(a)所示。

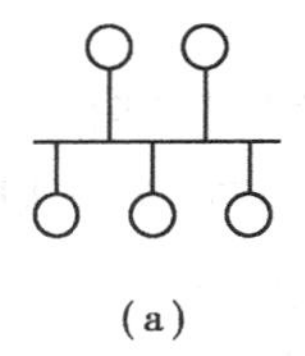

(a)

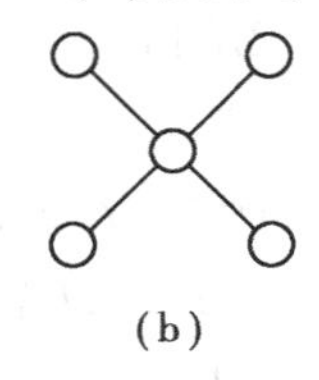

(b)

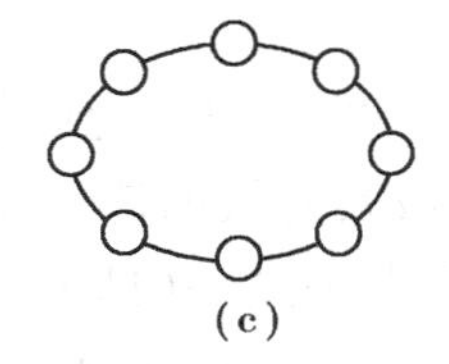

(c)

图2.7　基本的网络拓扑结构

所有的节点共享一条公用的传输链路,一次只能由一个设备发送信号。总线拓扑结构需要有一种访问控制策略来决定下次哪个节点可以发送,通常采用分布式控制策略。

发送信号时,发送节点将报文分成分组,然后依次发送这些分组,有时要与其他站点来的分组交替地在介质上传输。当分组经过各节点时,目的节点识别分组的地址,然后拷贝下这些分组的内容。这种拓扑结构减轻了网络的通信处理的负担,因为它仅仅是一个无源的传输介质,而通信处理分布在各节点进行。

(2)总线拓扑结构的优点

①用缆长度短,容易布线　由于所有的节点都接到一个公共数据通路,因此只需很短

的电缆长度,减少了安装费用,易于布线和维护。

②可靠性高　总线的结构简单,又是无源元件,十分可靠。

③成本低　总线拓扑结构只需要一根总线电缆和相应连接件即可,并且总线方式所用线缆最短。因此,其网络组建成本最低。

(3)总线拓扑结构的缺点

①故障诊断困难　虽然总线拓扑简单,可靠性较高,但故障检测却不很容易。这是由于总线拓扑的网络不是集中控制,一旦网络出现故障,需要对网上各个节点的网络接口进行检测。

②故障隔离困难　如故障发生在节点,则只需将该节点从总线上去掉,但如果传输介质发生故障,则整个这段总线要更换。

2)星型拓扑结构

(1)基本概念　星型拓扑结构是由中央节点和通过点到点链路(相邻节点间的线路称作链路)接到中央节点的各节点组成,如图2.7(b)所示。中央节点执行集中式通信控制策略,因此较复杂,而各个节点的通信处理负担都很小。

(2)星型拓扑结构的优点

①方便检测故障　由于网中各节点都与中央节点直接相连,中央节点容易检测故障及故障定位。

②隔离故障容易　在网络中,连接点往往容易产生故障,由于星型拓扑中每个连接点只接一个设备,所以单个连接点发生故障只会涉及一个设备,不会影响其他节点及整个网络的正常运行。

③节点增删方便　增加或删除节点不需停止整个网络的运行,也不影响网络的正常工作。

④访问协议简单　任何一个连接只涉及中央节点和一个节点,介质访问控制的方法很简单,访问协议也十分简单。

(3)星型拓扑结构的缺点

①电缆用量大　每个节点都需用一根电缆与中央节点连接,在相同数量的节点情况下,与其他拓扑相比需用更多的电缆。

②依赖于中央节点　一旦中央节点发生故障,将导致整个网络瘫痪。所以,星型拓朴结构对中央节点的可靠性要求很高。

3)环型拓扑结构

(1)基本概念　环型拓扑结构是由于它的数据流的环型特征而得名的。通常数据只向一个方向流动,一个节点接收到数据,并且把它传送到环上的下一个节点。每个节点的任务就是接收数据,并把它送到与这个节点相连的计算机或者送到环上的下一个节点。

实际上,环型网络的每个节点是由一个中继器构成,计算机通过点到点链路与节点中继器相连,从而接入环中组成一个闭合环,如图2.7(c)所示。

(2)环型拓扑结构的优点

①用缆长度短　环型拓扑结构所需电缆长度和总线拓扑结构相似,但比星型拓扑结构要短得多。

②可用光纤　光纤传输速度快,环型拓扑是单方向传输,光纤传输介质十分适用。因为环型拓扑网络是点到点、一个节点一个节点的连接,可在网上使用多种传输介质。

(3)环型拓扑结构的缺点

①对节点可靠性要求高　在环上的数据传输要经过接在环上的每一个节点,如果环中某一个节点发生故障,就会引起全网故障。

②诊断故障困难　由于某一节点故障会导致全网瘫痪,因此故障难以诊断,需要对每个节点进行检测。

③不易重新配置网络　当需要在网上增减站点时,需要关闭整个网络才能进行。

2.5.2　扩展的网络拓扑结构

扩展的网络拓扑结构是由基本的网络拓扑结构组合而成的,包括树型、网型及混合型。

1)树型拓扑结构

(1)基本概念　树型拓扑结构是从总线拓扑演变而来的,其形状像一棵倒置的树,顶端有一个带分支的根节点,每个分支还可延伸出子分支,如图2.8(a)所示。

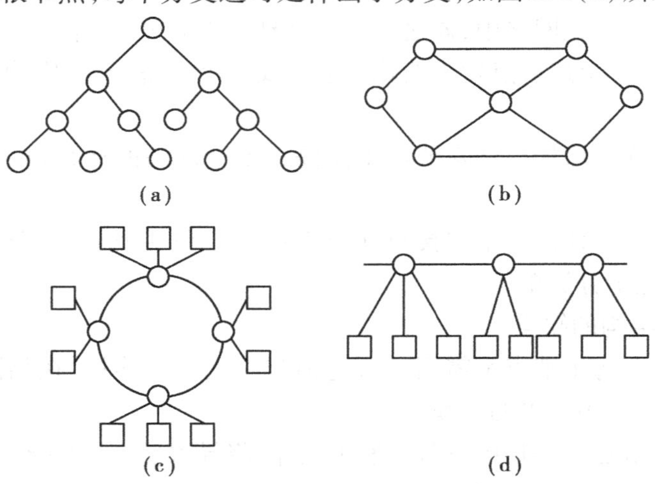

图2.8　扩展的网络拓扑结构

树型拓扑结构通常采用同轴电缆作为传输介质,使用宽带传输技术。当每个节点发送数据时,根节点接收该信号,然后再重新广播发送到全网。

(2)树型拓扑的优点

①易于扩展　从本质上看,这种结构可以延伸出很多分支和子分支,因此新的节点和新的分支易于加入网内。

②故障容易隔离　如果某一分支的节点或线路发生故障,很容易将这个分支和整个系统隔离开来。

(3)树型拓扑的缺点　整个网络对根节点的依赖性太大,如果根发生故障,则全网就会瘫痪,因此这种结构的可靠性问题与星型结构类似。

2)网状型拓扑结构

(1)基本概念　网状型拓扑结构又称无规则型拓扑结构。在网状型拓扑结构中,节点之间的连接是任意的。目前,实用中的广域网结构基本上都是采用网状型拓扑结构,如图2.8(b)所示。

(2)网状型拓扑结构的优点

①网络可靠性高。

②不受瓶颈问题和节点及线路失效问题的影响。

(3)网状型拓扑结构的缺点

①结构复杂,网络协议也复杂(必须采用路由选择算法与流量控制方法)。

②建设成本高。

3)混合型拓扑结构

(1)基本概念　混合型拓扑是将两种或两种以上的基本拓扑结构混合起来,取两者的优点构成的拓扑结构,如图2.8(c)、(d)所示。

(2)混合型拓扑结构的优点

①故障诊断和隔离方便;

②安装方便;

③易于扩展。

(3)混合型拓扑结构的缺点　需使用带智能的集中器,成本较高。

2.6　传输媒体

传输媒体是收发双方之间进行通信的物理信号通路。用于局域网的传输媒体通常有同轴电缆、对绞线、光纤及无线方式,如图2.9所示。

传输媒体可分为室内型与室外型。因室内外布线环境的差别,造成线缆外包装的不同。此外,室外线缆通常是实现建筑物之间的连接,所以一般是网络主干。

2.6.1　同轴电缆

同轴电缆是局域网过去广泛使用的传输媒体,现在较少使用。这里介绍两种类型的同轴电缆——CATV系统中使用的75 Ω(特性阻抗)电缆和仅用于基带数字信号的50 Ω电缆。75 Ω电缆主要用于宽带FDM(频分多路复用)模拟信号、高速数字信号以及不采用频分复用(FDM)的模拟信号。

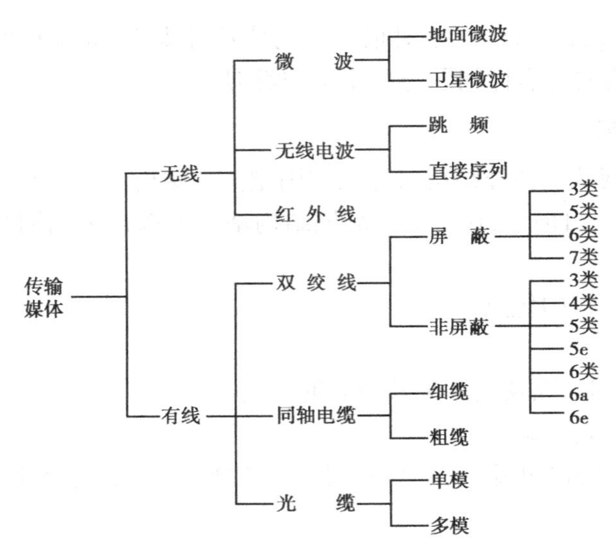

图 2.9 传输媒体的类型

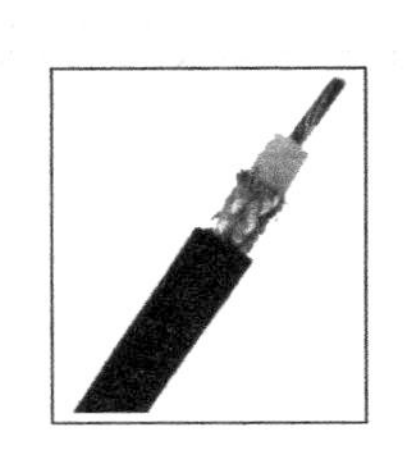

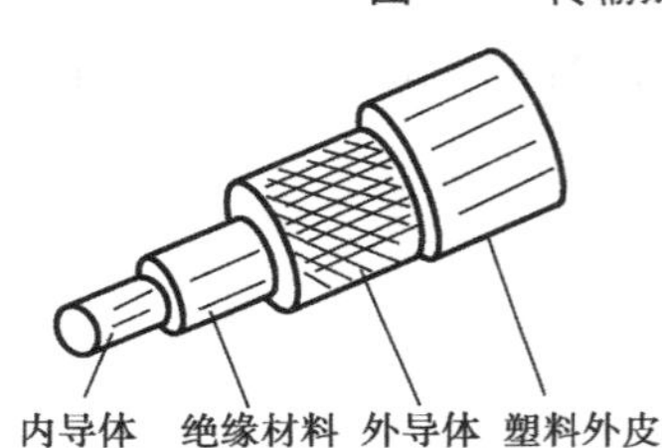

图 2.10 同轴电缆

1) 物理描述

如图 2.10 所示，同轴电缆由两根导体组成。内导体是实心的或者是绞形的，外导体是网状的。

2) 传输特性

50 Ω 同轴电缆专用于数字信号传输，这种电缆也叫做基带同轴电缆。75 Ω 同轴电缆用于模拟信号传输，这种电缆也叫做宽带同轴电缆。

3) 连接性

同轴电缆可应用于点到点和多点配置。50 Ω 基带电缆能够支持每段达 100 个设备，将各段通过转发器连接起来则能支持更大的系统。75 Ω 宽带电缆能支持数千个设备。

4) 地域范围

典型基带电缆的最大距离限于数千米，而宽带电缆则可延伸到数十千米的范围。这种差别的原因是：通常在工业区和市区所遇到的电磁噪声和频率相对较低类型的噪声，这一频率范围也是基带电缆中传输的数字信号的大部分能量集中之处。宽带电缆中传输的模拟信号可置于频率足够高的载波上，从而可避免噪声的主要分量。

5) 抗扰性和成本

同轴电缆的抗扰性取决于应用和成本。对较高频率来说，它优于对绞线的抗扰性。安装质量好的同轴电缆的成本介于对绞线和光纤的成本之间。

2.6.2 对绞线

普遍用于模拟和数字数据的传输媒体是对绞线。在建筑物内,将网络站点与中心节点连接起来,或将电话机连接起来的线路可以是对绞线。

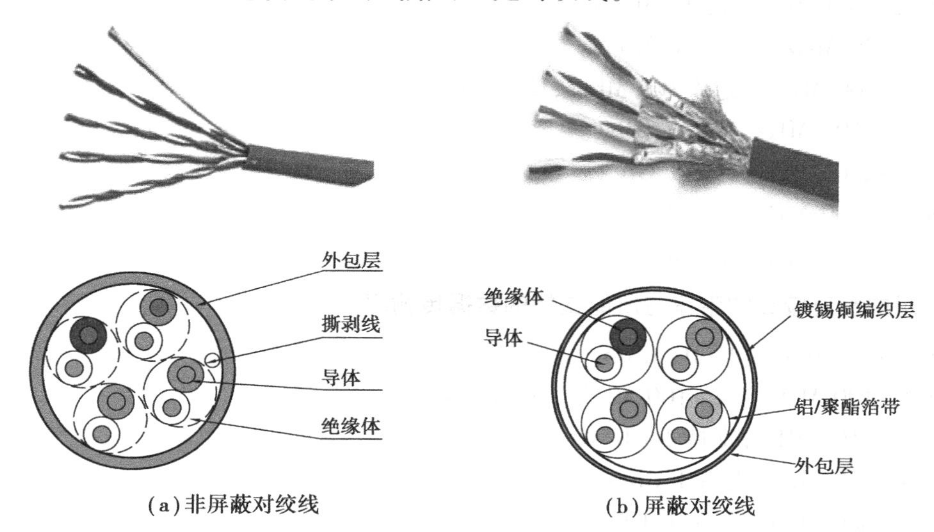

图 2.11 对绞线

1)物理描述

如图 2.11 所示,对绞线是由有规则的、螺旋状排列的两根绝缘导线组成的,这种导线是铜线或镀铜的钢线。铜具有良好的导电性,钢具有较好的强度,一对线对起着单条通信链路的作用。一般而言,将这些线对捆在一起,封在一个坚硬的护套内,构成一条对绞线电缆,可包含数百对线对。单个线对绞在一起是为了减少线对之间的电磁干扰。

2)传输特性

线对可用来传输模拟信号和数字信号。对模拟信号,每 5 ~ 6 km 要有一个放大器;对低频数字信号,每 2 ~ 3 km 需用一个转发器。线对最普通的用途是声音的模拟传输。使用调制解调器可在模拟话音信道上传输数字数据。

在对绞线上传输数据信号,目前在局域网中数据传输率可达 1 000 Mb/s。

3)连接性和成本

对绞线可用于点到点和广播式网络中,比同轴电缆、光纤便宜。

4)地域范围

对绞线能够容易地实现点到点的数据传输。另外,用于局域网的对绞线一般处在一个建筑物内。

5)抗扰性

与其他传输媒体相比,对绞线在距离、带宽和数据速度方面受到限制。这种媒体容易与电磁场耦合,故对干扰和噪声十分敏感。电缆中相邻线对上的信号也可能彼此干扰,即产生所谓的串音现象。

6)常用非屏蔽对绞线的带宽与所能支持的数据传输率

① 3 类:16 MHz, 支持 10 Mb/s。

② 4 类:20 MHz, 支持 16 Mb/s。

③ 5 类:100 MHz, 支持 100 Mb/s,155 Mb/s。

④ 5e 类:100 MHz,支持 1 Gb/s。

⑤ 6 类:250 MHz, 支持 1 Gb/s。

⑥ 6e 类:500 MHz, 10 Gb/s(≤55 m)。

⑦ 6a 类:500 MHz, 10 Gb/s(≤100 m)。

7)常用屏蔽对绞线的带宽与所能支持的数据传输率

① 3 类:16 MHz,支持 10 Mb/s。

② 5 类:100 MHz,支持 100 Mb/s,155 Mb/s。

③ 5e 类:100 MHz,支持 1 Gb/s。

④ 6 类:250 MHz,支持 1 Gb/s。

⑤ 7 类:600 MHz,支持 10 Gb/s。

2.6.3 光 纤

光纤是以光缆形式应用的。光缆内含的光纤芯一般为 2~144 芯。图 2.12 所示的是 2 种光缆的剖面图,每管里面有 4 根光纤,左侧的为 8 管光缆(32 芯光缆),右侧的为 6 管光缆(24 芯光缆)。

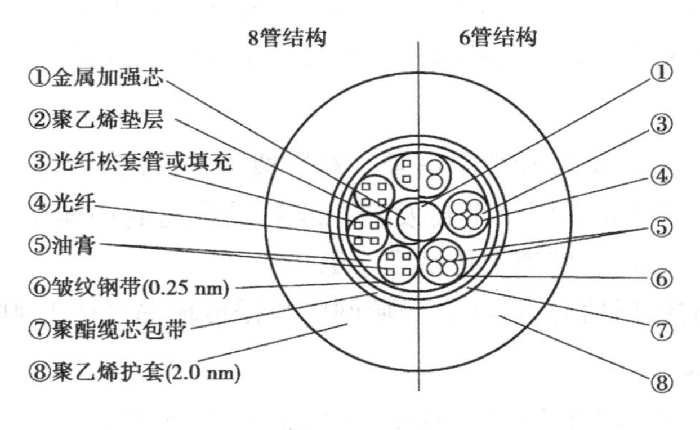

图 2.12 光缆剖面图

1)物理描述

光学纤维是一种细而软的能够传导光束的媒体,纤芯直径为 2~125 μm。各种玻璃和塑料可用来制造光学纤维。

针对实际应用,光纤通常做成光缆形式。光缆具有圆柱形状,由 3 个同心部分组成:纤芯、包层和护套。纤芯是最内层部分,它由一根或多根非常细的由玻璃或塑料制成的纤维组成。每一根纤维都由各自的包层包裹着,包层是一玻璃或塑料的涂层,具有与纤芯不同的光学特性。最外层是护套,它包着一根或一束已加包层的纤维。护套是由分层的塑料和其附属材料制成的,用来防止潮气、擦伤、压伤和其他外界带来的危害。

2)传输特性

光纤利用全内反射(全部折射到内部媒体,即一点也不向周围媒体折射)来传输经信号编码的光束。全内反射可出现在折射率大于周围媒体折射率的任意透明媒体中。

如图 2.13 所示,来自光源的光进入圆柱形玻璃或塑料纤芯,小角度的入射光线被反射并沿光纤传播,其余光线被周围媒体所吸收。这种传播方式叫做多模方式,即光束经多个反射角在光纤中传输。当纤芯半径降低到波长的相同量级时,只有单个角度或单个模式,即只有轴向光束能通过,这种传播方式叫做单模方式。在多模传输时,存在多个传播路径,每一路径的长度不同,越过光纤的时间亦不同。这使信号码元在时间上出现扩散,限制了能准确接收的数据速率。由于单模时只存在单个传输途径,因此不会出现这种失真。相对多模而言,单模方式有较优越的性能,但成本较高。

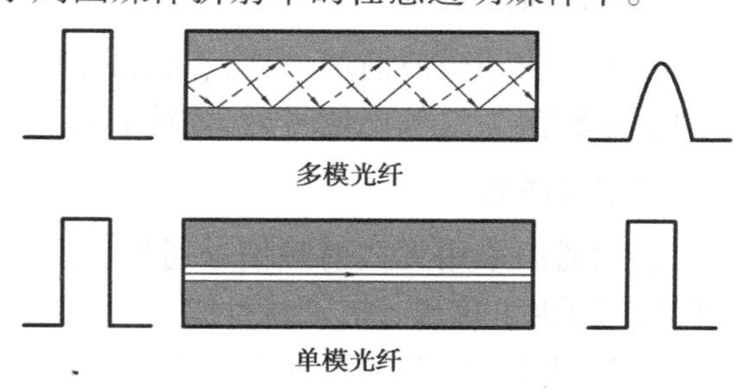

图 2.13　多模与单模光纤

在光纤系统中,使用两种不同类型的光源:发光二极管(LED)和注入式激光二极管(ILD)。LED 是在加电流后能发光的固态器件。ILD 是根据被激发的量子电子效应能产生窄带光束的激光原理工作的固态器件。LED 较为便宜,能工作在较宽的温度范围,并具有较长的工作寿命。ILD 则更为有效,并能支持较高的数据速率。

在接收端用来将光信号变换成电信号的检测器是光电二极管,一般用光的有、无表示二进制的“0”、“1”。

光缆较之电缆具有以下优点:

①光缆信息容量大,数据传输率可达几百万到数十亿 b/s。

②光缆信号传输衰减小,通信距离比电缆大得多,传输距离可达 1 000 km 以上。

③光缆耐辐射,各种设备产生的电磁辐射对它不起作用,外界环境对信息传输没有影响,而且信息传输过程中也没有向外的电磁辐射,可避免外界窃听,既安全可靠,保密性又好。

由于光纤通信具有损耗低、频带宽、数据传输率高、抗电磁干扰强、安全性好等特点,价格也已接近同轴电缆,所以光纤得到了十分迅速的发展。

2.6.4　无线传输媒体

无线传输媒体就是空气(大气层)。通常的无线传输技术有:

1)微波通信

微波通信的载波频率为 2 ~ 40 GHz,可同时传送大量信息。由于微波是沿直线传播的，故在地面的传播距离有限（约 50 km）。

2）卫星通信

卫星通信是利用地球同步卫星作为中继来转发微波信号的一种特殊微波通信形式。卫星通信可以克服地面微波通信距离的限制，3 个同步卫星可以覆盖地球上全部通信区域。

3）红外通信

红外通信和微波通信一样，有很强的方向性，都是沿直线传播的。但红外通信要把传输的信号转换为红外光信号后，才能直接在空间沿直线传播。

4）射频通信

射频通信采用无线射频信号通信，无方向性，传输距离受发送设备发送功率及接收设备接收灵敏度的影响，抗干扰性差。

微波和红外线都需要在发送方和接收方之间有一条视线通路，故称为视线通信。

2.6.5 传输媒体的选择

传输媒体的选择因素包括：网络拓扑的结构、实际需要的通信容量、可靠性要求和承受的价格范围。

网络传输媒体与网络拓扑结构有着密切的关系。表 2.1 表明了每种网络拓扑结构可以使用的传输媒体的种类。

表 2.1 拓扑结构与传输媒体的关系

传输介质	拓扑结构			
	总线型	树型	环型	星型
对绞线	*		*	*
基带同轴电缆	*		*	
宽带同轴电缆	*	*		
光　缆		*	*	*

“*”号表示可使用该种传输媒体。

2.7 传输方式

2.7.1 基带传输与宽带传输

通常把表示数字信号的方波（脉冲）所固有的频带称为基带，直接传输方波信号称为基带传输。基带传输系统的优点是安装简单且价格便宜。

这里的“宽带传输”泛指传输模拟载波信号，尤其是通过频分复用技术（详见 2.10.1

节)在一根电缆中多路模拟信号的传输。计算机之间利用宽带传输进行通信,通常需要配置调制解调器,将信源计算机输出的数字信号调制成为适合在宽带电缆中传输的模拟信号,在接收端将模拟信号转换为数字信号,以便信宿计算机接收处理。

"宽带传输"中的"宽带"与通常所说的宽带概念是不同的。通常所说的"宽带"也有两种含义,在电话行业中是指比 4 kHz 更宽的频带,在计算机网络行业内一般是指数据传输速率≥2 Mb/s。

宽带系统(宽带传输的系统)的优点是传输距离远(可达数十千米),而且可同时提供多个信道。与基带系统相比,它的技术更复杂,需要专门的射频技术人员安装和维护,宽带系统的接口设备也更昂贵。另外,宽带系统的模拟信号经过放大器后只能单向传输。为了实现双向通信,有时要把整个宽带线缆的带宽划分 2 个频段,分别在 2 个方向上传送信号,这叫做分裂配置;有时用 2 根电缆实现双向传输,这叫做双缆配置。

2.7.2 并行传输与串行传输

计算机内的总线结构是典型的并行通信。并行传输一个具有 n 位的数据,可同时在两个设备之间的 n 条线路(或信道)上同时进行传输。接收设备可同时接收到该数据的 n 位,不需要做任何变换就可直接使用。这种方法的优点是传输速度快,处理简单。并行传输方式主要用于近距离通信,如计算机与打印机之间的数据传输。

串行数据传输时,数据是逐位地在通信线(或信道)上传输的,先由具有 n 位总线的计算机内的发送设备,将 n 位并行数据经由并/串转换硬件电路转换成串行数据方式,再经传输线逐位传输到接收端的设备,在数据接收端将数据由串行方式重新转换成并行方式,以供信宿计算机接收及处理。串行数据传输的速度要比并行传输慢得多,但对于远距离通信系统来说,它具有更大的现实意义:可以利用已有电话线进行传输;若要铺设远距离通信线路,串行通信的线缆及施工成本要比并行传输方式低得多。

2.7.3 异步传输与同步传输

在通信过程中,发送方和接收方必须在时间上保持同步(步调一致),才能准确地传送信息。一个数字脉冲叫做一个码元。在传送由多个码元组成的字符以及由许多字符组成的数据块时,通信双方也要就信息的起止时间取得一致。

1)异步传输

异步传输是指把各个字符分开传输,字符之间插入同步信息。这种方式也称为起止方式,即在组成一个字符的前后分别插入起止位,如图 2.14 所示。

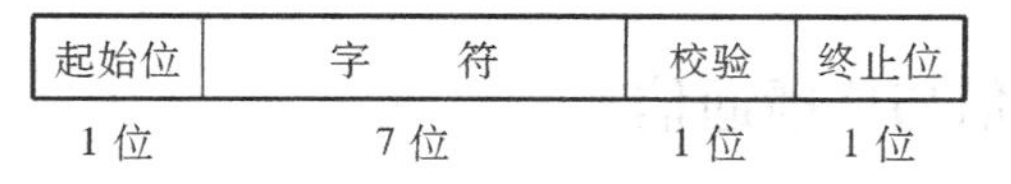

图 2.14　异步传输

起始位对接收方的时钟起置位作用。接收方时钟置位后只要在 8 ~ 11 位的传送时间内准确,就能正确接收该字符。最后的终止位告诉接收者该字符传送结束,然后接收方就能识别后续字符的起始位。当没有字符传送时,连续传送终止位。

加入校验位的目的是检查传输中的错误,一般使用奇偶校验。

异步传输的优点是简单,但是由于起止位和检验位的加入,致使传输速率不会很高。

2)同步传输

异步制不适合于传送大的数据块(如磁盘文件)。同步传输在传送连续的数据块时比异步传输更有效。按照这种方式,发送方在发送数据之前先发送一串同步字符 SYNC。接收方只要检测到连续两个以上 SYNC 字符就确认已进入同步状态,准备接收信息。随后的传送过程中双方以同一频率工作(信号编码的定时作用也表现在这里),直到传送完指示数据结束的控制字符。这种同步方式仅在数据块的前后加入控制字符 SYNC,所以效率更高。在短距离高速数据传输中,多采用同步传输方式。

2.8 通信方式

2.8.1 单工通信与双工通信

根据数据传输的方向分,通信方式可分为单工通信、半双工通信和全双工通信。

1)单工

在单工信道上,信息只能在一个方向传送,发送方不能接收,接收方不能发送,而且信道的全部带宽都用于由发送方到接收方的数据传送。例如,无线电广播和电视广播。

2)半双工

在半双工信道上,通信的双方可交替发送和接收信息,但不能同时发送和接收。在一段时间内,信道的全部带宽用于一个方向上传送信息。航空和航海无线电台以及对讲机等都是以这种方式通信的。这种方式要求通信双方都有发送和接收能力以及双向传送信息的能力,因而半双工通信设备比单工通信设备昂贵,但比全双工设备便宜。在要求不很高的场合,多采用这种通信方式。

3)全双工

这是一种可同时进行双向信息传送的通信方式(如现代电话通信),不仅要求通信双方都有发送和接收设备,而且要求信道能提供双向传输的双倍带宽,所以全双工通信设备最昂贵。

2.8.2 点对点通信与广播通信

点对点通信是指网络中 2 台计算机之间的直接通信,即 1 对节点之间采用 1 个信道(线路)连接,这对节点之间传输的信息其他计算机不能接收。点对点的通信通常有 3 种情况:

①局域网路由器，通过点对点的租用线和远地路由器相连。

②计算机通过 Modem 和电话线连接到本地电话交换局的 Modem 池，访问因特网。

③在广域网和因特网中，相邻路由器之间的通信。

广播通信是指采用广播方式进行通信的技术，即连接在 1 个共享信道(线路)上的任一节点发送数据，其他节点都能收听到该数据(收听节点根据发送数据包中的目标地址决定是否接收该数据)。在任一时刻，共享信道中只能有 1 个节点发送数据。

2.9 交换方式

一个通信网络由许多交换节点互联而成。信息在这样的网络中传输就像火车在铁路网络中运行一样，经过一系列交换节点(道岔)，从一条线路换到另一条线路，最后才能到达目的地。交换方式涉及动态分配传输线路资源的方式或数据包(数据传输的基本单位)的打包方式。

电路交换、报文交换和分组交换是 3 种最基本的交换方式。后两种交换方式涉及数据包的打包方式(分别以报文或分组打包及传输)。

2.9.1 电路交换

电路交换方式把发送方和接收方用一系列链路直接连通，如电话交换系统。当交换机收到一个呼叫后就在网络中寻找一条临时通路供两端的用户通话，这条临时通路可能要经过若干个交换局的转接，并且一旦建立就成为这一对用户之间的临时专用通路，别的用户不能打断，直到通话结束才拆除连接。

电路交换的特点是建立连接需要等待较长的时间。由于连接建立后通路是专用的，因而不会有别的用户干扰，不再有传输延迟。这种交换方式适合于传输大量的数据，在传输少量信息时效率不高。

2.9.2 报文交换

这种方式不要求在两个通信节点之间建立专用通路。当一个节点发送信息时，它把要发送的信息组织成一个数据包——报文，该数据包中某个约定的位置含有目标节点的地址。完整的报文在网络中逐站传送，每一个节点接收整个报文，检查目标节点地址，然后根据网络中的交通情况在适当的时候转发到下一个节点。经过多次的存储-转发，最后到达目的节点，这样的网络叫做存储-转发网络。其中，交换节点要有足够大的存储空间，用以缓冲收到的长报文；同时，交换节点对各个方向上收到的报文排队，寻找下一个转发节点，然后再转发出去，这些都带来了传输时间的延迟。报文交换的优点是：不建立专用链路，线路利用率较高，这是由通信中的传输延时换来的；其缺点是：由于报文长度没有限制(可能很长)，因而交换节点设备的缓冲存储容量要求比较大，并且长报文会长时间占据某条线路,导致其他报文的等待时间较长。

2.9.3 分组交换

按照这种交换方式,数据包有固定的长度,因而交换节点只要在内存中开辟一个小小的缓冲区就可以了。进行分组交换时,发送节点先要对传送的信息分组,对各个分组编号,加上源地址和宿地址,以及约定的头信息和尾信息,这个过程称为信息的打包。一次通信中的所有分组在网络中传播又有2种方式:一种称为数据报(Datagram),另一种称为虚电路(Virtual Circuit)。

1)数据报

数据报类似于报文交换,每个分组在网络中的传播路径完全是由网络当时的状况随机决定的,因为每个分组都有完整的地址信息,所以都可以到达目的地(如果不出意外的话)。但是,它们到达目的地的顺序可能和发送的顺序不一致,如有些早发的分组可能在中间某段因线路拥挤而比后发的分组到达得晚,这时目标主机必须对收到的分组重新排序才能恢复原来的信息。一般来说,在发送端要有一个设备对信息进行分组和编号,在接收端也要有一个设备对收到的分组拆去头尾,重排顺序,具有这些功能的设备称为分组拆装设备(PAD:Packet Assembly and Disassembly device),通信双方各有一个PAD。

2)虚电路

虚电路类似于电路交换,这种方式要求在发送端和接收端之间建立一条逻辑连接。在会话开始时,发送端先发送一个要求建立连接的请求消息,这个请求消息在网络中传播,途中的各个交换节点根据当时的交通状况决定取哪条线路来响应这一请求,最后到达目的端。如果目的端给予肯定的回答,则逻辑连接就建立了,以后由发送端发出的一系列分组都走这同一条通路,直到会话结束才拆除连接。和线路交换不同的是,逻辑连接的建立并不意味着别的通信不能使用这条线路,因而它具有线路共享的优点。

按虚电路方式通信,接收方要对正确收到的分组给予回答确认,通信双方要进行流量控制和差错控制,以保证按顺序正确接收,所以虚电路意味着可靠的通信。当然,它涉及更多的技术支持,也就是说,它没有数据报方式灵活,效率不如数据报方式高。

虚电路可以是暂时的,即会话开始建立,会话结束拆除,这称为虚呼叫;也可以是永久的,即通信双方一开机就自动建立,直到一方(或同时)关机才拆除,这称为永久虚电路。

虚电路适合于交互式通信,这是它从线路交换那里继承来的。数据报方式更适合于单向地传送短消息。

采用固定的、短的分组相对于报文交换是一个重要的优点。除了交换节点的存储缓冲区可以小些外,也带来了传播时延的减小。分组交换也意味着按分组纠错,发现错误只需重发出错的分组,使通信效率提高。广域网络一般都采用分组交换方式,按交换的分组数收费(不是像电话网那样按通话时间收费),同时提供数据报和虚电路两种服务,用户可根据需要选用。

2.10 多路复用技术

多路复用技术是把多个低速信道组合成一个高速信道。这种技术需要用到两种设备:多路复合器(Multiplexer)和多路分配器(Demultiplexer)。多路复合器在发送端根据某种约定的规则把多个低带宽的信号复合成一个高带宽的信号;多路分配器在接收端根据同一规则把高带宽信号分解成多个低带宽信号。多路复合器和多路分配器统称多路器,缩写为 MUX。

只要带宽允许,在已有的高速线路上采用多路复用技术,可以省去安装新线路的大笔费用。如今,公共电话交换网(PSTN:Public Switch Telephone Network)都使用这种技术,有效地利用了高速干线的通信能力。

也可以相反地使用多路复用技术,即把一个高带宽的信号分解到几个低速线路上同时传输,然后在接收端再合成为原来的高带宽信号。例如,两个主机可以通过若干条低速线路连接,以满足主机间高速通信的要求。多路复用技术通常包括:频分多路复用(FDM:Frequency Division Multiplexing)、时分多路复用(TDM: Time Division Multiplexing)、码分多路复用(CDM:Code Division Multiplexing)和波分多路复用(WDM:Wavelength Division Multiplexing)。

2.10.1 频分多路复用(FDM)

FDM 是在一条传输介质上使用多个频率不同的模拟载波信号进行多路传输。这些载波可以进行任何方式的调制:调幅、调频、调相,以及它们的组合。每一个载波信号形成了一个子信道,各条子信道的中心频率不相重合,子信道之间留有一定宽度的隔离频带。该技术适用于模拟信号的多路复用传输。

频分多路复用技术早已用在无线电广播系统中,在电缆电视系统(CATV)中也使用频分多路技术。一根 CATV 电缆的带宽大约是 500 MHz,可传送几十个频道的电视节目,每个频道 6 MHz 的带宽中又进一步划分为声音子通道、视频子通道以及彩色子通道。每个频道两边都留有一定的警戒频带,防止相互串扰。

图 2.15 为一个频分多路复用的例子。假设一种传输媒体的带宽(即该媒体能有效传输信号的频率范围)为 1 MHz,将其平均划分为两个子信道:子信道 1 和子信道 2,每个子信道的带宽为 500 kHz,可以同时传输 2 路带宽为 500 kHz 以内的载波信号。根据需要,也可将其平均划分为 n 个子信道,每个子信道的带宽为 1 000 kHz/n,可以同时传输 n 路带宽为 1 000 kHz/n 以内的载波信号。

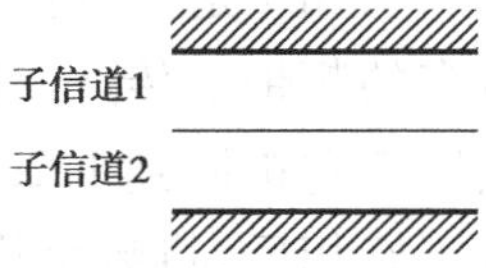

子信道1

子信道2

图 2.15 频分多路复用

2.10.2 时分多路复用(TDM)

TDM是把信道的时间划分成一个个的时间片(时隙),各路信号按时间片轮流地占用整个信道带宽。时分多路复用技术适用于数字信号的多路复用传输。

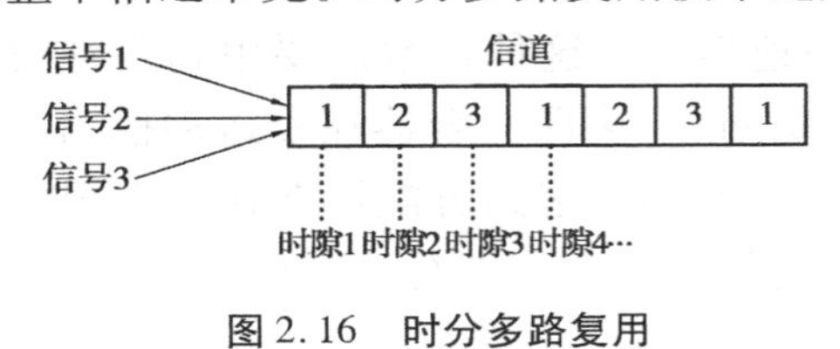

图2.16 时分多路复用

图2.16所示为3路数字信号在1个信道中复用传输的例子。假设将信道的时间划分为1 ms长的时间片,在信道的第1个时间片(第一个1 ms时隙)内传输第1路信号,在信道的第2个时间片(第2个1 ms时隙)内传输第2路信号,在信道的第3个时间片(第3个1 ms时隙)内传输第3路信号,在第4个时间片(第4个1 ms时隙)内又再次传输第1路信号……依此循环。从微观上看,虽然3路信号在信道中是串行传输的,但在宏观上(如1 s)3路信号是并行同时传输的。

2.10.3 波分多路复用(WDM)

早期的光纤系统使用一对光纤,一根发送,另一根接收。随着互联网的蓬勃发展,带宽需求的增长迅速超过了TDM的能力。于是,许多厂商致力于开发利用光纤的一个特性,即光子通过光纤并不要求空间,所以能以不同的波长传送多个信息流,每个波长都可同时通过同一根光纤,这个过程称为波分复用。

实现波分复用的设备称为波分复用器,其功能是将几种不同波长的光信号组合(合波)传输,又将光纤中的组合光信号进行分波,送到几个不同的通信终端。

通常,将信号峰值波长为50~100 nm时称为常规WDM,信号峰值波长为1~10 nm时称为密集波分复用(DWDM:Dense Wavelength Division Multiplexing)。

2.10.4 码分多路复用

码分多路复用(CDM/CDMA:Code Division Multiple Access)是建立在波分多路复用的基础上的,即利用了一个共享信道,使不同用户同时使用这个信道,但每个用户都采用不同的芯片序列(或称为伪噪声),作为区别同一信道上的不同用户的特征码。

CDMA是一种扩频通信技术,扩频就是将数字信号扩展到一个比一般的通信技术宽得多的频带上传送。以窄带CDMA为例,一个CDMA的呼叫以标准的9 600 b/s的开始,然后将它扩展到1.23 Mb/s,并与其他用户的信号合成在一起在同一个信道内传送。接收时正好相反,将数字代码从传播信号中分离,并与其他的用户相区分,还原成9 600 b/s的数字信号。

CDMA与TDM及FDM的区别可以用不同的会议情景来类比。TDM像是在同一个会议室的任何一个时刻,只有一个人讲话,大家轮流发言;FDM像是把与会人员分成若干小组,各小组在不同房间同时进行讨论;CDMA则像在同一个会议室,多个人同时分别使用自己的民族语言讲话,别人并不理解某个人在讲什么,仅视为噪声而已。

2.11 容易混淆的几个术语

1)带宽

带宽一般用来描述模拟信道的容量,而用数据传输速率来描述数字信道的容量。但是,在许多资料上也借用带宽这个词来描述数字信道的容量,如某数字信道的带宽为 56 kb/s,实际上是指该信道的数据传输速率为 56 kb/s。

2)码元与码元速率

简单地说,一种数字传输系统中的脉冲信号出现和消失的基本时间宽度被称为码元,亦指使用该基本时间宽度作为进行二进制编码的基本时间单位。例如,二进制编码“1 0 1 1 0 1 0 0 1”需用9个码元进行传输。如图 2.2(b)所示,用脉冲的“出现”或“消失”一个基本时间宽度(假设为 0.5 ms)分别表示二进制的“1”和“0”。

码元速率是一个与数据传输速率密切相关但又概念不同的术语。在数字传输系统中,码元速率指的是每秒钟脉冲信号状态(脉冲“出现”和“消失”)变化的次数,以波特(Baud)作为单位。由于某给定时刻信号可能取的离散值个数(奈奎斯特公式中的 L)对各个系统可以不一样,码元速率 B 和数据传输速率 C 在数值上不一定相等,但它们有如下关系:

$$C = B \log_2 L$$

例如,若 $B = 600$ Baud,$L = 4$,则数据速率为 $C = 1\ 200$ b/s。在很多场合下,通常信号只能取两种不同的状态($L = 2$),此时码元速率 B(Bd,波特率)和数据传输速率 C(b/s,比特率)数值就相等。

3)编码

编码是将源对象内容按照某种标准转换为一种标准格式。解码是和编码对应的,它使用和编码相同的标准将编码内容还原为最初的对象内容。

编码的目的最初是为了加密信息,经过加密的内容不知道编码标准的人很难识别,已经有数千年历史了。编码是为了符合传输的要求,解码是为了还原成能识别的信息。例如,计算机的脉冲数字电路只能直接进行二进制运算,也只能直接识别、理解二进制编码的信息,即文字、声音、图像等必须使用二进制进行编码后才能在计算机中进行存储和处理。

现在的编码种类非常多,主要目的是为了信息处理和信息交换。目前,常见的如字符编码(如英文字符的 ASCII,汉字的 GB 2312 等编码)、HTML 编码、域名编码、多媒体压缩编码(如 MP3、MPEG-2、H.264 等音、视频压缩标准)、局域网数据同步传输编码(曼彻斯特编码和差分曼彻斯特编码)、数据传输校验编码(如 CRC 校验码)、模拟信号的数字编码标准(如话音的 64 kb/s 采样编码)等。

按照香农的信息论,数据通信系统中的编码可分为信源编码和信道编码。加上编码的数据通信系统的信号传输过程是:[信源]→[信源编码]→[信道编码]→[信道传输+噪声]→[信道解码]→[信源解码]→[信宿]。信源编码的目的是使信源减少冗余,更加有效、经济地传输,最常见的应用形式就是压缩。相对地,信道编码是为了对抗信道中的噪声和衰减,通过增加冗余,如校验码等,来提高抗干扰能力以及纠错能力。

思 考 题

2.1 简述数据通信系统的组成。

2.2 试对数据通信系统所采用的两种传输方式进行比较,说明各自的优缺点。

2.3 对于数字信道,什么是带宽?它与传统意义的线路频带宽度有何区别?

2.4 光缆较之电缆在传输特性上有何优点?

2.5 根据数据传送的方向,传输技术分为哪些种类?试各举一例。

2.6 简述同步传输方式的工作原理。

2.7 试对常见的数据交换方式进行比较,说明各自的优缺点。

2.8 什么是多路复用?常见的多路复用技术有哪些?试述其工作原理。

2.9 说明常用非屏蔽对绞线的带宽与所能支持的数据传输速率。

2.10 请默写图2.9传输媒体的类型。

2.11 请说明奈奎斯特公式和香农公式的涵义。

3 计算机网络技术基础

网络化是建筑设备自动化发展的主要方向之一。建筑设备自动化系统集成首先要实现网络集成,而计算机网络技术在建筑设备自动化系统中的应用是建筑设备自动化技术升级换代的主要标志之一。

建筑设备自动化中的计算机网络包括信息网络和控制网络两大类。信息网络是指可以传输包括多媒体的管理信息的计算机网络,通常用于建筑设备自动化系统的管理层。控制网络是指传输监控信号的计算机网络,通常用于建筑设备自动化系统的监控层。本章介绍建筑设备自动化必需的计算机网络技术基础知识。

3.1 计算机网络的分类

计算机网络是把分布在不同地点的多台计算机(或智能化数字终端设备)通过网络通信设备和线路连接起来,以实现相互通信、资源共享的系统。

计算机网络从不同角度有不同的分类方法。

1)按距离分类

按计算机网络能够覆盖的范围,可分为局域网、广域网和城域网。

(1)局域网 LAN(Local Area Network) 美国电气与电子工程师协会(IEEE)曾经给局域网下过一个定义:局域网是一个数据通信系统,它在一个适中的地理范围内,通过物理通信信道,以适中的数据传输速率,使若干独立设备彼此进行直接通信。LAN 所覆盖的范围通常在几米至几千米,一般是在一栋建筑物内或一个单位范围内的计算机网络中应用。

常见的局域网有:Ethernet(以太网),Token-Ring(令牌环),Token-Bus(令牌总线)和 FDDI 光纤局域网等。

(2)广域网 WAN(Wide Area Network) 广域网是利用公共远程通信设施(如公用数据通信网、公用电话网、卫星通信网等),为用户提供对远程资源的访问,或者提供用户之间的快速信息交换。它是地区或国家甚至国际范围内的计算机网络。国际计算机互联网(因特网)是广域网的例子。

(3)城域网 MAN(Metropolitan Area Network) 城域网覆盖的范围在 LAN 与 WAN 之间,它的技术原理与 LAN 类似,但距离可以达到 30 ~ 50 km。MAM 正好可以弥补 LAN 与

WAN 之间的空隙。

2)按介质分类

按网络通信线路所使用的介质可分为有线网和无线网。

(1)有线网　有线网使用同轴电缆、双绞线、光纤等传输介质来传送数据。

(2)无线网　在移动通信中,无线传输显然是唯一的选择。即使在非移动通信中,为了克服地形地貌上的阻隔,降低线路的建造与维护费用,人们也必须采用微波干线或卫星通信。

3)按数据交换的基本方式分类

(1)共享型网络　在当前使用的低速 LAN 中,如 10Base2、10Base5、10BaseT 以太网、令牌网及光纤 FDDI 网,都是采用竞争共享的数据传输方式,即网络上的每台计算机必须争得传输通道的使用权后才能传送数据。当两个用户正在互相传送数据时,其他用户就不能传送数据,这种争用型网络在用户大量增加时其效能将会大大降低。

(2)交换型网络　高速 LAN 和 WAN 一般都采用分组交换技术的数据传输方式。交换型网络每个工作站独占一定带宽,可大大提高网络系统的带宽,网络系统带宽随着互联网工作站数量的增加而增加,如交换型快速以太网、千兆以太网。

4)按传输的信号种类划分

(1)信息网络　信息网络有广义和狭义之分。广义信息网络泛指各种传输信息的网络。本书中是指狭义信息网络,即传输多媒体信息或管理信息的计算机网络。在目前的局域网中,信息网络就是以太网,具有 10 Mb/s 及以上的数据传输速率(带宽)。常见的以太网有:10 Mb/s 以太网、100 Mb/s 以太网、1 Gb/s 以太网和 10 Gb/s 以太网。

(2)控制网络　控制网络是指传输监测或控制信号的网络。控制网络的带宽通常在 10 Mb/s以下(工业以太网除外),多数在 1 Mb/s 以下。控制网络常见的有:串行通信总线、现场总线和工业以太网。串行通信总线常用的有:RS-232C 和 RS-485 等,现场总线常用的有:LonWorks,CAN,Profibus,EIB,Modbus 等。

3.2　开放系统互联参考模型

开放系统互联参考模型(OSI/RM:Reference Model of Open System Interconnection)是由国际标准化组织(ISO:International Organization for Standardization)于 1979 年公布的。所谓开放系统,是指遵从国际标准能够实现互联并相互作用的系统。它是为了改变以前各网络设备厂家生产的封闭式网络设备之间难以实现互联的状况而研究出的一种新型网络体系结构国际标准。OSI/RM 为开放互联系统提供了一种 7 层的功能分层框架。网络通信功能的实现是很复杂的,为了便于解决和实现,采用了网络功能分层,即将一个复杂事物分解为若干个相对简单便于解决的事物。分层的多个简单的事物都解决了,总的复杂的事务也就解决了。

OSI/RM 的 7 层结构如图 3.1 所示。OSI/RM 的第 n 层使用第 $n-1$ 层提供的服务以及第 n 层的协议实现本层的功能,并向第 $n+1$ 层提供第 n 层的服务(即第 n 层的功能)。上层直接使用下层提供的服务,而不必关心该服务在下层具体是如何实现的。OSI/RM 各层数据传输的基本单位分别是:比特(物理层)、帧(数据链路层)、分组(网络层)、报文(传输层及以上高层)。

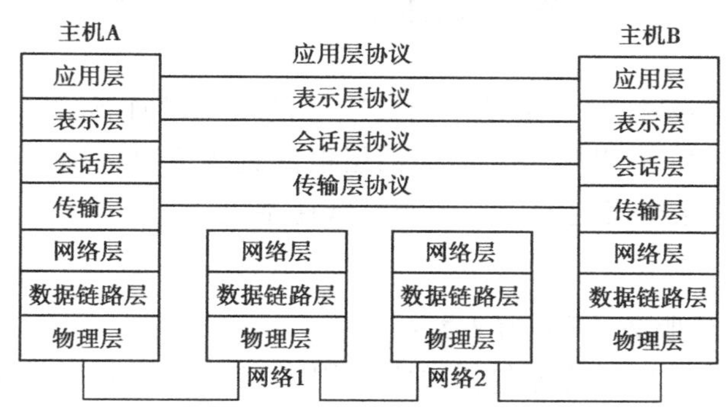

图 3.1　OSI/RM 的 7 层体系结构

通信协议是通信双方(信源与信宿)必须共同遵守的一组规则。OSI/RM 各层规定的功能,由该层的相关协议来规定其实现的细则。功能分层,协议也随之分层。

OSI/RM 各层功能简要介绍如下:

1)物理层

物理层规定通信设备的机械的、电气的、功能的和过程的特性,用以建立、维持和释放数据链路实体间的连接。具体地说,这一层的规程都与电路上传输的原始比特有关,它涉及:用什么电压代表“1”,用什么电压代表“0”;一个比特持续多少时间;传输是双向的,还是单向的;一次通信中发送方和接收方如何应答;设备之间连接件的尺寸和接头数;每根连线的用途等。

2)数据链路层

数据链路层向网络层提供相邻间无差错的信道。相邻之间的数据交换是分帧进行的,各帧按顺序传送,并通过接收端的校验检查和应答保证可靠的传输。数据链路层对损坏、丢失和重复的帧应能进行处理,处理过程对网络层是透明的。相邻之间的数据传输也有流量控制的问题,即要防止因发送速度太快使得接收无法完全接收数据从而造成数据丢失的情形出现。

局域网一般不存在路径选择问题,因而只涉及 OSI/RM 的 7 层体系结构中的物理层和数据链路层。

3)网络层

广域网一般具有 OSI/RM 的 7 层体系结构中的物理层、数据链路层和网络层。

网络层的功能主要是在源计算机与目标计算机之间的通信子网存在的多条路径中选

择一条最佳路径,以及拥塞控制和记账功能(根据通信过程中交换的分组数或字符数或比特数收费)。

当传送的分组跨越一个网络的边界时,网络层应该对不同网络中分组的长度、寻址方式、通信协议进行变换,使得异构网络能够互联。

4)传输层

传输层在网络层提供的服务基础上提供一种端到端(源主机到目标主机)的传输服务。

传输层的服务可能是提供一条无差错按顺序的端到端连接,也可能是提供不保证顺序和质量的数据报传输。这些服务可由会话层根据具体情况选用。传输连接在其两端进行流量控制,以免高速主机发送的信息流淹没低速主机。

5)会话层

会话层提供的会话服务,可分为2类:

(1)会话管理服务　会话管理包括决定采用半双工还是全双工方式进行会话。若采用半双工方式通信,决定收发双方该谁发送,该谁接收等。

(2)会话同步服务　将传输的报文分页加入"书签"(编号),当报文传输中途中断时,只需从中断的那一页开始补传即可,而不必从头重新传输整个报文。

6)表示层

表示层以下各层只关心如何可靠地传输数据,而表示层关心的是所传输的数据的表现方式,它的语法和语义。表示层服务的例子有:数据编码(整数、浮点数的格式,以及字符编码等)、数据压缩格式、加密技术等,后两种是数据传输过程所需要的。

表示层的用途是提供一个可供应用层选择的服务的集合,使得应用层可以根据这些服务功能解释数据的涵义。

7)应用层

应用层的功能就是为用户提供各种各样的网络应用服务,如文件传输、电子邮件、WWW、远程登录等。网络应用的种类很多,有些是各类用户通用的,有些则是少数用户使用的,并且新的网络应用层出不穷。应用层负责把那些通用的应用层功能标准化,以免出现许多互不兼容的应用层通信协议标准。常见的应用层标准化通信协议有:HTTP协议(WWW)、SMTP协议(E-mail)、FTP协议(文件传输)、Telnet协议(远程登录)等。

3.3　TCP/IP协议簇

随着Internet的发展和普及,TCP/IP协议已成为事实上的网络互联国际标准。IBMS、BMS的管理层局域网的发展方向是Intranet(内联网),也采用了TCP/IP协议。TCP/IP是一组协议的总称,因其中两个最重要的协议——TCP协议和IP协议而得名。TCP/IP的体系结构共有 4 个层次:应用层、运输层、网际层和网络接口层,如图 3.2 所示。

OSI/RM	TCP/IP
应用层	应用层
表示层	
会话层	
传输层	运输层
网络层	网际层
数据链路层	网络接口层
物理层	

图 3.2　TCP/IP 与 OSI/RM 的体系结构比较

1)应用层

应用层向用户提供一组常用的应用程序,如电子邮件等。它包含所有 TCP/IP 协议集中的所有高层协议如:虚拟终端协议(Telnet)、文件传输协议(FTP)、电子邮件协议(SMTP)、域名系统服务 DNS(Domain Name Service)、传输新闻文章的 NNTP 协议、传输 Web 页面的 HTTP 协议等。虚拟终端协议允许一台机器上的用户登录到远程机器上并且进行工作。FTP 协议提供了有效地把数据从一台机器移动到另一台机器上的方法。DNS 服务用于把主机名映射到网络地址。HTTP 协议用于从 Internet 上获取主页(Homepage)等。它们之间的关系如图 3.3 所示。

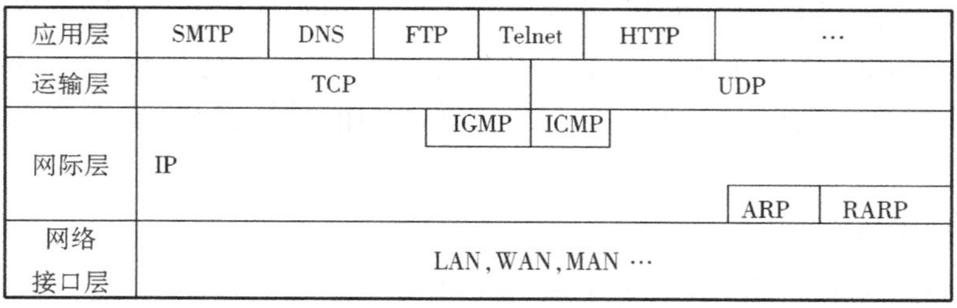

应用层	SMTP	DNS	FTP	Telnet	HTTP	…
运输层	TCP			UDP		
网际层	IP	IGMP	ICMP	ARP	RARP	
网络接口层	LAN,WAN,MAN …					

图 3.3　TCP/IP 协议簇

2)运输层

运输层提供可靠的端到端的数据传输,确保源主机传送数据报正确到达目的主机。这层定义了两个端到端的协议:

(1)传输控制协议(TCP:Transmission Control Protocol)　它是一个面向连接的可靠的传输协议,允许一台机器发出的报文流无差错地发往网络上的其他机器。它把输入的报文流分成报文段,并传送给网际层。在接收端,TCP 接收进程把收到的报文再组装成报文流输出。TCP 还要处理流量控制,以避免快速发送方,向低速接收方发送过多的报文而导致接收方无法处理。

(2)用户数据报协议(UDP:User Datagram Protocol)　它是一个不可靠的、无连接协议,用于不需要 TCP 的排序和流量控制功能的应用程序。其主要应用于传输速度比准确性更重要的报文(如语音或视频报文)。

3)网际层

网际层的功能是使主机可以把 IP(Internet Protocol)数据报发往任何网络并使数据报独立传向目标(可能经由不同的网络)。这些数据报达到的顺序和发送的顺序可能不同,如果需要按顺序发送及接收时,高层必须对数据报排序。该层定义了正式的 IP 数据报格式和协议,即 IP 协议。网际层需要把数据报发送至应该去的地方,所以该层还要处理路由选择、拥塞控制等问题。

4) 网络接口层

负责通过物理网络发送 IP 数据报,或接收发自物理网络的帧且将其转为 IP 数据报,传送给网际层。这里,物理网络是指任何一个能传输数据报的通信系统,这些系统大到广域网、小到局域网甚至点到点连接线路。正是因为这一点,使得 TCP/IP 具有相当的灵活性,即与网络的物理特性无关。

3.4 网络互联设备

网络的功能与协议是分层的,网络互联设备也是分层开发和生产的。

按照网络互联设备是对哪一层(可能包括下层)进行协议和功能的转换,可以把它们分成转发器(中继器、集线器)、网桥、交换机、路由器和网关 5 类。不论是在哪一层进行互联,其复杂性主要取决于两个网络在数据传输单元格式和运行规程方面的差别程度。有时,一个网络中的某些功能在与另一个网络连接时不能被转换,从而有些功能在网络互联中丧失。

1) 相关专业术语

为了更好地理解这部分内容,先了解几个相关专业术语。

(1) 网段　这里所说的网段,是指网络设备(中继器/集线器,交换机/路由器等)所连接的网络部分。

(2) 冲突域　在共享网络介质的网络(如总线型拓扑结构的网络)中,多台计算机若同时发送数据,会出现竞争使用同一个传输介质(同一个信道)的情况,从而产生冲突,导致信号波形畸变。虽然有相应的解决办法——介质访问控制协议,如共享以太网的 CSMA/CD 协议可以一定程度上避免冲突,发生冲突也能检测到冲突,但是检测到冲突后要等待一个随机时间后再重发原数据。重发数据仍然可能发生冲突,导致再次重发。

所有必须竞争共享网络媒介的联网计算机,可以认为是处在同一个冲突域中。一个冲突域中的计算机数量越多,产生冲突的概率就越大,数据重发的数量越多,网络带宽的有效利用率就越低。

(3) 广播域　广播域是一个联网的计算机组,该组内的所有计算机都会收到同样的广播数据包。广播域越大,其中的网络互联设备很可能越多,因网络设备正常工作而发布的广播数据包就越多,网络带宽的有效利用率就越低。

(4) 异构网络　网络是分层的,如果在两个网络的任意对应层上使用不同的协议,可以说这两个网络是异构网络。

(5) 虚拟局域网　虚拟局域网简称 VLAN(IEEE802.1Q 标准),是在交换型 LAN 物理拓扑结构基础上建立一个逻辑网络,使得网络中任意几个 LAN 或(和)单台计算机能够根据用户管理需要组合成一个逻辑上的 LAN。一个 VLAN 可以看成是若干站点(服务器/客户机)的集合,这些站点不必处于同一个物理网络中,可不受地理位置限制而像处于同一个物理 LAN 那样进行信息交换。VLAN 之间通常用路由器互联。VLAN 对于网络设计、管理和维护带来一些根本性的改变。其主要特点是:

①降低网络建设管理成本。借助于 VLAN 网管软件,可以轻松地构建和配置逻辑 LAN-VLAN,避免建设复杂而昂贵的物理 LAN,大大降低网络建设成本和网络管理开销。

②抑制广播风暴。VLAN 实际上代表着一种对广播数据进行抑制的非路由器解决方案。通过将 LAN 划分为若干个 VLAN,实质上缩小了广播域的范围。一个站点发送的广播帧只能广播到其所在的 VLAN 中的那些站点,其他 VLAN 的站点则接收不到。

③提高网络安全性。可基于多种安全策略来划分 VLAN,如按照应用类型、访问权限等将被限制访问的资源置于安全的 VLAN 中。

2)网络互联设备简介

(1)中继器(repeater)　中继器是一种底层设备,实现网络物理层的连接,它将网段上衰减的信号予以放大、整形成为标准信号,再转发到其他网段上去。

中继器的优点:

①可延长信号的有效传输距离(如 10Base-T,可用中继器扩大原 100 m 网段的距离);

②可连接同一局域网内的不同网段(如 10Base2 细缆以太网的 543 规则);

③可连接不同的网络传输介质(如光缆与对绞线);

④可连接物理层异构的不同网段(属于同一网络)。

中继器的缺点:

①不能互联数据链路层异构的网络;

②不能用来增加联网计算机的数量;

③不能用来隔离冲突域或广播域。

中继器的主要技术指标:带宽和端口类型(介质类型)。

中继器的适用场合:延伸线缆的有效长度。

(2)集线器(Hub)　集线器是物理层的一种网络互联设备,在逻辑上是一个多端口中继器,用于星型拓扑结构。其主要作用是“集线”和信号的放大整形。

集线器的优点:

①价格低廉的网络连接设备;

②可扩大局域网的覆盖范围和规模;

③集线器之间的连接方式可有堆叠或级联;

④其余同中继器。

集线器的缺点:

①中央集线器若发生故障,会造成整个网络瘫痪;

②用集线器构成的网络为共享型网络;

③集线器只能用于构建小型局域网(1 个信号只能在以太网中最多被中继 4 次);

④不能互联数据链路层异构的网络;

⑤不能用来隔离冲突域或广播域。

集线器的主要技术指标：

①带宽；

②端口类型(介质类型)；

③端口数；

④集线器间连接方式；

⑤支持网管的能力。

集线器的适用场合：

①联网的计算机数量不太多；

②窄带应用；

③扩大局域网的覆盖范围；

④扩大局域网的规模。

(3)网桥(Bridge)　网桥是一种数据链路层网络互联设备,可在同构或异构的局域网之间存储、过滤和转发数据帧,提供数据链路层上的协议转换。网桥是基于转发表实现数据帧的过滤和转发,即先将到达输入端的数据帧全部接收进网桥的存储器中暂存,提取帧头中的目的地址,通过在转发表中查找比对,找出相应的转发端口,最后将该数据帧转发出去。

网桥的优点：

①通过把一个局域网划分为两个子网,能够隔离冲突域；

②能够实现数据链路层及物理层异构的局域网之间的互联；

③可将两个独立的局域网实现互联,构成一个更大的局域网。

网桥的缺点：

①网桥连接的两个局域网属于同一广播域,即网桥不能隔离广播域,这是由网桥建立转发表时需要使用广播帧所决定的；

②由于不能在网络层上工作,因此不能互联两个网络层异构的网络；

③由于是通过执行程序的方式进行帧的过滤转发,因此速度比交换机慢。

网桥的主要技术参数：

①端口类型(介质)；

②端口带宽；

③网管。

网桥的适用场合：

①把一个大的局域网划分为更小冲突域的两个局域网；

②把两个分离的局域网连接成一个局域网；

③把两个数据链路层异构的局域网实现互联。

(4)交换机(Switch)　交换机也是一种数据链路层的网络互联设备,交换机是基于交换表的数据帧的过滤和转发。改变了传统的网桥通过软件实现帧转发的功能,而是通过专用集成电路(ASIC)芯片来实现快速的帧交换。交换机与网桥的主要区别为：端口数的多少(网桥一般为两端口,交换机可多至48个端口);转发方法上(网桥只是存储转发,交换机是存储转发与直通转发);转发速度上(网桥是软件方式转发,交换机是硬件方式即ASIC转发)。

交换机的优点:

①可构建交换型网络;

②交换速度快(几近线速),比网桥高一个数量级;

③故障易于隔离;

④端口数多;

⑤可互联数据链路层及物理层异构的局域网;

⑥能够隔离冲突域;

⑦可将几个分离的局域网连接成一个局域网。

交换机的缺点:

①不能隔离广播域;

②不能在网络层上工作,因此不能互联两个网络层异构的网络。

交换机的主要技术参数:

①网络类型(以太网,ATM,FDDI);

②交换机的类型(核心/汇聚/接入);

③带宽;

④端口介质类型,数量及全双工;

⑤交换时间;

⑥交换机间连接方式(堆叠或级连);

⑦VLAN(虚拟交换机)支持;

⑧网管(支持何种网络管理协议);

⑨支持生成树协议;

⑩可扩展接口模块种类;

⑪端口汇聚;

⑫MAC地址表的容量;

⑬服务质量(QoS);

⑭组播技术;

⑮端口镜像和流镜像。

端口镜像是指将某些指定端口(出或入方向)的数据流量映射到监控端口,以便集中使用数据捕获软件进行数据分析。

流镜像是指按照一定的数据流分类规则对数据进行分流,然后将属于指定流的所有数据映射到监控端口,以便进行数据分析。

交换机的适用场合:

①建立交换型局域网,满足网络高带宽需求;

②把一个大的局域网划分为更小冲突域的两个局域网；

③把两个分离的局域网连接成一个局域网；

④把两个数据链路层异构的局域网实现互联；

⑤需要建虚拟局域网时。

(5)路由器(Router)　路由器是工作于网络层的网络互联设备。路由器在不同的网络间基于路由表按照IP地址进行分组转发,并提供异构网络层协议的转换。路由器从一条输入线路上接收分组,然后向另一条输出线路转发,这两条线路可能分属于不同的网络,并采用不同的协议。由于路由器和网桥的概念类似,都是接收协议数据单元PDU,检查头部字段,并依据头部信息和内部的一张表来进行转发,人们经常会把这两种相混淆。实际上,网桥只检查数据链路帧的帧头,并不查看和修改帧携带的网络层分组,它不知道帧中包含的分组究竟是一个IP分组还是IPX分组。路由器则检查网络层分组头部,并根据其中的地址信息作出决定,当路由器把分组下传到数据链路层时,它并不知道(也不关心)它是通过以太网还是通过令牌环网实现传送,因为这是数据链路层的功能。

路由器的优点:

①既能隔离冲突域,也能隔离广播域;

②可互联异构的局域网;

③可互联网络层异构的广域网;

④可互联局域网与广域网;

⑤可构成防火墙;

⑥可实现VLAN的互联。

路由器的缺点:

①安装复杂;

②价格高;

③带宽较低。

路由器的主要技术参数:

①网络层协议;

②背板带宽;

③包转发速率;

④转发延迟;

⑤路由表容量;

⑥端口种类及数量(T1/E1,ISDN,DSL,同步串口/并口,以太网,Modem池,F. R.等);

⑦VPN支持;

⑧网络安全(安全标准,防火墙);

⑨网管协议支持;

⑩Qos。

路由器的适用场合:

①需要隔离广播域时；

②互联异构的局域网；

③互联网络层异构的广域网；

④构成防火墙；

⑤实现 VLAN 的互联；

⑥局域网与广域网的互联。

(6)网关(Gateway) 网关是指工作于高层的(运输层及以上)进行协议转换的网络互联设备。对于 TCP/IP,它一般分为 2 种类型;运输层网关和应用层网关。运输层网关在运输层连接两个网络,如源端建立一条到运输层网关的 OSI/RM 运输连接,运输层网关再与目的端建立一条 TCP 连接,这样源端和目的端就建立了一条端到端的连接。运输层网关负责进行 OSI/RM 运输层和 TCP 协议的转换。应用层网关在应用层用于连接两部分应用程序。例如,用 Internet 邮件格式从一台位于 Internet 上的机器向 ISO MOTIS 邮箱发送邮件,可以首先发送一条消息给邮件网关,邮件网关打开这条消息,将它转换成 MOTIS 格式,再把该消息转发给目的地。应用层网关的效率比较低,透明性不强,它是针对具体应用的,而不是一种通用的网络互联机制。对每一个应用都建立一个网关是不现实的,因为新的应用会层出不穷,并且会造成代码重复。

网关通常由运行网关软件的计算机构成,一般是专用的。当通过网络互联的两个系统高层协议异构时,需要使用相应的专用网关。

3.5 IEEE 802 局域网参考模型

为使不同厂商生产的网络设备之间能够相互通信,IEEE 802 委员会制定了一个被广为接受的局域网参考模型(简称“802 模型”)和系列 LAN 标准,并于 1985 年被美国标准化协会(ANSI)采用,成为美国国家标准。这些标准后来被 ISO 于 1987 年修改,并重新颁布成为国际标准,定名为 ISO 8802。

广域网相当于 OSI/RM 中的物理层、数据链路层和网络层,局域网只相当于 OSI/RM 最低的两层,即物理层和数据链路层。物理层显然是需要的,因为物理连接以及按比特在介质上传输都需要物理层。由于局域网不存在路由选择问题,因此局域网可以不要网络层。

3.5.1 IEEE 802 局域网体系结构与系列标准

局域网的体系结构与广域网相比,有很大的不同。

IEEE 802 局域网参考模型如图 3.4 所示。由于局域网的种类繁多,其介质接入、控制的方法也各不相同,并不像广域网那样简单。为了使局域网中的数据链路层不至过于复杂,在 802 模型中将局域网的数据链路层划分为两个子层,即下面的介质访问控制(MAC:

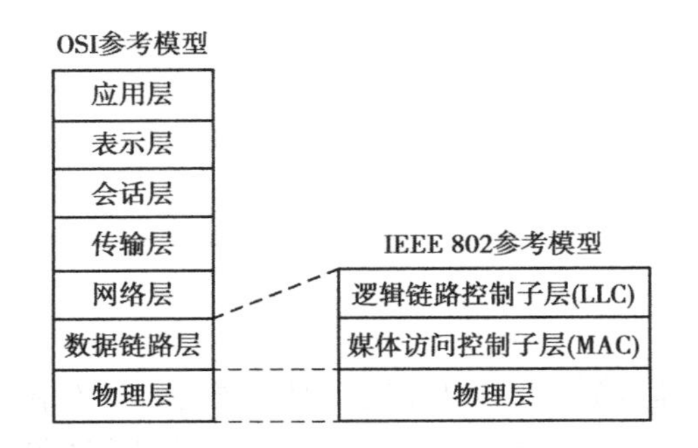

图 3.4　IEEE 802 参考模型与 OSI 参考模型的比较

Media Access Control)子层和上面的逻辑链路控制(LLC:Logic Link Control)子层。

(1)MAC 子层　MAC 子层与传输介质的接入有关,同时还负责在物理层的基础上进行无差错的通信,其主要功能是:

①将上层交下来的数据封装成帧进行发送(接收时进行相反的过程,将帧拆卸);

②实现和维护 MAC 协议;

③比特差错检测;

④寻址。

(2)LLC 子层　数据链路层中与介质接入无关的部分都集中在 LLC 子层。LLC 子层主要功能是:

①建立和释放数据链路层的逻辑连接;

②提供与高层的接口;

③差错控制;

④给帧加上序号。

IEEE 802 委员会已制订了十多个局域网标准,如表 3.1 所示。

表 3.1　IEEE 802 系列标准

标准代号	标准内容
802.1(A)	概述和体系结构
802.1(B)	寻址、网络管理、网间互联及高层接口
802.2	逻辑链路控制(LLC)
802.3	带碰撞检测的载波侦听多路访问(CSMA/CD)方法及物理层规范(以太网)
802.3u	快速以太网
802.3z	基于光纤的千兆以太网
802.3ab	基于非屏蔽对绞线的千兆以太网
802.3ae	基于光纤的万兆以太网
802.3an	基于屏蔽对绞线的万兆以太网
802.4	令牌总线访问方法及物理层规范(令牌总线网,token bus)
802.5	令牌环访问方法及物理层规范(令牌环网,token ring)
802.6	城域网访问方法及物理层规范(分布式队列双总线,DQDB)
802.9	LAN-ISDN 接口
802.10	交互性局域网安全性标准
802.11	无线局域网(WLAN),802.11b:10 Mb/s,802.11a:54 Mb/s
802.12	100VG ANY LAN(100 Mb/s)
802.14	交互式电视网(包括 cable modem)
802.15	无线个人网络(WPAN)
802.16	无线宽带局域网(BBWA)

3.5.2 以太网

以太网系列是目前使用最为广泛的局域网,其传输率自20世纪80年代初的10 Mb/s发展到新世纪初期的10 Gb/s,以太网支持的传输媒体从最初的同轴电缆发展到双绞线和光缆。星型拓扑的出现使以太网技术上了一个新台阶,获得更迅速的发展。从共享型以太网发展到交换型以太网,并出现了全双工以太网技术,致使整个以太网系统的带宽10倍、100倍地增长,并保持足够的系统覆盖范围。

在以太网无处不在的今天,以太网以其高性能(可靠性、扩展性)、价格低廉、使用方便的特点将继续获得发展,10 Gb/s以太网标准正在制订中。

1)以太网概述

什么是以太网?严格地讲,以太网是指按照IEEE 802.3标准规定的,采用带碰撞检测的载波侦听多路访问(CSMA/CD)方法对共享媒体进行访问控制的一种局域网。

最早试验型以太网由Xerox公司在20世纪70年代中期开发的,它是在2.94 Mb/s传输率的基带粗同轴电缆上工作。当时人们认为“电磁辐射是可以通过发光的以太来传播的”,故命名为以太网。

此后,Xerox得到DEC和Intel公司的支持,三家公司一起参加标准和器件的开发工作。1980年,以太网1.0版由三家公司联合发表称为DIX80(取3家公司的首字母拼接而成),这就是现代著名的以太网蓝皮书,全称为“以太网,一种局域网:数据链路层和物理层规范,1.0版”。它与试验型系统主要差别在于采用了10 Mb/s传输率。到了1985年,IEEE 802委员会正式推出IEEE 802.3 CSMA/CD局域网标准,它描述了一种基于DIX以太网标准的局域网系统。此后,IEEE 802.3标准又被国际标准化组织(ISO)接收成国际标准,成为正式的开放性的世界标准,被全球工业制造商所承认和采纳,以太网的国际标准为ISO/IEC 8802-3。802.3LAN与以太网差别甚微,通常混用。

以太网的核心思想是利用共享的公共传输媒体(常规共享媒体以太网只以半双工方式工作),整个以太网在同一时刻要么发送数据,要么接收数据,而不能同时发送和接收。对所有的用户而言,共享以太网都依赖单条共享信道,所以在技术上不可能同时接收和发送。

以太网产品及其技术不断更新和扩展,在拓扑结构、传输率和相应的传输媒体方面与原来的DIX标准有了很大的变化,形成了系列以太网,其主要技术及其标准见表3.2。

2)10 Mb/s以太网

根据使用媒体的不同,10 Mb/s以太网有4种类型(见表3.3),它们都是共享媒体型以太网。对于共享媒体型网络来说,网上任何站点不存在预知的或由调度来安排的发送时间,每一个站点的发送都是随机发生的,由于不存在要用任何控制来确定该轮到哪个站点发送,因此网上所有站点都会随机争用同一共享媒体。这会导致传输信号的混乱,无法正确传输。以太网在共享媒体上采用CSMA/CD(带碰撞检测的载波侦听多路访问技术)协议来解决“下一个该哪个站点往共享媒体上发送帧”的问题。

表 3.2　以太网发展简况

年　份	类　型	标　准	使用媒体
1982	10Base-5	802.3	粗同轴电缆
1985	10Base-2	802.3a	细同轴电缆
1990	10Base-T	802.3I	非屏蔽对绞线
1993	10Base-FL	802.3j	光纤
1995	100Base-T	802.3u	非屏蔽对绞线/光纤
1997	全双工以太网	802.3x	
1998	1000BASE-X	802.3z	光纤/屏蔽对绞线
1999	1000BASE-T	802.3ab	非屏蔽对绞线
2002	10GBASE-S,-L,-E,-LX4	802.3ae	光纤
2006	10GBASE-T	802.3an	屏蔽对绞线

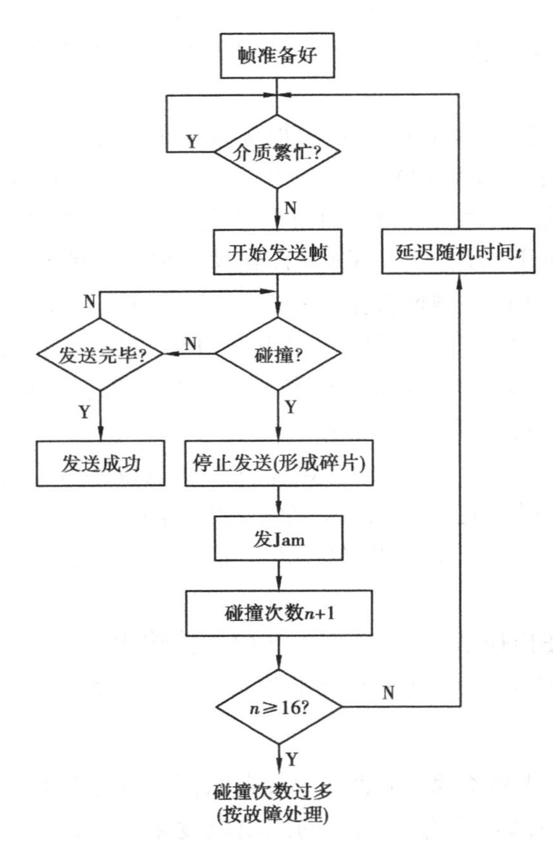

图 3.5　CSMA/CD 协议的基本工作流程

CSMA/CD 协议的基本工作要点如下：

(1)站点发送规则(见图 3.5)

①若介质忙，则继续侦听。

②若介质空闲，则开始发送数据帧。

③若在帧发送过程中检测到碰撞，则停止发送帧，并随即发送一个 Jam(强化碰撞)信号以保证让网络上所有站都知道已出现碰撞。

④发送了 Jam 信号后，若碰撞次数不到 16 次，则等待一段随机时间，再重新尝试发送(即返回步骤①)；若碰撞次数达到 16 次，则按故障处理。

(2)站点接收规则

①连在介质上的站点，若不处在发送帧的状态，就都处在接收状态。只要媒体上有帧在传输，处在接收状态的站点都会接收该帧，即使帧碎片也会被接收。

②完成接收后，首先判断是否帧碎片：若是，则要丢弃；若不是，则进行第③步。

③识别目的地址。在本步骤中确认接收帧的目的地址与本站点的以太网 MAC 地址是否符合：若不符合，则丢弃接收的帧；若符合，则进行第④步。

④判断帧的检验序列是否有效：若无效，即传输中可能发生错误，错误的帧可能包括

多位或漏位以及真正的 CRC 差错;若有效,则进行第⑤步。

⑤接收成功后,则解开帧,形成 LLC-PDU(LLC 层的数据包)提交给 LLC 子层。

表 3.3　4 种 10 Mb/s 以太网物理性能比较

以太网类型 / 物理性能	10BASE5	10BASE2	10BASET	10BASEFL
收发器	外置设备	内置芯片	内置芯片	内置芯片
传输媒体	ϕ10 mm,75 Ω 同轴电缆	ϕ5 mm,50 Ω 同轴电缆	3,4,5 类 UTP	62.5/125 多模光纤
最长媒体段/m	500	185	100	2 000
拓扑结构	总线	总线	星型	星型
中继器/集线器	中继器	中继器	集线器	集线器
最大跨距/m	2 500	925	500	4 000
媒体段数	5 段	5 段	5 段	2 段
网卡上的连接器	15 芯 D 型 AUI	BNC,T 型头	RJ-45	ST

10BASE5 是最早也是最经典的以太网标准,称为"DIX"。它的物理层结构特点是外置收发器,使用价格较贵的直径为 10 mm、阻抗为 75 Ω、需要专业安装的同轴电缆,即"粗同轴电缆"。

20 世纪 80 年代中期,出现了 10BASE2。由于 10BASE2 组网价格低廉,特别是网卡上内置收发器以及用直径 5 mm、阻抗 50 Ω 的同轴电缆,即"细同轴电缆",一方面节省了一个外置收发器,另一方面配上价格低廉的细同轴电缆,不仅整个 LAN 系统建设的价格远低于 10BASE5,而且免于专业化的安装技术。但由于每经过一个站点就要分割电缆,形成两个电缆连接点。站点越多,电缆连接点就越多。如连接点处接触不良可能造成 LAN 系统不能稳定可靠工作。相比之下,在 10BASE5 的系统结构上,由于媒体段是一根完整的不分割的同轴电缆,整个媒体段上的可靠性仅局限在某个站点的收发器与媒体段接触不良而形成该站点无法稳定上网的问题,而并不影响到整个媒体段系统的可靠性,因此一些点较多、规模较大的以太网系统则选用 10BASE5。

20 世纪 80 年代末,10BASE-T 以其低廉的非屏蔽双绞线(UTP)、星型拓扑结构的优点很快就成为主流 10 Mb/s 以太网。1993 年出现了使用多模光纤传输介质的 10BASE-FL,主要用于延伸网段距离和恶劣的电磁环境中。

20 世纪 90 年代后,基于 10BASE-T 技术,以太网技术和组网技术获得了空前的发展。可以认为,在 LAN 发展历史中,10BASE-T 技术是现代以太网技术发展的里程碑。

3)快速以太网

100 Mb/s 快速以太网的拓扑结构、帧结构及媒体访问控制方式完全继承了 10 Mb/s 以太网的 802.3 基本标准。与 10BaseT 类似,既有共享型集线器组成的共享型快速以太网系统,又有快速以太网交换器构成的交换型快速以太网系统。快速以太网的 10/100 Mb 自适应技术可保证 10 Mb/s 以太网能够平滑地过渡到 100 Mb/s 以太网。在统一的 MAC 子层(IEEE 802.2)下面,有 3 种快速以太网的物理层,每种物理层使用不同的传输介质以满足不同的布线环境,因此快速以太网主要有 3 种类型:

(1)100BaseTX　传输介质使用 5 类 UTP,只用其中 4 根线(2 根发送,2 根接收),最长距离为 100 m,使用与 10BaseT 一样的 RJ-45 连接器。可作为智能建筑的楼层 LAN 或主干网。

(2)100BaseFX　传输介质通常使用 62.5/125 μm 的多模光纤,以及单模光缆。在全双工模式下,多模光缆段长度可达 2 km,而单模光缆段长度可达 40 km。单模光缆的价格比多模光缆高得多。适合用作智能大厦、智能小区的主干网。

(3)100BaseT$_4$　传输介质基于 3 类 4 对 UTP。适用于原来采用 8 芯 3 类 UTP 布线的建筑物在不用更换线缆的情况下从 10 Mb/s 以太网升级到 100 Mb/s 以太网。

4)千兆以太网

千兆以太网(802.3z)和以太网(802.3)、快速以太网(802.3u),具有相同的 LLC(逻辑链路控制)层(802.2)和 MAC(媒体访问控制)层(CSMA/CD,相同的以太帧格式和帧长,半双工及全双工处理方式),在物理层上有较大区别。

(1)千兆以太网的类型(根据物理层,即编码/译码方案和传输介质的不同)

①1000BaseCX:使用一种短距离的屏蔽双绞线(25 m),这种双绞线不是符合 ISO 11801标准的 STP,而是一种 150 Ω 的平衡双绞线对的屏蔽铜缆,并配置 9 芯 D 型连接器。它适用于一个机房内的设备互联,如交换机之间、千兆核心交换机与主服务器之间的连接,这种连接通常就在机房的配线柜上以跨线方式连接即可。

②1000BaseTX(802.3ab):使用 4 对 5 类 UTP(有的厂家的产品不行)和 6 类 UTP,RJ-45连接器,无中继最大传输距离 100 m,可作为智能建筑的主干网。

③1000BaseLX:在收发器上配置了长波激光(波长一般为 1 300 nm)的光纤激光传输器,它可以驱动 62.5 μm、50 μm 的多模光纤和 9 μm 的单模光纤。在全双工模式下,多模光缆可达 550 m,单模光缆可达 5 km。连接光缆所用的 SC 型光纤连接器与 100BaseFX 使用的相同,适用于智能小区和校园主干网。

④1000BaseSX:在收发器上配置了短波长激光(波长一般为 800 nm)的光纤激光传输器,只能驱动 62.5 μm 和 50 μm 多模光纤。在全双工模式下,前者最长距离为 550 m,后者为 525 m。光缆连接器为与 1000BaseLX 一样的 SC 连接器,可作为智能建筑主干网。

(2)千兆以太网的主要特点

①完全采用交换方式:每端口独占 1 Gb/s 带宽。

②预留带宽:通过 SVP(Resource Reservation Protocol)资源预定协议为特定的应用提供预留的带宽,满足特定应用对带宽的需求。

③提供优先级服务:通过采用新的协议,如 IEEE 802.1q 和 802.1p,为网络中的应用提供优先级和虚拟网络等服务。

④支持第 3 层交换:为避免网络互联设备成为网络瓶颈,千兆以太网支持 L3 交换,即

千兆以太网交换机保持交换机的低延时性能,还具有路由器的网络控制能力。

⑤平滑过渡:千兆以太网保持了以太网的主要技术特征,如仍采用 CSMA/CD 介质访问控制协议,仍支持 UTP,相同的帧长与格式,支持半双工和全双工方式等,保证了从以太网/快速以太网的平滑过渡。

5)万兆以太网

2002 年 6 月,IEEE 802.3ae 任务小组颁布了一系列基于光纤的万兆以太网的标准,能够支持万兆传输的距离在 300 m(多模光纤)~40 km(单模光纤)。

2004 年,又通过了基于同轴电缆的 802.3ak 标准,该标准的发布,使得万兆端口价格迅速下降。

2006 年 6 月,IEEE 802.3an 任务小组通过了基于铜缆的万兆以太网标准 10GBase-T。6e 类非屏蔽对绞线可在 55 m 的距离内支持 10GBase-T,而 6a 类非屏蔽对绞线和 7 类屏蔽对绞线能在最长 100 m 的距离内支持 10GBase-T。相对于基于光纤的万兆以太网,基于铜缆的万兆以太网的性价比得到大幅度的提升。

万兆以太网适用于高带宽的大楼主干网、大型园区网、数据中心服务器集群和城域网。

6)主流以太网的网段跨距和系统跨距

主流以太网的网段跨距(传输介质无中继距离)和系统跨距(系统中两站点间的最大距离),是组网需考虑的一个重要因素。网络跨距与系统跨距在半双工时,受有效信号在介质中传输的最大距离与 CSMA/CD 的碰撞槽时间的共同制约;而在全双工时只受介质中有效信号最大传输距离的制约,不受 CSMA/CD 的限制。主流以太网的网段跨距和系统跨距,见表 3.4。

表 3.4 主流以太网的网段跨距和系统跨距

以太网类型	传输介质	网段跨距(半双工)/m	网段垮距(全双工)/m	系统跨距(半双工)/m	系统跨距(全双工)/m
10BaseT	3 类 UTP	100	100	500	500
10BaseFL	多模光纤	2 000	2 000	4 000	4 000
100BaseTX	5 类 UTP	100	100	205	205
100BaseFX	多模光纤	412	2 000	412	2 000
1000BaseLX	多模 62.5 μm	330	550	330	550
	多模 50 μm	330	525	330	525
	单模 9 μm	330	5 000	330	5 000
1000BaseSX	多模 62.5 μm	330	550	330	550
	多模 50 μm	330	525	330	525
1000BaseCX	150 ΩSTP	25	25	25	25
1000BaseT	超 5/6 类 UTP	100	100	200	200

3.5.3 令牌环网

IEEE 802.5 标准规定的是令牌环(Token Ring)网。令牌环是令牌通行环(Token Passing Ring)的简写。令牌就是一个具有特殊格式的帧,如一个 8 位的二进制数,它会一直在环上按一个方向从一个节点到另一个节点流动。如图 3.6 所示,令牌环网每个节点上都连接有一个联网的计算机。

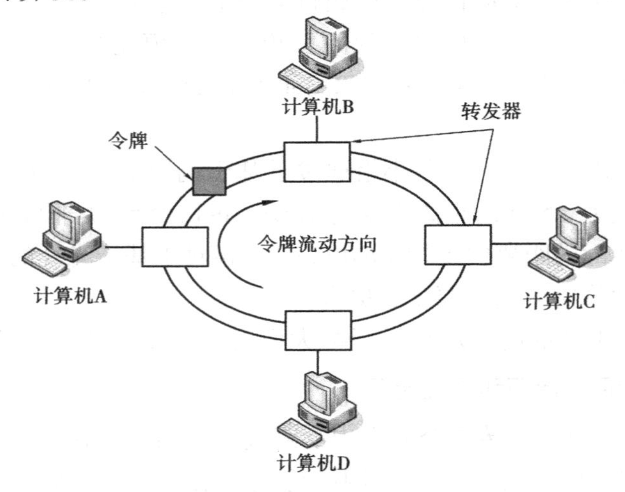

图 3.6 令牌环网示意

令牌有"闲"和"忙"两个状态,开始时为"闲"(如可将令牌的特定位设置为"1")。一个节点有数据要发送,必须等空闲令牌到来;检测到空闲令牌到来,便将之截获下来,设置令牌的状态为"忙"(将令牌的特定位设置为"0"),并把要传送的数据等字段加上去,令其继续往前传送;每到一个站点,该站点的转发器便将帧内的目的地与本站的地址进行比较,如果两地址符合,则复制该帧,并在帧中设置"已收到"标志,然后让帧继续传送;当传送回发送源站点时,若没有检查到"已收到"标志,则继续发送当前帧;若检查到"已收到"标志,就停止传送,撤销所发送的数据帧并立即生成一个新的令牌发送到环上。

令牌传送方式是一种无冲突的介质共享方式,常用于负载较重、通信量较大的网络,地理范围也比以太网大,同时随着负荷的增加和冲突增多,网络效率急剧下降。令牌环网的缺点是管理要比竞争方式复杂。为了防止令牌的损坏、丢失或出现两个甚至多个令牌等错误,网络必须有错误检测能力和恢复机制等。此外,令牌环网采用了集中管理方式,而该网络控制站一旦出现问题全网将不能正常工作。

3.5.4 令牌总线网

IEEE 802.4 标准规定的是令牌总线网。令牌总线网的物理拓扑为总线,其基本原理是让令牌一站接着一站地在总线上传递,到最后一个站点时返回到第一个站点,形成逻辑上的环,如图 3.7 所示。

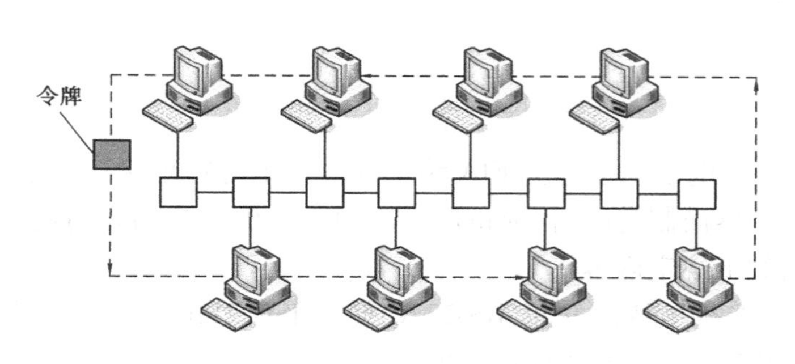

图 3.7　令牌总线网示意

3.6　建筑设备自动化系统中的控制网络

一般来说,信息网络的特点是数据包大,发送频率相对比较低,经常是瞬间传送大量数据,可用于要求以高传送速率来传输数据比较大的文件,对实时性没有严格的要求。

控制网络对实时性要求高,它往往在许多节点之间以高频率发送大量比较小的数据包来满足实时性的要求。因此,区分信息网络和控制网络的关键是网络是否具有支持实时应用的能力。另外,控制网络要求数据的确定性和可重复性。确定性是指数据传输要求有限的延迟和有保证的传送,即一个报文能否在一个确定的时间内发送出去和被正确地接收。从传感器到控制器的报文不成功的传送或者过长的延迟都会影响网络的性能。可重复性是指网络的传输能力不受网络上的动态改变(增加或者删除)和网络负载改变的影响。对于离散控制和连续控制的应用场合均有对网络传输数据确定性和可重复性的要求。

各种建筑设备自动化系统,不论是建筑设备监控系统,还是安全技术防范系统,或是家居自动化系统,其系统内部都是基于控制网络,都是在网络平台上实现系统监控功能的。

建筑设备自动化系统中的控制网络,其种类包括串行通信总线、现场总线和工业以太网几大类。

3.6.1　串行通信总线

1) 平衡与不平衡传输方式

串行数据传输的线路通常有 2 种方式:平衡方式和不平衡方式。不平衡方式为单线传输信号,即每个信号用一根导线传输,所有信号线共用一根地线,接收器采用单线输入信号;平衡方式用对绞线传输信号,信号在对绞线中自成回路不通过地线,接收器采用双端差动方式输入信号。在不平衡方式中,信号线上所感应到的干扰和地线上的干扰叠加后影响到接收信号;而在平衡方式中,对绞线上所感应的干扰相互抵消,地线上的干扰又不影响接收端。因此,平衡传输方式在抗干扰方面有较良好的性能,适合较远距离的数据传输。

2)RS-232C

RS-232C 是由美国电子工业协会 EIA 制定的一种串行物理接口标准。它最初是为连接计算机和调制解调器而制定的,目前也广泛应用于主机和终端间的近地连接。RS-232C 接口标准主要包括如下规定内容。

(1)机械特性　在机械特性方面,RS-232C 使用 ISO 2110 关于连接器的标准,也就是使用 25 根引脚的 DB25 连接器,该连接器的尺寸及每个插针的排列位置等都有明确的规定,如图 3.8 所示。有时只用图中常用的 9 个引脚,制成专用的 DB9 连接器,如图 3.9 所示。

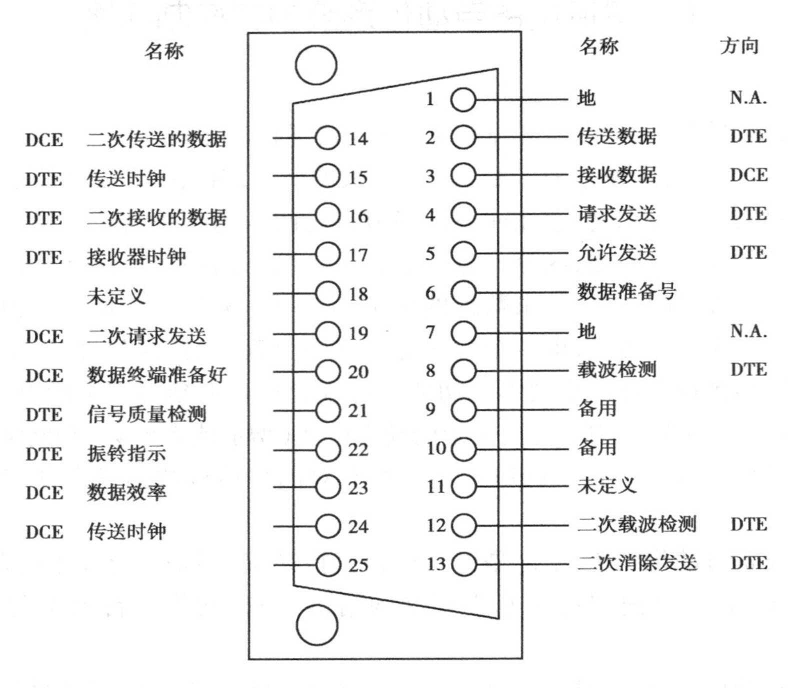

图 3.8　DB-25 连接器

(2)电气特性　RS-232C 采用负逻辑,即逻辑“1”的电平为 -5 ~ -15 V,而逻辑“0”的电平为 +5 ~ +15 V。因此,RS-232C 电平是和 TTL 逻辑电路产生的电平是不一样的。目前,已有专门的电平转换器电路可用来进行 TTL 电平和 RS-232C 电平间的转换。

RS-232C 的电气线路连接方式如图 3.10 所示,所采用的电路是单端驱动单端接收电路的不平衡传输方式。这种电路无疑是传送数据的最简单办法,其缺点是它不能区分由驱动电路产生的有用信号和外部引入的干扰信号。

由于发送器和接收器之间有公共的信号地线,因此共模干扰信号不可避免地要进入信号传送系统,这就是 RS-232C 为什么要采用大幅度的电压摆动来避开干扰信号的原因。TTL 电平对干扰十分敏感以致无法在远距离上工作,因为 TTL 的逻辑“1”(≥2.0 V)和逻辑“0”(≤0.8 V)电平之间最多只有 1.2 V 的摆幅,而电动机、打字机等的动作又很容易使

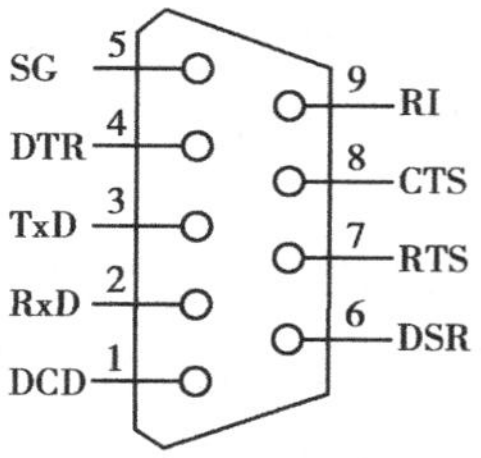

图 3.9　DB-9 连接器

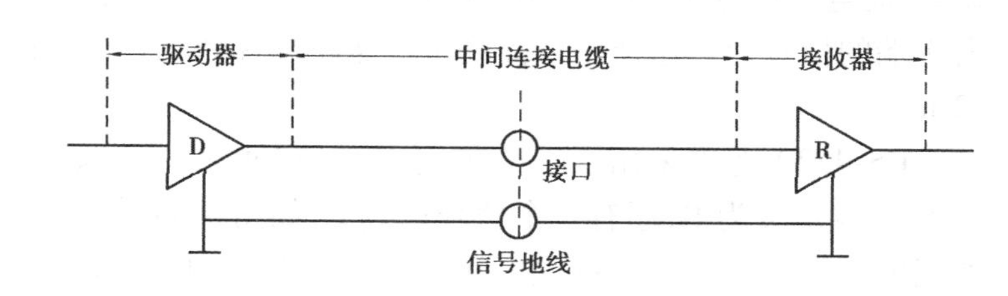

图 3.10　RS-232C 的电气线路连接方式

地线电平波动数伏。所以,公共信号地线的存在迫使 RS-232C 要采用高电压供电。

另外,在许多应用场合常常有电气干扰,当信号线穿过电气干扰环境时,发送的信号将会受到影响,若干扰足够大,发送的“0”很可能变成“1”,“1”也会变成“0”。因此,这种电路有较大的局限性,其速度和距离均受到限制。

使用这样的电平传输,RS-232C 能直接连接的最大距离仅约 15 m,通信速率低于 20 kb/s(标准速率为 50,75,110,150,300,600,1 200,2 400,4 800,9 600,直至 19 200 b/s),即若要延长通信距离,必须以降低通信速率为代价。

(3)功能特性　RS-232C 定义了 25 个连接器中的 20 条连接线,其中包括:2 条地线,4 条数据线,11 条控制线,3 条定时信号,其余 5 条线是备用的或未定义的。表 3.5 为 DB9 连接器和 DB25 连接器常用的引脚及功能含义。其中,除 DCD 和 RI 两信号专用于调制解调器外,其余 7 个端子都有可用于数字设备(计算机)间的数字通信。这 7 个端子中,RXD 和 TXD 是数据通信信号线,在两台通信设备间可构成全双工通信方式;DTR 和 DSR、RTS 和 CTS 是两对控制信号线,可实现两台通信设备间的“硬件握手”及传输流量控制。

表 3.5　EIA-RS-232C 的引脚及功能

9 针串口(DB9)			25 针串口(DB25)		
针号	功能说明	缩写	针号	功能说明	缩写
1	数据载波检测	DCD	8	数据载波检测	DCD
2	接收数据	RXD	3	接收数据	RXD
3	发送数据	TXD	2	发送数据	TXD
4	数据终端准备	DTR	20	数据终端准备	DTR
5	信号地	GND	7	信号地	GND
6	数据设备准备好	DSR	6	数据准备好	DSR
7	请求发送	RTS	4	请求发送	RTS
8	清除发送	CTS	5	清除发送	CTS
9	振铃指示	DELL	22	振铃指示	DELL

3)RS-423A 和 RS-422A 接口标准

与 RS-232C 类似,RS-423A 也是一个单端的、双极性电源的电路标准。为了解决 RS-

232C 地电平的电位差问题,RS-423A 进行了改进,采用差分接收器,接收器的另一端接收发送端的信号地。这样一来提高了传送距离和数据速率,在速率为 300 kb/s 时,距离可达 12 m。

RS-422A 标准采用了平衡传输方式,它使用一对双绞线传输信号,其中一线定义为 A,另一线定义为 B,还有一个信号地线 C,如图 3.11 所示。通常情况下,驱动器的 A、B 间的正电平在 +2 ~ +6 V;负电平在 -6 ~ -2 V。接收器也与驱动器做相同的规定。通信时收、发双方通过平衡双绞线将 AA 与 BB 对应相连。图 3.12 为 RS-422A 两点传输电路图。由图可知,RS-422A 两点传输采用 4 线,具有单独的发送和接收通道,形成全双工传输电路。由于接收器采用高输入阻抗和驱动器有比 RS-232C 更强的驱动能力,故允许在相同传输线路上连接多达 10 个的接受节点。

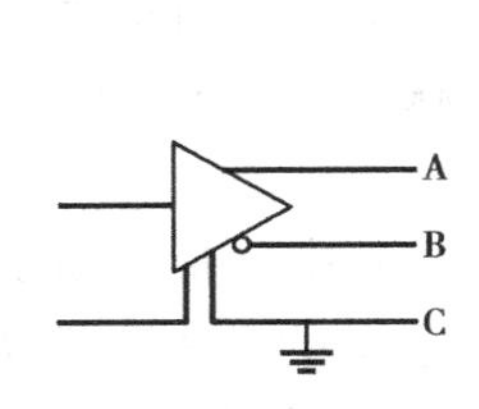

图 3.11　RS-422A 平衡传输电路

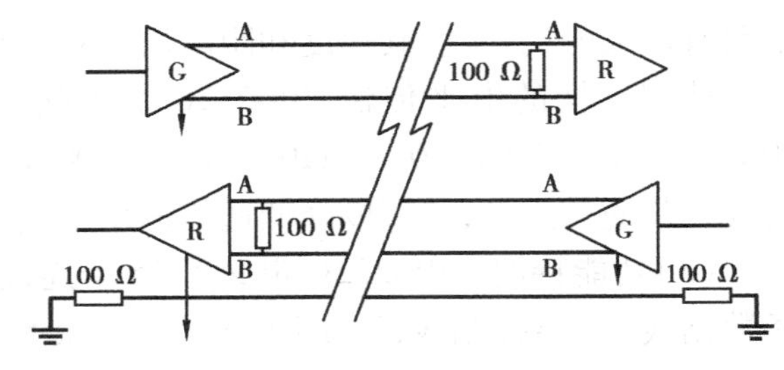

图 3.12　RS-422A 两点传输电路

RS-422A 能够在 1 200 m 距离内把速率提高到 100 kb/s,或在 10 m 距离内提高到 10 Mb/s。由于传统的 RS-232C 应用十分广泛,为了在实际应用中把处于远距离的 2 台或多台带有 RS-232C 接口的系统连接起来,进行通信或组成分布式系统,这时不能直接应用 RS-232C连接,但可用 RS-232C/422A 转换环节来解决。在原有的 RS-232C 接口上,附加一个转换装置,两个转换装置之间采用 RS-422A 方式连接,如图 3.13 所示。

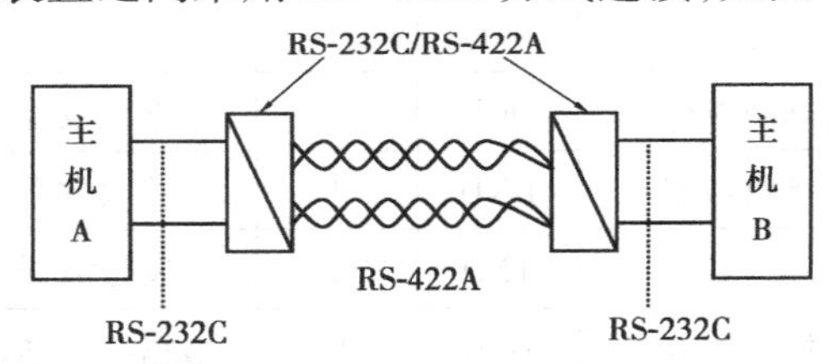

图 3.13　RS-232C/RS-422A 转换传输示意图

4) RS-485 串行接口标准

RS-485 是 RS-422A 的变型,它与 RS-422A 都是采用平衡传输方式,区别在于 RS-485 为半双工工作方式,因而可以采用一对平衡差分信号线来连接。图 3.14 为 RS-485 的两点传输电路图。

在许多工业控制及通信网络系统中,往往有多点互联而不是两点直接连接,而且在多数情况下,在任一时刻只有一个主控模块(点)发送数据,其他模块(点)处在接收数据的状态。RS-485 用于多点互联时非常方便,采用总线型拓扑结构,允许最多可挂接 32 个节点(又称为驱动器或接收器),这些驱动器和接收器共享一条信号通路,采用主从通信方

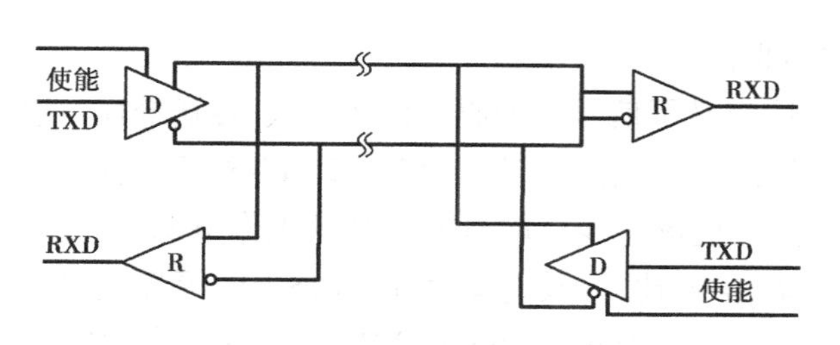

图 3.14　RS-485 两点传输电路

式,即在同一时间内,只能有一个驱动器工作,多个接收器在接收。

RS-232C、RS-422A、RS-423A 和 RS-485 的比较如表 3.6 所示。

表 3.6　RS-232C、RS-422A 和 RS-485 的比较

接　口	RS-232C	RS-422A	RS-485A
连接台数	2 台	10 台	32 台
传输距离与速率	15m:19.2 kb/s	10 m: 10 Mb/s	12 m:10 Mb/s
		200 m: 1 Mb/s	120 m:1 Mb/s
		1 200 m:100 kb/s	1 200 m:100 kb/s

3.6.2　现场总线

现场总线(Fieldbus)是近年来迅速发展起来的一种工业数据总线,是自动化领域中计算机通信体系的底层网络。它将专用微处理器置入传统的测量控制仪表,使它们具有数字计算和数字通信能力,采用通信介质将各测量控制仪表连接成网络系统,按照规范的通信协议,解决现场的智能化仪表、控制器、执行机构等现场设备间的数字通信以及这些现场设备与高层控制系统之间的信息传递问题。它给自动化领域带来的变革,正如众多分散的计算机被网络连接在一起,使计算机的功能、作用发生的变化一样。现场总线则使自控系统与设备具有了通信能力,把它们连接成网络系统。

1)现场总线的定义

根据国际电工委员会 IEC 标准和现场总线基金会 FF 的定义,"现场总线是连接智能现场设备和自动控制系统的数字式、双向传输、多分支结构的通信网络"。现场总线的基本内容包括:以串行通信方式取代传统的 4 ~ 20 mA 模拟信号,一条现场总线可为众多的可寻址现场设备实现多点连接,支持底层的智能现场设备与高层的系统利用共用传输介质交换信息。

2)现场总线的通信协议

现场总线就是一个定义了硬件接口和通信协议的标准。目前,各公司生产的现场总线产品没有一个统一的协议标准。各公司在制定自己的通信协议时,都参考了 OSI/RM 的 7 层协议标准,且大多采用了其中的第 1、2 层和第 7 层(即物理层、数据链路层和应用

层),并增设了第8层(即用户层)。

(1)物理层　物理层定义了信号的编码与传送方式、传送介质、接口的电气及机械特性、信号传输速率等。物理层通常采用RS-232、RS-422/RS485等接口标准。在某些情况下,由于现场传感器、变送器要从现场总线获取电能作为其工作电源,因此对总线上数字信号的强度(驱动能力)、传输速率、信噪比,以及电缆尺寸、线路长度等都提出了一定要求。

现场总线有2种编码方式:Manchester和NRZ。前者同步性好,但频带利用率低,后者刚好相反。Manchester编码采用基带传输,而NRZ编码采用频带传输。现场总线传输介质主要有电缆、光纤和无线介质。

(2)数据链路层　数据链路层包括介质访问控制层(MAC)和逻辑链路控制层(LLC)。

MAC功能是对传输介质传送的信号进行发送和接收控制,而LLC层则是对数据链进行控制,保证数据传送到指定的设备上。现场总线网络中的设备可以是主站,也可以是从站,主站有控制收发数据的权利,而从站则只有响应主站访问的权利。

关于MAC层,目前有3种协议:

①集中式轮询协议　其基本原理是网络中有主站,周期性地轮询各个节点,被轮询的节点允许与其他节点通信。

②令牌总线协议　这是一种多主站协议,主站之间以令牌传送协议进行工作,持有令牌的站可以轮询其他站点。

③总线仲裁协议　其机制类似于多机系统中并行总线的管理机制。

(3)应用层　应用层可以分为2个子层:上面子层是应用服务层,它为用户提供服务;下面子层是现场总线存取层,它实现数据链路层的连接。

应用层的功能是进行现场设备数据的传送及现场总线变量的访问,它为用户应用提供接口,定义了如何应用读、写、中断和操作信息及命令,同时定义了信息、句法(包括请求、执行及响应信息)的格式和内容。应用层的管理功能在初始化期间初始化网络,指定标记和地址。同时,按计划配置应用层,并对网络进行控制,统计失败和检测新加入或退出网络的装置。

(4)用户层　用户层是现场总线标准在OSI/RM模型之外新增加的一层,也是使现场总线控制系统开放与互操作的关键。

用户层定义了从现场装置中读、写信息和向网络中其他装置分派信息的方法,即规定了供用户组态的标准"功能模块"。事实上,各厂家生产的产品实现功能模块的程序可能完全不同,但对功能块特性描述、参数设定及相互联接的方法是公开统一的。信息在功能块内经过处理后输出,用户对功能块的工作就是选择"设定特征"及"设定参数",并将其连接起来。功能块除了输入输出信号外,还输出表征信号状态的信号。

3)常用的几种现场总线

目前,在建筑设备自动化系统中较为流行的现场总线主要有以下几种:

(1)LonWorks(Local Operating Networks)　美国Echelon公司推出的LonWorks,被广泛

应用于楼宇自动化、智能家居、安防及消防控制等领域。LonWorks 采用了 ISO/RM 模型的全部 7 层通信协议,采用面向对象的设计方法,通过网络变量把网络通信设计简化为参数设置,其通信速率从 300 b/s 至 1.5 Mb/s 不等,直接通信距离可达 2 700 m(78 kb/s,对绞线);支持对绞线、同轴电缆、光纤、射频、红外线、电力线等多种通信介质,并开发了相应的本质安全防爆产品。

关于 LonWorks 技术,本书将在 3.6.4 节进行详细的介绍。

(2)Modbus　Modbus 最初是由 Modicon 公司在 1979 年提出的一种应用层报文传输协议。目前,Modbus 通信协议是全球工业领域最流行的协议之一,许多工业设备(包括 PLC、现场控制站、智能仪表等)都使用 Modbus 协议作为其通信标准。

Modbus 协议定义了控制器能够识别和使用的消息结构,并没有规定物理层,不管它们是经过何种网络(如 RS-232、RS-485 和以太网等)进行通信的。标准的 Modbus 控制器使用 RS232C 实现串行的 Modbus。Modbus 的数据通信采用 Master/Slave 方式,Master 端发出数据请求消息,Slave 端接收到消息后就可以发送数据到 Master 端以响应请求;Master 端也可以直接发消息修改 Slave 端的数据,实现双向读写。

控制器可设置为两种传输模式(ASCII 或 RTU)中的任何一种在标准的 Modbus 网络通信。用户选择想要的模式,包括串口通信参数(波特率、校验方式等),在配置每个控制器的时候,在一个 Modbus 网络上的所有设备都必须选择相同的传输模式和串口参数。

①ASCII 模式　当控制器设为在 Modbus 网络上以 ASCII(美国标准信息交换代码)模式通信,在消息中的每个字节都作为 2 个 ASCII 字符发送。这种方式的主要优点是:字符发送的时间间隔可达到 1 s 而不产生错误。

②RTU 模式　当控制器设为在 Modbus 网络上以 RTU(远程终端单元)模式通信,在消息中的每个字节包含 2 个 4 比特的十六进制字符。这种方式的主要优点是:在同样的波特率下,可比 ASCII 方式传送更多的数据。

Modbus 协议可靠性较好。Modbus 协议对数据进行校验,串行协议中除有奇偶校验外,ASCII 模式采用 LRC 校验,RTU 模式采用 16 位 CRC 校验。另外,Modbus 采用主从方式定时收发数据,在实际使用中如果某 Slave 站点断开后,Master 可以诊断出来,而当故障修复后,网络又可以自动接通。

(3)CAN(Control Area Network)　CAN 网络由德国 Bosch 公司推出,主要用于汽车内部测量与执行部件之间的数据通信。CAN 协议也是建立在 ISO/OSI 模型的基础之上,不过其模型结构只有 3 层,即只取 OSI 底层的物理层、数据链路层和应用层。

CAN 的通信速率为 5 kb/s(10 km 内)或 1 Mb/s(40 m 内),可挂接设备数最多达 110 个,信号传输介质为对绞线或光纤等。CAN 具有如下主要特点:

①采用点对点、一点对多点及全局广播几种方式发送接收数据;

②可实现全分布式多机系统且无主、从机之分,每个节点均主动发送报文,可方便地构成多机备份系统;

③采用非破坏性总线优先级仲裁技术,当两个节点同时向网络上发送信息时,优先级

低的节点主动停止发送数据，而优先级高的节点可不受影响地继续发送信息，按节点类型不同分成不同的优先级，可以满足不同的实时要求；

④支持4类报文帧：数据帧、远程帧、出错帧、超载帧，采用短帧结构，每帧有效字节数为8，这样传输时间短，受干扰的概率低，且具有较好的检错效果；

⑤采用循环冗余校验及其他检错措施，保证了极低的信息出错率；

⑥节点具有自动关闭功能，当节点错误严重时，则自动切断与总线的联系，这样不影响总线正常工作。

目前，CAN 已被广泛用于汽车、火车、轮船、机器人、智能楼宇、机械制造等领域。

(4) Profibus (PROcess FIeldBUS)　Profibus 总线是符合德国国家标准 DIN19245 和欧洲标准 EN50170 的现场总线标准。由 Profibus-DP、Profibus-FMS、Profibus-PA 组成 Profibus 系列。DP 型用于传感器和执行器级的高速数据传输，传输速率可达 12 Mb/s，一般构成单主站系统，主站、从站间采用循环数据传输方式工作；FMS 提供大量的通信服务，以中等传输速率实现控制器和智能现场设备间的通信以及控制器之间的信息交换。因此，它主要考虑的是系统的功能而不是响应时间，可用于大范围和复杂的通信系统；PA 型则具有本质安全特性，它遵从 IEC1158.2 标准，是用于过程自动化的总线类型。

(5) EIB (European installation Bus)　EIB 是一个在欧洲占主导地位的楼宇自动化和家居自动化标准，被有效地应用于包括照明、安防、HVAC (Heating Ventilation Air Conditioning)、时间事件管理等楼宇自动控制领域的所有分支，其系统具有分布性、互操作性、灵活性等特点。

EIB 网络是一个完全对等(peer to peer)的分布式网络，接入网络的每个设备具有同等的地位。网络采用了域(Domain)、区(Area)、线(Line)的分层的结构，每条线上最多可以连接64 台设备；每个区内最多可容纳 15 条线；每个域最多可容纳 15 个区。通过特殊的线耦合器和区耦合器进行连接，相应的设备地址也分为区地址、线地址和设备地址。

EIB 协议遵循 ISO/RM 模型所定义的全部 7 层服务。物理层和数据链路层明显依赖于物理媒质的特性，并采用 CSMA/CA(避免碰撞的载波侦听多路访问控制协议)，保证对总线的访问在不降低传输速率的同时不发生碰撞；网络层通过网络协议控制信息控制跳跃数；传输层的逻辑通信关系包括一对多无连接(多终点组传输)、一对所有无连接(广播)、一对一无连接、一对一导向连接，它提供了地址与抽象内部表达之间的映射通信访问标识符；通过预留的会话层和表示层，所有设备被明显映射出来；应用层行使 EIB 网络用户/服务器管理的 API(应用程序接口)功能，应用层对通信对象组内部请求(或共享变量)分配通信访问标识符，以完成“收”(一对多)和“发”(一对一)功能。EIB 协议支持通信介质分段组合的网络，包括对绞线、输电线、无线频率传输。EIB 对绞线网络系统成本较低，作为总线的对绞线不仅实现数据的传输，还为每个总线设备提供 24 V 的直流电源，并且每条线路都有独立的电源设备。这样，当一条线路电源出现故障，也不会影响到网络中的其他设备。每条对绞线最长的通信距离为 1 000 m，线路中的设备距离电源的最大距离为 350 m。

3.6.3 工业以太网

工业以太网（Industrial Ethernet）在技术上与 IEEE 802.3 标准兼容，但在产品设计时，在介质的选用、产品的强度、适用性以及实时性、可互操作性、可靠性、抗干扰性和本质安全性等方面能满足工业现场的需要。与现场总线或其他工业通信网络相比，以太网具有应用广泛、成本低廉、通信速率高、软硬件资源丰富、易与 Internet 连接、可持续发展潜力大的优点，不仅垄断了工厂综合自动化的信息管理层网络，而且在过程监控层网络得到了越来越广泛的应用，并有直接向下延伸、应用于工业现场设备层网络的趋势。

1）工业以太网技术

（1）通信确定性与实时性　工业控制网络不同于普通信息网络的最大特点在于它必须满足控制作用对实时性的要求，即信号传输要足够的快和满足信号的确定性。实时控制往往要求对某些变量的数据准确定时刷新。由于 Ethernet 采用 CSMA/CD 的碰撞检测方式，网络负荷较大时，网络传输的不确定性不能满足工业控制的实时要求，因此传统以太网技术难以满足控制系统要求准确定时通信的实时性要求，一直被视为非确定件的网络。

然而，以太网技术的发展，给解决以太网的非确定性问题带来了新的契机。首先，Ethernet的通信速率从 10 Mb/s、100 Mb/s 提高到如今的 1 000 Mb/s 、10 Gb/s，在数据吞吐量相同的情况下，通信速率的提高意味着网络负荷的减轻和网络传输时延的减小，即网络碰撞几率大大减小；其次，采用星形网络拓扑结构，交换机将网络划分为若干个网段。Ethernet 交换机由于具有数据存储、转发的功能，使各端口之间输入和输出的数据帧能够得到缓冲，不会发生碰撞，同时交换机还可对网络上传输的数据进行过滤，使每个网段内节点间数据的传输只限在本地网段内进行，而不需经过主干网，也不占用其他网段的带宽，从而降低了所有网段和主干网的负荷；再次，全双工通信又使得端口间两对双绞线（或两根光纤）上分别同时接收和发送报文帧，也不会发生冲突。因此，采用交换式网络和全双工通信，可使网络上的冲突域不复存在（全双工方式），或碰撞几率大大降低（半双工方式），使 Ethernet 通信确定性和实时性大大提高。

（2）稳定性与可靠性　Ethernet 进入工业控制领域的另一个主要问题是，它所用的接插件、集线器、交换机和电缆等均是为信息网络而设计，未针对较恶劣的工业现场环境来设计（如冗余直流电源输入、高温、低温、防尘等）。

随着网络技术的发展，上述问题正在迅速得到解决。为了解决在工业应用领域极端条件下网络也能稳定工作的问题，一些公司开发和生产了导轨式收发器、集线器和交换机系列产品，安装在标准 DIN 导轨上，并有冗余电源供电，接插件也采用了牢固的 DB9 结构。另外，一些公司还开发和生产了用于工业控制现场的加固型连接件，可以用于工业以太网变送器、执行器等。在新近公布的 IEEE 802.3af 标准中，对 Ethernet 的总线供电规范也进行了定义。

此外，在实际应用中，主干网可采用光纤传输，现场设备的连接则可采用屏蔽双绞线，对于重要的网段还可采用冗余网络技术,以此提高网络的抗干扰能力和可靠性。

OSI/RM	工业以太网
应用层	应用层
表示层	
会话层	
传输层	TCP
网络层	IP
数据链路层	以太网
物理层	

图3.15　工业以太网通信模型

2)工业以太网体系结构

工业以太网技术规范在物理层和数据链路层均采用了IEEE 802.3标准,在网络层和传输层则采用TCP/IP协议簇,它们构成了工业以太网的低层,如图3.15所示。在高层协议上,如会话层、表示层、应用层等,则没有做技术规定。

为了满足工业现场控制系统的应用要求,必须在Ethernet + TCP/IP协议之上,建立完整的、有效的通信服务模型,制定有效的实时通信服务机制,协调好工业现场控制系统中实时和非实时信息的传输服务。为此,各现场总线组织纷纷将以太网引入其现场总线体系中的高速部分,利用以太网和TCP/IP技术,以及原有的低速现场总线应用层协议,从而构成了所谓的工业以太网协议,如HSE,PROFInet,Ethernet/IP等。

3.6.4　LonWorks

1)概述

LonWorks技术是美国Echelon公司1990年12月推出的一种现场总线技术。目前,世界上许多著名的楼宇控制系统厂商都采用了LonWorks技术,并广泛应用于建筑设备自动化系统中。

按照LonMark标准生产、经过LonMark协会认证的LonWorks产品,提供系统之间可互操作的保证,这意味着来自不同生产商的多个设备能够集成到一个单一的控制网中,而不需要定制节点或者定制编程。

LonWorks技术实际上是一种现场总线技术,可以方便地实现现场的传感器、执行器、控制器的联网。这种网络被称为LON局域操作网。LON和LAN的不同在于,LAN是设计用于传输长且复杂的数据,如以太网的最小数据帧长是64 B;而LON是设计用于传输短而简单的实时监控数据。

LonWorks控制网使用LonTalk网络协议,该协议是LonWorks技术的核心,它提供一套数据通信服务,使设备中的应用程序能在网上对其他设备发送和接收报文而无需知道网络拓扑、名称、地址和其他设备的功能。LonTalk协议能有选择地提供端到端的报文确认、报文证实和优先级发送。最初,LonTalk协议只嵌在由Echelon公司设计的神经元芯片中,神经元芯片内装LonTalk协议和处理器,使协议的实施标准化,也使开发和配置较为容易,这保证了所有厂商对LonTalk协议的一致应用。Echelon公司也公布了LonTalk协议,并使其成为EIA709.1控制联网标准下的一个公开标准。所以,现在用户也可以在自己选定的微处理器中执行LonTalk协议,但最方便的办法还是购买神经元芯片来实现LonTalk通讯协议。

2) LonWorks **技术的特点**

(1) LonWorks 技术的组成部分

①LonWorks 节点和路由器;

②LonTalk 协议;

③LonWorks 收发器;

④LonWorks 网络和节点开发工具。

(2) LonWorks 技术的特点

①LonWorks 技术是一套开放式技术,LonTalk 通信协议符合 ISO/OSI 标准模型,任何制造商的产品都可以实现互操作。

②LonWorks 技术支持多种通信介质,包括双绞线、电力线、光纤、同轴电缆、无线电波、红外线等,甚至多种介质也可在同一网络中混合使用。

③网络结构灵活,可以是主从式、对等式结构。

④可采用各种典型的网络拓扑,如星型、总线型、环型以及自由型等。

⑤网络通信采用面向对象的设计方法。LonWorks 技术称之为"网络变量",它使网络通信的设计简化成为参数设置,增加了通信的可靠性。

⑥通信速率可由 300 b/s ~ 1.25 Mb/s。

⑦LonWorks 在一个测控网上的节点数可达 32 000 个。

⑧提供有强有力的开发工具平台——LonBuilder 与 Nodebuilder。

⑨LonWorks 技术核心元件——Neuron 芯片具备通信和控制功能。内部装有 3 个 8 位微处理器,RAM,ROM,EEPROM,I/O 接口和定时器/计数器等硬件设备,以及 LonTalk 通信协议。

⑩改善了 CSMA,使网络在负载很重的情况下,不会导致瘫痪。

3) LonTalk **协议**

(1) LonTalk 通信协议的特点

①发送的报文都是很短的数据(通常有几个至几十个字节);

②通信带宽不高;

③网络上的节点往往是低成本、易维护的单片机;

④多节点,多通信介质;

⑤可靠性高;

⑥实时性强。

LonTalk 协议在网络拓扑结构、寻址方式、冲突检测、优先级响应和报文服务等方面有技术优势,可以支持多节点、多信道、不同速率和高负载的自由拓扑结构的控制网络系统。尽管 LonTalk 协议内部的技术复杂,但通过 Neuron 芯片,使用者可在无需知道内部技术细节的情况下快速应用 LonTalk 技术。

(2) LonTalk 协议的体系结构

①物理层　支持多种通信介质:对绞线、电力线、无线射频、红外线、同轴电缆和光纤

等。不同介质具有不同的通信速率、通信距离和不同的收发器，见表3.7。

表3.7 常见通信介质的特性表

类型	传输介质	数据传输速率	最大传输距离/m
TP/XF-1250	对绞线，总线拓扑	1.25 Mb/s	130
TP/XF-78	对绞线，总线拓扑	78 kb/s	1 330
TP/FT-10	对绞线，自由拓扑	78 kb/s	500
PL-2X	电力线	5 kb/s	500

②数据链路层　LonTalk采用带优先级可预测的P坚持CSMA算法进行介质访问控制，既有效地提高了通信介质的通信能力，又可以有选择性地提供优先机制以实现对重要数据信息（或急迫信息）的实时响应能力。帧结构由控制段、地址段和用户数据段和CRC段组成。用户数据段最大长度为228 B。

③网络层　LonTalk网络层主要功能为网络管理和路由。其网络管理包括网络地址分配、节点查询、路由表配置、网络认证和流量控制等。LonTalk为了实现灵活的路由功能，定义了如图3.16所示的网络拓扑结构，以及相应的编址方式。

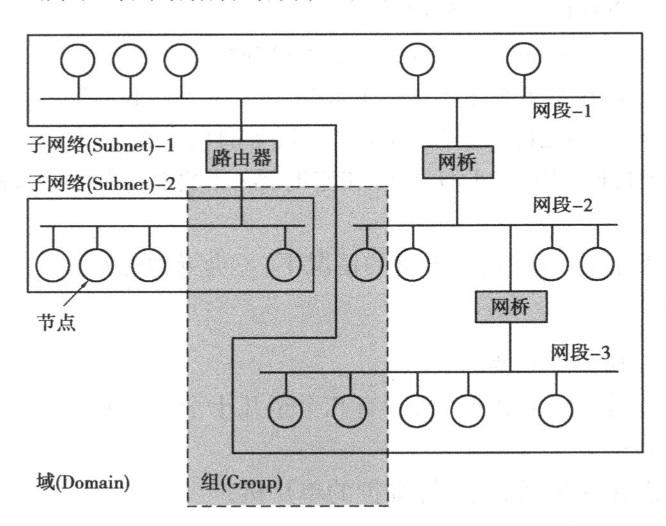

图3.16　LonWorks网络拓扑结构示意图

从图3.16可以看出，网段通过网桥连接形成"子网"，子网通过路由器连接形成"域"。在一个域中，由不同子网上的节点可形成"组"，其中每个节点称为"组成员"。

LonTalk协议采用了一种使用域、子网和节点地址的三级编址方式。这种编址方式可以编址全域、单个子网或单个节点。为了支持广播，LonTalk协议还采用了组地址方式同时对多个节点进行编址。

a.域地址　域是LonTalk网络节点的逻辑集合，多个域可以共用同一物理通信介质 。由于LonTalk通信仅限于同一域内的节点，因此一个域就形成了一个虚拟网络。这样，域地址可以防止不同虚拟网络中节点之间的干扰。

同一网络节点可以属于一个或两个域。属于两个域的节点具有两个域地址,可以用于两个域间的互联网关。LonTalk 协议不支持域间通信,但可以通过同属于两个域的节点利用专用应用程序实现两个域间的通信。

b. 子网络地址　在 LonTalk 网络中,一个域最多有 255 个子网络,每个子网络具有一个唯一的编号,即为子网络地址。

c. 节点地址　在 LonTalk 网络中,一个子网络最多有 127 个节点。在一个子网络中,每个节点具有一个唯一的编号,即为节点地址。

d. 组地址　组是一个域中节点的逻辑集合,是有效地进行广播的地址形式。与子网络不同的是,节点可以任意分组,并可以跨越任意信道、网桥和路由器等。一个节点可以属于不同的组,但最多不能超过 15 个组。由于组地址用 1 个字节进行编码,因此 1 个域最多可以有 256 个组。

e. Neuron 芯片 ID　Neuron ID 是 Neuron 芯片在出厂时就固化在芯片里的 48 比特位编号,全球范围内唯一,故可以用 Neuron ID 对网络节点进行编址。

④传输层　在传输层中为以适应不同网络响应、安全性和可靠性的要求,LonTalk 协议主要定义了如下 4 种服务。

a. 确认服务或请求/应答服务　这种服务通常要求对方进行确认或应答,是可靠性的信息传输方式。当对方在规定的时间内没有确认或应答时,发起方开始重新发送,若重发次数超过规定的次数,则传输失败,并通告相关进程进行处理。

b. 无确认重复服务　这种服务为了保证对方能正确收到发送的信息,不需要对方进行确认或应答,采用多次向对方发送的方式进行信息传输,重发次数可事先设定。这种服务的可靠性比确认服务或请求/应答服务差些,但其费用有时会少些。

c. 无确认服务　这种服务只向对方发送一次,并且不需要确认或应答。虽然其可靠性低,但具有极高的传输效率。这种服务通常用于需要较高传输性能、网络带宽有限及对报文丢失不敏感的场合。

d. 优先服务　这种服务通过预先设定的优先级,按报文的优先级进行传输。利用该服务可以发送紧急报文,以实现对紧急事件的实时处理。为了保证紧急报文的实时传输,这种服务必须预留一定的通信带宽,因而这种服务是以损失通信带宽为代价来实现紧急报文传输的。

⑤会话层　在会话层中,除定义网络管理及其接口外,LonTalk 协议最具特色的功能是认证功能。认证功能可以防止非法访问和操作,同时也是在节点安装和配置时通过设置一个 48bit 的密钥来确定的。

⑥表示层　LonTalk 协议在表示层定义了报文数据的编码,包括网络变量报文编码和显示报文编码。其中,网络变量（NV）LonTalk 协议中最为重要的概念,称为“隐式报文”,是传输互操作功能信息的主要方式之一。而显示报文可用于传输应用程序的任意数据。

⑦应用层　在应用层中,LonTalk 协议主要定义了标准网络变量类(SNVT)和一个文

件传输协议。其中,SNVT 将 LonTalk 网络节点互操作的语义进行了标准化,使网络节点具有更好的互操作性。文件传输协议主要用于传输应用程序间的数据流。

4) LonWorks 节点

LonWorks 的节点分为智能节点和通信节点 2 类。

智能节点是组成 LonWorks 网络最基本的控制单元。它下接传感器或执行器,上接 LonWorks 网络,主要由 4 部分组成:Neuron 芯片、I/O 外围电路、收发器和存储器。其简单框图如图 3.17 所示。

通信节点,也称通信接口适配器或 LonWorks 网络接口,其 Neuron 芯片只用于通信处理器,节点应用程序由主处理器来执行。LonWorks 网络接口用于建造基于主处理器而不是 Neuron 芯片的节点。其主要用于处理能力、输入/输出能力要求较高的场所。图 3.18 为通信节点框图。

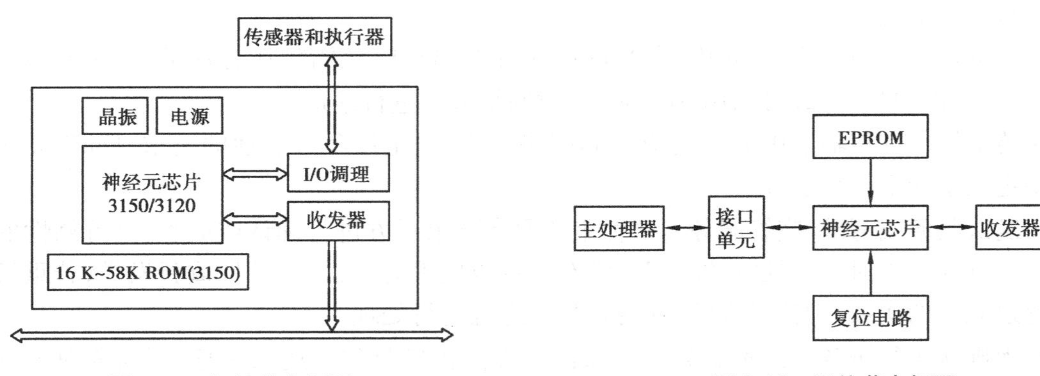

图 3.17　智能节点框图　　　图 3.18　通信节点框图

5) 神经元(Neuron)芯片

神经元芯片是构成 LonWorks 节点的核心器件,是一种集通信、控制、调度和 I/O 支持为一体的高级 VLSI 器件。如图 3.19 所示,每个神经元芯片内包含如下几个组成部分:

(1)3 个 8 位的 CPU　如图 3.20 所示,CPU1 为介质访问控制处理器,由它负责处理 LonTalk 协议的第 1 层物理层和第 2 层数据链路层,并可以驱动通信子系统的硬件和执行 MAC 算法,CPU1 和 CPU2 用共享存储区中的网络缓冲区进行通信,对网上报文进行编译码;CPU2 为网络处理器,负责实现 LonTalk 协议的第 3 层到第 6 层(网络层、运输层、会话层和表示层),它完成网络变量的处理、寻址、事务处理、权限证实、背景诊断、软件计时器、网络管理、路由选择等功能,同时还控制网络通信端口,物理地址发送和接收数据包,CPU2 用共享存储区中的应用缓存区与 CPU3 通信;CPU3 是应用处理器。它实现网络协议中的第 7 层应用层,执行由用户编写的代码及用户的代码所调用的操作系统命令。

(2)存储器　1 kB 或 2 kB 随机存储器 RAM——存储和应用系统的数据。只读存储器 EEPROM(至少有 512 B 可察、可编程)用于存储应用编码、网络组态与网络寻址信息和制造商写入 Neuron 芯片 ID 码。10 kB 只读存储器 ROM(仅对 3120 芯片)用于存储 LonTalk 协议代码、事务驱动任务调度程序和应用函数库。

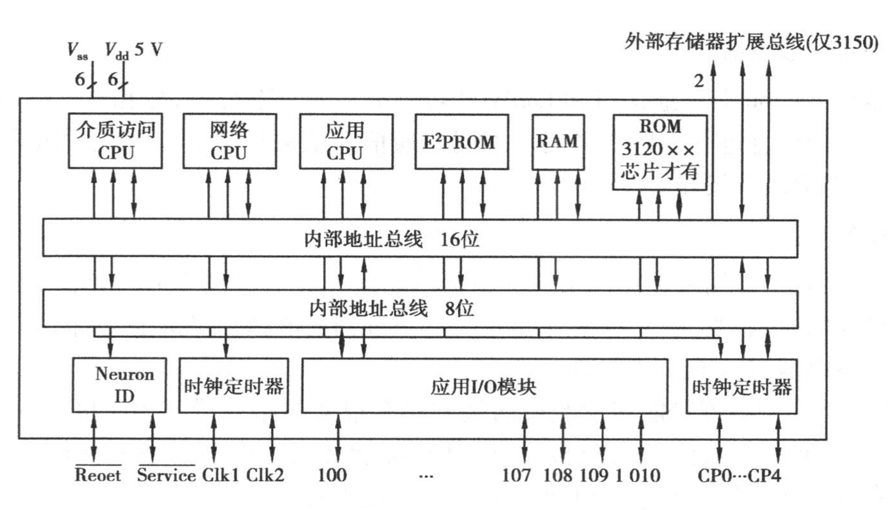

图 3.19 Neuron 芯片方框图

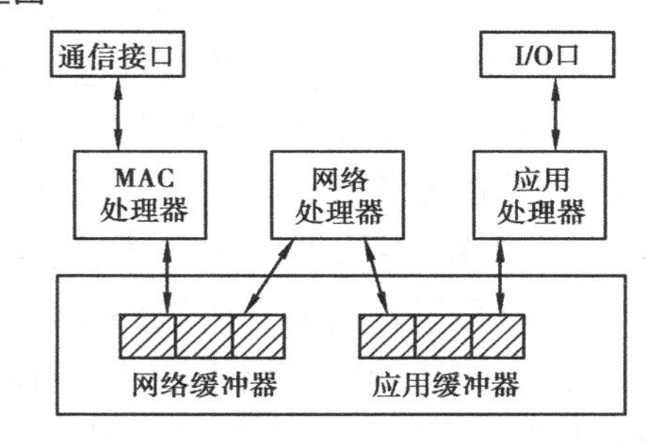

图 3.20 Neuron 芯片处理器功能

(3)外部存储器接口(仅对 3150 芯片) 其寻址空间可达 64 kB,其主要用于应用程序和数据,存储 Neuron 芯片的固件和预留区。

(4)11 个可编程 I/O 口 各种传感器、执行器和其他 I/O 设备通过 I/O 口发送和接收信息。11 个 I/O口可通过编程设定为 4 类共 34 种功能,用来实现有效的测量、计时和控制应用操作。

(5)可编程网络通讯口 它有 5 个引脚,可组成 3 种通信模式:单端、差分和专用模式,能使神经元芯片与多种通信介质接口(收发器)相连,且可实现 300 b/s 到 1.25 Mb/s 的传输率。

(6)2 个 16 位定时器和计数器 和 I/O 口一起,定时器和计数器能被用于支持各种具有频率、脉冲宽度和脉冲计数界面的 I/O 设备的接口。

(7)休眠/唤醒电路 在软件控制下,Neuron 芯片可设置为低功耗休眠状态,这时系统时钟和所有定时器/记数器都停止工作但保留所有状态信息。当检测到唤醒事件时,可恢复正常工作。

(8)Service Pin(服务引脚) 它是神经元芯片里的一个非常重要的管脚,在节点的配置、安装和维护的时候都需要使用该管脚。该管脚既能输入,也能输出。输出时,Service Pin 通过一个低电平来点亮外部的 LED。LED 保持为亮表示该节点没有应用代码或芯片已坏;LED 以 1/2 Hz 的频率闪烁表示该节点处于未配置状态。输入时,一个逻辑低电平使神经元芯片传送一个包括该节点 48 比特的 Neuron ID 网络管理信息。

(9)Watchdog(看门狗)定时器 神经元芯片为防止软件失效和存储器错误,包含 3 个 Watchdog 定时器(每个 CPU 配 1 个)。如果应用软件和系统没有定时地刷新这些 Watch-dog 定时器,整个神经元芯片将自动复位。

6) LonWorks 收发器

收发器在 Neuron 芯片通信口和 LonWorks 网络间提供完整的机械和电气接口，并完成对发送和接收的信息进行编码和解码。不同的通信介质采用不同型号的收发器，如对双绞线收发器、电力线收发器。

7) 路由器

所谓路由器，是指用来连接两信道并在信道之间完成消息包路由的装置。这里，信道是指由于物理的原因（如距离、通信介质），将网络分割成能独立发送报文而不需要转发的一段介质。路由器有以下 4 种类型：

(1) 中继器　中继器是能转发经过两端的所有报文的路由器。无论报文的目标地址和域是什么，只要是接收到的有效报文，中继器都能转发。中继器是一种最简单的路由器。它要完成的任务是在两个信道间简单地传送消息包。

(2) 桥接器　同中继器一样，桥接器也仅是简单地在两个信道间向前传送消息包。所不同的是，它将要传送的消息包按其域地址传送。

(3) 学习路由器　学习路由器属于智能路由器，可以监视网络的通信量并且学习域/子网的网络拓扑关系，然后应用它所学的知识在信道间有选择地路由消息包。所谓学习网络拓外关系，实际上是通过学习建立自己的路由表。

(4) 配置路由器　配置路由器也属智能路由器，它能借助内部的路由表在信道间有选择地路由消息包。所不同的是，内部的路由表是由网络管理器建立的。网络管理器可以通过建立子网地址及组建地址的路由表来优化网络的通信能力，使网络的通信量达到最佳。

LonWorks 路由器能支持简单到复杂的网络连接，这些网络可以小到几个节点大到上万个节点。LonTalk 协议的设计提供了对于路由器透明转发的节点之间报文的支持。

8) 面向对象的编程语言 Neuron C

Neuron C 是专门为 Neuron 芯片设计的编程语言，它从 ANSI C 中派生出来，严格遵守 ANSI C 语言规则，但并不是对 ANSI C 的再现，而是对 ANSI C 进行了删减和增补。如删除了 ANSI C 中的某些函数库，扩展 ANSI C 直接支持 Neuron 芯片的固件，并为分布式 LonWorks 环境提供了特定的对象集合及访问这些对象的内部函数，并提供了内部类型检查，是一个开发 LonWorks 应用的有力工具。

9) LonMark 互操作标准

由于 LonWorks 技术在全球范围内发展速度极快，已远超过其他任何一种现场总线，许多 LonWorks 用户和生产厂商认识到，为监控网络建立一个互操作的标准是非常必要的。1995 年，由 180 家重要的 OEM 组成了 LonMark 协会，其工作的主要任务是制订并维护 LonWorks 技术的设计指导标准，即 LonMark 互操作标准，以帮助生产厂商和用户制造和使用统一开放的、可互操作的 LonWorks 产品。

思 考 题

3.1 简述计算机网络的定义。

3.2 按照能够覆盖的范围,计算机网络可分为哪几类?

3.3 网络的基本拓扑结构有哪几种?试比较各种结构的优缺点。

3.4 OSI 各层的基本功能是什么?各层数据传输的基本单位分别是什么?

3.5 常见的网络互联设备有哪几类?它们分别工作在 OSI 的哪一层?

3.6 TCP/IP 的体系结构共有哪几层?各层的主要功能是什么?定义了哪些主要协议?

3.7 IEEE 802 参考模型分为哪几层?它们的功能是什么?与 OSI 中的各层有何关系?

3.8 试说明控制网络与信息网络的区别。

3.9 简述以太网 CSMA/CD 的工作流程。

3.10 试说明令牌的作用。

3.11 建筑设备自动化系统中的控制网络主要有哪几类?各有何特点?

3.12 建筑设备自动化系统中常用哪几种现场总线?各有何特点?

3.13 简述 LonWorks 技术及特点。

3.14 RS-232 和 RS-485 标准在传输速率、距离上有什么不同?各适合于什么场所?

4 计算机控制技术基础

计算机控制技术是计算机技术与自动控制技术相结合的产物,是构成智能建筑建筑设备自动化系统的核心技术之一。数字计算机具有强大的计算能力、逻辑判断能力和大容量存储信息的能力,能够解决常规控制技术解决不了的难题,能达到常规控制技术达不到的优异性能指标。与采用模拟调节器的自动控制系统相比,计算机控制能够实现先进的控制策略以保证高精度、高性能;控制灵活,能够在线修改控制方案;性能价格比高;便于实现控制与管理相结合,使自动化程度进一步提高。因此,大楼机电设备采用计算机控制以后,才能真正为人们提供一个安全、节能、高效而又便利的环境。

4.1 自动控制系统

在现代工业、农业、国防和科学技术领域,自动控制技术都担负着十分重要的角色。所谓自动控制,就是在没有人直接参与的情况下,通过控制器使生产过程自动地按照预定的规律运行。自动控制理论和技术的不断发展,为人们提供了获得动态系统最佳性能的方法,提高了生产效率,并使人们从繁重的体力劳动和大量重复的手工操作中解放出来。

4.1.1 自动控制系统的基本形式

自动控制系统有两种最基本的形式,即开环控制和闭环控制。

图4.1 开环控制系统框图

开环控制是一种最简单的控制方式,其特点是:在控制器与被控对象之间只有正向控制作用而没有反馈控制作用,即系统的输出量对控制量没有影响。开环控制系统框图,如图4.1所示。

在开环控制系统中,对于每一个参考输入量,就有一个与之相对应的工作状态和输出量。系统的精度取决于元器件的精度和特性调整的精度。

当系统的内扰和外扰影响不大,并且控制精度要求不高时,可采用开环控制方式。

闭环控制的特点是:在控制器与被控对象之间,不仅存在着正向作用,而且存在着反馈作用,即系统的输出量对控制量有直接影响。系统将检测出来的输出量送回到系统的输入端,并与输入信号比较的过程称为反馈。若反馈信号与输入信号相减,称为负反馈;

反之,若相加,则称为正反馈。输入信号与反馈信号之差,称为偏差信号。偏差信号作用于控制器上,使系统的输出量趋向于给定的数值。闭环控制的实质就是利用负反馈的作用来减小系统的误差,因此又称为反馈控制。其控制框图如图4.2所示。

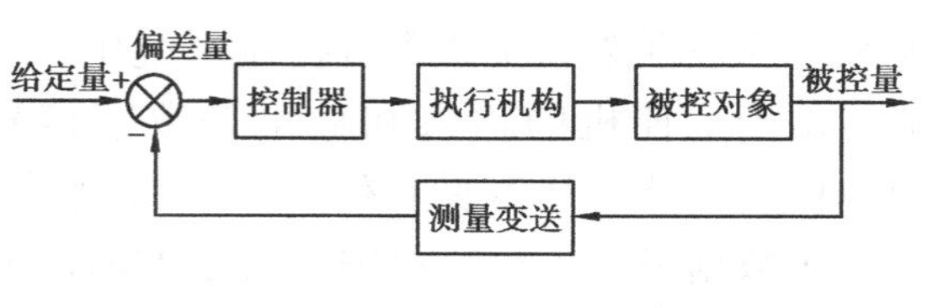

图4.2 闭环控制系统框图

反馈控制是一种基本的控制形式,它具有自动修正被控量偏离给定值的作用,因而可以抑制内扰和外扰所引起的误差,达到自动调控的目的。

4.1.2 自动控制系统的组成

如图4.2所示,一个基本的闭环自动控制系统由以下几个部分或环节组成:

(1)被控对象　需要对它的某个或多个特定的参数进行控制的设备或过程,它的输出就是被控量。被控对象是控制系统的关键组成部分,其动态过程特性决定控制器控制算法或控制策略的选用,从而对控制系统的精度和性能具有重要影响。

(2)给定环节　产生给定输入信号的环节。按生产或管理要求,被控量必须维持在希望值,该值也称为参考输入或设定值。

(3)测量装置　测量装置感受或测量被控变量的值并把它转换成可以进行比较的信号,这个信号就是反馈信号。测量装置是控制系统的输入组成部分,如各种传感器和测量仪表等。

(4)比较环节　其功能是将给定的输入信号(希望的被控量)与反馈信号进行比较,比较的结果称为偏差信号。将偏差信号作为控制器的输入,以产生校正偏差的作用。

(5)控制器　其作用按预定的控制算法或控制策略对偏差信号进行处理,产生控制信号,并作为执行机构的输入信号。预定的控制算法或控制策略在控制器中执行,是控制系统实现有效控制的核心。控制算法或控制策略的好坏直接影响整个控制系统的控制精度和性能。

(6)执行机构　其作用是接收控制器的输出信息,并根据该输出信息改变被控对象或过程的状态或参数,具体实现对被控对象的操作。

4.2 计算机控制系统

计算机控制系统就是利用计算机(通常称为工业控制计算机,简称“工业控制机或工控机”)来实现生产过程自动控制的系统。

4.2.1 计算机控制系统的工作原理

为了简单和形象地说明计算机控制系统的工作原理,图4.3给出了典型的计算机控制系统原理框图。在计算机控制系统中,以工控机作为控制器,执行控制算法或控制策略。由于工控机的输入和输出是数字信号,因此需要有模/数(A/D)转换器和数/模(D/A)转换器。从本质上看,计算机控制系统的工作原理可归纳为以下3个步骤:

①数据采集。控制器按照设定的时间间隔巡回对来自测量变送装置的瞬时值进行采集。

②信息处理与控制决策。对采集到的被控量进行分析和处理,并按预定的控制规律或控制策略,决定将要采取的控制行为。

③控制输出。根据控制决策,适时地对执行机构发出控制信号,使被控对象按指定规律变化或限定在某一要求的范围内,完成控制任务。

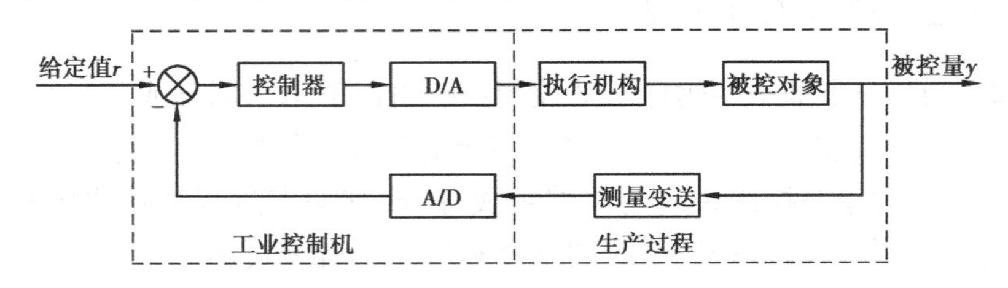

图4.3 计算机控制系统原理框图

上述过程不断重复,使整个系统按照一定的品质指标进行工作,并对被控量和设备本身的异常现象及时作出处理。

4.2.2 计算机控制系统的组成

计算机控制系统由计算机(工业控制机)和生产过程2大部分组成。图4.4给出了计算机控制系统的组成框图。

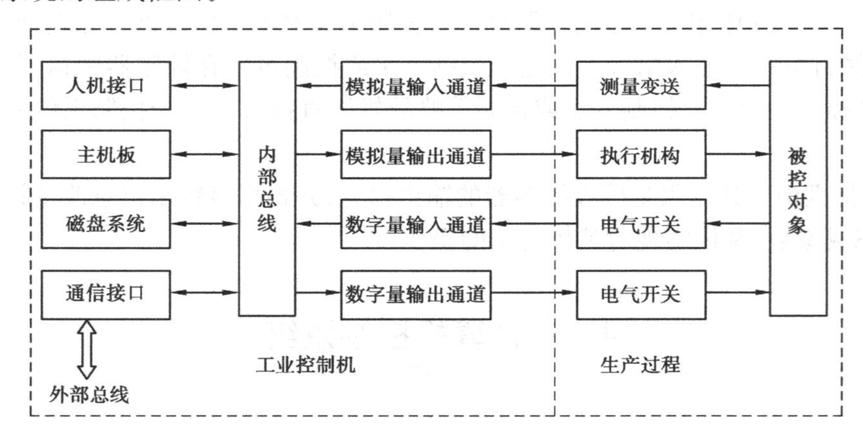

图4.4 计算机控制系统的组成框图

1)工业控制机

工业控制机是指按工业生产的特点和要求而设计的计算机,与普通计算机相比具有以下主要特点:

①可靠性高,平均无故障工作时间长;

②实时性好,能及时响应控制对象各种参数的变化;

③环境适应性强,如对温、湿度的变化适应能力强,防尘、耐腐蚀、耐冲击以及较好的电磁兼容性、高抗干扰能力和高共模抑制能力等;

④过程输入/输出功能强,有丰富的、多功能的过程输入/输出配套模块和多种类型的信号调理功能。

与普通计算机相同,工业控制机包括硬件和软件2个组成部分。

(1)硬件

①加固型工业机箱　工业控制机应用于工业环境,机箱必须采取一系列加固措施,以达到防震、防冲击、防尘,适应宽的温度和湿度范围。机箱内采用正压对流排风,以及防尘和屏蔽措施。

②工业电源　工业电源具有强抗干扰能力,有防冲击、过压过流保护,达到电磁兼容性标准。

③主板　主板是工业控制机核心部件,其所采用的元器件满足工业环境,并且是一体化主板,以易于更换。无源底板插槽由标准总线(如ISA总线、PCI总线)插槽组成,可插接各种板卡,包括CPU卡、显示卡、控制卡、I/O卡等。

④输入/输出通道　输入/输出通道是工业控制机和生产过程之间设置的信号传递和变换的连接通道。它包括模拟量输入通道、模拟量输出通道、数字量(或开关量)输入通道、数字量(或开关量)输出通道。通道的作用有2个:一是将生产过程的信号变换成主机能够接受和识别的代码;二是将主机输出的控制命令和数据,经变换后作为执行机构或电气开关的控制信号。

⑤通信接口模板　通信接口是工业控制机和其他计算机或智能外设通信的接口,包括串行通信接口模板(RS-232C、RS-422、RS-485)和网络通信接口模板。

⑥其他配件　这主要包括CPU、内存、显卡、硬盘、键盘、鼠标、光驱、显示器、打印机等。

(2)软件　所谓软件,是指完成各种功能的计算机程序的总和,只有为计算机配备或研制软件,才能把人的知识和思维用于对生产过程的控制。软件分为系统软件和应用软件2大部分。

系统软件一般是由计算机厂家提供的,专门用来使用和管理计算机的程序。系统软件包括实时多任务操作系统、引导程序、调度执行程序等。应用软件是面向生产过程而编制的控制和管理程序。它包括过程输入程序、过程控制程序、过程输出程序、人机接口程序、打印显示程序和公共子程序等。

计算机控制系统随着硬件技术高速发展,对软件也提出了更高的要求。只有软件和硬件相互配合,才能发挥计算机的优势,开发出具有更高性能价格比的计算机控制系统。

2)生产过程

生产过程包括被控对象和测量变送、执行机构等装置,这些装置都有各种类型的标准产品,在设计时根据需要合理地选型即可。

4.2.3　常用的计算机控制系统主机

在计算机控制系统中,可编程序控制器、工业控制机、单片机、DSP、智能调节器等都是常用的控制器,适应不同的应用要求。在工程实际中,选择何种控制器,应根据控制规模、工艺要求、控制特点和所完成的工作来确定。

1)可编程序控制器 PLC

根据 IEC(国际电工委员会)对 PLC(Programble Logic Controller,PLC)的定义:PLC 是一种数字运算操作的电子系统,专为在工业环境下应用而设。它采用可编程序的存储器,用来在其内部存储执行逻辑运算、顺序控制、定时、计数和算术运算等操作指令,并通过数字式或模拟式的输入与输出,控制各种类型的机械或生产过程。可编程控制器及其有关外部设备,都按易于与工业控制系统连成一个整体、易于扩充其功能的原则设计。

由于 PLC 是一种专为工业环境下设计的计算机控制器,所以具有可靠性高、编程容易、功能完善、扩展灵活、安装调试简单方便的特点。

2)工业控制机 IPC

工业控制机(简称"工控机",Industrial Personal Computer,IPC)是一种面向工业控制、采用标准总线技术和开放式体系结构的计算机,配有丰富的外围接口产品。例如:模拟量输入/输出通道、数字量输入/输出通道等。广为流行的工控机总线有:PC 总线、ISA 总线、PCI 总线、STD 总线、VME 总线等。

3)单片机

单片机是将微机的 CPU、存储器、I/O 接口和总线制作在一块芯片上的超大规模集成电路。单片机具有体积小、功能全、价格低、面向控制、开发应用方便等优点。

4)数字信号处理器 DSP

DSP(Digital Signal Processing)是一种具有特殊结构的微处理器。DSP 芯片的内部采用程序和数据分开的哈佛结构,具有专门的硬件乘法器,广泛采用流水线操作,提供特殊的 DSP 指令,可以用来快速地实现各种数字信号处理算法。

5)智能调节器

智能调节器是一种数字化的过程控制仪表,以微处理器或单片机为核心,具有数据通信功能,能完成生产过程 1~4 个回路直接数字控制任务,在 DCS 的分散过程控制级中得到了广泛的应用。智能调节器不仅可接受 DC4~20 mA 电流信号输入的设定值,还具有异步通信接口 RS-422/485、RS-232 等,可与上位机连成主从式通信网络,发送接收各种过程参数和控制参数。

4.3 计算机控制系统的典型形式

计算机控制系统所采用的形式与其所控制的生产过程的复杂程度密切相关，不同的控制对象和不同的要求，应有不同的控制方案。

4.3.1 操作指导控制系统

操作指导控制系统是指计算机的输出不直接用来控制生产对象，只是用来对系统过程参数进行收集、加工处理，然后输出数据。操作人员根据这些数据进行必要的操作，如图4.5所示。

该控制系统属于开环控制系统结构。计算机根据一定的控制算法（数学模型），依赖测量元件测得的信号数据，计算出供操作人员选择的最优操作条件及操作方案。操作人员根据计算机的输出信息，如显示图形或数据、打印机输出等去改变调节器的给定值或直接操作执行机构。

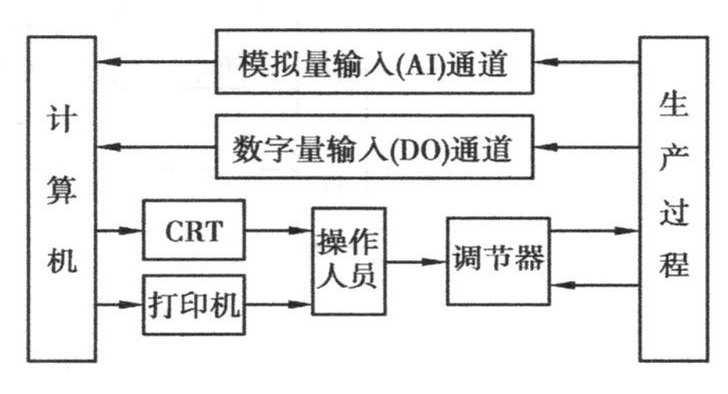

图4.5 操作指导控制系统

操作指导控制系统的优点是结构简单，控制灵活和安全，特别是对于未摸清控制规律的系统更为适用。常常被用于计算机控制系统的初级阶段，或用于试验新的数学模型和调试新的控制程序等。其缺点是要由人工操作，速度受到限制，不能控制多个对象。

4.3.2 直接数字控制系统

直接数字控制（DDC：Direct Digital Control）系统构成如图4.6所示。计算机首先通过输入通道实时采集数据，然后按照一定的控制规律进行计算，最后发出控制命令，并通过输出通道直接对生产过程进行控制，使被控参数稳定在给定值上。

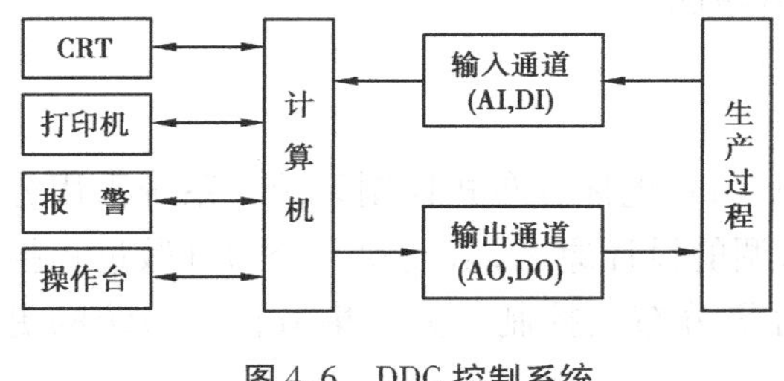

图4.6 DDC控制系统

DDC系统属于闭环控制结构。由于计算机在系统中直接承担控制任务，所以要求实时性好，可靠性高和适应性强。通过计算机可实现各种复杂的控制算法，如串级控制、前馈控制、自动选择控制以及大滞后控制等。DDC是计算机在工业生产过程中最普遍的一种应用方式。

4.3.3 监督控制系统

计算机监督控制系统（SCC：Supervisory Computer Control）中，计算机根据原始工艺信息和其他参数，按照描述生产过程的数学模型或其他方法，计算出最佳给定值送给模拟调节器或者 DDC 计算机，从而使生产过程始终处于最优工况（如保持高质量、高效率、低消耗、低成本等）。从这个角度上说，它的作用是改变给定值，所以又称设定值控制（SPC：Set Point Control）。监督控制系统有 2 种不同的结构形式，如图 4.7 所示。

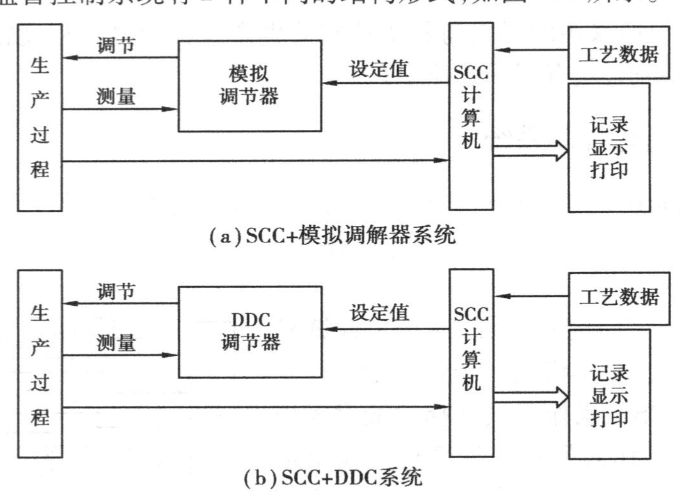

图 4.7 监督控制系统的结构形式

1) SCC + 模拟调节器的控制系统

如图 4.7(a)所示，该系统采用微型机系统对各物理量进行巡回检测，并按一定的数学模型对生产工况进行分析、计算后得出控制对象各参数最优给定值送给调节器，使工况保持在最优状态。当 SCC 微型机出现故障时，可由模拟调节器独立完成操作。

2) SCC + DDC 的分级控制系统

如图 4.7(b)所示，这实际上是一个二级控制系统，SCC 可采用高档微型机，它与 DDC 之间通过接口进行信息联系。SCC 微型机可完成工段、车间高一级的最优化分析和计算，并给出最优给定值，送给 DDC 级执行过程控制。当 DDC 级微型机出现故障时，可由 SCC 微型机完成 DDC 的控制功能，这种系统提高了可靠性。

4.3.4 集散型控制系统

集散型控制系统（DCS：Distributed Control System）也称分布式控制系统。系统采用分散控制、集中操作、分级管理、分而自治和综合协调的设计原则，从上到下分为分散过程控制层、集中操作监控层、综合信息管理层，形成分级分布式控制。关于集散控制系统的更详细内容，详见 4.8.2 节。

4.3.5 现场总线控制系统

现场总线控制系统（FCS：Fieldbus Control System）是新一代分布式控制系统。FCS 与 DCS 不同，它的结构模式为：“工作站-现场总线智能仪表”2 层结构，FCS 用 2 层结构完成了 DCS 中的 3 层结构功能，降低了成本。国际标准统一后，可实现真正的开放式互联系统结构。详见 4.8.3 节。

4.3.6 综合自动化系统

在现代工业生产中，综合自动化系统不仅包括各种简单和复杂的自动调节系统、顺序逻辑控制系统、自动批处理控制系统、联锁保护系统等，还包括各生产装置先进控制、企业实时生产数据集成、生产过程流程模拟与优化、生产设备故障诊断和维护、根据市场和生产设备状态进行生产计划和排产调度系统、以产品质量和成本为中心的生产管理系统、营销管理系统和财务管理系统等，涉及产品物流增值链和产品生命周期的所有过程，为企业提供全面的解决方案。

目前，由企业资源信息管理系统（ERP：Enterprise Resources Planning）、生产执行系统（MES：Manufacturing Execution System）和生产过程控制系统（PCS：Process Control System）构成的 3 层结构，已成为综合自动化系统的整体解决方案，如图 4.8 所示。综合自动化系统主要包括制造业的计算机集成制造系统和流程工业的计算机集成过程系统。

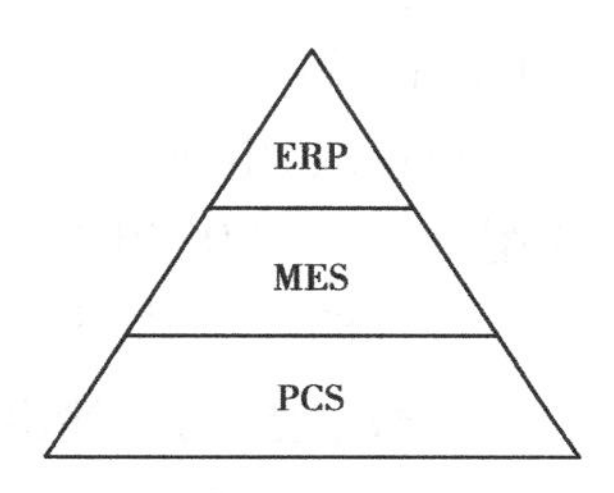

图 4.8 综合自动化系统

计算机集成制造系统（CIMS：Computer Integrated Manufacturing System），借助于计算机的硬件、软件技术，综合运用现代管理技术、制造技术、信息技术、自动化技术、系统工程技术，将企业生产全部过程中有关人、技术、经营管理三要素及其信息流、物流有机地集成并优化运行，以使产品上市快、质量好、成本低、服务优，达到提高企业市场竞争能力的目的。

CIMS 应用到流程工业又称计算机集成过程系统（CIPS：Computer Integrated Process System），也称为流程工业综合自动化系统，在石油、化工、能源、食品、制药、冶金和造纸等行业得到了广泛的实施和应用。

4.4 输入/输出接口与过程通道

计算机与外部设备交换信息的过程，是在控制信号的作用下通过数据总线来完成的。外部设备是多种多样的，有机械式、电动式、电子式或其他形式的，其输入信号可以是数字信号，也可以是模拟信号，输入信号的速率也相差很大。这样，当外部设备与计算机系统相连接时，必须设计一套介于计算机和外设之间的接口电路。

接口是计算机与外部设备交换信息的桥梁，它包括输入接口和输出接口。接口技术是研究计算机与外部设备之间如何交换信息的技术。外部设备的各种信息通过输入接口送到计算机，而计算机的各种信息通过输出接口送到外部设备。过程通道是在计算机和生产过程之间设置的信息传送和转换的连接通道，它包括模拟量输入通道（AI：Analogy

Input)、模拟量输出通道(AO:Analogy Output)、数字量输入通道(DI:Digital Input)、数字量输出通道(DO:Digital Output)。生产过程的各种参数通过模拟量输入通道或数字量输入通道送到计算机,计算机经过计算和处理后所得的结果通过模拟量输出通道或数字量输出通道送到生产过程,从而实现对生产过程的控制。

在计算机控制系统中,工业控制机必须经过过程通道和生产过程相连,而过程通道中又包含有输入/输出接口。因此,输入/输出接口和过程通道是计算机控制系统的重要组成部分。

4.4.1 数字量输入/输出接口与通道

工控机用于生产过程的自动控制,需要处理一类最基本的输入/输出信号,即数字量(开关量)信号。这些信号包括:开关的闭合与断开、指示灯的亮与灭、继电器或接触器的吸合与释放、电机的启动与停止、阀门的打开与关闭等。这些信号的共同特征是以二进制的逻辑"1"和"0"出现的。在计算机控制系统中,对应的二进制数码的每一位都可以代表生产过程的一个状态,这些状态作为控制的依据。

1)数字量输入/输出接口

对生产过程进行控制,计算机要收集生产过程的状态信息,根据状态信息再给出控制量。图4.9为一数字量输入接口,它用三态门缓冲器74LS244取得状态信息,经过端口地址译码,得到片选信号CS,在执行IN指令周期时,产生IOR信号,则被测的状态信息可通过三态门送到PC总线工业控制机的数据总线,然后装入AL寄存器。

三态门缓冲器74LS244用来隔离输入和输出线路,在两者之间起缓冲作用,它有8个通道,可输入8个开关状态。

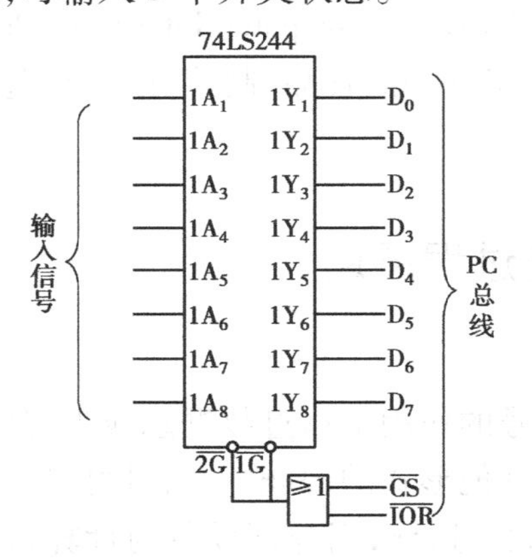

图4.9 数字量输入接口

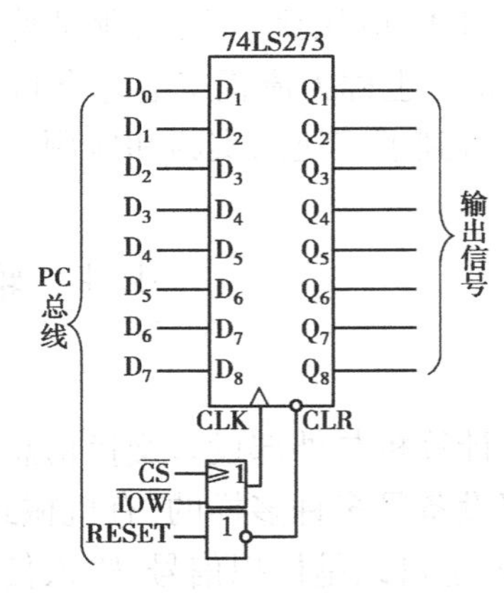

图4.10 数字量输出接口

当对生产过程进行控制时,一般控制状态需进行保持,直到下次给出新的值为止,这时输出就要锁存。因此,可用74LS273作8位输出锁存口,对状态输出信号进行锁存,如图4.10所示。经过端口地址译码,得到片选信号CS,当在执行OUT指令周期时,产生IOW信号,可用指令完成数据输出控制。同样,74LS273也有8个通道,可输出8个开关状态。

2)数字量输入/输出通道

(1)数字量输入通道　数字量输入通道主要由输入缓冲器、输入调理电路、输入口地址译码电路等组成,如图4.11所示。其基本功能是接收外部装置或生产过程的状态信号。这些状态信号的形式可能是电压、电流、开关的触点,因此会引起瞬时高压、过电压、接触抖动等现象。为了将外部开关量信号输入到计算机、必须将现场输入的状态信号经转换、保护、滤波、隔离等措施转换成计算机能够接收的逻辑信号,这些功能称为信号调理。

(2)数字量输出通道　数字量输出通道主要由输出锁存器、输出驱动电路、输出口地址译码电路组成,如图4.12所示。

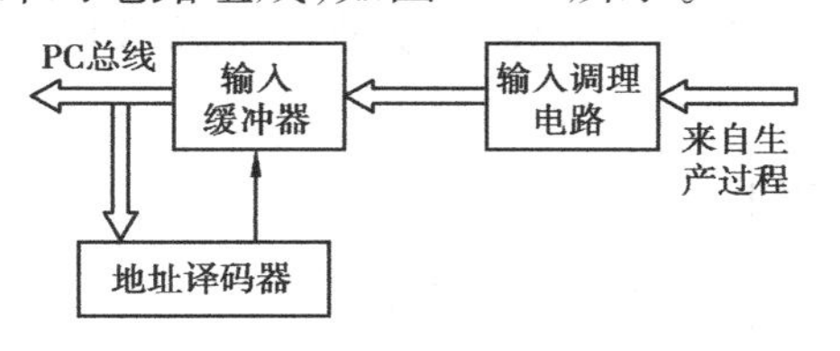

图4.11　数字量输入通道结构

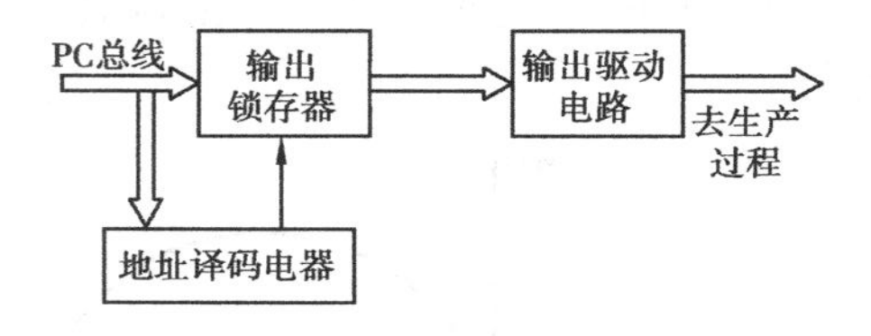

图4.12　数字量输出通道结构

4.4.2　模拟量输入/输出通道

1)模拟量输入通道

在计算机控制系统中,模拟量输入通道的任务是把从系统中检测到的模拟信号,变成二进制数字信号,经接口送往计算机。传感器是将生产过程工艺参数转换为电参数的装置,大多数传感器的输出是直流电压(或电流)信号,为了避免低电平模拟信号传输带来的麻烦,经常要将测量元件的输出信号经变送器转变成0~10 mA或4~20 mA的统一信号,然后经过模拟量输入通道来处理。

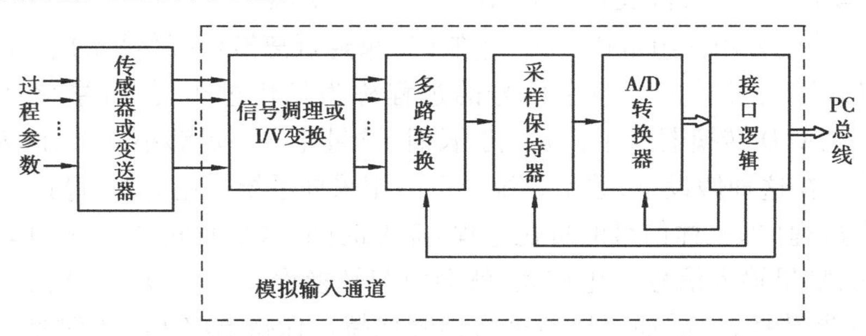

图4.13　模拟量输入通道结构

由图4.13可知,模拟量输入通道一般由I/V变换,多路转换器、采样保持器、A/D转换器、接口及控制逻辑等组成。

(1)I/V变换　变送器输出的信号为0~10 mA或4~20 mA的统一信号,需要经过I/V变换变成电压信号后才能处理。

(2)多路转换器　多路转换器又称多路开关,是用来切换模拟电压信号的关键元件。利用多路开关可将各个输入信号依次地或随机地连接到公用放大器或 A/D 转换器上。为了提高过程参数的测量精度,对多路开关提出了较高的要求。理想的多路开关其开路电阻为无穷大,其接通时的导通电阻为零。此外,还希望切换速度快、噪声小、寿命长、工作可靠。

(3)采样、量化及采样保持器　信号的采样过程如图 4.14 所示。按一定的时间间隔 T,把时间上连续和幅值上也连续的模拟信号,转变成在时刻 $0,T,2T,\cdots,kT$ 的一连串脉冲输出信号的过程称为采样过程。执行采样动作的开关 K 称为采样开关或采样器。τ 称为采样宽度,代表采样开关闭合的时间。采样后的脉冲序列 $y^*(t)$ 称为采样信号,采样器的输入信号 $y(t)$ 称为原始信号,采样开关每次通断的时间间隔 T 称为采样周期。采样信号 $y^*(t)$ 在时间上是离散的,但在幅值上仍是连续的。所以,采样信号是一个离散的模拟信号。

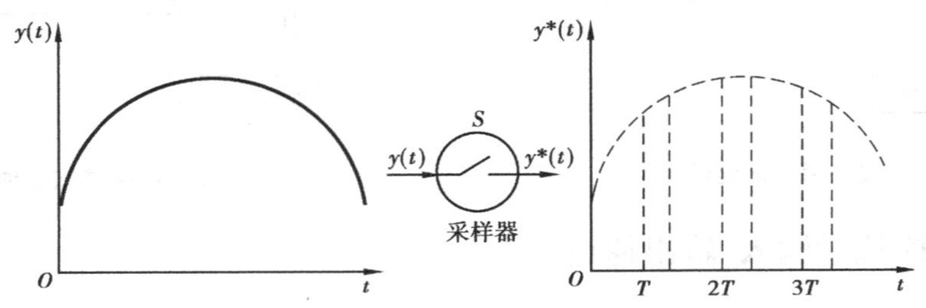

图 4.14　信号的采样过程

从信号的采样过程可知,经过采样不是取全部时间上的信号值,而是取某些时间上的值。这样处理后会不会造成信号的丢失呢?香农(Shannon)采样定理指出:如果模拟信号(包括噪声干扰在内)频谱的最高频率为 f_{max},只要按照采样频率 $f \geq 2f_{max}$ 进行采样,那么采样信号 $y^*(t)$ 就能唯一地复现 $y(t)$。采样定理给出了 $y^*(t)$ 唯一地复现 $y(t)$ 所必需的最低采样频率。实际应用中,常取 $f \geq (5 \sim 10)f_{max}$,甚至更高。

所谓量化,就是采用一组数码(如二进制码)来逼近离散模拟信号的幅值,将其转换为数字信号。将采样信号转换为数字信号的过程称为量化过程,执行量化动作的装置是 A/D转换器。在 A/D 转换器的字长 n 足够长时,整量化误差足够小,可以认为数字信号近似于采样信号。在这种假设下,数字系统便可沿用采样系统理论分析、设计。

A/D 转换过程(即采样信号的量化过程)需要时间,这个时间称为 A/D 转换时间。在 A/D 转换期间,如果输入信号变化较大,就会引起转换误差。所以,采样信号一般不直接送至 A/D 转换器转换,还需加保持器进行信号保持。保持器将 $t = kT$ 时刻的采样值保持到 A/D 转换结束。T 为采样周期,$k = 0,1,2,\cdots$ 为采样序号。

(4)A/D 转换器　A/D 转换器是将模拟量转换成数字量的器件或装置,它是一个模拟系统和计算机之间的接口,在数据采集和控制系统中得到了广泛的应用。常用的 A/D 转换方式有逐次逼近式和双斜积分式,前者转换时间短(几微秒至几百微秒),分辨率高,但抗干扰能力较差;后者转换时间长(几十毫秒至几百毫秒),抗干扰能力较强。在信号变化缓慢，现场干扰严重的场合，宜采用后者。

A/D 转换器的主要技术指标：

①转换时间　转换时间是 A/D 转换器指完成一次模拟量到数字量转换所需要的时间。一般常用的 A/D 转换器的转换时间为几十至几百微秒。

②分辨率　分辨率是 A/D 转换器对微小输入量变化的敏感程度。通常用数字量的位数 n（字长）来表示，如 8 位、12 位、16 位等。对于一个 n 位的 A/D 转换器，其分辨率 $= 1/2^n$ 的满刻度值。

③线性误差　理想转换特性（量化特性）应该是线性的，但实际转换特征并非如此。在满量程输入范围内，偏离理想转换特性的最大误差定义为线性误差。

④量程　量程是指所能转换的输入电压的范围，如 0 ~ 10 V，0 ~ 5 V 等。

⑤对基准电源的要求　基准电源的精度对整个系统的精度产生很大影响。在设计时，应考虑是否要外接精密基准电源。

2）模拟量输出通道

模拟量输出通道是计算机控制系统实现控制输出的关键，它的任务是把计算机输出的数字量转换成模拟电压或电流信号，以便驱动相应的执行机构，达到控制的目的。模拟量输出通道一般由接口电路、D/A 转换器、V/I 变换等组成。

模拟量输出通道的结构形式，主要取决于输出保持器的构成方式。输出保持器的作用主要是在新的控制信号来到之前，使本次控制信号维持不变。保持器一般有数字保持方案和模拟保持方案两种。这就决定了模拟量输出通道的 2 种基本结构形式，即一个通路设置一个 D/A 转换器的形式和多个通路共用一个 D/A 转换器的形式。

（1）一个通道设置一个 D/A 转换器的形式　图 4.15 给出了一个通道设置一个 D/A 转换器的形式，微处理器和通道之间通过独立的接口缓冲器传送信息、这是一种数字保持的方案。它的优点是转换速度快、工作可靠，即使某一路 D/A 转换器有故障，也不会影响其他通道的工作。其缺点是使用了较多的 D/A 转换器。但随着大规模集成电路技术的发展，这个缺点正在逐步得到克服，这种方案较易实现。

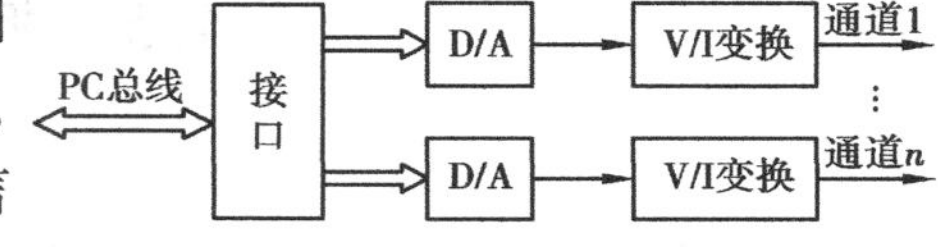

图 4.15　一个通道一个 D/A 转换器的结构

（2）多个通道共用一个 D/A 转换器的形式　如图 4.16 所示，因为共用一个 D/A 转换器，故它必须在微型机控制下分时工作，即依次把 D/A 转换器转换成的模拟量，通过多路开关传送给输出采样保持器。这种结构形式的优点是节省了 D/A 转换器，但因为分时工作只适用于通道数量多且速度要求不高的场合。它还要用多路开关，且要求输出采样保

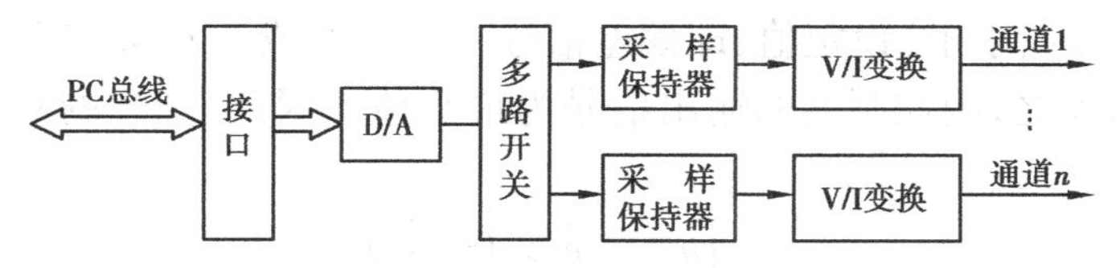

图 4.16　共用一个 D/A 转换器的结构

持器的保持时间与采样时间之比较大,这种方案的可靠性较差。

(3)D/A转换器　D/A转换器是将数字量转换成模拟量的装置,由参考电源、数字开关控制、模拟转换、数字接口及放大器等组成。其中,数字开关及模拟转换部分的解码网络是D/A转换器件的核心。参考电源是保证D/A转换精度的重要前提,要求其稳定度高,漂移小,可设置在转换器件内部,但大部分芯片采用外接电源的形式。带有电压放大器的为电压输出型D/A转换器,不带放大器的为电流输出型D/A转换器。数字接口通常由锁存器组成,用来锁存被转换的数字量。D/A转换器中的数字开关大都由晶体管或场效应管组成。

D/A转换器的技术指标:

①分辨率　分辨率通常用数字量的位数来表示,如8位、10位、12位、16位等。分辨率为8位,表示它可以对满量程为$1/2^8=1/256$的增量做出反应。

②稳定时间　稳定时间是指D/A转换器中代码有满刻度值的变化时,其输出达到稳定(一般稳定到±1/2最低位值相当的模拟量范围内)所需的时间,一般为几十纳秒至几微秒。

③输出电平　不同型号的D/A转换器件的输出电平相差较大,一般为5~10 V。也有一些高压输出型,输出电平为24~30 V。还有一些电流输出型,低的为20 mA,高的可达3 A。

④输入编码　输入编码,如二进制码、BCD码、符号—数值码、偏移二进制码等。必要时,可在D/A转换前用CPU进行代码转换。

4.5　控制器的控制规律

在建筑设备自动化系统中,控制器是很重要的组成部分。控制器将系统被控变量的测量值与设定值相比较,如果存在偏差,就按预先设置的不同控制规律发出控制信号,去控制生产过程,使被控变量的测量值与设定值相等。控制器的输出信号随偏差信号的变化而变化的规律称为控制规律。常用的控制规律有双位控制、比例(P)控制、比例积分(PI)控制、比例微分(PD)控制和比例积分微分(PID)控制等。

4.5.1　双位控制

目前所采用的控制器中,最简单的控制规律是双位控制,即控制器的输出只有2个值。当测量值大于(或小于)设定值,即偏差信号$e(t)>0$,或$e(t)<0$时,控制器的输出信号$u(t)$为最大值;反之,则控制器的输出信号为最小值。因此,理想的双位控制规律的数学表达式为

$$u(t)=\begin{cases}u_{\max} & e>0(\text{或}\ e<0)\\ u_{\min} & e<0(\text{或}\ e>0)\end{cases}\tag{4.1}$$

双位控制器只有 2 个输出值,相应执行器的调节机构也只有开和关 2 个极限位置,而且从一个位置到另一个位置在时间上很快。理想的双位控制特性如图 4.17 所示。

图 4.18 是一个温度双位控制系统。被控对象是一个电加热器,工艺要求控制热流体的出口温度。使用热电偶测量出口温度,并把温度信号送到双位温度控制器,由控制器根据温度的变化情况来接通或切断电源。当出口温度低于设定值时,控制器的输出使电源接通,进行加热,流体的温度上升;当出口温度高于设定值时,控制器的输出使电源断开,流体的温度又会逐渐下降。

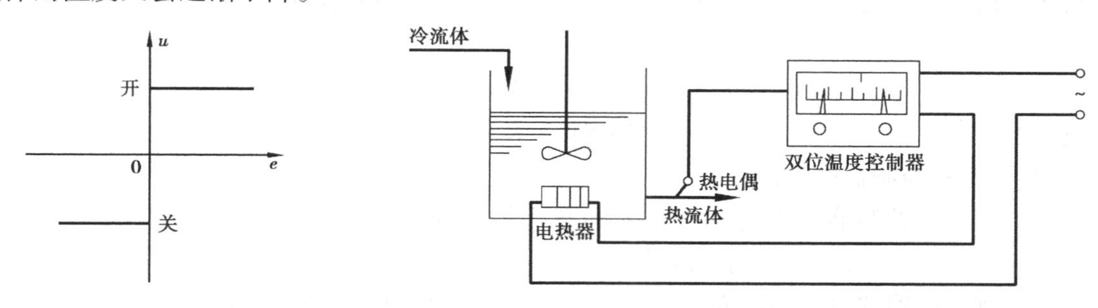

图 4.17　理想的双位控制特性

图 4.18　温度双位式控制系统示意图

理想的双位控制器有一个很大的缺点,即控制机构的动作非常频繁,容易损坏系统中的执行机构(如继电器、电磁阀等),这样就很难保证双位控制系统安全可靠运行。实际上,双位控制器是有中间区的:当测量值大于或小于设定值时,控制器的输出不能立即变化;只有当偏差达到一定数值时,控制器的输出才发生变化。其双位控制特性如图 4.19 所示。

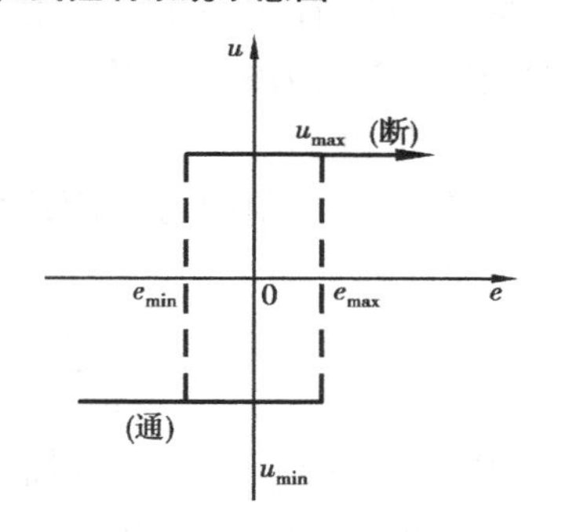

图 4.19　实际双位控制特性

有了中间区后,当出口温度高于设定值时,控制器的输出并不立即发生变化,加热器继续通电,流体温度继续上升,直至偏差达到中间区的上限,控制器的输出才发生变化,切断电源,使流体的温度逐渐下降。同理,当流体的温度低于设定值时,控制器的输出并不立即发生变化,一直要到其偏差达到中间区的下限时,才接通加热器的电源,使流体的温度再次上升,从而保证流体温度在一定的范围内波动,如图 4.20 所示。由于双位控制是断续控制作用下的等幅振荡过程,因此分析双位控制过程时,一般使用振幅和周期作为品质指标。在图 4.20 中,振幅为 $\theta_{min}-\theta_{max}$,周期为 T。理想的情况是希望振幅小,周期长。但对于同一个双位控制系统来说,过渡过程的振幅和周期是有矛盾的,若要求振幅小,则周期必然短,使执行机构的动作次数增多,可动部件容易损坏;若要求周期长,则振幅必然大,使被控变量的波动超出允许范围。一般的设计原则是:如果工艺生产允许被控变量在一个较宽的范围内波动,调节器中间区就可以放宽些,这样振荡周期较长,使可动部件动作的次数减少,减少了磨损,也就减少了维修工作量本。

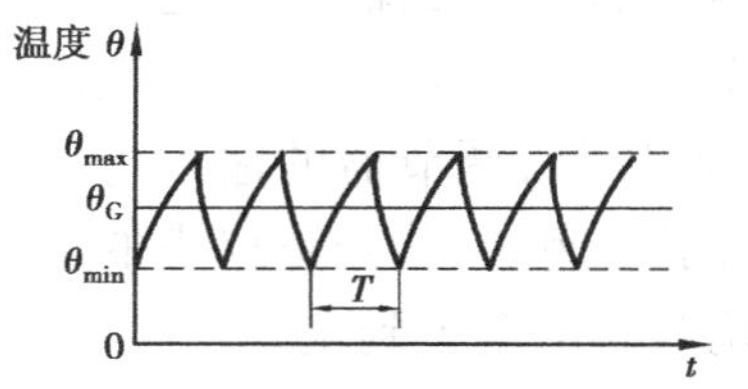

图 4.20　实际双位控制过程曲线

4.5.2 比例控制

1)比例控制规律及比例带

在双位控制系统中,被控变量不可避免地会产生持续的等幅振荡过程,只能适用于控制要求不高的场合。对于大多数的控制系统,生产工艺要求被控变量在过渡过程结束后,能稳定在某个值上。人们从人工操作的实践中认识到,当控制器的输出与输入(即设定值与测量值之间的偏差)成比例时,就能实现这一目标,这就是比例(Proportional)控制规律。其数学表示式为:

$$u = K_P e \tag{4.2}$$

或

$$U(S) = K_P E(S)$$

式中 u——控制器的输出;

K_P——控制器的比例放大倍数,也称比例增益;

e——控制器的输入偏差信号。

比例控制器的放大倍数 K_P 是可调的,它决定了比例作用的强弱。所以,比例控制器实际上可以看作一个放大倍数可调的放大器。当 $K_P>1$ 时,比例作用为放大;而 $K_P<1$ 时,比例作用为缩小;当 K_P 一定时,输入偏差大,输出变化量也大,输入偏差小,相应的输出变化量也小。

在过程控制中习惯用比例带(或比例度)来衡量比例控制作用的强弱关系,比例带的定义为:

$$\delta = \frac{e/(x_{max} - x_{min})}{u/(u_{max} - u_{min})} \times 100\% = \frac{1}{K_P}\frac{u_{max} - u_{min}}{x_{max} - x_{min}} \times 100\% \tag{4.3}$$

式中 $x_{max}-x_{min}$——控制器输入信号范围;

$u_{max}-u_{min}$——控制器输出信号范围。

δ 的物理意义:要使控制器输出变化全量程时,其输入变化量占满量程的百分比。换而言之,当输入变化某个百分数时,输出将从最小值变化到最大值,那么输入变化的这个百分数就是 δ。因此,δ 正好是 u 与 e 成比例的偏差范围。只有当被调量处在这个范围以内,调节阀的开度(变化)才与偏差成比例,超出这个"比例带"以外,调节器的输入与输出已不再保持比例关系,而调节器至少也暂时失去其控制作用了。例如,若测量仪表的量程为100 ℃,则 $\delta=50\%$ 就表示被调量需要改变50 ℃才能使调节阀从全关到全开。

由式(4.3)可知,δ 与 K_P 成反比。δ 越大,使输出变化全范围时所需的输入偏差变化区间也就越大,而比例放大作用就越弱,反之亦然。因此,δ 可表示比例控制器的灵敏度。δ 越大,则控制器的灵敏度越低,反之则越高。

2)比例控制的特点

比例控制最显著的特点就是有差控制。

工业过程在运行中经常会发生负荷变化。所谓负荷,是指物料流或能量流的大小。处于自动控制下的被控过程在进入稳态后,流入量与流出量之间总是达到平衡的。因此,人们常常根据调节阀的开度来衡量负荷的大小。

图4.21是液位比例控制系统示意图。被控变量是水箱的液位 h。O 为杠杆的支点,杠杆的一端固定着浮球,另一端和调节阀的阀杆连接。浮球能随着液位的升高而升高,随液位的下降而一起下降。浮球通过有支点的杠杆带动阀芯,浮球升高阀门关小,输入流量减少;浮球下降阀门开大,流量增加。

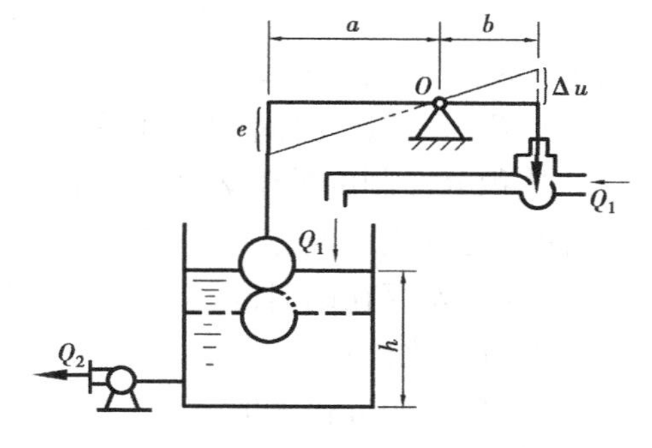

图4.21　液位比例控制系统示意图

如果原来液位稳定在图4.21中的实线位置,则进入水箱的流量和排出水箱的流量相等。当水箱的出水阀门突然开大一点,排出量就增加而使浮球下降。浮球下降将通过杠杆开大进水阀门,使进水量增加。当进水量又等于排水量时,液位也就不再变化而重新稳定下来,达到新的稳定态;相反排水量突然减少,液位上升,进水阀门由于浮球的作用也关小,使进水量减少,直至进出量相等,液位达到新的稳定状态。由图4.21,根据相似三角形关系:$\frac{a}{e}=\frac{b}{u}$,故 $u=\frac{b}{a}e=K_Pe$,实现了比例控制的作用。

从上述分析可以看出,浮球随液位变化与进水阀门开度的变化是同时的,这说明比例作用是及时的。另外,液位一旦变化,虽经比例控制系统能达到稳定,但回不到原来的设定值。从图4.21看到,进水阀本身不能开大,而受浮球的控制。浮球要下降,只有在液位下降时才有可能。因此,在这种情况下,要以液位比原来高度低为代价,才能换得阀门开大,使液位重新获得平衡,如图4.21中虚线位置。也就是说,液位新的平衡位置相对于原来设定位置有一差值(即水箱实线与虚线液位之差),此差值称为余差,所以比例控制又称有差控制。余差的大小受到比例增益 K_P 的影响。在同样的负荷变化或同样的设定值变化下,K_P 越大,即控制作用越强,则余差越小,但系统的振荡也越剧烈,稳定性越差。当 K_P 太大时,系统可能出现等幅振荡,甚至发散振荡;反之,则系统越稳定,但余差也大。

综上所述,比例控制是一种最基本的控制规律,具有反应速度快,控制及时,控制结果有余差的特点,仅适用于干扰小、对象的纯滞后较小而时间常数并不太小,控制质量要求不高,允许有余差的场所。

4.5.3　比例积分控制

为了保证控制质量,许多工业控制过程是不允许存在余差的。因此,必须在比例控制的基础上引入积分控制。

1)积分控制

所谓积分控制 I(Integral),就是控制器的输出量 u 与输入偏差值 e 随时间的积分成正比的控制规律,即控制器的输出变化速度与输入偏差值成正比。其数学表达式为:

$$u = K_I\int_0^t e(t)\,dt \tag{4.4}$$

或 $$\frac{\mathrm{d}u}{\mathrm{d}t}=K_{\mathrm{I}}e=\frac{1}{T_{\mathrm{I}}}e(t)\qquad U(S)=\frac{1}{T_{\mathrm{I}}S}E(S)$$

式中 K_{I}——积分速度;

T_{I}——积分时间($T_{\mathrm{I}}=1/K_{\mathrm{P}}$)。

从积分控制的数学表达式可以看出,输出信号 u 的大小不仅与偏差信号 e 的大小有关,而且还取决于偏差 e 存在时间的长短。当输入偏差存在时,控制器的输出会不断变化,而且偏差存在的时间越长,输出信号的变化量也越大。直到偏差等于零时,控制器的输出不再变化而稳定下来。反之,当控制器的输出稳定下来不再变化时,输入偏差一定是零。所以,在积分控制时,余差等于零,即积分作用可以消除余差。

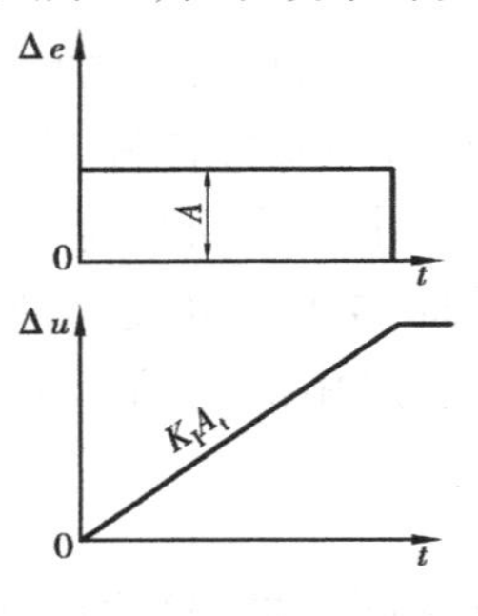

图 4.22 积分控制器的输入/输出特性

从图 4.22 所示积分控制器的输入输出特性可以直观积分速度 K_{I} 的作用。假定输入偏差为阶跃信号 A,则积分控制器的输出变化量 $u=K_{\mathrm{I}}A_{t}$,即它是一条过原点、斜率不变的直线,直到控制器的输出达到最大值而无法再进行积分为止。其斜率与积分速度有关,积分速度越大,在同样的时间内积分控制器的输出变化量越大,即积分作用越强;反之,则积分作用越弱。

虽然可以消除余差是积分控制的显著优点,但在工业控制上是很少单独使用积分控制的。因为与比例控制相比,除非积分速度无穷大,否则积分控制就不可能像比例控制那样及时地对偏差加以响应,所以控制器的输出变化总是滞后于偏差的变化,从而难以对干扰进行及时而且有效的抑制。引入积分作用后,由于积分控制的落后性,会使系统易于振荡。

2)比例积分控制

在实际应用中,都是将比例作用与积分作用组合成比例积分(PI)控制规律来使用。这样,既能及时控制,又能消除余差。比例积分控制规律的数学表达式为:

$$\Delta u=K_{\mathrm{P}}\left(e+\frac{1}{T_{\mathrm{I}}}\int_{0}^{t}e\mathrm{d}t\right)\tag{4.5}$$

或 $$U(S)=K_{\mathrm{P}}\left(1+\frac{1}{T_{\mathrm{I}}S}\right)E(S)$$

比例积分控制器的输出是比例作用和积分作用 2 部分之和。图 4.23 是其输入输出特性曲线。当输入偏差是一个阶跃信号时,由于比例作用使输出与输入偏差成正比,控制器一开始($t=0$ 时)的输出并应该是阶跃变化,而此时积分作用的输出应为零;当 $t>0$ 时,偏差为一个恒值,其大小不再变化,所以比例输出也应是恒值,而积分输出则应以恒定的速度不断增大。可见,图 4.23 中输出的垂直上升部分是由比例作用造成的,而慢慢上升部分是由积分作用造成的。

由于积分作用的大小与积分速度 K_{I} 成正比,而积分时间 T_{I} 又是积分速度 K_{I} 的倒数,因此积分作用的大小与积分时间又成反比,即积分时间越小,积分作用越大。

图 4.24 是比例积分控制器对于过程负荷变化的响应曲线,a 曲线为控制器的输入偏

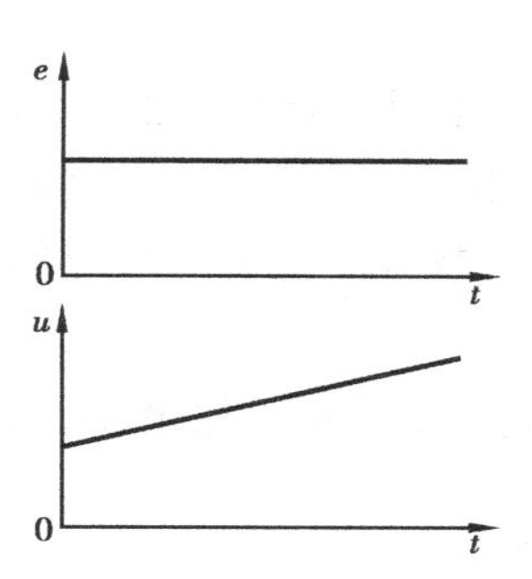

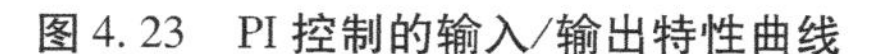

图 4.23 PI 控制的输入/输出特性曲线

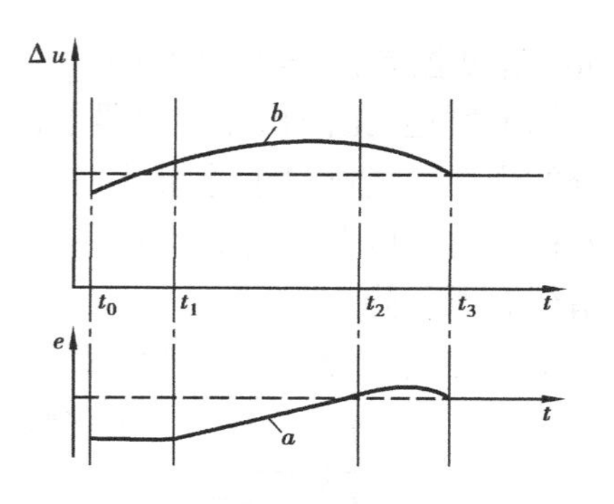

图 4.24 PI 控制器的响应曲线

差曲线，b 曲线为控制器的输出曲线。在过程负荷变化之前，偏差为零，控制器输出稳定在某个值上。当 $t=t_0$ 时，干扰作用在系统上，产生一个阶跃偏差。控制器的比例部分立即作用，迫使控制器的输出达到某个新的值，其积分部分则以一定的速度使控制器的输出继续增加，直到系统开始响应，使控制器的输入偏差开始减小为止。

随着偏差信号的减小，控制器的比例输出也逐渐减小，但积分输出却依然增加，只是增加的速度逐渐变慢。当 $t=t_2$ 时，偏差信号等于零，因此比例输出为零，但积分输出并不为零，只是变化速度为零。如果积分时间足够小的话，此时的控制器输出将大于所要求的值，即所谓的超调，从而使系统产生反方向的偏差。超调的趋势随比例增益 K_P 的增大或积分时间 T_I 的减小而增大，因此比例积分控制器的比例增益要设置得比纯比例控制器小一些，对积分时间 T_I 的设置也要有一定的限制。

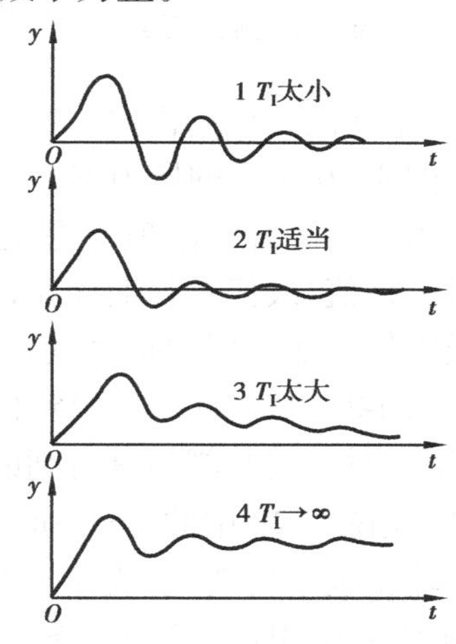

图 4.25 积分时间对过渡过程的影响

在比例积分调节器中，比例度和积分时间都是可以调整的。积分时间对过渡过程的影响具有两重性。在同样的比例度下，积分时间 T_I 对过渡过程的影响如图 4.25 所示。积分时间 T_I 越小，表示积分速度 K_I 越快，积分特性曲线的斜率越大，即积分作用越强。一方面克服余差的能力增加，这是有利的一面；但另一方面会使过程振荡加剧，稳定性降低（见曲线 1）。积分时间 T_I 越短，振荡倾向越强烈，甚至会成为不稳定的发散振荡，这是不利的一面。反之，积分时间 T_I 越大，表示积分作用越弱，静差消除越慢（见曲线 3）；若积分时间为无穷大，积分作用很微弱，则表示没有积分作用，就成为纯比例调节器（见曲线 4）。只有当 T_I 适当时，过渡过程能较快地衰减，而且没有静差（见曲线 2）。

由于积分作用会加强振荡，这种振荡对于滞后大的对象更为明显，所以调节器的积分时间应按控制对象的特性来选择，对于管道压力、流量等滞后不大的对象，T_I 可选得小些，温度对象的滞后较大，T_I 可选大些，如压力控制：$T_I=0.4\sim3$ min；流量控制：$T_I=0.4\sim$

3 min;温度控制:$T_{\mathrm{I}}=3\sim10$ min。

综上所述,比例积分控制器中,比例部分的主要作用是使偏差迅速接近于零,而积分部分的主要作用则是消除余差。然而,引入积分作用后,虽然消除了余差,但也降低了系统的稳定性。因此,要保持原有的稳定程度,必须减小比例增益 K_{P},这又使系统的其他控制指标有所下降。

由于比例积分控制器既保留了比例控制器响应及时的优点,又能消除余差,故适应范围比较广,大多数控制系统都能使用。

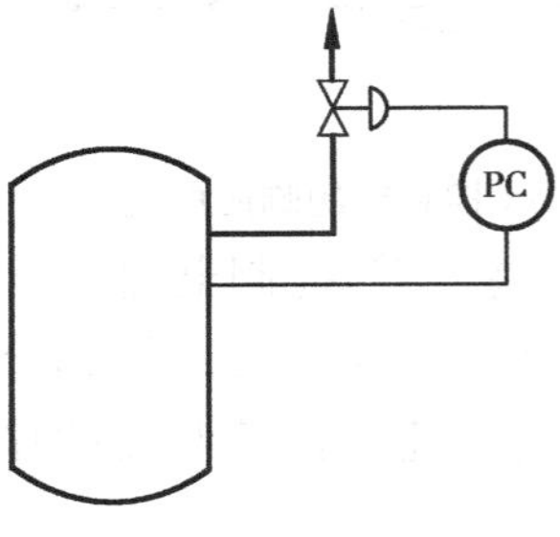

图 4.26　压力安全放空系统

3)积分饱和

具有积分作用的调节器,只要被调量与设定值之间有偏差,其输出就会不停地变化。如果由于某种原因(如阀门关闭、泵故障等),被调量偏差一时无法消除,然而调节器还是要试图校正这个偏差,结果经过一段时间后,调节器输出将进入深度饱和状态,这种现象称为积分饱和。进入深度积分饱和的调节器,要等被调量偏差反向以后才慢慢从饱和状态中退出来,重新恢复控制作用。

在图 4.26 所示的压力安全放空系统中,控制器的设定值为压力容器的容许限值。在正常操作情况下,实际压力总是低于该值,故偏差长期存在,使比例积分控制器的输出达到极限值。如果用的是气动仪表,控制器的输出将是气源压力为 140 kPa(而不是额定的最大值为 100 kPa)。虽然,该压力对于关紧阀门是有利的,但是当容器内的压力开始上升(见图 4.27 中的 $t=t_1$)时,由于偏差的极性未变,控制器的输出也不会变化,直至容器压力大于容许限值($t=t_2$)时才从 140 kPa 处开始下降。但因其值大于 100 kPa,控制阀仍未动作,直到 $t>t_3$,控制器的输出小于100 kPa,控制阀才开始打开。可见,由于存在积分饱和现象,使得控制系统在 $t_2\sim t_3$ 时间段内未能进行正常的控制,从而可能造成不良后果。

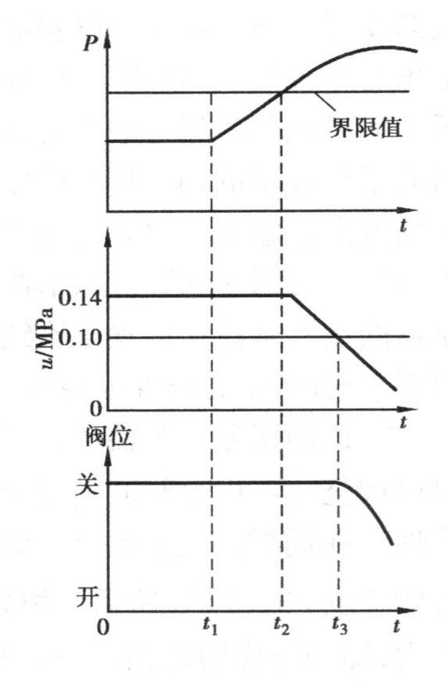

图 4.27　积分饱和现象

防止积分饱和现象有 3 种办法:

①对控制器的输出加以限幅,使其不超过额定的最大值或最小值;

②限制控制器积分部分的输出,使之不超出限值;

③积分切除法,即在控制器的输出超过某一限值时,将控制器的控制规律由比例积分自动切换成比例控制状态。

4.5.4　比例微分控制

虽然在比例作用的基础上增加了积分作用后,可以消除余差,但为了抑制超调,必须减小比例增益,使控制器的整体性能有所变差。当对象滞后很大,或负荷变化剧烈时,则不能及时控制。而且,偏差的变化速度越大,产生的超调就越大,需要越长的控制时间。在这种情况下,可以采用微分控制,因为比例和积分控制都是根据已形成的偏差而进行动作的,而微分控制却是根据偏差的变化趋势进行动作的,从而有可能避免产生较大的偏差,且可以缩短控制时间。

1)理想微分控制

所谓理想微分控制,是指控制器的输出变化量与输入偏差的变化速度成正比的控制规律,其数学表达式为:

$$\Delta u = T_D \frac{de}{dt} \tag{4.6}$$

或

$$U(S) = T_D S E(S)$$

式中 T_D——微分时间。

图4.28是理想微分控制器的输入与输出特性曲线。在 $t=t_0$ 时,控制器输入一阶跃偏差信号 $e=A$。此时,由于输入偏差的变化速度为无穷大,控制器的输出变化量也为无穷大;在 $t>t_0$ 之后,偏差不再变化,即变化速度为零,故控制器的输出变化量也为零。

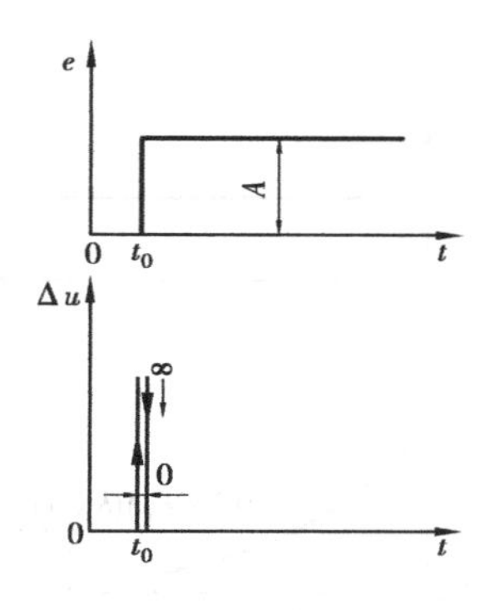

图4.28 理想微分控制器的输入/输出特性

由于微分控制作用是对偏差的变化速度加以响应的,因此,只要偏差一有变化,控制器就能根据变化速度的大小,适当改变其输出信号,从而可以及时克服干扰的影响,抑制偏差的增长,提高系统的稳定性。可以说,微分控制具有超前作用或预测作用。

但是,理想微分控制器的输出只与偏差的变化速度成正比,而与偏差的大小无关,所以当偏差固定不变时,控制器的输出变化量为零。可见,理想微分控制器的控制结果也不能消除余差,而且其控制效果要比纯比例制器更差。因此,微分作用不能单独用,必须依附于比例作用或比例积分作用。

2)实际微分控制

理想的微分控制器是难以实现的,工业上的微分控制器使用实际的微分控制规律。实际的微分控制规律由理想的比例微分环节(比例度 $\delta=100\%$)与一阶滞后环节组合而成,其数学表达式为:

$$\frac{T_D}{K_D}\frac{d\Delta u}{dt} + \Delta u = T_D \frac{de}{dt} + e \tag{4.7}$$

或

$$U(S) = \frac{1 + T_D S}{1 + \frac{T_D}{K_D} S} E(S)$$

式中 K_D——微分增益间。

微分作用的强弱可以由微分增益 K_D 和微分时间 T_D 来衡量。由于微分增益 K_D 是固定不变的，仅与控制器的类型有关（一般为 5 ~ 10），所以通常用微分时间 T_D 来衡量微分作用的强弱。T_D 越大，微分作用越强。

虽然实际的微分控制器中也含有比例作用，但其比例度的大小是不能改变的，而比例作用又是控制作用中最基本最重要的作用，对控制质量的影响很大。因此，通常也不单独使用实际的微分控制器，而是将其与比例或比例积分作用一起使用。

3）比例微分控制的计算

比例微分控制器的数学表达式为：

$$\frac{T_D}{K_D}\frac{d\Delta u}{dt} + \Delta u = K_P\left(T_D\frac{de}{dt} + e\right) \tag{4.8}$$

或

$$U(S) = K_P\frac{1 + T_D S}{1 + \frac{T_D}{K_D}S}E(S) \tag{4.9}$$

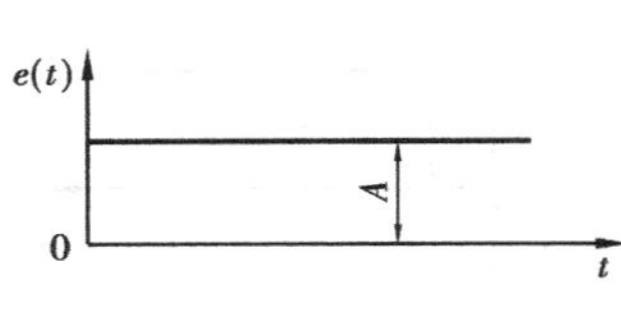

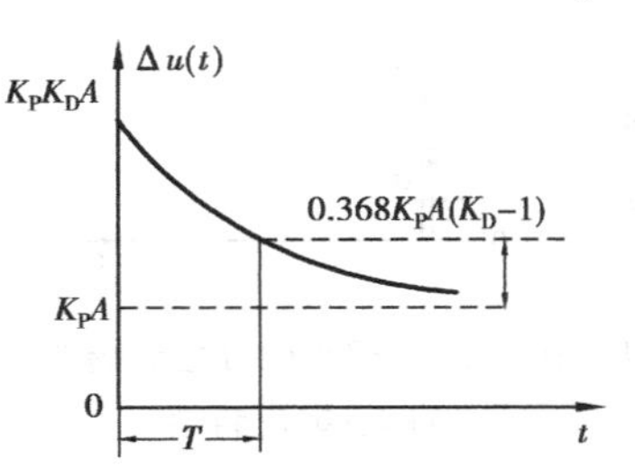

图 4.29　比例微分控制器特性

当输入偏差为阶跃信号 A 时，比例微分（PD）控制器的输出为：

$$\Delta u = K_P A + K_P A(K_D - 1)e^{-\frac{K_D}{T_D}} \tag{4.10}$$

即比例微分控制器的输出是比例作用和微分作用 2 部分之和，其特性曲线的形状见图 4.29。

使用微分作用时，要注意以下几点：

①微分作用的强弱要适当。如果微分作用太弱，即微分时间 T_D 太小，调节作用不够明显，对控制质量改善不大；但是微分时间 T_D 太大，又会使调节作用过强，从而引起被控变量大幅度振荡，不但不能提高系统的稳定程度，反而会使其降低，图 4.30 是在比例增益相同的情况下，采用不同微分时间时的过渡过程曲线。

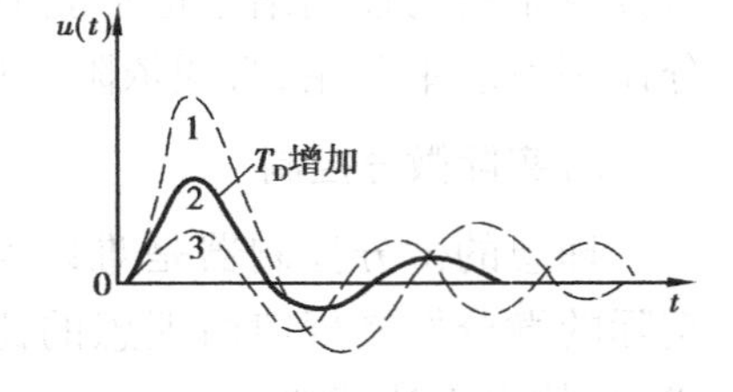

图 4.30　T_D 对过渡过程的影响

②微分作用适用于对象容量滞后较大的控制系统，如温度控制系统。对于这些系统，适当加入微分作用，可以使控制质量有较大程度的提高。但是，微分作用对于对象的时滞是不起作用的。因为在时滞期间，所以系统的输出不会变化，当然不能指望微分起作用。

③对于具有大噪声对象的控制系统，如流量控制系统，微分作用会把这些高频干扰放得很大，反而降低了控制系统的调节质量。因此，一般不引入微分作用。

④在通常的微分作用中，微分增益 $K_D > 1$。从式（4.9）中看出，如果 $K_D < 1$，则比例微分环节产生的超前作用小于一阶滞后环节产生的滞后作用，故称为反微分。反微分具有滤波作用，对于某些反应太快的流量控制系统，采用反微分作用可以起到很好的滤波效果。

4.5.5 比例积分微分控制

从以上讨论可知,比例、积分、微分3种控制方式各有其独自的作用。比例控制是基本的控制方式,自始至终起着与偏差相对应的控制作用;加入积分控制后,可以消除纯比例控制无法消除的余差;而加入微分控制,则可以在系统受到快速变化干扰的瞬间,及时加以抑制,增加系统的稳定程度;将3种方式组合在一起,就是比例积分微分(PID)控制,其数学表达式为:

1)理想 *PID*

$$\Delta u = K_P\left(e + \frac{1}{T_I}\int_0^t e\mathrm{d}t + T_D\frac{\mathrm{d}e}{\mathrm{d}t}\right) \tag{4.11}$$

或

$$U(S) = K_P\left(1 + \frac{1}{T_I S} + T_D S\right)E(S) \tag{4.12}$$

2)实际 *PID*

$$\Delta u = K_P\left[e + \frac{1}{T_I}\int_0^t e\mathrm{d}t + e(K_D - 1)e^{-\frac{K_D}{T_D}t}\right] \tag{4.13}$$

或

$$U(S) = K_P\left(1 + \frac{1}{T_I S} + \frac{1 + T_D S}{1 + \frac{T_D}{K_D}S}\right)E(S) \tag{4.14}$$

当输入偏差为阶跃变化 $e = A$ 时,实际PID控制器的输出为:

$$\Delta y = K_P A + \frac{K_P A}{T_I}t + K_P A(K_D - 1)e^{-\frac{K_D}{T_D}t} \tag{4.15}$$

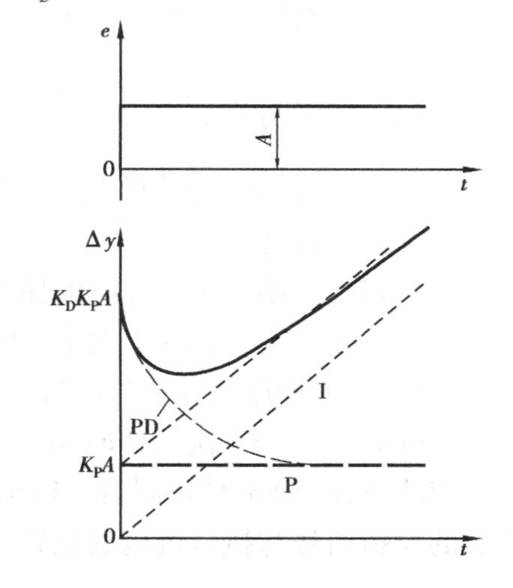

图4.31 实际比例积分微分控制器特性

图4.31是实际比例积分微分控制器的输入与输出曲线。从图中可以看到,比例作用是始终起作用的基本分量;微分作用在偏差出现的一开始有很大的输出,具有超前作用,然后逐渐消失;积分作用则在开始时作用不明显,随着时间的推移,其作用逐渐增大,起主要控制作用,直到余差消失为止。

比例积分微分控制器有3个参数可以选择,比例度 δ,积分时间 T_I,微分时间 T_D。δ 越小,比例作用越强;T_I 越小,积分作用越强;T_D 越大,微分作用越强。把微分时间调到零,就成了比例积分控制器;把积分时间调到无穷大,则成了比例微分控制器。

图4.32为同一对象在各种不同控制规律的作用下的过渡过程曲线比较图。可以看出,在比例作用的基础上,加入微分作用可以减小过渡过程的最大偏差及控制时间;加入

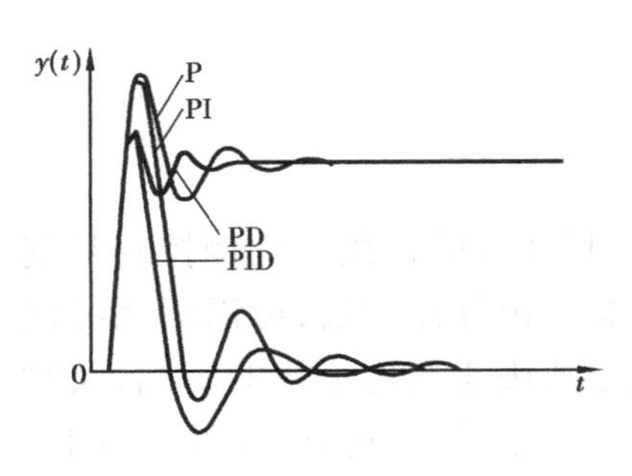

图 4.32 各种控制规律的比较

积分作用虽然能消除余差，但使过渡过程的最大偏差及控制时间增大。PID 控制器适用于被控对象负荷变化较大，容量滞后较大，干扰变化较强，工艺不允许有余差存在，且控制质量要求较高的场合。只要根据被控对象的特性，合理选择比例度、积分时间和微分时间，就能获得较高的控制质量。

4.5.6 离散比例积分微分控制

在数字式控制器和计算机控制系统中，对每一个控制回路采用的是采样控制，即对被控变量的处理在时间上是离散断续进行的（某一时刻根据测量值与设定值的偏差计算出的输出值要保持到下一采样时刻才可能发生变化）。因此，所用的控制规律应改为离散的 PID 控制。

离散 PID 控制是根据对模拟 PID 算法加以离散化得来的，且有几种不同的基本形式：

1）位置式 *PID* 控制算法

$$u(k) = K_P e(k) + \frac{K_P}{T_I}\sum_{i=0}^{k} e(i)\Delta t + K_P T_D \frac{e(k) - e(k-1)}{\Delta t}$$

$$K_P e(k) + K_I \sum_{i=0}^{k} e(i) + K_D[e(k) - e(k-1)] \tag{4.16}$$

式中 K_I——积分系数 $K_I = \frac{K_P}{T_I}\Delta t$；

K_D——微分系数 $K_D = \frac{K_P T_D}{\Delta t}$；

Δt——采样间隔时间（也常用 T_s 表示），必须使 Δt 足够小，才能保证系统有一定的精度；

$e(k)$——第 k 次采样时的偏差值；

$e(k-1)$——第 $k-1$ 次采样时的偏差值；

k——采样序号，$k=0,1,2,\cdots$；

$u(k)$——第 k 次采样时调节器的输出。

应注意，$u(k)$不是控制器的输出的变化量，而是其实际的输出，经过数—模（D/A）转换后的模拟信号与执行机构的位置一一对应，故有位置式控制算法之称。

2）增量式 *PID* 控制算法

由式（4.16）可以看出，要想计算 $u(k)$，不仅需要本次与上次的偏差信号 $e(k)$ 和 $e(k-1)$，而且还要对历次的偏差信号进行累加。这样，不仅计算复杂，而且为保存 $e(i)$ 还要占用很多内存单元。因此，用式（4.16）直接进行控制很不方便，为此可对该式进行改进。

根据式（4.16），不难写出 $u(k-1)$ 的表达式：

$$u(k-1) = K_P e(k-1) + K_I \sum_{i=0}^{k-1} e(i) + K_D[e(k-2) - e(k-1)] \tag{4.17}$$

将式(4.16)和式(4.17)相减,可得:

$$\begin{aligned}\Delta u(k) &= u(k) - u(k-1)\\ &= K_P \Delta e(k) + K_I e(k) + K_D\{[e(k) - e(k-1)] - [e(k-1) - e(k)]\}\\ &= K_P[e(k) - e(k-1)] + K_I e(k) + K_D[e(k) - 2e(k-1) + e(k-2)]\end{aligned} \tag{4.18}$$

式中,$\Delta u(k)$对应于两次采样时间间隔内、控制器输出的增加(或减少的)量,所以该式叫做增量式 PID 控制算法。该增加(或减少的)量可通过步进电动机等累积机构,将其转换成模拟量。

采用增量式 PID 控制算法时,可以从手动时的 $u(k-1)$ 出发,直接计算出投入自动运行时控制器应有的输出变化量 $\Delta u(k)$,从而方便了手动-自动切换。由于是计算机输出增量,所以误动作影响小,必要时可用逻辑判断的方法去掉。另外,由于这种算法对偏差不加以累积,从而不会引起积分饱和现象。因此,在实际中较多使用该算法。但是,这种控制也有其不足之处:一是积分截断效应大,有静态误差;二是溢出的影响大。因此,应该根据被控对象的实际情况加以选择。

3)速度式 *PID* 控制算法

$$\begin{aligned}v(k) &= \Delta u(k)/\Delta t\\ &= K_P \frac{\Delta e(k)}{\Delta t} + \frac{K_P}{T_I} e(k) + \frac{K_P T_D}{(\Delta t)^2}[e(k) - 2e(k-1) + e(k-2)]\end{aligned} \tag{4.19}$$

式中,$v(k)$为控制器输出的变化速率,表征控制阀在采样周期内的平均变化速度。由于一旦采样周期选定之后,Δt 是一个常数,故速度式与增量式控制算法在本质上没有什么区别。

在控制系统中,如果执行机构采用调节阀,则控制量对应阀门的开度,表征了执行机构的位置,此时控制器应采用数字 PID 位置式控制算法,如图 4.33 所示。如果执行机构采用步进电动机,每个采样周期,控制器输出的控制量是相对于上次控制量的增加,此时控制器应采用数字 PID 增量式控制算法,如图 4.34 所示。

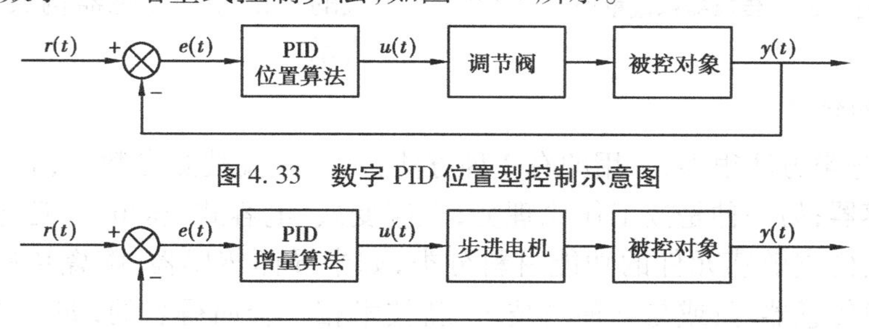

图 4.33 数字 PID 位置型控制示意图

图 4.34 数字 PID 增量型控制示意图

4.6 *BAS* 中的传感器

要实现对智能建筑中大量机电设备的自动监控,必须对一些直接反映系统性能的物理量,如温度、湿度、压力、流量、电流、有功电能等进行检测,其结果或者用于系统的自动控制,达到使这些性能参数处于最佳的工作状态的目的;或者用于显示、报警、记录,供工作人员监测系统的运行状况。这些在自控系统中用于完成自动监测任务的是传感器,它起着控制系统“眼睛”的作用,而具体实施自动控制任务的器件是执行器,它相当于控制系统的“手”和“脚”。

4.6.1 传感器概述

1)传感器的基本概念

传感器是一种能把特定的被测量信息(包括物理量、化学量、生物量等)按一定规律转换成电信号输出的器件。电信号有很多形式,如电压、电流或电路参数(电容、电阻、电感等)。

传感器由敏感元件和转换元件组成。其中,敏感元件是指传感器中能直接感受被测量的部分;转换元件的作用是将敏感元件的输出转换成电信号。转换元件又称为变送器。

由于传感器的输出信号一般都很微弱,因此需要有信号调理与转换电路对其进行放大、运算调制等。随着半导体器件与集成技术在传感器中的应用,传感器的信号调理与转换电路可能安装在传感器的壳体内或与敏感元件一起集成在同一芯片上。此外,信号调理转换电路以及传感器工作必须有辅助的电源,因此信号调理转换电路以及所需的电源都应作为传感器组成的一部分。传感器构成框图如图4.35所示。

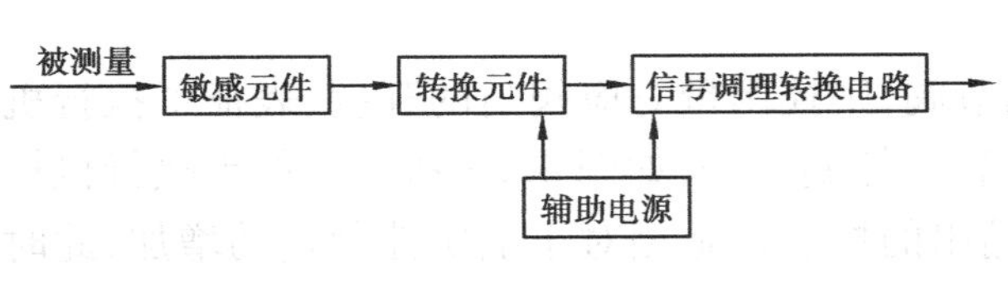

图4.35 传感器构成框图

2)传感器的分类

传感器的分类方法很多,常用的有2种方法:一种是按被测参数分,有温度 、压力、位移、速度等传感器;另一种是按工作原理分,有应变式、电容式、压电式、磁电式等传感器。此外,也可以按构成敏感元件的功能材料分类,如半导体传感器、陶瓷传感器、光纤传感器、高分子薄膜传感器等;或与某种高技术、新技术相结合而得名的,如集成传感器、智能传感器、机器人传感器、仿生传感器等。

3)传感器的性能指标

传感器的性能指标是我们选择传感器的重要依据,主要包括以下内容:

(1)仪表精度(仪表准确度)、准确度等级　仪表精度是指测量结果与被测量的真值之间的一致(或接近)程度,表示为仪表的最大绝对误差与仪表量程的百分比,也称为最大引用误差。准确度等级为仪表的最大引用误差去掉百分号后的数字经过圆整后的系列值,是衡量仪表质量的主要指标之一。我国过程检测仪表的精度等级有 0.005,0.02,0.1,0.35,0.5,1.0,1.5,2.5,4 等。一般工业用表为 0.5~4 级。

应该指出的是,对同一精度的仪表,如果量程不同,则在测量中产生的绝对误差是不同的。同一精度的窄量程仪表产生的绝对误差,小于同一精度的宽量程仪表的绝对误差。所以,在选用仪表时,在满足被测量的数值范围的前提下,尽可能选择窄量程的仪表,并尽量使测量值在满刻度的 2/3 左右。

(2)测量范围和量程　测量范围是指被测量可按规定的准确度进行测量的范围。量程是指测量范围的上限值和下限值的代数差。选用仪表时,首先应对被测量的大小有一初步估计,务必使被测量的值在仪表的量程以内。

(3)灵敏度和灵敏限(分辨率)　灵敏度表示测量仪表对被测量变化的反应能力,其定义为当输入量变化很小时,测量系统输出量的变化与输入量变化之比值。测量系统的灵敏度高,意味着被测量稍有变化,测量系统就有较大的输出。一般来说,灵敏度越高,测量范围越小,稳定性也越差。

灵敏限是指引起仪表示值发生变化的可测参数的最小变化量,又称为仪表分辨率或仪表死区。通常,其值应不大于仪表允许误差的 1/2。

(4)变差　在外界条件不变的情况下,使用同一仪表对同一被测量进行正、反行程(即逐渐由小到大和逐渐由大到小)测量时,所得仪表两示值之间差值的最大值与仪表量程之比,称为变差。造成变差的原因很多,如传动机构间正反向的间隙和摩擦力不相同造成的等。

4)选择传感器的要求

无论何种传感器,作为测量与自动控制系统的首要环节,通常都必须具有快速、准确、可靠而又经济地实现信息转换的基本要求:

①灵敏度高,而对其他一切可能的输入信号(包括噪声)不敏感;

②输出与被测输入信号之间具有稳定的、线性的单值函数关系;

③在使用过程中应不干扰或尽量少干扰被测介质的状态;

④成本低,寿命长,且便于使用、维修和校准。

当然,能完全满足上述性能要求的传感器是很少有的。应根据应用的目的、使用环境、被测对象状况、精度要求和信息处理等具体条件进行全面综合考虑。

4.6.2　模拟量型传感器

模拟量型传感器将生产过程中的模拟量参数转换为电信号,然后经变送器将该电信号变成 0~10 V 或 4~20 mA 的标准信号,再经过模拟量输入通道送往计算机进行处理。

在建筑设备自动化系统中,有许多反应建筑环境状态的参数,如温度、湿度、流量、压力、液位、照度及电路参数等。这类参数都具有随时间连续变化的特点,属模拟量参数。测量这些参数的传感器就属模拟量型传感器,下面对一些在建筑设备自动化系统中常用的模拟量型传感器进行简单介绍。

1)温度传感器

温度是建筑环境中一个非常重要的参数,对温度的自动控制除了能给人们提供一个舒适的环境外,还能节约大量的能源。因此,温度传感器是建筑设备自动化系统中应用最普遍的传感器之一。

温度传感器按照测温方式,可分为接触式和非接触式 2 大类。所谓接触式温度传感器,即通过测温元件与被测介质的接触来测量物体的温度,具有测温简单、可靠、价廉,测量精度高的优点。但是,由于测温元件需要与被测介质进行充分的热交换,才能达到热平衡,因而会产生滞后现象;而且在测温过程中易破坏被测介质的温度场分布和热平衡状态,从而造成测量误差;同时,可能与被测介质产生化学反应。由于受耐高温材料的限制,接触式测量不能应用于很高温度的场合。非接触式温度传感器,即通过接收被测物体发出的辐射热来判断温度,具有测温范围广、速度快,可测量运动物体温度等优点。但是,它受到物体的发射率、被测介质到仪表间的距离、烟尘和水汽等其他介质的影响,一般测量误差较大。

在建筑设备自动化系统中,温度传感器用于测量室内外空气、风道、水管等的温度,采用接触式测量方式。

常用的温度传感器主要有 3 类:基于导体或半导体电阻值随温度变化关系的热电阻温度传感器;基于热电效应的热电偶温度传感器;集成电路温度传感器。

(1)热电阻温度传感器　利用导体或半导体电阻值随温度变化而变化的特性制成的传感器,称为热电阻温度传感器。热电阻的感温部分叫做电阻体,是以金属丝绕在骨架上制成,骨架支持金属丝并起到隔离绝缘的作用。电阻体装在外壳中成为热电阻。热电阻最大的特点是测量精度高,性能稳定,灵敏度高,可在 1 ~ 1 373 K 内测温。

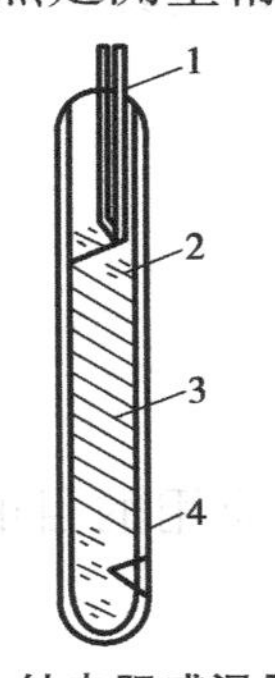

图 4.36　铂电阻感温元件结构

1—引出线;2—骨架;
3—铂丝;4—外壳

金属丝材料对温度敏感的程度用电阻温度系数 α 表示。电阻温度系数是指在某温度间隔内,温度变化 1 ℃时电阻的相对变化量,单位是$℃^{-1}$。若温度间隔很小,一个 $\mathrm{d}t$ 的间隔可看成是一个温度点,则任一温度时 α 的表达式为:$\alpha = \frac{1}{R}\frac{\mathrm{d}R}{\mathrm{d}t}$。可见,$\alpha$ 表示了电阻随温度变化的相对灵敏度,并用 0 ~ 100 ℃区间的平均电阻温度系数来表示,即

$$\alpha = \frac{R_{100} - R_0}{100R_0} \tag{4.20}$$

在常用感温材料中,用作热电阻的有金属导体铜、铂、镍以及半导体热敏电阻。铂电阻测量精度高,稳定性好,可靠性高,长期以来得到了广泛的应用。但铂属于贵金属,价格高,且铂电阻有明显的非线性,

电阻温度系数 α 比较小。铂电阻感温元件结构如图 4.36 所示。

铜电阻价格便宜,有一定的精度,而且电阻与温度呈线性关系。但其电阻率低,易于氧化,只能在低温及没有侵蚀性介质中工作。因此,当测量精度要求不是太高,并且温度较低的场合,铜电阻得到了广泛的应用。铜电阻结构如图 4.37 所示。

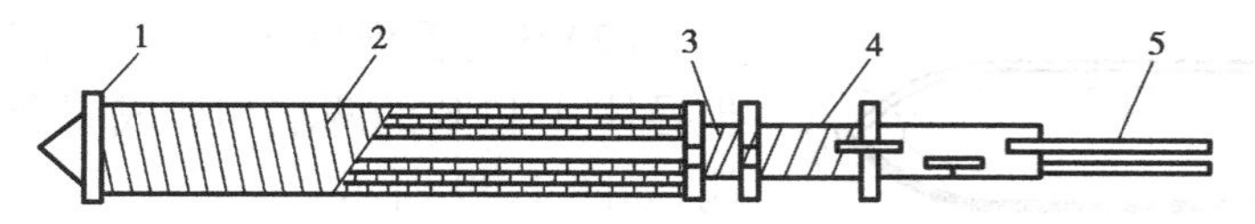

图 4.37　铜电阻感温元件结构

1—骨架;2—铜丝;3—扎线;4—补偿绕组;5—引出线

镍电阻正好弥补铜电阻的缺陷,且灵敏度高,价格又比铂电阻低。

半导体热敏电阻是将一些金属氧化物按一定比例混合,压制和烧结而成的。同样是利用其电阻值随温度变化而变化的特性来测量温度。半导体热敏电阻体积小、热惯性小,适于快速测温,并且大多数具有负的温度系数(电阻值随着温度的升高而减少)。其最大优点是温度系数大,灵敏度特别高,是金属电阻的 10 多倍。其主要缺点是电阻与温度呈较大的非线性关系,且元件的稳定性、复现性及互换性差。

在使用金属热电阻测温时,要特别注意热电阻引线对测量结果有较大影响。目前常用的引线方式有二线制、三线制和四线制 3 种,如图 4.38 所示。

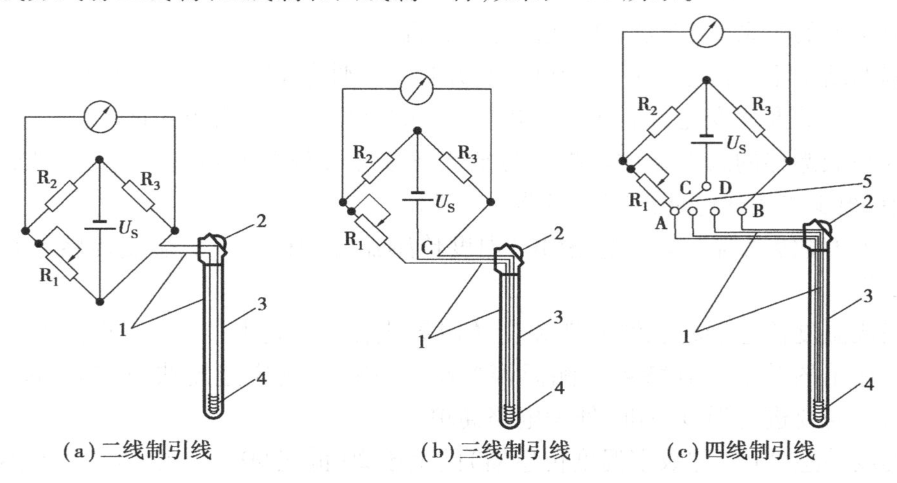

图 4.38　热电阻的引线方式

1—引出线;2—接线盒;3—保护套管;4—热电阻感温元件;5—转换开关

二线制接线方便,安装费用低,但是引线电阻及引线电阻的变化会带来附加误差,适用于引线不长,测温准确度低的场合。三线制接线只要两引线电阻相等,可以较好地消除引线电阻的影响,且引线电阻因沿线环境温度变化而引起的阻值变化量也被分别接入两个相邻的桥臂上,可相互抵消,其测量准确度高于两线制,应用较广。尤其是在测温范围窄、导线长、架设铜导线途中温度发生变化等情况下,必须采用三线制接法。四线制不管引线电阻是否相等,通过两次测量均能完全消除引线电阻对测量的影响,且在连接导线阻值相同时,还可消除连接导线的影响,这种方式主要用于高准确度温度检测。

半导体热敏电阻由于在常温下的电阻值很大,通常在几千欧以上。这样,引线电阻(一般最多不超过 10 Ω)几乎对测温没有影响,所以根本不必采用三线制和四线制,给使用带来了方便,较适宜远距离测温。

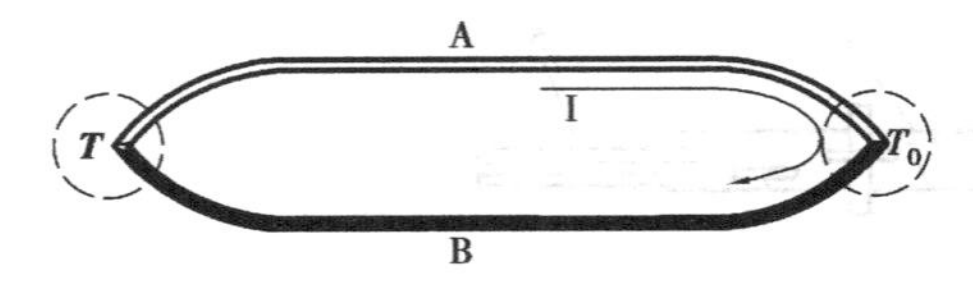

图 4.39　热电偶热电效应示意图

(2)热电偶温度传感器　当 2 种不同的导体或半导体 A 和 B 的两端相接成闭合回路,就组成热电偶,如图 4.39 所示。

图中如果 A 和 B 的 2 个接点温度不同(假定 $T>T_0$),则在该回路中就会产生电流,这表明了该回路中存在电动势。这个物理现象称为热电效应或塞贝克效应,相应的电动势称为塞贝克电势,简称热电势。显然,回路中产生的热电势大小仅与组成回路的 2 种导体或半导体的材料性质及两个接点的温度 T 和 T_0 有关。热电势用符号 $E_{AB}(T,T_0)$ 表示。

组成热电偶的两种不同的导体或半导体称为热电极;放置在被测温度为 T 的介质中的接点叫做测量端(或工作端、热端),另一个接点通常置于某个恒定温度 T_0(如 0 ℃)的参比端(或自由瑞、冷端),则:

$$E_{AB}(T,T_0)=f(T)-f(T_0) \tag{4.21}$$

若 T_0 恒定不变,式(4.21)中 $f(T_0)=C$,表明在参比端温度不变时,热电势与工作端的温度是单值函数的关系,这就是热电偶的热电特性。

热电偶的结构十分简单,应用非常广泛,并且一致性很好,但它对温度的灵敏度很差。对于室温范围内的温度变化,铜-康铜热电偶产生的电压变化仅为 100 mV 数量级,这就需要用高精度和低漂移的放大器才能把信号放大到易于传输的范围。因此,在建筑设备自动化系统中,很少采用热电偶温度传感器。

(3)集成温度传感器　集成电路(IC)温度传感器分为模拟集成温度传感器和智能温度传感器 2 类。

模拟集成温度传感器将感温元件和变送器集成在一个芯片上,可实现温度测量和标准模拟信号输出的功能。其特点是测温误差小、价格低、响应速度快、传输距离远、体积小、功耗低,不需要进行温度校准,外围电路简单。

智能温度传感器(亦称数字温度传感器)问世于 20 世纪 90 年代中期。智能温度传感器是微电子技术、计算机技术和自动测试技术的结晶,是集成温度传感器领域中最具活力和发展前途的一种新产品智能温度传感器。其内部包含温度传感器、A/D 转换器、存储器(或寄存器)和接口电路,有的产品还带多路选择器、中央控制器(CPU)、随机存取存储器(RAM)和只读存储器(ROM)。

智能温度传感器采用数字化技术,能以数字量形式输出被测温度值,具有误差小、分辨率高、抗干扰能力强、能远程传输数据、用户可设定温度上下限、能实现越限自动报警功能、并自带串行总线接口、适配各种微控制器等优点,是今后传感器发展的主要方向。

图 4.40 所示的数字化温度传感器 DS1820,是支持"一线总线"接口的温度传感器,使

用户可轻松地组建传感器网络。DS1820 测量温度范围为 −55 ~ +125 ℃,在 −10 ~ +85 ℃内精度为 ±0.5 ℃。现场温度直接以"一线总线"的数字方式传输,大大减少了系统的电缆数,提高了系统的稳定性和抗干扰性。

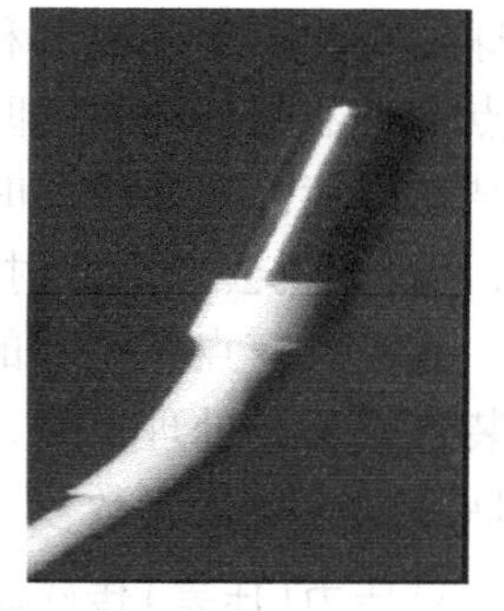

图 4.40 数字温度传感器

2)湿度传感器

空气湿度是表示空气干湿程度的物理量。如果人们的生活环境中空气湿度过高或过低,都会使人体感到不舒适,甚至影响身体健康。因此,湿度和温度一样,也是衡量空气状态及质量的重要指标,对空气湿度的检测也是必不可少的。

在建筑设备自动化系统中,湿度通常是指空气的相对湿度,用 φ 表示。φ 为空气中水蒸气的实际分压力 p 与相同空气温度下的饱和水蒸气压力(p_b)之比,即 $\varphi = \frac{p}{p_b} \times 100\%$。空气的相对湿度是衡量湿空气继续吸收水分能力的参数:φ 越小,表示空气继续吸收水分的能力越大;反之,φ 越大,空气中的水分已接近饱和状态,再吸收外部水分的能力就小。因此,相对湿度的大小会对人体生理感受产生影响。

在建筑设备自动化系统中,常用的相对湿度传感器有:薄膜电容式、高分子电阻式和集成电路式。

薄膜电容式湿度传感器的电极是很薄的金属多微孔蒸发膜,蒸发膜可以根据空气的相对湿度大小吸附或释放水分。当蒸发膜吸附或释放水分时,其介电常数发生改变,从而使薄膜电容发生变化。因此,通过测量薄膜电容值就可以测量出相应的空气相对湿度。

薄膜电容式湿度传感器测量范围大,测量精度较高(可达 ±1%),互换性较好,长期使用飘移误差可小于 ±1%/年。但其易受油垢污染的影响,当测量湿度偏离标定湿度时,其测量精度也会受到影响。

氯化锂在空气中具有强烈的吸湿特性,其吸湿量又与空气的相对湿度成一定的函数关系,即空气中的相对湿度愈大,氯化锂吸收的水分也愈多,反之减小。同时,氯化钾电阻率的大小又随其吸湿量的多少而变化,吸收水分愈多,电阻率愈小,反之亦然。因此,根据氯化锂的电阻率变化可确定空气相对湿度大小。

为避免氯化锂电阻湿度传感器的氯化锂溶液发生电解,传感器应接交流电源。并且,这种传感器的量程较窄,一般相对湿度在 5% ~95% 测量范围内,需制成 4 种不同量程范围的氯化锂湿度传感器,最高安全工作温度为 55 ℃。

集成电路湿度传感器是将其他湿度敏感元件(如薄膜电容式敏感元件)与信号转换电路集成在一起而形成的固态相对湿度传感器。

3)露点温度传感器

露点温度是指空气在压力不变时开始结露(即开始析出水分)的温度。露点温度与空气的干球温度和相对湿度 φ 有关。在空气处理过程中,露点温度是一个非常重要的参数。

通常,空气露点温度的准确测量比较困难,一般采用 2 种方法:一是通过测量空气的干球温度和相对湿度后利用经验公式或图表进行计算;二是利用具有制冷功能的光电式露点传感器进行测量,即利用半导体制冷装置将装置上的一个镜面进行冷却,直到镜面开始结露。镜面开始结露时的温度即为空气的露点温度。其具体原理是,当镜面开始结露时,入射光就会发生散射,通过检测入射光是否发生散射来判断是否开始结露。

光电式露点传感器的露点测量范围可达 -40 ~ 100 ℃,测量精度可达 ±0.2 ℃。当这种装置嵌入微处理器时,不仅可以测量空气的露点温度,而且可以测量空气的相对湿度、湿球温度等空气参数。

4)压力(压差)传感器

压力是垂直作用在单位面积上的力,即物理学上的压强。任意两个压力的差值称为压差。

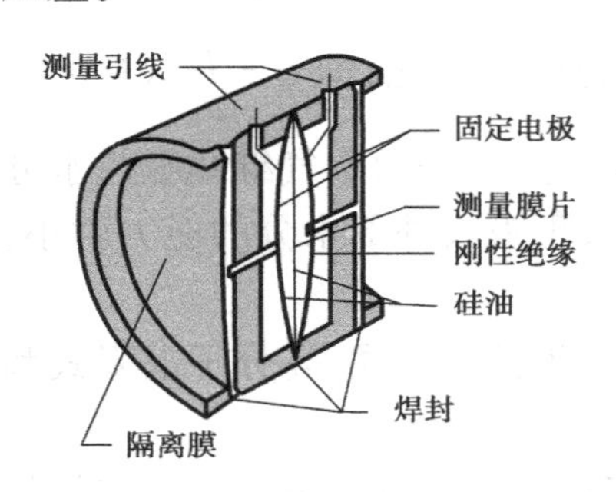

图 4.41　电容式压力传感器的结构

在建筑设备自动化系统中,压力(压差)是反应工质状态的重要参数。系统必须严密监视工质的压力或压差变化,以便及时采取措施,保证设备的安全经济运行。

常用的压力测量方法有电容式和变阻式(如压阻式和应变片式)2 种。电容式压力传感器的结构如图 4.41 所示。这种传感器的敏感元件是一个很薄的弹性膜片,安装在一个硬度极高的隔离器中。当压力介质引入膜片时,膜片产生变形,从而改变电容的电容值。这种电容式压力传感器的测量范围可为 0 ~100 Pa,当采用微处理器时,其满量程测量精度可达 ±0.1%,并可自动标定和校验,也可以进行数据的远程传输。

应变片式电阻压力传感器通常为丝状结构,电阻改变与压力传感元件内的应力成正比。利用惠斯通电桥可直接进行测量,也可以经转换电路转换成电压或电流信号。压阻式压力传感器是一种较新型的压力传感器,也称为固态应变式压力传感器。它采用集成电路工艺在单晶硅膜片上扩散一组等值应变电阻,而膜片置于接收压力的腔体内,当压力发生变化时,硅膜片产生应变,使直接扩散的应变电阻产生与压力成比例的变化。这种压力传感器灵敏度高,测量精度可达 ±0.1%,输出信号通常有电压信号和频率信号。

5)流量传感器

在建筑设备自动化系统中,流量传感器分气体流量传感器和液体流量传感器 2 类。通常,气体流量传感器用于监测和控制风机、风阀及变风量(VAV)装置末端的流量;液体流量测量用于监测和控制水泵、锅炉、冷水机组、热交换器的流量。与温度测量配合,流量测量也可用于能(热)量的测量。常用的流量传感器有涡街流量计、电磁流量计和超声波流量计等。

(1)涡街流量计　涡街流量计是依据流体自然振荡原理工作的流量计,具有准确度高、量程比大、流体的压力损失小、对流体性质不敏感等优点,目前应用较为广泛。

根据“冯·卡门涡街”原理,在管道中垂直于流体流向放置一个非线性柱体(漩涡发生体),当流体流量增大到一定程度以后,流体在漩涡发生体两侧交替产生两列规则排列的漩涡。两列漩涡的旋转方向相反，且从发生体上分离出来，平行但不对称，这两列漩涡被称为卡门涡街，简称涡街。当漩涡稳定时，漩涡产生的频率与流量有关。因此，涡街流量计可以通过测量漩涡产生的频率来测量流量。涡街流量计测量范围大（量程比10∶1或25∶1），测量精度较高（±0.5% ~ ±1%）。并且，涡街流量计的结构简单，无运动部件，适用于15 ~400 mm的管道，可广泛用于气体、液体和蒸汽流量的测量。其主要缺点是抗振动能力差。

（2）电磁流量计　电磁流量计是基于法拉第电磁感应定律工作的流量仪表。仪表不直接接触流体介质，被测流体应具有一定的电导率，测出的是体积流量。

根据法拉第电磁感应定律，导体在磁场中运动时，导体上必然会产生感应电动势。同理，导电的流体在磁场中垂直于磁力线方向流过，切割磁力线会产生感应电动势。用右手定则确定流体运动、磁场和感应电动势的方向关系。如图4.42所示，在管道两侧的电极上取出感应电动势 E。感应电动势的大小与流体的速度关系为：

$$E = BDv \tag{4.22}$$

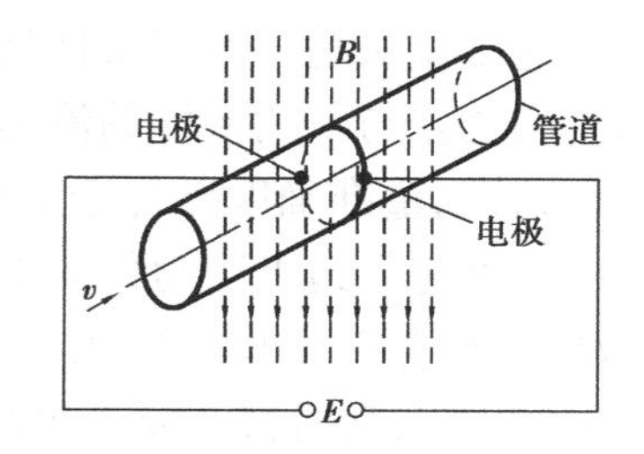

图4.42　电磁流量计测量原理

式中　E——感应电动势，V；

B——磁场感应强度，T；

v——垂直于磁力线方向介质的平均流速，m/s；

D——管道内径，m。

由此可得电磁流量计的体积流量公式为：

$$q_v = \frac{\pi D}{4B}E = \frac{1}{K}E \tag{4.23}$$

式中，对于固定的电磁流量计，K 是定值。

被测介质在测量导管中流通，管道选用非导磁、低电导率、低热导率的材料制成，如不锈钢、玻璃钢等；管内壁必须绝缘，保证感应电动势不被金属管短路；电极必须耐磨、耐蚀，在结构上防漏、不导磁，大多数时候采用不锈钢。

电磁流量计在实际工程中得到了广泛的应用。仪表测量流速的量程比高达100∶1，有的甚至达1 000∶1；流量计的口径从 ϕ2 mm - ϕ2 400 mm；仪表的精度为0.5 ~1.0级。由于被测介质的电导率不能太低，因此不能测气体和蒸汽。使用中要求注意远离环境磁场的干扰，而且要保证直管段足够的长度。

（3）超声波流量计　波是振动在弹性介质中的传播。振动频率在20 000 Hz，人耳不能听到的声波称为超声波。

超声波流量计的特点：

①非接触式的，即从管道外部进行测量。因在管道内部无任何插入测量部件，故没有压力损失，不改变原流体的流动状态，对原有管道不需任何加工就可以进行测量，使用方便。

②测量对象广。因测量结果不受被测流体的黏度、电导率的影响，故可测各种液体或

气体的流量。尤其适于测量大口径管道的水流量或各种水渠、河流、海水的流速和流量。

③超声波流量计的输出信号与被测流体的流量成线性关系。

④准确度不太高,约为1%。

⑤温度对声速影响较大,一般不适于温度波动大、介质物理性质变化大的流量测量,其次也不适于小流量、小管径的流量测量,因为这时相对误差将增大。

超声波流量计对信号的发生、传播及检测有各种不同的设置方法,构成了依赖不同原理的超声波流量计,其中最典型的方法有:速度差法超声波流量计和多普勒超声波流量计。

速度差法超声波流量计是根据超声波在流动的流体中,顺流传播的时间与逆流传播的时间之差与被测流体的流速有关这一特性制成的,是目前极具竞争力的流量测量手段之一,其测量准确度已优于1.0级。使用时要注意安装地点有一定长度的直管段,所需直管段长度与管道上阻力件的形式有关。一般,当管道内径为D时,上游直管段长度应大于$10D$,下游直管段长度应大于$5D$。当上游有泵、阀门等阻力件时,直管段长度至少应有$(30\sim50)D$,有时甚至要求更高。

多普勒超声波流量计是基于多普勒效应测量流量的,即当声源和观察者之间有相对运动时,观察者所接收到的超声波频率将不同于声源所发出的超声波频率。两者之间的频率差,被称为多普勒频移,它与声源和观察者之间的相对速度成正比,故测量频差就可以求得被测流体的流速,进而得到流体流量。

利用多普勒效应测流量的必要条件是:被测流体中存在一定数量的具有反射声波能力的悬浮颗粒或气泡。因此,多普勒超声波流量计能用于两相流的测量,这是其他流量计难以解决的难题。多普勒超声波流量计具有分辨率高,对流速变化响应快,对流体的压力、黏度、温度、密度和导电率等因素不敏感,没有零点漂移,重复性好,价格便宜等优点。因为多普勒超高液流量计是利用频率来测量流速的,故不易受信号接收波振幅变化的影响。

6)空气质量传感器

空气质量传感器主要是用于检测空气中CO_2和CO的含量,控制室内的空气质量。

空气质量传感器最常用的为半导体的气体传感器。传感器平时加热到稳定状态,空气接触到传感器的表面时,一部分分子被蒸发,另一部分分子经热分解而固定在吸附处。有些气体在吸附处取得电子变成负离子吸附,这种具有负离子吸附倾向的气体称为氧化型气体,或电子接收型气体,如O_2;另一些气体在吸附处释放电子而成为正离子吸附,具有这种正离子吸附倾向的气体,称为还原型气体,或电子供给型气体,如H_2、CO、氧化合物和酒类等,当这些氧化性气体吸附在N型半导体上,还原性气体吸附在P型半导体上时,将使半导体的载流子减少。反之,当还原性气体吸附到N型半导体上,而氧化性气体吸附到P型半导体上时,使载流子增加。正常情况下,器件对氧吸附量为一定,即半导体的载流子浓度是一定的,如异常气体流到传感器上,器件表面发生吸附变化,器件的载流子浓度也随着发生变化,这样就可测出异常气体浓度大小。

半导体气体传感器的优点是制作和使用方便,价格便宜,响应快,灵敏度高,被广泛地用在建筑设备自动化系统的气体监测中。

7)液位传感器

液位传感器可用于控制液位高度,主要的测量原理有静压式、超声波式、电容式等。

(1)静压式液位计　静压式液位计在工业生产上获得了广泛的应用。因为对于不可压缩的液体,液位高度与液体的静压力成正比,所以测出液体的静压力,即可通过计算知道液位高度。图4.43所示为开口容器的液位测量。压力计与容器底部相连,压力计指示的压力大小,即可知道液位高度。

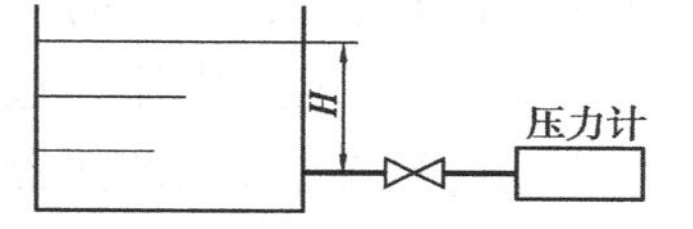

图4.43　静压式液位计原理

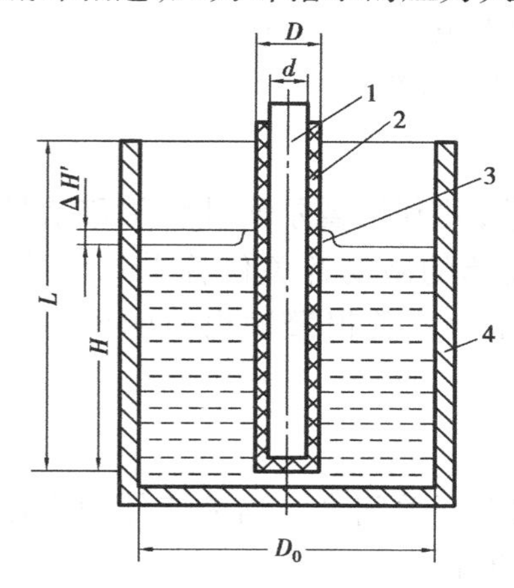

图4.44　电容式液位传感器示意图

(2)电容式液位传感器　图4.44为电容式液位传感器示意图。电容式液位计用金属棒和与之绝缘的金属外筒作为两电极,外电极底部有孔,被测液体能够进入内外电极之间的空间中。当容器内没有液体时,容器为外电极、内电极与容器壁组成电容器,空气加绝缘层作为介电层,电极覆盖长度为整个容器的长度。当容器内有高度为H的导电液体时,导电液体作为电容器外电极,其内径为绝缘层的直径D,介电层为绝缘层。当H变化时,电容量的变化与液位高度成正比,因此测出电容量的变化,便会知道液位高度。

(3)超声波式液位传感器　超声波式液位传感器的原理是:超声波在液体表面反射,通过测量超声波发射与返回的时间,就可计算出液面的位置。这种技术最大的优点是测量设备可以与液体不接触,不需将传感器放入液体中,安装灵活。

8)电量变送器

变配电所各种电气参数要进入计算机监控系统,必须先通过电量变送器,将各种交流电气参数变为统一的直流参数。常用的电量变送器有电压变送器、电流变送器、频率变送器、有功功率变送器、无功功率变送器、功率因数变送器和有功电度变送器等。

电压变送器通常将单相或三相的交流电压110,220,380 V变换为直流0~5 V,0~10 V电压或者0~20 mA,4~20 mA电流输出。电流变送器通常将0~5 A的交流电流变换为直流0~5 V,0~10 V电压或者0~20 mA,4~20 mA电流输出。频率变送器、有功功率变送器、无功功率变送器、功率因数变送器和有功电度变送器等同样是将相应的电参数变换为与上述相同的电信号输出。

4.6.3　开关量型传感器

一般来说,模拟量型传感器价格比较昂贵,其成本占控制系统构成成本的很大一部分。如果一个控制系统,其工艺过程并不要求准确的物理参数数值,而只关心被控量是否超过一定限值，作为保护和报警的依据，这就可以不采用价格昂贵的模拟量型传感器，而只是采用仅输出“通”或“断”的开关量型传感器即可满足要求，其成本则可大大降低。

如在空调机组控制系统中，这类传感器完成如下功能：

①制冷循环中的压力报警。当冷凝压力过高时输出报警信号；当油泵输出的油压过低时输出报警信号；这时都需要停止压缩机，以防出现事故。

②水路、风路中流速过低报警。冷凝器冷却水回路循环水流速过低时输出报警信号，停止制冷压缩机；电加热器附近风速过低时输出报警信号，停止电加热器。

③水位过高、过低报警。当加湿器水槽中水位低于最低水位时输出报警信号，以打开补水电磁阀；水位高于最高水位时输出报警信号，以关断电磁阀停止补水。

④空气过滤器两侧压差过大，输出报警信号，通知管理人员清洗和更换。

在建筑设备自动化系统中，常用的开关量型传感器有以下几种：

1）压力开关

压力开关采用压力敏感元件把压力的变化转换为位移，并利用霍尔元件将位移信号转换为电信号。在对灵敏度要求不高的场合，也可采用简单的微动开关代替霍尔元件。调节微动开关触头的位置或霍尔元件的位置，可以改变压力开关报警输出时的压力设定值。

2）流速开关

水的流动使传感部件产生位移，克服弹簧弹力推动微动开关闭合。当流速低到不足以克服弹簧弹力时，微动开关断开。风速开关也是类似的原理。

3）液位开关

液位是指液体液面的位置或高度。在建筑设备自动化系统中，液位开关主要用于液面高度的控制。自动补水水箱中的浮球阀就是综合了机械式液位开关与阀门的水位控制系统。

4）微压差开关

这是一种专门用来检测空气过滤器阻力的开关型传感器。由于它的动作压力一般要求仅在 100 ~ 200 Pa，是压力开关的千分之一，因此要求感压膜灵敏度很高才能动作可靠。这种微压差开关的安装和调整都有专门要求。

4.6.4 传感器的选择与安装

在选择模拟量型传感器时，精度和量程是很重要的选择条件。实际上，测量精度除测量仪表本身的准确度外，还与测量仪表的量程有关。只有根据实际情况，合理选择仪表的量程，才能获得准确的测量。具体地说，应特别注意以下参数测量仪表的量程选择：

①温度传感器的量程应为测点温度的 1.2 ~ 1.5 倍。管道内温度传感器热响应时间不大于 25 s；当在室内或室外安装时，热响应时间不应大于 150 s。

②湿度传感器应安装在附近没有热源、水滴且空气流通，能反映被测房间或风道空气

状态的位置,其响应时间不应大于150 s。

③压力(压差)传感器的工作压力(压差),应大于测点可能出现的最大压力(压差)的1.5倍,量程应为测点压力(压差)的1.2~1.3倍。

④流量传感器量程应为系统最大流量的1.2~1.3倍,且应耐受管道介质最大压力,并具有瞬态输出;流量传感器的安装部位,应满足上游10D(管径)、下游5D的直管段要求,当采用电磁流量计、涡街流量计时,其精度宜为1.5%。

⑤液位传感器应使正常液位处于仪表满量程的50%。

⑥成分传感器的量程应按检测气体类型、浓度选择,一氧化碳气体宜按$0\sim300\times10^{-6}$或$0\sim500\times10^{-6}$;二氧化碳气体宜按$0\sim2\,000\times10^{-6}$或$0\sim10\,000\times10^{-6}$选择。

建筑设备自动化系统的性能除与传感器的精度和量程等主要因素有关外,还应注意传感器的安装。传感器不仅必须安装在正确反映检测参数的恰当位置,而且还必须根据测量参数的具体特点进行正确安装。例如,空调室内温度的测量仪表通常安装在空调系统的回风区域,而不能安装在空调系统送风口附近的区域;测量流体动压力时,压力测量仪表的取压口轴线必须对准流线方向,与流线平行。而测量流体静压力时,压力测量仪表的取压口轴线必须与流线垂直。再如,温度传感器保护套管的选择在考虑其良好导热性能外,还必须根据温度场介质的化学特性进行选择。通常,测量冷冻水和热水温度时,选用钢质保护套管;测量蒸汽温度时选用普通不锈钢保护套管。以上均说明传感器的选择和安装对建筑设备自动化系统的性能和运行维护管理均具有重要的影响,在实际工程项目中应予以充分重视。

4.6.5 传感器与控制系统的连接

传感器感应出所测量的物理量,经过变送器成为电信号进入控制器输入通道中。根据传感器输出信号的不同,主要与如下2种输入通道连接:

1)模拟量输入通道(AI)

变送器输出的是模拟信号,如4~20 mA电流信号或0~5 V、0~10 V电压信号。

如果变送器的输出为电压信号,当接收端输入阻抗小,输入电流较大时,信号传输线路的阻抗会造成很大的电压降,这将导致控制器接收端误差很大乃至无效;如果使接收端为高输入阻抗,输入电流较小时,信号传输线路上的电流较小,这将导致线路的抗干扰能力较差。因此,变送器的输出一般不采用电压信号,而采用电流信号,一般是4~20 mA的标准电流信号。计算机的模拟量输入通道(AI)一般是电压测量通道,即它可以测量出接至输入端的电压值。控制器的模拟量输入通道(AI)接收电流信号后,先要将其变换为相应的电压信号,再经过A/D转换,将其变为数字量后,由控制器进行分析处理。图4.45为模拟量型传感器与控

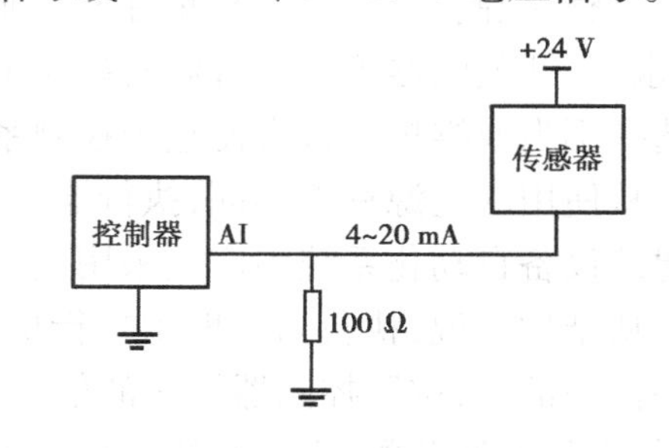

图4.45 模拟量型传感器与控制器的连接

制器的连接示意图。

2）数字量输入通道（DI）

计算机能判断DI通道上电平高/低2种状态，并将其转换成数字量“1”或“0”，进而对其进行逻辑分析和计算。对于以开关状态作为输出的传感器（如水流开关、风速开关或压差开关等），其与控制器DI通道的连接如图4.46所示。

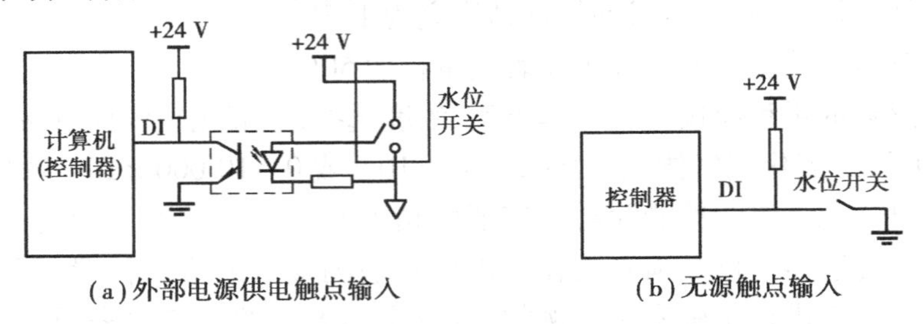

图4.46　开关型传感器与控制器的连接

除了测量开关状态，DI通道还可直接对脉冲信号进行测量，测量脉冲频率或脉冲宽度，或对脉冲个数进行计数。这些功能对常规仪表来说比较困难，但对计算机来说，由于它的基本信号处理对象就是“0”、“1”这种开关信号，并且有很准确的时钟，因此很容易高精度地对脉冲进行这种测量。因此，近年来出现各种脉冲形式输出的传感器和变送器，它们非常适合于计算机监测控制系统使用。当脉冲的频率不是很高时（10 kHz以下），线路传输的抗干扰能力很强，因为它只有“通”、“断”2种状态，小的干扰信号不会对其有任何影响。

4.7　BAS中常用执行器及其选择

在自动控制系统中，执行器的作用是执行控制器的命令，是控制系统最终实现对系统进行调整、控制和启/停操作的手段。暖通空调设备自动控制系统中常用的执行器有风阀、水阀、开关电器等。执行器安装在工作现场，长年与工作现场的介质直接接触，执行器的选择不当或维护不善常使整个控制系统工作不可靠，严重影响控制品质。

从使用的能源种类不同，执行器可分为气动执行器、电动执行器和液动执行器3类。在建筑设备自动化系统中广泛采用电动执行器。

从结构来说，执行器一般由执行机构和调节机构2部分组成。其中，执行机构是执行器的推动部分，按照控制器输送的信号大小产生推力或位移；调节机构是执行器的调节部分，如常见的调节阀，它接受执行机构的操纵改变阀芯与阀座间的流通面积，从而调节介质的流量，达到对过程参数实现自动控制的目的。

4.7.1　电动执行机构

图4.47所示为电动执行机构的组成框图。它由伺服放大器和伺服电动机两部分组

成。来自调节器的 I_i 作为伺服放大器的输入信号，与位置反馈信号 I_t 进行比较，其差值经放大后控制伺服电动机正转或反转，再经减速器减速后，改变输出轴转角 $\theta(0\sim90°)$，即调节阀的开度（或挡板的角位移）。与此同时，输出轴的转角又经位置发送器转换成电流信号，作为阀位指示与反馈信号。当 I_t 与 I_i 相等时，伺服电动机停止转动，这时调节阀的开度就稳定在与调节器输出（即执行器的输入）信号已成比例的位置上。因此，通常把电动执行机构看为一个比例环节。伺服电动机也可利用电动操作器进行手动操作。

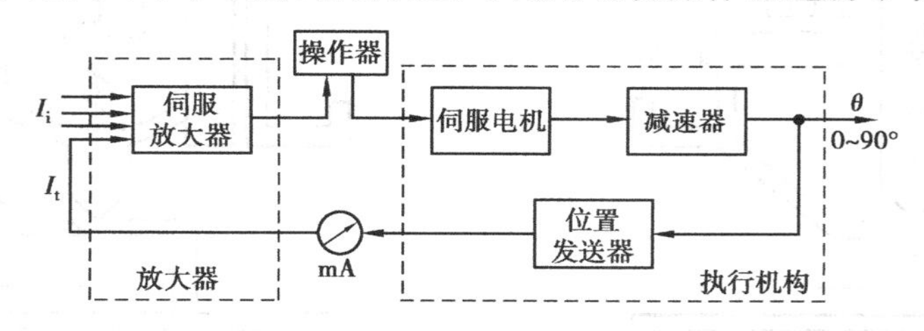

图 4.47　电动执行机构的组成框图

伺服放大器的作用是综合输入信号和反馈信号，将其差值加以放大，并根据偏差信号的极性，以控制伺服电动机正转或反转。

伺服电动机是执行结构的动力部分，它具有启动转矩大和启动电流较小的特点。伺服电动机的作用是将伺服放大器的输出信号，转变为机械转矩，当伺服放大器没有输出时，电机也能可靠地制动，以消除输出轴的惯性及反作用力的影响。

减速器把伺服电动机的高速、小转矩输出功率转变为低速、大转矩的输出功率。当手动操作时，可把手动部件向外拉，并将伺服电动机压盖上的旋钮转向“手动”位置，这样摇动手柄，减速器的输出轴随之转动。

位置发送器的作用是将电动执行器输出轴的转角（0 ~ 90°）线性地转换成 0 ~ 10 mA 的电流信号，用以指示阀位位置信号，并反馈到执行器的输入端。

4.7.2　电动调节机构

电动调节机构接受执行机构的操纵，以控制流入或流出被控过程的物料或能量，从而实现对过程参数的控制。建筑设备自动化系统中，常用的电动调节机构主要是指各类阀门。

1）电磁阀

电磁阀是电动执行机构中最简单的一种。它利用电磁铁的吸合和释放对小口径阀门进行“通”、“断”2 种状态的控制。电磁阀由于结构简单、价格低廉，常和两位式简易控制器组成简单的自动调节系统。

电磁阀有直动式和先导式 2 种，图 4.48 为直动式电磁阀。这种结构中，电磁阀的活动铁芯本身就是阀塞，通过电磁吸力开阀，失电后又恢复弹簧闭阀。直动式电磁阀通常用于小口径阀门。图 4.49 为先导式结构，它由导阀和主阀组成，通过导阀的先导作用促使主阀开闭。线圈通电后，电磁力吸引活动铁芯上升，使排出孔开启，由于排出孔远大于平衡孔，导致主阀上腔中压力降低，但主阀下方压力仍与进口侧压力相等，则主阀因压差作

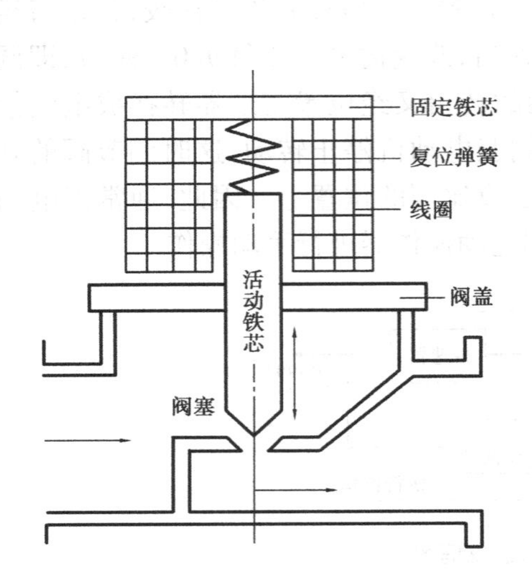

图4.48　直动式电磁阀结构原理

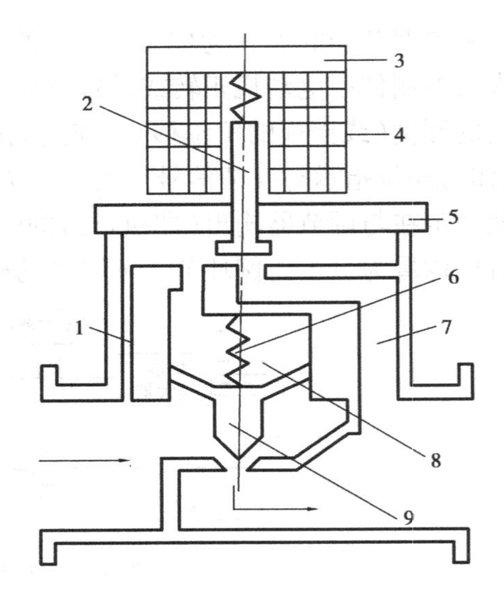

图4.49　先导式电磁阀结构原理

1—平衡孔;2—活动铁芯;3—固定铁芯;

4—线圈;5—阀盖;6—复位弹簧;

7—排出孔;8—上腔;9—主阀塞

用而上升,阀呈开启状态。断电后,活动铁芯下落,将排出孔封闭,主阀上腔因平衡孔冲入介质压力上升,当约等于进口侧压力时,主阀因本身弹簧力及复位弹簧作用,使阀呈关闭状态。可以看出,利用先导阀的原理,不论主阀口径大小,均可以用较小的电磁线圈推动主阀进行操作,有利于电磁线圈的标准化生产。

直动式电磁阀开关过程迅速,但易产生"水锤"现象。先导式电磁阀开关缓慢,可以避免"水锤"现象,但存在动作时延。

2)两位旋转阀

两位旋转阀由电动执行机构使阀芯产生角位移来开启/关闭阀门,这种阀门可分为球阀、蝶阀和多叶阀。

电动旋转阀的传动装置如果不能反向运转时,则其传动装置必须配备复位装置。带有复位装置的电动两位阀一般用于突然停电或系统故障时必须复位的控制系统。值得注意的是,大部分电动两位阀同时具有双位控制和连续控制的功能,但其连续控制性能不如电动调节阀,一般只能用于控制精度要求不高的场所。

3)电动调节阀

在建筑设备自动系统中,根据构造及外形,常用的调节阀有以下几种:

(1)直通单座阀(简称两通阀)　直通单座阀是目前空调系统中应用最多的一种调节阀,其结构如图4.50所示。它具有1个阀座、1个阀芯及其他部件。当阀杆提升时,阀开度增大,流量增加;反之则开度减小,流量降低。其特点是关闭严密,工作性能可靠,结构简单,造价低廉,但阀杆承受的推力较大,因此对执行器工作力矩要求相对较高。它主要适合于对关闭要求较严密及压差较小的场所,如普通的空调机组、风机盘管、热交换器等的控制。

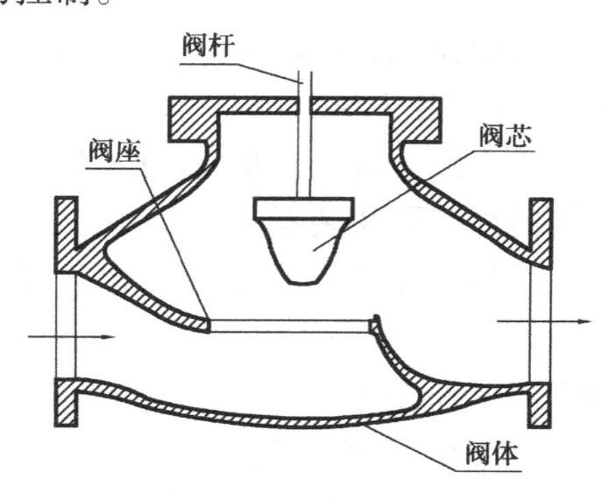

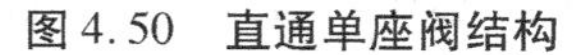
图4.50　直通单座阀结构

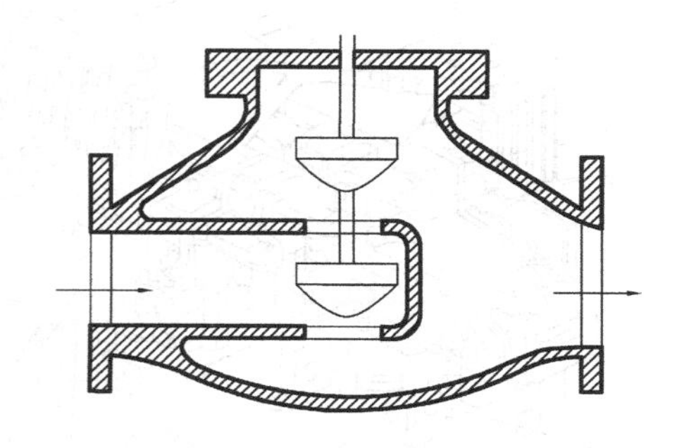
图4.51　直通双座阀结构

(2)直通双座阀　直通双座阀又称压力平衡阀,如图4.51所示。它有2个阀座及2个阀芯。其明显的特点是:在关闭状态时,2个阀芯的受力可部分互相抵消,阀杆不平衡力很小,因此开、关阀时对执行机构的力矩要求较低。但从其结构中也可以看到,它的关闭严密性不如单座阀(因为2个阀芯与2个阀座的距离不可能永远保持相等,即使制造时尽可能相等,在实际使用时,由于温度引起的阀杆和阀体的热胀冷缩不一致,或在使用一段时间后由于磨损等原因,也会产生这一差异)。另外,由于结构原因,其造价相对较高。

它适用于控制压差较大,但对关闭严密性要求相对较低的场所,比较典型的应用如空调冷冻水供回水管上的压差控制阀。

(3)三通阀　三通阀分为三通合流阀和三通分流阀2种形式,其特点是基本上能保持总水量的恒定,适合于定水量系统。

实际上,由于阀门各支路的特性不同,三通阀要完全做到水流量的恒定是不可能的。在其全行程的范围内,总是存在一定的总水量波动情况,其波动范围在0.9~1.015。

为合流用途而设计的三通阀通常不适用于作为分流阀,但为分流用途而设计的三通阀一般情况下也可用作为合流阀。

4)交流接触器

接触器是一种远距离控制、频繁操作交、直流主电路及大容量控制电路的开关电器,应用十分广泛。接触器最主要的用途是控制电动机的正、反转和制动等,是电力拖动控制系统中最重要也是最常用的控制电器。

按不同的分类方式,接触器有多种类型,其中应用最广泛的是空气电磁式交(直)流接触器。空气电磁式接触器是利用电磁力的作用,闭合或分断电动机电路或其他负载电路的控制电器,它具有频繁远距离接通和分断比工作电流大数倍乃至十几倍电流的能力,并具有体积小,价格低和维护方便的特点。图4.52为交流接触器的结构示意图。

交流接触器由以下4部分组成:

①电磁机构　电磁机构由线圈、动铁芯(衔铁)和静铁芯组成,其作用是将电磁能转换成机械能,产生电磁吸力带动触点动作。

②触点系统　触点系统包括主触点和辅助触点:主触点用于通断主电路,通常为三对

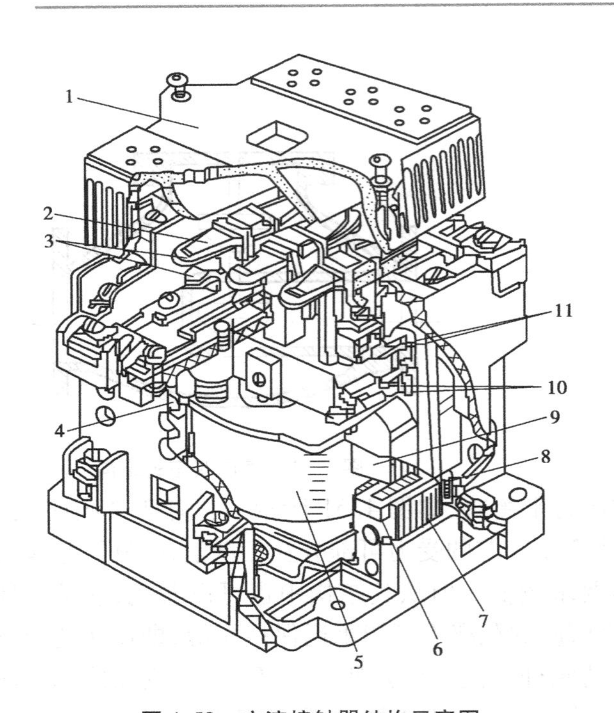

图 4.52　交流接触器结构示意图

1—灭弧罩;2—触点压力弹簧片;3—主触点;
4—反作用弹簧;5—线圈;6—短路环;7—静铁芯;
8—弹簧;9—动铁芯;10—辅助常开触点;11—辅助常闭触点

常开触点;辅助触点用于控制电路,起电气联锁作用,故又称联锁触点,一般常开、常闭各2对。

③灭弧装置　容量在10 A以上的接触器都有灭弧装置。

④其他部件　其他部件包括反作用弹簧、缓冲弹簧、触点压力弹簧、传动机构及外壳等。

交流接触器的工作原理:线圈通电后,在铁芯中产生磁通及电磁吸力,此电磁吸力克服弹簧反力使得衔铁吸合,带动触点机构动作,常闭触点打开,常开触点闭合,互锁或接通线路。线圈失电或线圈两端电压显著降低时,电磁吸力小于弹簧反力,使得衔铁释放,触点机构复位,断开线路或解除互锁。

5)变频器

变频器是利用电力半导体器件的通断作用将工频电源变换为另一频率的电能控制装置,被广泛应用于交流电机的调速系统中。随着电力电子技术的发展,交流变频技术从理论到实际逐渐走向成熟。变频调速不仅调速平滑,范围大,效率高,启动电流小,运行平稳,而且节能效果明显。因此,交流变频调速已逐渐取代了过去的传统滑差调速、变极调速、直流调速等调速方式,越来越广泛地得到应用。

4.7.3　阀门的选择

1)水系统调节阀的选择

大型建筑物的加热和冷却系统常以水为主要媒介,通过空气处理单元的热交换器(盘管)传递能量。传统的控制方法是根据空间或空气处理器的温度成比例地调节水或空气的流量。当调节对象是水流量时,用调节阀调节。了解调节阀的性能对系统高效运行和温度调节的优化是非常必要的。它可以最大限度地减小与HVAC系统其他部分的互动影响,减少运行成本,维持人的舒适度。

图4.53所示是一个由风机、盘管、阀、控制器和冷却(加热)水源组成的简单的控制系统,假设风量恒定、盘管的水温和进、出口的水压稳定。这种简化可以明确表述维持舒适的供气温度,如果太冷,可增加一点热量;如果太热,则通过改变盘管的水流量来取走热量。

传统的温度控制器是一个比例控制器。使用比例控制算法时，如误差（控制器的设定值和气温测量值之差）增加，控制器的输出会改变水流量，通过热传递减小误差。比例控制是线性函数，它假定20%的输出会产生20%的热传递。但盘管内的热交换过程是非线性的。典型的热、冷盘管的特性如图4.54和图4.55所示。图中曲线表明：盘管流量变20%时热传递的变化远远大于20%，而达到将近60%。盘管的特性随着空气流量、进水温度、温差、水流速和流图的变化而变化。例如，减小水的温差会使早期响应变得很陡峭。水温差为3 ℃时，10%的流量会产生70%的热传递；水温差为9 ℃时，同样的流量只能产生35%的热传递。因此，对每一个盘管都需要评估它的特性。

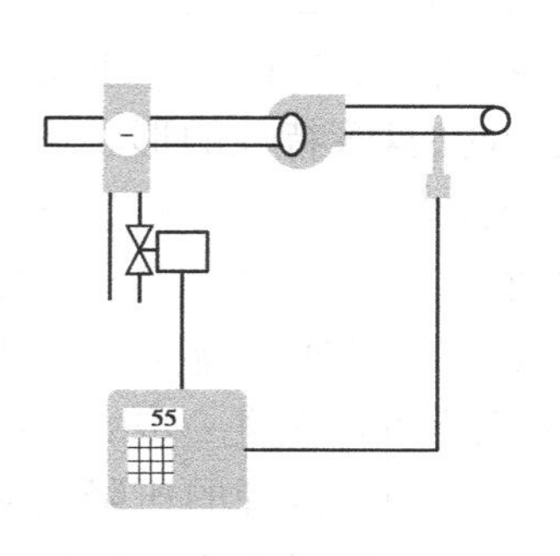

图4.53　调节控制系统

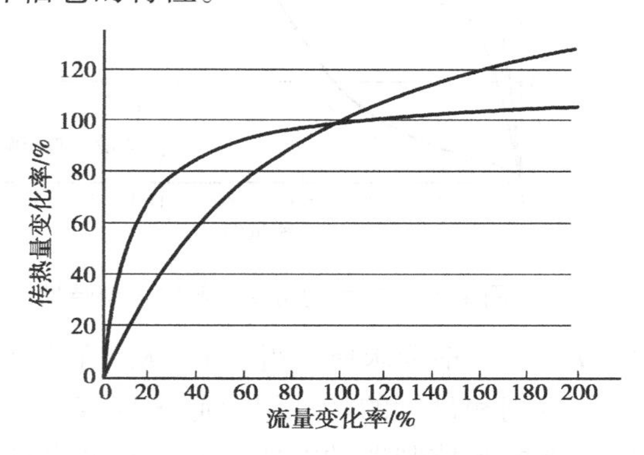

图4.54　典型的热盘管特性

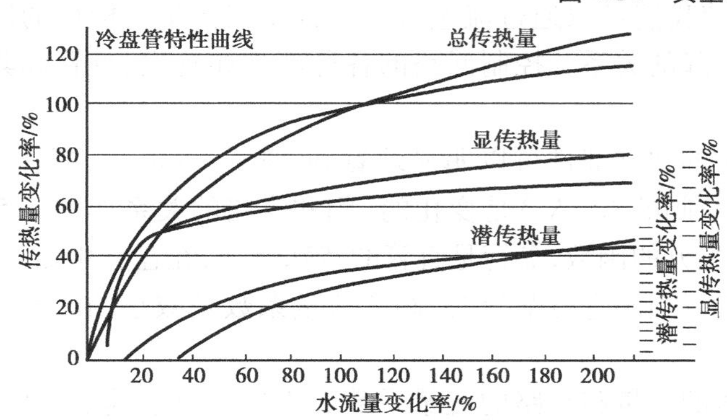

图4.55　典型的冷盘管特性

在HVAC中，典型的阀的特性有3种：快开特性、线性和等百分比特性。等百分比特性的阀用在温度控制中可以补偿盘管的非线性。典型的盘管特性和阀特性的结合如图4.56所示，典型的带调节阀的控制特性如图4.57所示，盘管特性和阀的特性结合产生了线性的热传递函数。在50%行程时（对应控制器的输出为50%），流量大约是15%，热传递大约是50%。这种通过部件结合的方法实现线性化的过程使控制器可以工作在简单

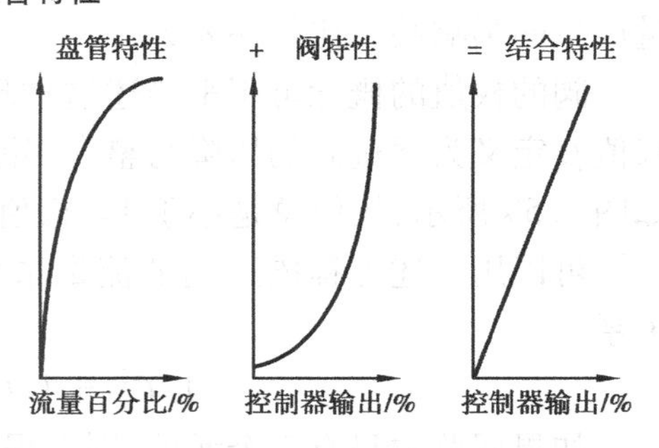

图4.56　典型的盘管特性和阀特性的结合

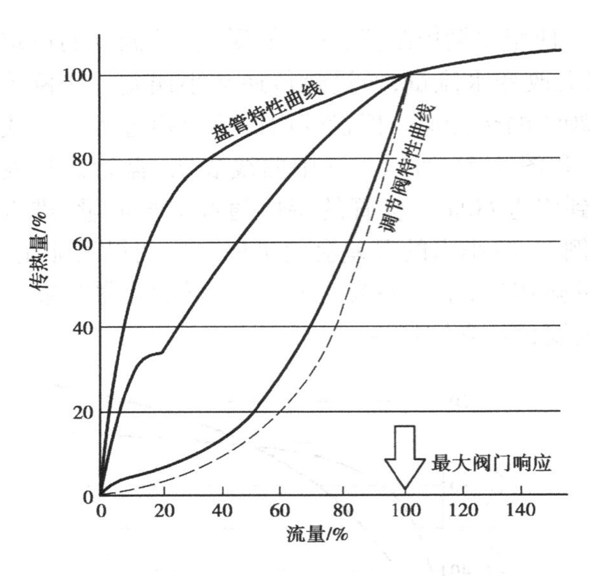

图 4.57 典型的带调节阀的控制特性

的增益段（比例带段）。如果阀和盘管的相应不同，就需要使用多段增益。

要确定阀的尺寸，首先要选择好阀的流量系数 $C_v(K_v)$。$C_v(K_v)$ 在下述条件下定义：介质为水；水流量单位为 g/min（m^3/h）；通过全开阀的压降是 10^5 Pa。通过阀的水流量 $Q=C_v\sqrt{\Delta p}$，如果介质不是水则需要专门进行重力调节。

设计水系统时，须已知流量。流量的选择至关重要，它主要由热传递设计确定。设计改变时，盘管特性的形状也相应改变。分析分路的水压损失和盘管的热传递特性可确定通过阀的压差。已知流量和设计压差就可以通过流量方程求解 $C_v(K_v)$。一般要求所求得的 $C_v(K_v)$ 介于两种尺寸的阀之间，使设计者可做进一步的选择。

将阀和盘管的特性组合起来仅仅是一种理论方案。实际条件下，盘管的压降会影响阀的性能和控制器的响应。在项目的设计阶段，为了得到更好的效果，必须考虑实际运行条件。系数 $C_v(K_v)$ 使我们可以通过流量方程估计支路流量。标称的阀特性表示通过阀的流量和整个支路压降的关系。控制回路的各种部件如管道、盘管和其他阀门都会产生附加的损失。

查验一下回路中的独立部件可以明显地看到：盘管、管道和位置固定的阀的 $C_v(K_v)$ 是固定不变的，而调节阀的 $C_v(K_v)$ 是变化的（阀和支路的关系如图 4.58 所示）。在直管中，水头损失是流量平方的函数，盘管是直管的特殊情况，在盘管中尽管有回程的弯头，其作用仍然近似于直管。当阀进行节流时，阀的流量系数是减小的。而回路中其他部件的流量系数保持恒定。

回路中压差传送的流量和支路的流量系数成正比。由于其他部件影响回路，仅从阀的流量特性不能预测出回路流量。其他部件和阀的流量系数的相对变化使前者对回路流量产生的影响甚至比阀还要大。

阀的权值的概念可用来描述这种现象，它在选择调节阀压差时也是很有用的。阀的权值 β 定义为通过阀的压降与整个回路（包括阀）压差的比值，在回路一级定义阀的权值如图 4.59 所示，权值总是小于 1。权值越小，调节阀越大，反之亦然。

可以用下述方程描述阀的流量系数和阀所控制的回路中的其他部件的流量系数的关系：

$$1/C_v^2 = 1/C_{v1}^2 + 1/C_{v2}^2 + 1/C_{v3}^2 + \cdots \tag{4.24}$$

如果回路中只有 2 个元件，则方程简化为：

$$1/C_v^2 = C_{v1}C_{v2}/\sqrt{C_{v1}^2 C_{v2}^2} \tag{4.25}$$

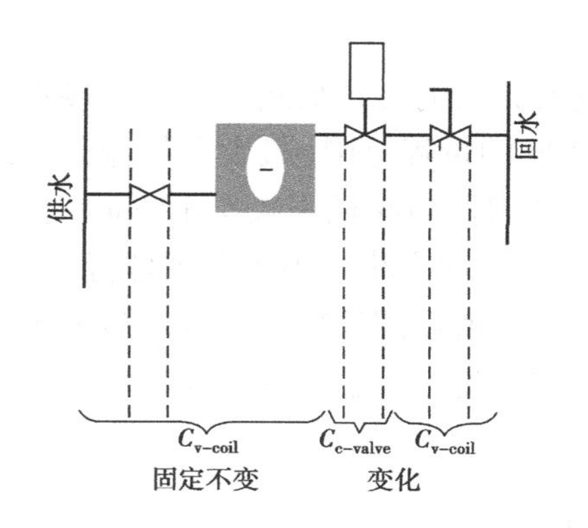

图 4.58　阀和支路的关系

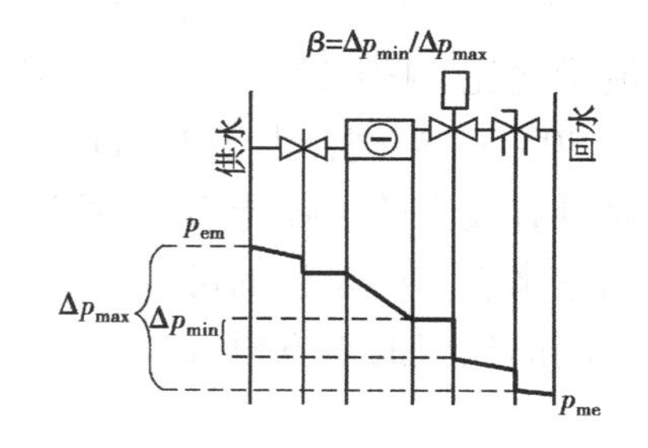

图 4.59　在回路一级定义阀的权值

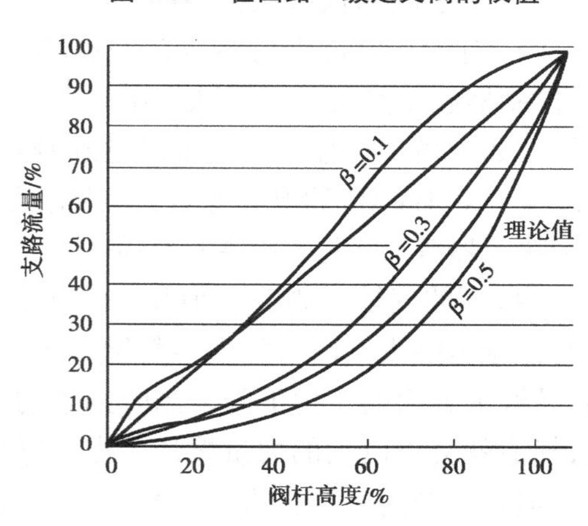

图 4.60　等百分比阀的典型的权值特性曲线

等百分比阀的典型的权值特性曲线如图 4.60 所示，它是计算上述回路等效参数 $C_v(K_v)$ 得到的曲线。它表示在阀的权值不同时支路中相对于阀杆高度的流量。权值 0.5 代表阀的压降占所在回路压降的 1/2，0.1 的权值则代表阀压降为回路压降的 1/10。可以将这些支路的控制特性曲线和图 4.54 所示的盘管热特性相比较。不考虑权值时，控制器如要传送 50% 的热量，阀杆需在 50% 的位置，这时流量只有 15%。当权值为 0.5 时，50% 的阀杆移动能获得 22% 的设计流量，并传递 60% ~65% 的热量。这一特性虽说线性度不是很好，但也不是很差。当权值为 0.1 时，50% 的阀杆移动会产生 58% 的流量，其传递的热量大于 90%。阀的权值越小，控制输出（阀杆的位置）相对于热传递的线性越差。在阀的整个运行范围内，调试控制器很困难。

当主要设计目标是控制回路的流量和热传递时，关键是如何选择调节阀的设计压差。选择得不好，意味着在阀的整个运行范围中流量特性差。为了能够补偿，控制器必须在最常用的运行条件下（即阀杆的行程范围最小时）调试。设备在大部分场合的大部分时间内的冷负荷都小于 50%。如果使用的阀尺寸过大，控制器的输出只能调到 0 ~20% 的行程位置，在回路中就很容易发生过流。过流很容易造成水回路的不平衡，使系统的其他回路的流量低于需要。于是这些回路的控制器会打开相应的阀门，以增大流量。结果是泵的能耗增大，设备性能的下降。

不能期望温度控制器对过流有足够的灵敏度并能及时反应。从图 4.54 中的盘管的热交换特性中可以看出，无论在加热还是在冷却时，100% 的过流（200% 的设计流量）都只能使热传递有一些增加。在冷冻水温差设计为 3 ℃时，增加只有 5%；冷冻水温差设计为 9 ℃时也只有 12%。对不同的盘管结构，这一数据也有所不同。

由于选择不当产生的其他的问题还有：

(1)小开度时阀的性能不佳　作为机械装置，阀有先天的设计缺陷。在阀杆接近关闭时，阀失去了精确控制流量的能力。这一性质可以用阀的量程范围(最大可控流量与最小可控流量之比)来定量地表示。为 HVAC 系统选择球阀时，当阀径不大于 12 mm 时，量程范围为 30∶1；当阀径大于 12 mm 时，量程范围为 10∶1。这意味着小阀在阀杆行程为 0～10% 时具有较大的可控能力，可控流量达 3.3%。阀的权值使阀的理论曲线产生变形。制造商用它来表示阀量程的可控范围。有人认为：阀实际的最小流量等于额定最小可控流量除以阀的权值的平方根，即

$$Q_{\min} = Q_{\mathrm{Nmin}} / \sqrt{\beta} \tag{4.26}$$

(2)由于阀的权值系数不同，使最小热传递平均提升了 6%～20%。

(3)对阀和执行机构的潜在的损坏　由于在流量的低端控制乏力，调试变得比较困难，控制器趋于经常的开关状态中。在比例控制状态时，控制器的输出位置提供了要求的流量。如果最小可控流量值太高，控制器的输出值就可能来回摆动，导致全开或全闭的震荡现象。对 HVAC 的温度参数，这种情况可能表现不明显，但它会使阀的部件(如封套、基座和执行器等)产生不必要的磨损。

(4)阀的气蚀　阀在减小开度的状态下运行可能会造成气蚀损坏。当通过开着的调节阀的压力降太大时可能发生气蚀。阀芯上的压降加在射流的最小截面端使水的速度增加，导致水表面的压力下降。当降到水的气化压力值以下时，便产生气泡。压力在下游恢复，气泡就会以巨大的力量爆炸。由于爆炸发生的区域有限，可能对阀的基座和衬套造成严重损害。阀的气蚀损害更容易在调节阀的压降大于 103 kPa 的热水系统中发生。气蚀损害的结果取决于阀的结构和材料，损害的部位随产品有很大的不同。虽然气蚀不经常发生，但在设计阶段审核一下它是否会发生还是很有必要的。

(5)高于最大压力 Δp　如果说阀的气蚀尚会引起使用者某种程度的注意的话，供应商提供的最大压差参数则常常会被忽略。大多数 HVAC 的调节阀都标明最大压差不得超过 240 kPa。这是一种严格的限制，因为许多大的水系统都配备有水头为 300 kPa 的泵。即使在较小的系统中，水头大于 300 kPa 的泵也是常见的。如果在水系统的设计中允许阀门面临整个泵的水头压力完全关闭而在系统中不加任意调节的话，阀就会损坏而泄漏。即使在技术上球阀是关闭的，工业标准也允许它有某种最小的泄漏。在极端的条件下，管线受牵拉或腐蚀都会使阀产生机械损坏。在一个简单的系统中，执行机构也可能停止正常运行，或者导致气动系统中的强迫流动，或者使执行器失速。

(6)阀的非额定状态　我们前面的讨论一直有意地限于二位球阀。在用工业标准测试时，阀的标定是在和阀相同尺寸的管道中进行的。当阀与减速器(小于管道的阀)组合在一起安装时，阀的有效流量系数会减小。这种现象不仅对球阀会出现，对其他类型的阀(如碟阀和球状阀)也是如此。这两种阀的有效流量系数在尺寸类似时比球阀要大得多。表面上较大的阀流量系数 C_v 意味着阀的尺寸比相连的管道小得多。在为这些阀门选择合理的 C_v 时，需对管道的几何尺寸进行矫正。根据管道和阀的大小对流量系数做相应的

调整常是十分重要的，某些阀的供货商提供了和管道直径相同的阀与各种减速器相配时的阀的流量系数。由于这些数据来自测试而不是来自计算，所以在进行选择时对用户很有帮助。

阀的权值和压差受限于一定范围，且只考虑了回路的流量。因此，选择时需分析整个水系统的流量和运行状态。需要注意的问题有：

考虑阀对整个水回路的影响时也要对阀权系数作同样的分析。供回水的立式管道和同一回路的相关设备在泵入时会使压力差产生变化。当系统的调节阀关闭时，管道和盘管中的损失较小，结果是阀的有效权系数变为阀全开时的压降和泵的水头值之比。阀的压降与系统压降的关系如图 4. 61 所示。图中的一组曲线表示阀的压降和系统压降（泵的水头）的关系。为了控制稳定，建议权系数为 0. 25 或更大（阀在全开时的压降取泵水头的 25%）。

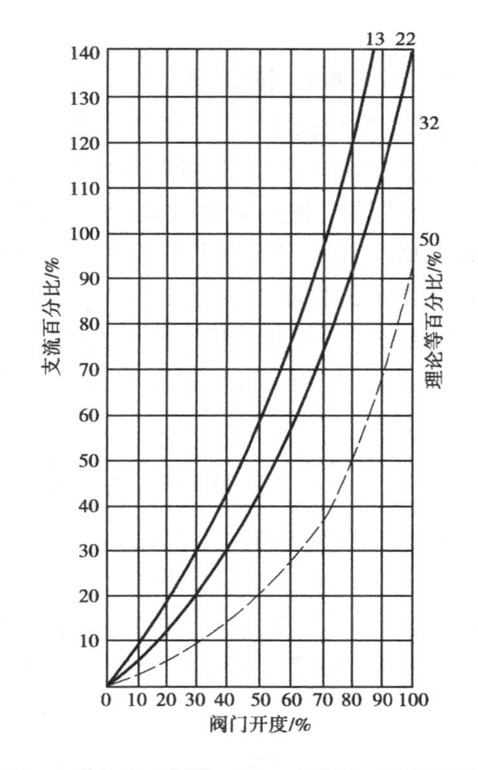

图 4. 61　阀的压降和系统压降的关系特性曲线

在恒速泵系统中，取掉分路调节阀将改变系统流量，其他各回路的流量也会随它们的位置的不同而有相应的改变。一般来说，恒速泵或恒流量系统设计时不使用二位调节阀，因为在低流量或无流量时会损坏设备，这时通常使用的是三位调节阀。有一种对三位调节阀的错误印象，认为它是一个恒流量阀，合理地选择旁路管道中的平衡阀并使旁路损失等于盘管损失，就可假定通过阀的总流量保持不变而不必考虑阀芯的位置。

三位调节阀系统很少恒流。一般只有在全部终端运行或流量全部旁路时阀才会达到额定流量。系统或者处于过流状态，或者处于欠流状态。处于何种状态由阀塞的特性、权值或阀芯的位置决定。线性阀在阀位为 50%、权系数为 50% 时，系统流量达到 135%。这时泵电动机是否过载取决于阀数目的多少及大小。如果电动机没有超载设计，就会发生过载。当百分比阀权系数为 50% 时会发生欠载。减小流量能提升泵的曲线，电动机就没有过载的危险。但是由于泵的曲线的斜度，设计时必须非常好地把握调节阀的最大压差。因此变速或变流量的水系统常常是比较好的选择，可以达到节省能量的目的。

综上所述，调节阀的压差选择要考虑很多因素，部分依靠理论，部分依靠经验。过去已经建立起选择阀的尺寸的某些法则，这些法则有的地方运用起来很有效，有的地方却显得力不从心。如果我们想得出根据阀的尺寸选择阀的压差的通用的结论，选择调节阀回路权值为 50% 时应用起来有比较合理的结果。但是压差 Δp 必须根据所选盘管的设计特性作进一步的优化。盘管水温差选择较大,盘管的特性曲线就比较平坦。这时,权值小于50%时也有可取之处,因为这时热交换特性比较线性。权值较小意味着通过阀的压降较小,泵的能量消耗也可能较小。合理地选择调节阀除了考虑阀的本身以外,还要考虑整个系统。

2)风系统调节阀的选择

自动调节风阀在供暖、通风、空调系统中可用于对风量进行控制。其应用包括在节能循环中对混合空气温度的控制和在变风量系统中对室内送风风量的控制等。采用选型适当并具有线性控制作用的风阀,将会有助于系统的正常运行。只有具备线性控制特性的风阀,其阀位在一定程度上的改变才会使风量产生比例的变化。如果控制特性是非线性的,那么给定的控制信号变化量虽然也能引起风阀位置的连续变化,但风量的变化量却不等。其结果便是控制不稳定或不精确。

全开风阀的阻力可以用系统总阻力的百分数表示。该百分数称为"阀权度"或者"特性比率",即

$$\text{阀权度} = \frac{\text{全开风阀的阻力(压降)}}{\text{系统的总阻力(压降)}} \times 100\%$$

这里,系统的总阻力(压降)是指不包括全开风阀在内的系统的阻力(压降)。所谓"系统的总阻力(压降)"中的"系统",涉及的仅仅是安装风阀以调节风量的那部分系统,它并不是指整个系统的总压降或者是风机的全静压。所选风阀系统的总压降通常指的是从系统中某一特定点的压力至大气之间的压降。

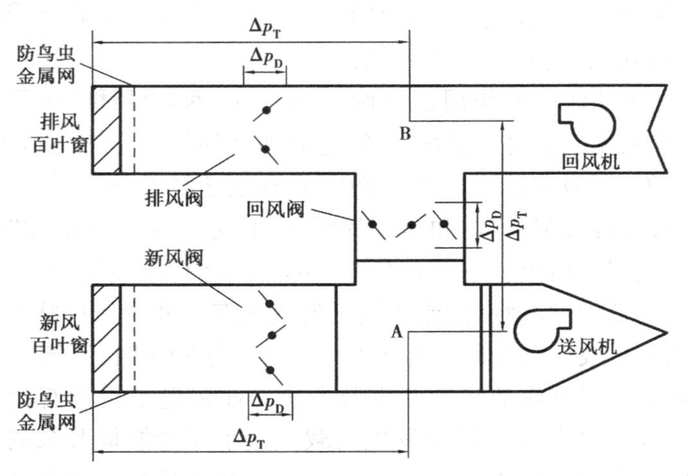

图4.62　带有回风机的空气侧节能循环系统特性曲线

举例说明:如图4.62的带有回风机的常规型空气侧节能循环系统,带有新风阀的系统总压降是指室外空气与A点(也即新回风混合箱)之间的压力差。新风阀控制的仅仅是通过防雨百叶窗、风阀和新风管的风量。因此,新风阀的阀权度可用新风阀前后的压降除以室外大气与混合箱A点之间的压差后所得百分比数表示。这里,新风阀仅用于控制风量,并不控制气流的方向。为了使室外空气进入系统,控制系统中别的构件必须使用混

合箱(A处)内的压力小于室外大气压。

同样,在对排风阀进行选型时,其系统的总压降指的是从B点到室外大气的压降。此时,在计算阀权度时,系统总压降包含气流通过排风管与百叶窗时的压降,但不包括排风阀前后的压降。

在对回风阀进行选型时,其系统总压降也许不太明显。该压降是指从B点(回风机出口处)到A点(新回风混合箱)之间的压力降。回风阀并不控制流经回风机的风量,它只不过是用于分配排风管和回风管两者之间的风量。B点的压力必须远高于室外大气压,否则空气排不出去。

在采用变风量箱的情况下,系统的总压降则是指从一次风管至房间之间的压降。这时,往往会利用一个独立的控制环路(典型的有变速传动装置、可变入口导叶或风机的出口风阀)来控制风机的风量,从而使一次风管内的压力保持比较稳定的状态。这样,位于变风量箱内的风阀的动作便不会对干风管的风量产生明显的影响,而只会影响到流经变风量箱的那部分干风管的风量。因此,对于变风量箱的阀门来说,其系统的总压降是指从一次风管到房间之间的压降。目前,常用的多叶风阀一般分为:

(1)平行式多叶风阀　所有的叶片均向同一方向平行地动作。

(2)对开式多叶风阀　相邻的叶片均向相反方向动作。

平行式多叶风阀的特性曲线如图4.63所示。由图中可看出,就平行式多叶风阀而言,要想获得线性控制的最佳选择是使阀门的阀权度保持为30%~50%。

对开式多叶风阀的特性曲线如图4.64所示。由图中可看出:就对开式多叶风阀而言,要想获得线性控制的最佳选择是使阀门的阀权度保持为10%~15%。

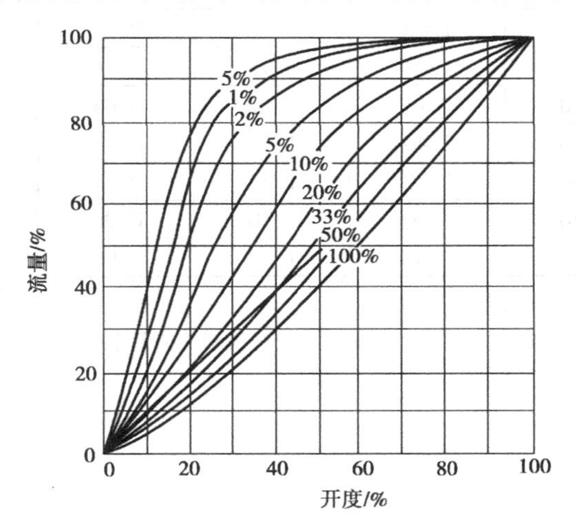

图4.63　平行式多页风阀的特性曲线

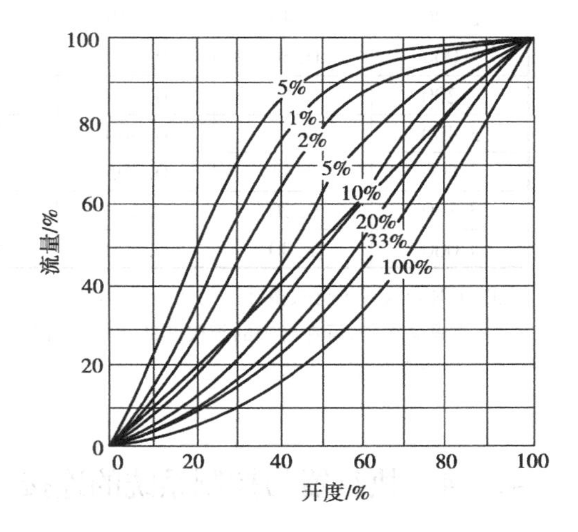

图4.64　对开式多页风阀的特性曲线

对开式多叶风阀和平行式多叶风阀选用指南,见表4.1。

表 4.1　对开式多叶风阀和平行式多叶风阀选用指南

全开风阀特性			系统总压降与阀权度之间的关系			
近似风速 /ft·min^{-1}*	动压 /inH_2O**	压降 /inH_2O	对开式		平行式	
			10%阀权度	15%阀权度	30%阀权度	50%阀权度
300	0.01	0.005	0.05	0.03	0.02	0.01
600	0.02	0.010	0.10	0.07	0.03	0.02
700	0.03	0.015	0.15	0.10	0.05	0.03
800	0.04	0.020	0.20	0.13	0.07	0.04
900	0.05	0.025	0.25	0.17	0.08	0.05
1 000	0.06	0.030	0.30	0.20	0.10	0.06
1 100	0.08	0.040	0.40	0.27	0.13	0.08
1 200	0.09	0.045	0.45	0.30	0.15	0.09
1 300	0.11	0.055	0.55	0.37	0.18	0.11
1 400	0.12	0.060	0.60	0.40	0.20	0.12
1 500	0.14	0.070	0.70	0.47	0.23	0.14
1 600	0.16	0.080	0.80	0.53	0.27	0.16
1 700	0.18	0.090	0.90	0.60	0.30	0.18
1 800	0.20	0.100	1.00	0.67	0.33	0.20
1 900	0.22	0.110	1.10	0.73	0.37	0.22
2 000	0.25	0.125	1.25	0.83	0.42	0.25
2 200	0.30	0.150	1.50	1.00	0.50	0.30
2 400	0.36	0.180	1.80	1.20	0.60	0.35
2 600	0.42	0.210	2.10	1.40	0.70	0.42
2 800	0.49	0.245	2.45	1.63	0.82	0.49
3 000	0.56	0.280	2.80	1.87	0.93	0.56
3 200	0.64	0.320	3.20	2.13	1.07	0.64
3 400	0.72	0.360	3.60	2.40	1.20	0.72
3 600	0.81	0.405	4.05	2.70	1.35	0.81
3 800	0.90	0.450	4.50	3.00	1.50	0.90
4 000	1.00	0.500	5.00	3.33	1.67	1.00

注:①对开式或平行式多叶风阀在全开时的压降等于动压乘以流量特性系数(0.5);

②根据本表,可在已知的阀权度的情况下计算风阀的流速,表中所列数据是在全开风阀的流量系数为0.5条件下得出的。

4.7.4　执行器与控制系统的连接

控制器经数学或逻辑运算后产生的控制量,通过系统的输出通道送入执行器,由执行器执行控制动作。根据控制系统输出信号的不同,执行器与控制系统间的连接通道有以下2种形式:

* 1ft/min = 0.005 08 m/min;　** 1 inH_2O = 249.082 Pa。

1）模拟量输出通道（AO）

控制系统输出的是模拟信号，如 4 ~ 20 mA 电流信号或 0 ~ 5，0 ~ 10 V 电压信号，执行器通过模拟量输出通道接收信号，并按该信号执行控制操作。

建筑设备自动化系统中最常用的执行器是调节阀。通常，调节阀实现连续调节的方式有 2 种：一种是利用阀门自身配备的阀门控制器实现调节，另一种是利用现场直接数字控制器实现调节。

如图 4.65 所示，为阀门控制器方式时执行器与控制系统的连接图。控制器经计算得到阀门开度信号设定值，并经模拟量输出通道 AO 送入比较器。比较器将阀门开度实测值与设定值比较。当设定值高于实测值时，正转电路导通，使阀门电机正向旋转，继续开大阀门；当设定值低于实测值时，反转电路导通，阀门电机反转，阀门关小；当比较器的输出电压绝对值小于两路触发器需要的翻转阈值时，阀门电机停止运行，完成调节。

变频器被广泛应用于建筑设备自动化系统中的交流电机调速。由于通用型变频器一般采用电压（0 ~ 10 V）或电流（4 ~ 20 mA）式的输入信号，因此要通过计算机控制器的模拟量输出通道 AO 与其相连。变频器同时输出作为检测值的电压信号（0 ~ 10 V）或电流信号（4 ~ 20 mA），通过计算机控制器的模拟量输入通道。

AI 送入控制器，以监视和管理变频器的工作。图 4.66 为变频器与控制系统的连接图。

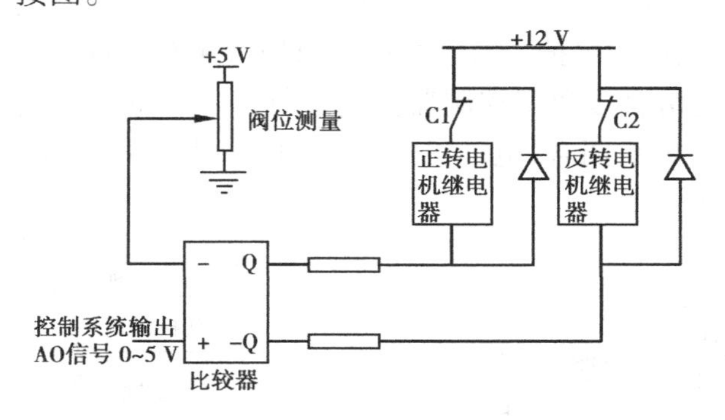

图 4.65　阀门控制器与控制系统的连接

C1，C2—阀门行程限位器触点

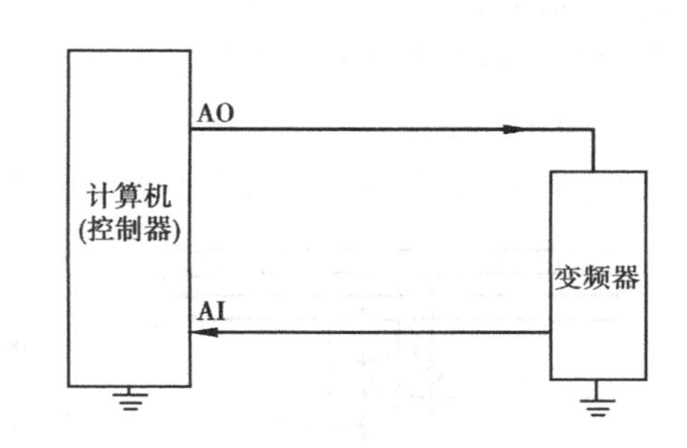

图 4.66　变频器与控制系统的连接

2）数字量输出通道（DO）

图 4.66 为使用现场直接数字控制器实现调节时，阀门执行器与控制系统的连接图。直接数字控制器经计算得到阀门开度信号设定值，并在控制器内直接与通过 AI 通道输入的阀门开度实测值比较，决定阀门电动机应该是正转、反转，还是停止，然后通过两路数字量输出通道 DO 控制阀门的动作。这样做可以直接用两个开关量输出通道和一个模拟量输入通道带动一个电动阀，省去计算机内 D/A 转换的环节和阀门控制器内的比较器部分，过程的简化可减少成本和提高可靠性。其缺点是将使计算机内控制阀门的程序比较复杂，并且需具有很好的实时性，一旦测出阀位到达设定值能立即停止电机转动。

三相异步电动机（简称电动机）是建筑设备自动化系统中最常见的电力设备。图4.67

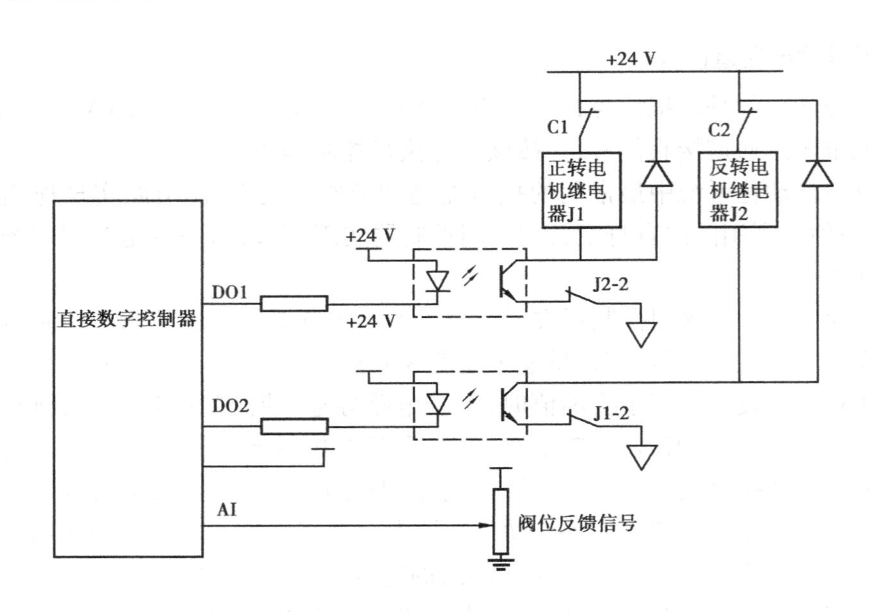

图 4.67　直接数字控制器与阀门的连接

C1,C2—阀门行程限位器触点

为电动机启/停电气控制原理图。图 4.68(a)为主电路图,其中 QF 为低压断路器,是正常情况下分合负荷电流和短路情况下切断短路电流的开关电器;KM 为接触器,用于控制电动机的启/停运行;KH 为热继电器,用于电机过载保护。由电气控制原理图 4.68(b)可看出,如将转换开关 SA 置于自动位置,电动机由直接数字控制器控制运行。当 Run 触点闭合,KM 接线圈通电,主电路中接触器 KM 主触头闭合,电动机运行;当 Run 触点断开,KM 接线圈失电,接触器主触头断开,电动机停止运行。

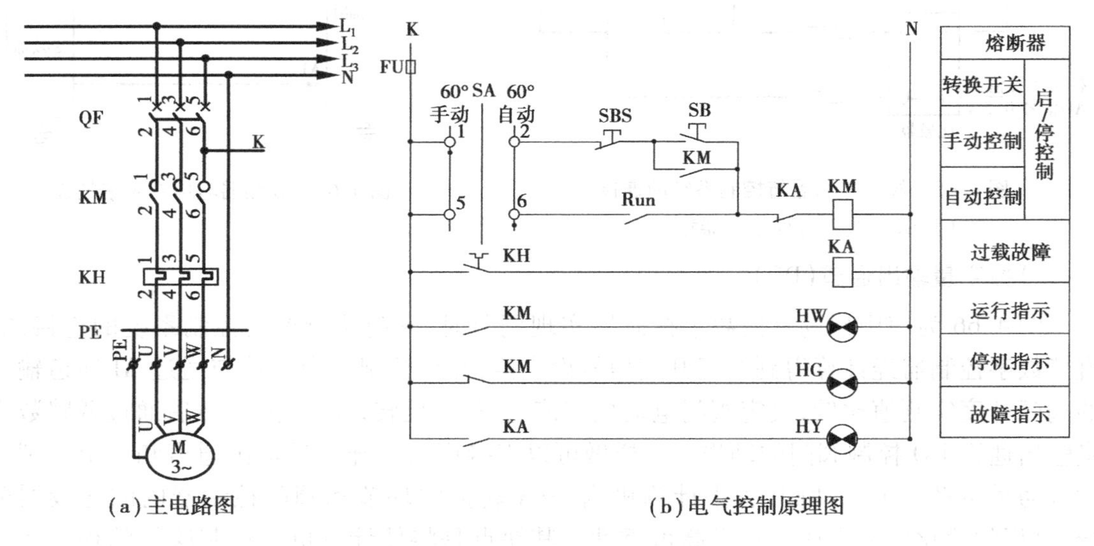

(a)主电路图　　(b)电气控制原理图

图 4.68　电动机启/停电气控制原理图

如图 4.69 所示,直接数字控制器发出的启/停控制命令 Run 通过数字量输出通道 DO

与电动机电气控制系统相连。电机运行状态信号、手自动状态信号分别通过数字量输入通道 DI1 和 DI2 送入控制器。如将转换开关 SA 置于手动位置,当按下手动按钮 SB 后,KM 接线圈通电,接触器主触头闭合,电动机运行;当按下手动按钮 SBS,KM 接线圈失电,接触器主触头断开,电动机停止。电机运行状态信号、手自动状态信号分别通过数字量输入通道 DI1 和 DI2 送入控制器。

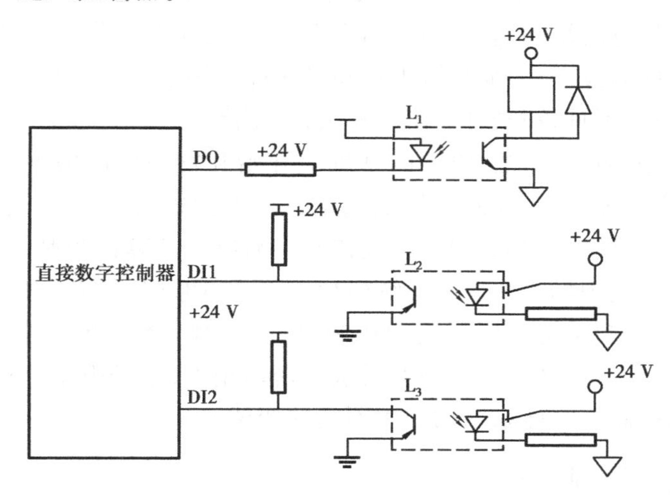

图 4.69　直接数字控制器控制电动机启/停的连接

4.8　建筑设备自动化控制系统

4.8.1　控制系统的网络化发展

早期的控制系统是由气动控制装置和一束束电线组成,这样的系统功能简单,但灵活性差。20 世纪 60 年代,由微处理器和一些外围电路构成的数字式仪表取代了模拟仪表,构成了 DDC 控制系统。该控制方式提高了系统的控制精度和控制的灵活性,而且在多回路的巡回采样及控制中具有传统模拟仪表无法比拟的性能价格比。

20 世纪 70 年代中后期,随着工业系统的日益复杂,控制回路的进一步增多,单一的 DDC 控制系统已经不能满足现场的生产控制和管理要求,同时中小型计算机和微机的性价比有了很大提高。于是,由中小型计算机和微机共同作用的分层控制系统应运而生。在分层控制系统中,由微机作为前置机去对工业设备进行过程控制,由中小型计算机对生产工作进行管理,从而实现了控制功能和管理功能的分离。当控制回路数目增加时,前置机及其与工业设备的通信要求就会急剧增加,从而导致这种控制系统的通信变得相当复杂,使系统的可靠性大大降低。

进入 20 世纪 80 年代后,随着计算机网络技术的迅猛发展,人们将计算机网络技术应用到了控制系统的前置机之间以及前置机和上位机的数据通信中。前置机仍然完成自控制功能，但它与上位机之间的数据（上位机的控制指令和控制结果信息）通信采用计算机网络实现。上位机在网络中的物理地位和逻辑地位与普通站点一样，只是完成的逻辑功能不同。另外，上位机增加了系统组态功能，即网络的配置功能。这样的控制系统称为集散型控制系统（DCS）。DCS是计算机网络技术在控制系统中的应用成果，提高了系统的可靠性和可维护性，在今天的工业控制领域仍然占据着主导地位。然而，不可忽视的是，DCS采用的是普通信息网络的通信协议和网络结构，在解决工业控制系统的自身可靠性方面没有作出实质性的改进，为加强抗干扰和可靠性采用了冗余结构，从而提高了控制系统的成本。另外，DCS不具备开放性，布线复杂，费用高。

20世纪80年代后期，人们在DCS的基础上开始开发一种适用于工业环境的网络结构和网络协议，并实现传感器、控制器层的通信，这就是现场总线。由于从根本上解决了网络控制系统自身的可靠性问题，现场总线技术逐渐成为计算机控制系统的发展趋势，基于现场总线的全分布式现场总线控制系统（FCS），是继DCS后的新一代控制系统。

综上所述，自动控制系统经历了集中控制、集散控制、全分布控制等发展阶段。而每一个发展阶段，都与计算机网络技术的发展水平密切相关，正是由于计算机网络技术的迅速发展推动了自动控制系统体系结构产生不断的变革。

4.8.2 集散型控制系统

早期的集中控制系统，是指由单一的计算机完成控制系统的所有功能和对所有被控对象实施控制的一种系统结构。其优点是系统的整体性、协调性好，所有现场状态集中在一个中央计算机中处理，中央计算机可以根据全面情况进行控制计算和判别。在控制方式、控制时机的选择上可以进行统一的调度和安排。但这种结构对计算机的要求极高，首先它必须有足够的处理能力和极高的可靠性，以保证功能的实现和系统的安全。而DCS则在系统的处理能力和系统安全性方面明显优于集中控制，这是由于使用了多台计算机分担了控制的功能和范围，使处理能力大大提高，并将危险性分散。DCS由于以上优点，现在已成为计算机控制系统的主流结构。由于一个系统中有多台计算机在工作，各个计算机如何协调工作，特别是在涉及全局性的控制问题时如何实现，是DCS要解决的主要问题。

1）DCS的体系结构

DCS的体系结构通常为3层：第一层为分散过程控制层；第二层为集中操作监控层；第三层为综合信息管理层。各层之间由通信网络连接，同层内各装置之间由本层的通信网络进行通信联系。典型的DCS体系结构如图4.70所示。

（1）分散过程控制层　分散过程控制层直接面向生产过程，是DCS的基础。它直接完成生产过程的数据采集、调节控制、顺序控制等功能，其输入信息是生产过程现场的各种传感器、变送器及电气开关的信号，输出用于驱动执行机构。此级通过与集中操作监控层进行数据通信，接收、显示操作站下传的参数和作业命令，并将现场工作情况信息整理后向操作站汇报。现场控制站可采用如下几种装置：

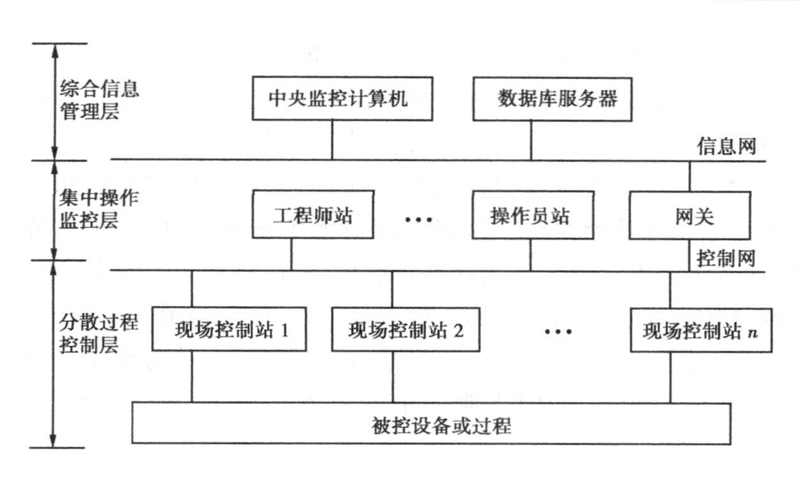

图 4.70　集散控制系统的系统结构

①工业控制机；

②可编程序控制器(PLC)；

③智能调节器；

④其他测控装置。

(2)集中操作监控层　集中操作监控层以操作监视为主要任务，兼有部分管理功能，完成显示、操作、记录、报警、组态等功能。由于此层面向操作员和控制系统工程师，因而配备有技术手段齐备、功能强的计算机系统及外部设备，如显示器、键盘和打印机等，需要较大存储容量的硬盘支持及功能强大的软件支持，以确保工程师和操作员对系统进行组态、监视和操作，对生产过程实行高级控制策略、故障诊断、质量评估等。其具体组成包括：

①监控计算机；

②工程师站；

③操作员站。

(3)综合信息管理层　综合信息管理层由管理计算机、办公自动化系统、工厂自动化服务系统构成，从而实现整个企业的综合信息管理，主要包括生产管理和经营管理。DCS 的综合信息管理层实际上是一个管理信息系统(MIS:Management Information System)。

(4)通信网络系统　DCS 各级之间的信息传输主要依靠通信网络系统来支持。根据各级的不同要求，通信网也分成低速、中速、高速通信网络。低速网络面向分散过程控制层；中速网络面向集中操作监控层；高速网络面向管理层。

2)DCS 的特点

与一般的计算机控制系统相比，DCS 具有以下几个特点：

(1)硬件积木化　DCS 采用积木化硬件组装式结构，系统配置灵活，可以方便地构成多级控制系统。要扩大或缩小系统的规模，只需按要求在系统中增加或拆除部分单元，而系统不会受到任何影响。这样的组合方式，有利于企业分批投资，逐步形成一个在功能和结构上从简单到复杂、从低级到高级的现代化管理系统。

(2)软件模块化　DCS为用户提供了丰富的功能软件,用户只需按要求选用即可,大大减少了用户的开发工作量。功能软件主要包括控制软件包、操作显示软件包和报表打印软件包等,并提供至少一种过程控制语言,供用户开发高级的应用软件。

控制软件包为用户提供各种过程控制的功能,主要包括数据采集和处理、控制算法、常用运算式和控制输出等功能模块。这些功能固化在现场控制站、PLC、智能调节器等装置中,用户可以通过组态方式自由选用这些功能模块,以便构成控制系统。

操作显示软件包为用户提供丰富的人机接口联系功能,并在CRT和键盘组成的操作站上进行集中操作和监视,如总貌显示、分组显示、回路显示、趋势显示、流程显示、报警显示和操作指导等画面,并可以在CRT画面上进行各种操作,可以完全取代常规模拟仪表盘。

报表打印软件包可以向用户提供每小时、班、日、月工作报表,打印瞬时值、累计值、平均值、打印事件报警等。

过程控制语言提供给用户开发高级应用程序,如最优控制、自适应控制、生产和经营管理等。

(3)控制系统组态　DCS设计了使用方便的面向问题的语言,为用户提供了数十种常用的运算和控制模块,控制工程师只需按照系统的控制方案,从中任意选择模块,并以填表的方式来定义这些软功能模块,进行控制系统的组态。系统的控制组态一般是在操作站上进行的。填表组态方式极大地提高了系统设计的效率,解除了用户使用计算机必须编程序的困扰,这也是DCS能够得到广泛应用的原因之一。

(4)通信网络的应用　通信网络是集散型控制系统的神经中枢,它将物理上分散配置的多台计算机有机地连接起来,实现了相互协调、资源共享的和集中管理。通过高速数据通信线,将现场控制站、局部操作站、监控计算机、中央操作站、管理计算机连接起来,构成多级控制系统。整个集散型控制系统的结构,实质上就是一个网络结构。

(5)可靠性高　DCS的可靠性高体现在系统结构、冗余技术、自诊断功能、抗干扰措施和高性能的元件。

4.8.3　现场总线控制系统

现场总线技术自20世纪80年代诞生至今,由于它适应了工业控制系统向分散化、网络化、智能化发展的方向,并且在减少系统线缆,简化系统安装、维护和管理,降低系统投资和运行成本,增强系统性能等方面的优越性,一经产生便成为全球工业自动化技术的热点,由此形成的全分布控制系统——现场总线控制系统(FCS:Fieldbus Control System),导致了传统控制系统体系结构的变革。

传统的过程控制系统中,仪器设备与控制器之间是点对点的连接。FCS中现场设备多点共享总线,不仅节约了连线,而且实现了通信链路的多信息传输。从物理结构上来说,FCS主要由现场设备(如智能化设备或仪表、现场CPU、外围电路等)与形成系统的传输介质(对绞线、光纤等)组成。现场总线作为底层控制网络,肩负着测量控制的特殊任务，它具有信息传输实时性强、可靠性高、多为短帧传送等特点，传输速率一般在几 kb/s 至 10 Mb/s。

1）现场总线控制系统的结构

FCS 代表了一种新的控制观念：现场控制。它具有采用数字信号后的一系列优点。基于现场总线技术的基本思想，FCS 采用总线拓扑结构，如图 4.71 所示。变送器、控制器、执行器等现场设备构成现场层。站点分主站和从站，上位机（中央监控计算机）、控制器为主站，主站采用令牌总线的介质存取方式。变送器、执行器为从站，从站不占有令牌。总体上为令牌加主从的混合介质存取控制方式。

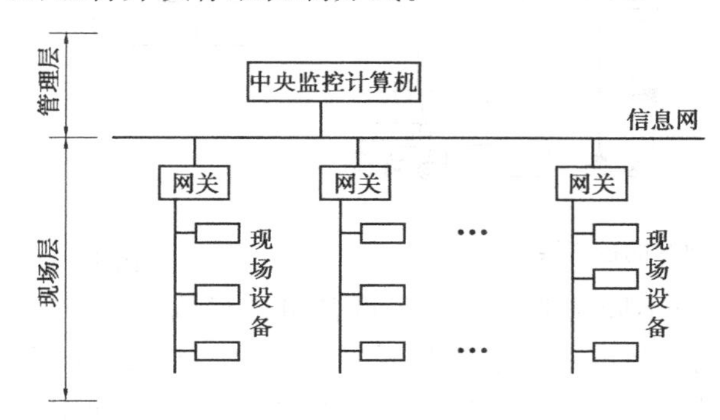

图 4.71　全分布式控制系统的结构

FCS 具有如下主要功能：

①由上位机或手持编程器进行组态，确定回路构成及参数值，两者均可随时加入或退出系统。

②除控制器的控制功能之外，还可由上位机承担先进的控制运算或优化任务。

③控制器除输出控制变量外，还向上位机传送状态、报警、设定参数变更及各种需要保存的数据信息。

④上位机可监视总线上各站点运行情况，并保存历史数据。

⑤网络上各主站的软件均可支持网络组成的变化，具有灵活性。

2）现场总线控制系统的特点

FCS 与传统的集散型控制系统（DCS）相比，具有以下特点：

（1）现场通信网络　传统的 DCS 的通信网络截止于控制站或输入输出单元，现场仪表仍然是一对一的 4 ~ 20 mA 模拟信号传输，如图 4.72 所示。现场总线把通信线一直延伸到生产现场中的生产设备，构成现场设备或现场仪表互联的现场通信网络，如图 4.73 所示。在网络通信中采用了许多防止碰撞，检查纠错的技术措施，实现了高速、双向、多变量、多站点之间的可靠通信。

（2）现场设备互联　现场设备或现场仪表是变送器、执行器、控制器等，这些设备通过一对传输线互联。传输线可使用对绞线、同轴电缆、光纤和电缆等，并可根据需要因地制宜地选择不同类型的传输介质。

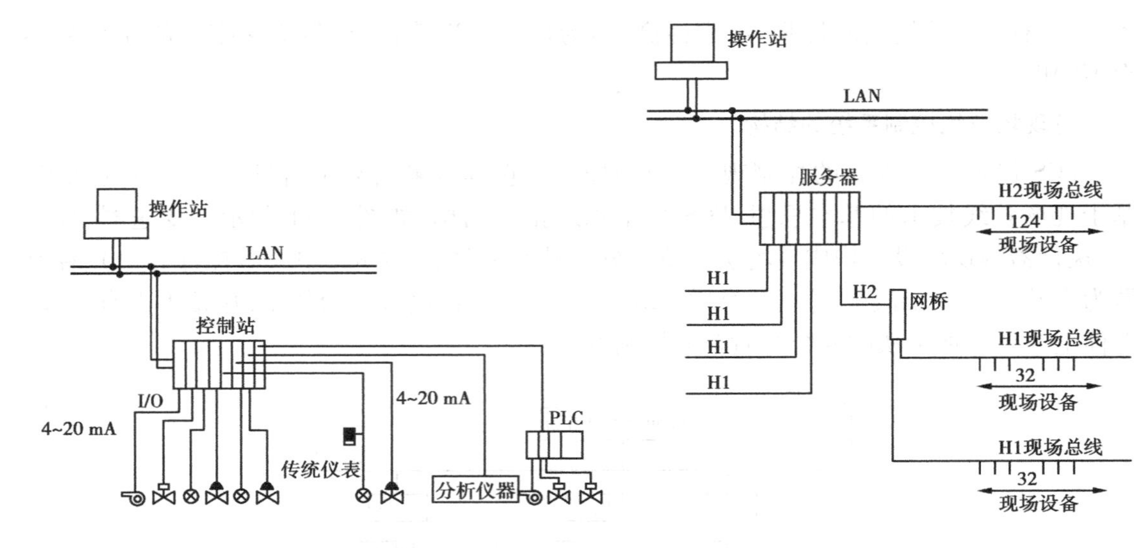

图 4.72　DCS 的控制层

图 4.73　FCS 的控制层

(3)互操作性　来自不同制造厂的现场设备可以异构,组成统一的系统,可以相互操作,统一组态,共同实现控制策略。也就是说,用户可以自由地选择不同制造商提供的性能价格比最优的现场设备或现场仪表集成在一起,实现“即接即用”。打破了传统 DCS 产品互不兼容的缺点,方便了用户。

(4)分散的功能模块　FCS 废弃了 DCS 中采用“工程师站—操作站—I/O 控制站”的 3 层主从结构模式,把输入/输出单元和控制站的功能块分散给现场仪表,从而构成虚拟控制站。如流量变送器不仅具有流量信号变换、补偿和累加输入模块,而且有 PID 控制和运算模块,甚至有阀门特性自检测和自诊断功能。功能块分散在多台现场仪表中,系统通过网络协议把它们连接在一起统筹工作,任何一个节点出现故障只影响本身而不会危及全局,这种彻底的分散型控制体系结构提高了系统的可靠性、自治性和灵活性。

(5)开放式互联网络　现场总线为开放式互联网络,所有技术和标准全是公开的,面向所有的制造商和用户。这样,用户可以自由集成不同制造商的通信网络,既可与同层网络互联,也可与不同层网络互联,极其方便地共享网络数据库。

(6)通信线供电　现场总线的常用传输线是对绞线,通信线供电方式允许现场仪表直接从通信线上摄取能量,这种低功耗现场仪表可以用于本质安全环境。

(7)多种传输介质和拓扑结构　FCS 由于采用数字通信方式,因此可采用多种传输介质进行通信。根据控制系统中节点的空间分布情况,可采用多种网络拓扑结构。这种传输介质和网络拓扑结构的多样性给自动化系统的施工带来了极大的方便。

FCS 的出现将使传统的自控系统产生革命性的变革。它改变了传统的信息交换方式、信号制式和系统结构,改变了传统的自动化仪表功能概念和结构形式,也改变了系统的设计和调试方法。

思 考 题

4.1 计算机控制系统由哪几部分组成?

4.2 典型的计算机控制系统有哪几种类型?各自有什么特点?

4.3 什么是接口和过程通道?过程通道有哪几种类型?各自的组成结构是什么?

4.4 简述 PID 控制算法中 P,I,D 各环节的作用。

4.5 什么叫做积分饱和?防止积分饱和的方法有哪些?

4.6 试写出位置型 PID 控制算式和增量型 PID 控制算式,并说明各自分别适用于什么对象?

4.7 简述 BAS 中常用传感器的量程选用原则。

4.8 试绘制模拟量型传感器、开关量型传感器与控制器的连接图。

4.9 试绘制直接数字控制器与阀门的连接图。

4.10 简述集散型控制系统的组成,并绘制其体系结构图。

4.11 与 DCS 相比,FCS 有什么特点?

5 空调系统的控制调节

5.1 空调自动控制系统

高层民用建筑(如高级旅馆(酒店)、写字楼、商业中心及综合建筑楼群)具有功能复杂多样、空调系统及设备分布广泛、维护管理工作量较大、空调系统能耗较多、使用要求比较高等特点,对空调自动控制系统的要求越来越多,这也促使空调系统及其技术得以迅速发展。

5.1.1 空调自动控制系统的设置原则

1)人体的舒适性

高层民用建筑空调系统是以满足一定的人体舒适性为基本要求,因此,舒适性也是空调自动控制系统设置时要考虑的首要原则。通过设置适当的控制系统,应能使空调系统保证各种场所的设计标准,如合理的温度、湿度、新风量等人体舒适性指标。

2)节省能源

在满足必要的设计标准前提下尽可能节省能源,是空调自动控制系统的一个主要目标。节能与经济性是有关的,如何做到以较少的投入获得更多的节能,是评价自动控制系统设计优劣的一个重要依据。所以,设计空调自动控制系统时,进行适当的经济技术的比较是必要的。

3)运行管理

关于运行管理,有多方面的含义,既包括空调系统,也包括自动控制系统。

(1)设备的安全运行　一些空调设备(如冷水机组、水泵、风机等)必须在规定的范围内运行,超过规定的范围将会导致工况恶化,降低使用寿命,甚至对设备造成严重破坏。因此,如何保证空调设备的正常及安全运行,是自动控制系统要解决的一个重要问题。

(2)节省人力　由于空调设备分布较广,运行管理全部由人工进行,这需要相当多的人工及投入极大的工作量,况且人工是无法随时控制室内参数的。设置自动控制系统的目的之一就是在可能条件下,尽量减少人员的劳动操作强度,使运行管理更为方便。

(3)保证人员安全　一旦系统及设备出现故障,人员的安全是首要的,这一点在消防系统中更具有明显的特点。设置自动控制系统,可以及时判明及处理系统及设备故障。

(4)可靠性　可靠性是自动控制系统的基础。目前,空调自动控制系统的可靠性除与自动控制系统及其内部设备本身有关外,还与空调系统的设计密切相关。一些设有空调自动控制系统的建筑不能按要求正常运行的原因,其中多数是因为自动控制系统没有按空调系统的要求来设置,或者空调系统设计时没有考虑到其自动控制系统所能达到的能力:自动控制系统的调节控制能力是有限的,过于保守的设计必然导致自动控制的精度不能达到有效控制空调系统正常运行的目的。

5.1.2　空调自动控制系统的内容

1)自动监测及控制

空调系统中,需要监测及控制的参数有:风量、水量、压力或压差、温度、湿度等;监测及控制这些参数的元件包括:温度传感器、湿度传感器、压力或压差传感器、风量及水量传感器、执行器(包括电动执行器、气动执行器、电动风阀、电动水阀等)以及各种控制器等。实际工程中,应具体分析和采用上述全部或部分参数的监测和控制。

2)工况自动转换

工况自动转换主要是针对全年运行的空调系统而言。在前面的几章中,我们已经提到全年运行工况的合理划分和转换是空调系统节能的一个重要手段,而实时转换必须由设备进行自动的比较和切换来完成,用人工是不可能做到随时合理转换的。比如,即使是在夏天,在一天 24 小时的运行中,空调系统仍有可能出现过渡季情况,而空调专业中所提及的过渡季绝不是人们通常所说的春、秋季节。因此,只能靠自动控制系统的随时监测来判定及自动转换。

3)设备的运行台数控制

对设备运行台数的控制主要是针对冷水机组(或热交换器)及其相应的配套设备(如水泵、冷却塔等)而言的。对于不同的冷、热需求,应采用不同台数的机组联合运行以达到设备尽可能高效运行及节能的目的。在二次泵系统中,根据需水量进行次级泵台数控制(定速次级泵)或变速控制(变速次级泵);在冷却水系统中,根据冷却回水温度控制冷却塔风机的运行台数等,都属于设备台数控制的范围。

在多台设备的台数控制中,为了延长使用寿命,还应根据各台设备的运行小时数,优先启动运行时间少的设备。

4)设备联锁、故障报警

设备的联锁通常和安全保护是相互联系的。除减轻人员的劳动强度外,设备联锁的一个主要目的还是用于设备的安全运行保护上。例如,冷水机组的运行条件是水泵已正常运行,水流量正常时才能启动;空调机组(尤其是新风空调机组)为防止盘管冬季冻裂,要求新风阀、热水阀与风机联锁等。

当系统内设备发生故障时,自动控制系统应能自动检测故障情况并及时报警,通知管理人员进行维修或采取其他措施。

5)集中管理

空调设备在建筑内分布较广时,对每台设备的启/停需要集中在中央控制室,这样可减少人力,提高工作效率。因此,集中管理从某个方面来看主要是指远距离对设备进行控制。当然,设备的远距离控制应与就地控制相结合,在设备需要检修时,应采用就地控制方式。这时不能采用远距离控制,以免对人员的安全产生危险。

6)与消防系统的联系

空调通风系统中,有许多设备的控制既与空调使用要求有关,又与消防有一定关系(如排风兼排烟风机),如何处理好它们之间的关系,需要各专业设计人员进行认真的研究并和消防主管部门协商取得一致的意见。

5.1.3 空调系统的特性

1)多干扰性

空调系统在全年或全天的运行中,由于外部条件(如气温、太阳辐射、风、晴、雨、雪)和内部条件(如空调房间内设备,照明的启/停和投入运行数量的变化,以及工作人员的增减等)的变化,都将对运行中的空调系统形成干扰。因此,空调系统具有多干扰性。

(1)热干扰

①太阳辐射　通过空调房间的外窗进入室内的太阳辐射热,将会受到天气阴晴变化的影响。

②室外空气温度　由于室内外的温差的变化而引起室内外热量传递的变化形成对空调房间内温度的影响。

③室外空气的渗透　室外空气通过空调房间的门、窗缝隙进入室内造成对室内温度的影响。

④新风　为了满足室内卫生需要以及正压及排风需求等因素而采入室外空气量的变化,造成对空调房间内温度的干扰。

⑤由于空调房间内照明、电热及机电设备的启/停,投入使用设备数量的变化,以及室内工作人员的增、减等都会直接影响到室内温度的变化。

⑥位于空调房间送风口之前的电加热器电压的波动,热水加热器使用的热水温度、流量的变化,蒸汽加热器所使用的饱和蒸汽压力、流量的变化也将直接影响到空调房间内温度的变化。

(2)湿干扰

①对于定露点空调系统,由于空调系统在运行过程中,可能会由于进入水冷式表面冷却器内的冷水温度或压力的变化或两者均发生变化,或由于直接蒸发式表面冷却器内蒸发压力的变化,或由于喷水室的喷水温度、压力的波动,或由于一次混合后空气温度的变

化等都会使空调系统的机器露点温度发生变化，从而干扰了系统的机器露点，也就影响到空调房间内所要求的空气湿度参数。

②室内散湿量的变化　如不恰当地使用湿布对空调房间进行清洁处理后的一段时间内地面水分的蒸发，或由于其他过量的湿操作等，都会造成空调房间内湿度的变化。

③空调房间内吸湿产品的突然增加或减少，都会使空调房间内的湿度发生变化。

④由于室外天气的变化　如雨、雪天气而使室外空气湿度的突然增加，湿度过大的室外空气通过空调房间的门、窗对室内的渗透等，都会对空调系统中的调节对象造成干扰。

以上各种干扰使空调负荷在较大的范围内波动，而它们进入系统的位置、形式、幅值大小和频繁程度等皆随空调房间的结构、用途的不同而不同，同时还与空气处理设备的优劣有关。因此，在空调的控制系统的设计时已考虑了这些因素，尽量减少造成干扰的条件。

2）温度、湿度的相关性

在空调的控制中，大多数情况下主要是对空调房间内温度和相对湿度的控制，这两个参数常常是在一个调节对象里同时进行调节的两个被调量。两个参数在调节过程中既相互制约，又相互影响。如果由于某些原因使空调房间内温度升高，引起空气中水蒸气的饱和分压力发生变化，在含湿量 d 不变的情况下，就引起了室内相对湿度的变化（温度的升高，相对湿度则会降低，温度的降低则会使相对湿度升高）。在调节过程中，对某一参数进行调节时，同时也引起另一参数的变化。例如，在夏季，采用表面冷却器对空气进行降温去湿处理时，开大冷水阀使相对湿度控制在要求范围内，但如果不进行送风加热处理，则会使送风温度过低。这种相互影响、互相牵制、关联，即互为相关性。

3）具有多工况运行及转换控制

空调系统是在全年的室内外条件变化情况下按照一定的运行方式（即工况）进行调节的；同时，在室内外条件发生显著变化时，要适时地改变运行调节方式，即进行运行工况的转换。在工况转换方面，有利用自动控制系统的自动转换方式，也有根据室内外的条件及运行状态进行人工手动切换。由于多工况运行及相互转换方式的调节，使全年运行的空调系统空气处理更合理、更方便，充分发挥空气处理设备的能力，同时又能节约一定的能量。

4）控制的整体性

空调的自动控制系统一般是以空调房间内的温度和相对湿度为控制中心，通过工况的转换与空气的处理过程，使每个环节紧密联系在一起的整体控制系统。空调系统中的空气处理设备的启/停都要根据系统的工作程序、按照有关的操作规程运行，处理过程中的各个参数的调节及联锁控制都不是孤立进行的，而是与室内的温度、湿度密切相关的。空调系统在运行过程中，任一环节出现问题，都将直接影响空调房间内的温度、湿度的调节效果，甚至使系统无法工作而停运。因此，空调自动控制是一个整体不可分的控制系统。

5.2 风机盘管的控制

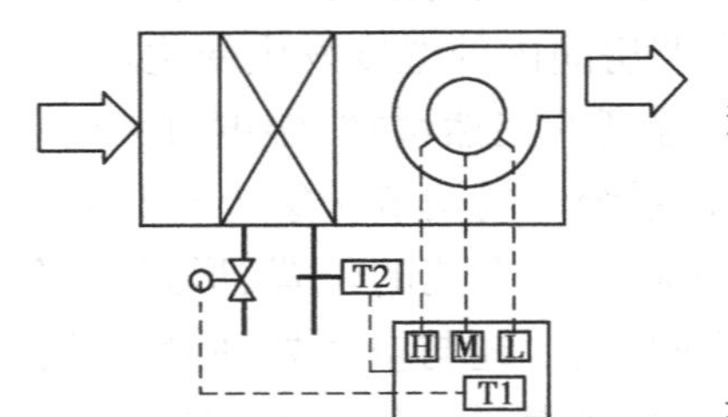

图 5.1 风机盘管控制原理

风机盘管控制通常包括 2 部分内容:风机转速控制和室内温度控制,如图 5.1 所示。

5.2.1 风机转速控制

目前,几乎所有风机盘管风机所配电机均采用中间抽头方式。通过接线,可实现对风机的高、中、低三速运转的控制。通常,三速控制是由使用者通过手动开关来选择的,也称为手动三速控制。

5.2.2 室温控制

室温控制是一个完全的负反馈式温控系统,它由室温控制器 T1 及电动水阀组成,通过调节冷、热水量而改变盘管的供冷或供热量,控制室内温度。

由于大多数风机盘管都是冬、夏共用的,因此在其温控器上设有冬夏转换的措施。当水系统为两管制系统时,电动阀为冬夏两用;当水系统采用四管制时,则应分开设置电动冷水阀和电动热水阀。冬夏转换的措施有手动和自动两种方式,应根据系统形式及使用要求来决定。对于四管制系统,一般应采用手动转换方式;对于两管制系统,则有以下 3 种常见做法:

1)各温控器独立手动转换

在各个温控器上设置冬、夏手动转换开关,使得夏季时供冷运行、冬季时供热运行。当温控器为位式控制器时,它与冬、夏手动转换开关的接线如图 5.2 所示。

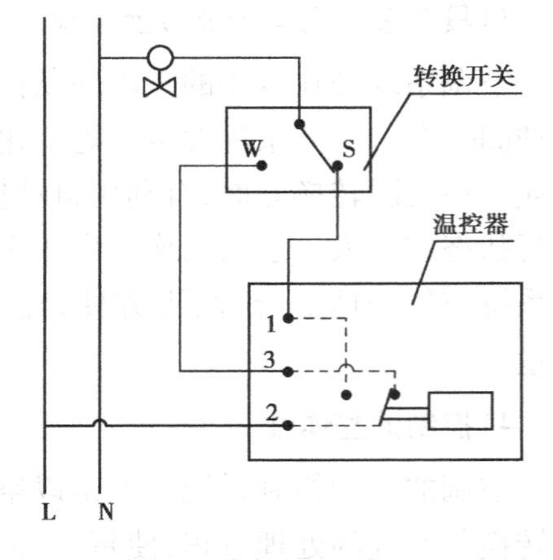

图 5.2 风机盘管冬/夏手动转换控制原理

夏季状态时,如果室温过高,则温感元件 θ_c 向前动作后,使温控器接点 1、2 接通,电动水阀带电打开;当室温降低后,温感元件向后动作,使 1、2 接点断开,电动水阀失电后由弹簧复位而关闭。在冬季时,手动把转换开关拨向"W"挡,其他动作过程与上述类似,但动作方向与夏季相反,即室温过高时关水阀,室温过低时开水阀。

图 5.2 是目前最常用的一种对双管制风机盘管进行控制的方式。

2)统一区域手动转换

对于同一朝向,或相同使用功能的风机盘管,如果管理水平较高,也可以把转换开关统一设置,集中进行冬、夏工况的转换,这样各温控器上可取消供使用人操作的转换开关。这种方式对于某些建筑(如酒店等)的管理是有一定意义的,也可以避免前一种转换方式在使用中出现的使用人错误选择。但是,这种方式要求所有统一转换的风机盘管必须是同一电源,这需要与电气工程密切配合。

3)自动转换

如果使用要求较高,而又无法做到统一转换,则可在温控器上设置自动冬、夏季转换开关。这种做法的首要问题是判别水系统当前工况:当水系统供冷水时,应转到夏季工况;当水系统供热水时,应转到冬季工况。一个较为可行的方法是在每个风机盘管供水管上设置一个位式温度开关(见图5.1中的T2),其动作温度为:供冷水时12 ℃,供热水时30~40 ℃(根据热水温度情况设置),这样就可实现上述自动转换的要求。当然,采用这一做法必须和温控器厂商进行协商;同时,这种方式使投资有所增加,还应征求建设单位的意见。

风机盘管温控时,有位式控制和比例控制两种。前者特点是设备简单、投资少、控制方便可靠,缺点是控制精度不高;后者控制精度较高,但它要求温控器必须采用P或PI型功能,电动水阀也应采用调节式而不是双位式,因此投资相对较大。从目前的实际工程及产品来看,在小口径调节阀(DN15,DN20)中,其阀芯运动行程都只有10 mm左右,因而其可调比不可能做得很大,使实际调节性能与位式阀相比优势并不特别突出;从另一方面来看,由于风机盘管是针对局部区域而设的,房间通常负荷较稳定,波动不大,且民用建筑对精度的要求不是很高,一般的位式控制对于满足±(1~1.5)℃的要求是可以做到的。所以,大多数工程都可采用位式控制方式,只有极少数要求较高的区域,或者风机盘管型号较大时,才考虑采用比例控制。

无论是何种控制方式,温控器都应设于室内有代表性的区域或位置,不应靠近热源、灯光及远离人员活动的地点。三速开关则应设于方便人操作的地点。

电动水阀安装时,为避免其凝结水滴入吊顶上,尽可能将其安装在风机盘管凝水盘上方。同时,电机应在阀的上方,可以允许一定的倾斜,但它与水平线必须保持一定的夹角α(如图5.3所示,$\alpha \geqslant 15°$),以防止冷凝水流入电机。

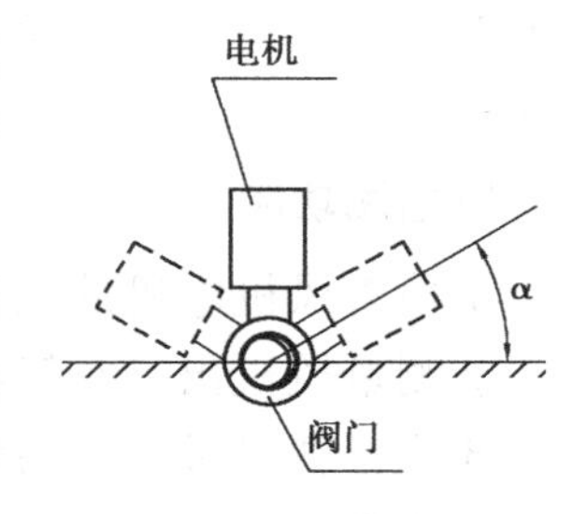

图5.3　电动水阀安装示意

在一些建筑(如酒店)中,为了进一步节省能源,通常还设有节能钥匙系统,这时风机盘管的控制应与节能钥匙系统协调考虑。

5.2.3　风机温控

风机盘管系统中,风机温控是指采用室温控制器直接对风机盘管的风机启/停进行自动控制。夏季,室温超过设定值时自动起动风机,低于时自动停止风机;冬季,动作相反。

这是一种简单的室温自控方式,其设计思想是在尽可能简化的条件下,为使用者提供一种简便的室温自动控制的手段,同时也可辅以风速的手动三速控制。然而,这种方式取消了电动水阀，其结果将与采用三通阀的情形相类似，它对于水系统的要求必然是定水量系统。这种控制方式，只适用于规模较小、中央冷水机组数量较少（不超过两台）且各末端同时使用系数较大的建筑，或在不要求设空调自动控制系统的低使用要求的建筑中采用。

5.3 新风机组的控制

空调机组是空调系统中的一种常见设备，其控制是空调自动控制系统的重点内容之一。从内容上，它大致包括：温度控制、湿度控制、风阀控制及风机控制等。由于空调机组有各种不同的功能，其控制上也应有所不同，但有两点原则应该是相同的：第一，无论何种空调机组，温度控制时，一般来说都应采用 PI 型以上的控制器，其调节水阀应采用等百分比型阀门；第二，控制器与传感器既可分开设置，也可合为一体，当分开设置时，传感器一般设于要求控制的位置（或典型区域），而控制器为了管理方便应设于该机组所在的机房内。

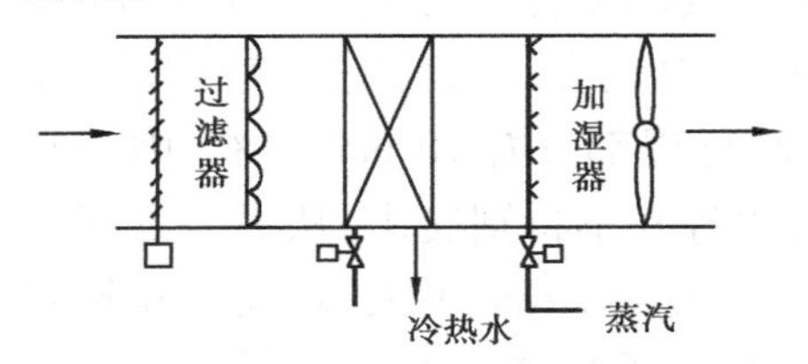

图 5.4　新风机组示意图

新风机组的控制通常包括：送风温度控制、送风相对湿度控制、防冻控制、CO_2 浓度控制以及各种联锁内容。如果新风机组要考虑承担室内负荷（如直流式机组），则还要控制室内温度（或室内相对湿度）。

图 5.4 所示为一台典型的两管制系统新风机组。空气-水换热器夏季通入冷水对新风降温除湿，冬季通入热水对空气加热。干蒸汽加湿器则在冬季对新风加湿。对于这样一台新风机组，要用计算机进行全面监测控制管理，可以实现如下功能：

1）监测功能

①检查风机电机的工作状态，确定是处于“开”还是“关”；

②测量风机出口空气温湿度参数，以了解机组是否将新风处理到要求的状态；

③测量新风过滤器两侧压差，以了解过滤器是否需要更换；

④检查新风阀状况，以确定其是否打开。

2）控制功能

①根据要求启/停风机；

②控制空气-水换热器水侧调节阀，以使风机出口空气温度达到设定值；

③控制干蒸汽加湿器调节阀，使冬季风机出口空气相对湿度达到设定值。

3）保护功能

冬季当某种原因造成热水温度降低或热水停止供应时，为了防止机组内温度过低，冻裂空气-水换热器，应自动停止风机，同时关闭新风阀门。当热水恢复供应时，应能重新启动风机,打开新风阀,恢复机组的正常工作。

4)集中管理功能

一座建筑物内可能有若干台新风机组,这样就希望采用分布式计算机系统,通过通讯网将各新风机组的现场控制机与中央控制管理机相连。中央控制管理机应能对每台新风机组实现如下管理:

①显示新风机组启/停状况,送风温湿度,风阀水阀状态;

②通过中央控制管理机启/停新风机组,修改送风参数的设定值;

③当过滤器压差过大、冬季热水中断、风机电机过载或其他原因停机时,通过中央控制管理机报警。

5.3.1 根据要求的功能确定硬件配置

为实现上述监测、控制、保护、集中管理4大类功能,首先要选择合适的传感器、执行器,并配置相应的现场控制机。图5.5所示为可满足上述各功能的一种配置。

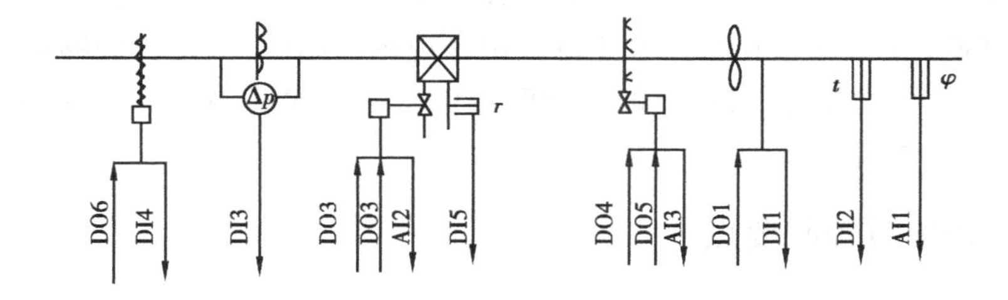

图5.5 新风机组测量与控制通道

为监测风机电机的工作状态,将风机电机交流接触器的辅助触点作为开关量输入信号接到DCU的DI输入通道上。选择占空比形式信号输出的温度变送器,接至DCU的一个DI输入通道上。选用具有4~20 mA电流信号输出的湿度变送器,接在DCU 2AI通道上,也可以选择2个都是4~20 mA电流输出的温湿度变送器,接至2路AI输入通道上。为准确地了解新风机组工作状况,温度传感器的测温精度应在±0.5 ℃内,湿度传感器测量相对湿度的精度应在±0.5%内。

用微压差开关即可监视新风过滤器两侧压差。当过滤器阻力增大时,微压差开关吸合,从而产生"通"的开关信号,通过一个DI输入通道接入DCU。微压差开关吸合时所对应的压差可以根据过滤器阻力的情况预先设定。这种压差开关的成本远低于可以直接测出压差的微压差传感器,并且比微压差传感器可靠耐用。因此,这种情况下一般不选择昂贵的可连续输出的微压差传感器。

在换热器水盘管出口安装水温传感器,测量出口水温。一方面供控制机用来确定是热水还是冷水,以自动进行工况转换;另一方面还可以在冬季用来监测热水供应情况,供防冻保护用。水温传感器可使用占空比信号输出的温度变送器,这时接至DCU的DI输入通道,也可选用4~20 mA电流输出的温度变送器,但要接到AI通道上。

以上为必需测量的参数。为了更好地了解机组工作情况,在经费允许时,还可以在过滤器前、新风阀后安装温度传感器,测量室外新风的温度;在换热器水盘管的供水侧安装水温传感器测量供水水温;在风机出口风道上安装风速开关,以确认风机是否开启,新风阀或风道中其他风阀是否打开。

由于新风阀不用来调节风量,仅为冬季停机后防止盘管冻结用,因此可选择通断式风阀控制器,通过一路 DO 通道来控制。当输出为高电平时,风阀控制器打开风阀,低电平时关闭风阀。为了解风阀实际的状态,此时还可以将风阀控制器中的全开限位开关和全关限位开关通过 2 个 DI 输入通道接入 DCU。

水阀应为连续可调的电动调节阀以控制风温。图 5.5 中的配置采用 2 个 DO 输出通道控制,一路控制电动执行器正转,开大阀门;另一路使执行器反转,关小阀门。为了解准确的阀位还通过一路 AI 输入通道测量阀门的阀位反馈信号。如果阀门控制器中安装了阀位定位器,也可以通过 AO 输出通道输出 4 ~ 20 mA 或 0 ~ 10 mA 的电流信号直接对阀门的开度进行控制。

干蒸汽加湿器也是通过一个电动调节阀来调节蒸汽量,其电控原理与水阀相同。

按照图 5.5 的设置,需要 DI 通道 5 路,AI 通道 3 路(用于湿度测量及电动水阀、电动蒸汽阀阀位测量),DO 通道 6 路。由此可以选择现场控制机,只要它能够提供上述输入输出通道,并有足够的数据存储区及编程空间,通信功能与建筑物内空调管理系统选择的通信网兼容,原则上都可以选用。

5.3.2 各参数控制要点

1)送风温度控制

送风温度控制是指定出风温度控制。新风机组通常是以满足室内卫生要求而不是负担室内负荷来使用的,因此,在整个控制时间内,其送风温度以保持恒定值为原则。冬、夏季送风温度应有不同的要求,也就是说,新风机组定送风温度控制时,全年有 2 个控制值(冬季控制值和夏季控制值),必须考虑控制器冬、夏季工况的转换问题。

送风温度控制时,通常是夏季控制冷盘管水量,冬季控制热盘管水量或蒸汽盘管的蒸汽流量。为了管理方便,温度传感器一般设于该机组所在机房内的送风管上。

2)相对湿度控制

新风机组相对湿度的控制主要是选择湿度传感器的设置位置或者控制参量,这与其加湿源和控制方式有关。

(1)蒸汽加湿　对于要求比较高的场所,采用比例控制是较好的,即根据被控湿度的要求,自动调整蒸汽加湿量。这一方式要求蒸汽加湿器用阀应采用调节式阀门(直线特性),调节器应采用 PI 型控制器。由于这种方式的稳定性较好,湿度传感器可设于机房内送风管道上。对于一般要求的高层民用建筑,也可以采用位式控制方式,可采用位式加湿器(配快开型阀门)和位式调节器,这样对于降低投资是有利的。

采用双位控制时,由于位式加湿器只有全开全关的功能,湿度传感器如果还是设在送风管上,一旦加湿器全开,传感器立即就会检测出湿度高于设定值而要求关阀(因为通常选择的加湿器的最大加湿量必然高于设计要求值)；而一旦加湿器关闭，又会使传感器立即检测出湿度低于设定值而要求打开加湿器，这样必然造成加湿器阀的振荡运行，动作频繁，使用寿命缩短。显然，这种现象是由于从加湿器至出风管的范围内湿容量过小造成的。因此，蒸汽加湿器采用位式控制时，湿度传感器应设于典型房间(区域)或相对湿度变化较为平缓的位置，以增大湿容量，防止加湿器阀开关动作过于频繁而损坏。

(2)高压喷雾、超声波加湿及电加湿　此3种都属于位式加湿方式，其控制手段和传感器的设置情况与采用位式方式控制蒸汽加湿的情况相类似，即采用位式控制器控制加湿器启/停(或开关)，湿度传感器应设于典型房间区域。

(3)循环水喷水加湿　循环水喷水加湿与高压喷雾加湿在处理过程上是有所区别的。理论上前者属于等焓加湿，而后者属于无露点加湿。如果采用位式控制器控制喷水泵启/停时，则设置原则与高压喷雾的情况相似。但在一些工程中，喷水泵本身并不做控制而只是与空调机组联锁启/停，此时为了控制加湿量，应在加湿器前设置预热盘管，如图5.6所示；其机组处理空气的过程，如图5.7所示。通过控制预热盘管的加热量，保证加湿器后的“机器露点”t_L(L点为d_N线与$\varphi=80\%\sim85\%$的交点)，达到控制相对湿度的目的。

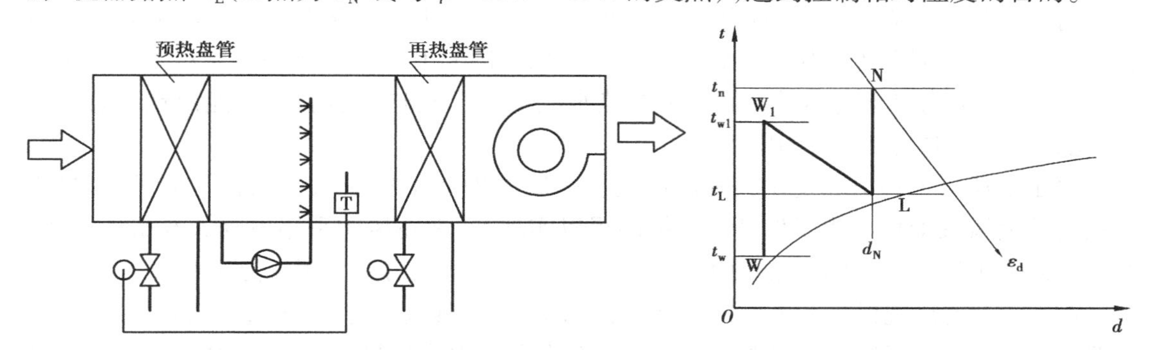

图5.6　喷水泵常开的空调机组的加湿量控制　　图5.7　图5.6所示控制的系统工况

3) CO_2浓度控制

通常新风机组的最大风量是按满足卫生要求而设计的(考虑承担室内负荷的直流式机组除外)，这时房间人数按满员考虑。在实际使用过程中，房间人数并非总是满员的，当人员数量不多时，可以减少新风量以节省能源，这种方法特别适合于某些采用新风加风机盘管系统的办公建筑中的小型会议室等场所。

为了保证基本的室内空气品质，通常采用测量室内CO_2浓度的方法来实现上述要求，如图5.8所示。各房间均设CO_2浓度控制器，控制其新风支管上的电动风阀的开度，同时，为了防止系统内静压过高，在总送风管上设置静压控制器控制风机转速。这样不但新风冷负荷减少，而且风机能耗也将下降。

4)防冻及联锁

对于寒冷地区，空调机组热水盘管在冬季运行时，存在着由于管内水温过低而结冰冻裂的危险，这是设计中必须考虑到的。盘管出现冻裂的几种主要原因是：

①空调机组新风管上的控制措施不恰当，当机组不使用(如夜间)时，新风管未切断。

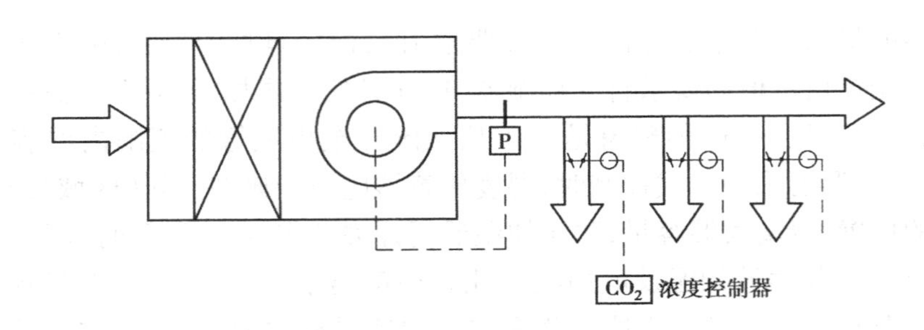

图 5.8　CO_2 浓度控制新风量

新风在风压及渗透作用下进入机组，当盘管热水阀关闭、盘管内热水不流动时，由于新风温度极低，非常容易造成盘管冻裂。

②在空调机送风温度或回风温度自动控制热水阀开度的系统中，当热水阀开度很小时，由于热水流量小，盘管出口处易冻裂。

③在采用双管制的许多空调水系统中，盘管为冷、热两用（夏季供冷水，冬季供热水），设计中通常按冷盘管选择（因为冷工况时传热温差小，要求面积大，保证冷量满足要求后，一般对热量是能够满足的）。这种做法对寒冷地区的某些冷量要求较大而热量需求相对较小的建筑（如商场、办公室等内部冷负荷较大的房间），其盘管的选择面积对于热量来说是过大（满足室内要求的热量只需极少的热水流量即可），这时也就有可能出现冻裂的情况，尤其是新风空调机组更为明显。

对于上述第 1 种情况是比较好解决的。一般的做法是在新风吸入管上加风阀，机组停用时关闭风阀即可。为了保证这一措施得以实现，通常新风阀采用电动式与机组联锁。在一些高寒地区，为了防止风阀关闭不严的冷风漏风，甚至需要采用保温风阀。

第 2 种情况出现得并不多，因为自动控制要求关小热水阀时，意味着室内热负荷较小，一般来说在高层民用建筑空调中，主要是由于室外气温升高所导致（除非室内突然增加某种大的热源）。当然，室外气温的升降与室内热负荷或盘管所需热水量并不是成正比的，由于前述的盘管非线性原因，可以看出其需水量降低的速率远大于热负荷降低的速率。因此，这种情况也是有可能出现的，可以通过适当的自动控制保护措施来解决。具体如下：

a. 对热盘管电动阀设置最小开度限制。这是运行过程中防止盘管冻裂的措施之一，但此点是在盘管选择符合一定要求的情况下才能做到，尤其是对两管制系统中的冷、热两用盘管更是如此。最小开度设置应满足式（5.1）所计算出的最小水量 W_{min}。

b. 设置防冻温度控制。这是防止运行过程中盘管冻裂的又一措施。通常可在热水盘管出水口（或盘管回水连箱上）设一温度传感器（控制器），测量回水温度。当其所测值低到 5 ℃左右时，防冻控制器动作，停止空调机组运行，同时开大热水阀。

c. 联锁新风阀。这一做法主要是针对机组停止运行期间的防冻来考虑的。为防止冷风过量的渗透引起盘管冻裂，应在停止机组运行时，联锁关闭新风阀。当机组启动时，则打开新风阀（通常先打开风阀、后开风机、防止风阀压差过大无法开启）。无论新风阀是开启还是关闭，前述防冻控制器始终都正常工作。

除风阀外，电动水阀、加湿器、喷水泵等与风机都应进行电气联锁。在冬季运行时，热水阀应优先于所有机组内的设备的启动而开启。

第3种冻裂情况是目前出现较多的,实际上这与设计或选择盘管的合理性有较大的关系。在双管制系统中,如果盘管夏季设计状态下的冷量值较大而要求它在冬季设计状态时的热量值却较小,就极有可能出现此问题(甚至在处于冬季设计状态时出现)。因此,按冷工况选择盘管时,必须对其在冬季运行时为防止冻裂所需的最小热水流量进行校核,校核时应采用最不利情况——冬季设计状态时的热量 Q_r 来进行。

假定热水供水温度为 t_{w1},为防止盘管出口冻结,其出水时的防冻温度可定为 $t_{w2}=5\sim10$ ℃,则保证盘管内水不结冰的最小热水流量为:

$$W_{min} = \frac{Q_r}{t_{w1} - t_{w2}} \tag{5.1}$$

在计算出 W_{min} 后,根据所选的盘管类型,校核其在热水供水温度为 t_{w1}、热水流量为 W_{min} 时盘管的实际中热量 Q_{rs}。如果 $Q_{rs}>Q_r$,则说明盘管的选择过大,有可能结冰,这时只能对盘管水系统进行修改,即把冷、热盘管分开设置,按 Q_r 重新选择热水盘管,减小热水盘管加热面积。如果 $Q_{rs}<Q_r$,则转变为前述第2种情形,即冷、热盘管可以共用,通过自控防冻措施解决防冻问题。

5.4 全空气调节系统的控制

与新风机组不同,影响全空气系统空气处理室工作的有两个干扰源:室外空气状态的变化和室内热湿负荷的变化。此外,房间一般都有较大的热惯性,加之空气处理室内各种阀门调节的非线性,导致直接通过风阀、水阀控制房间温湿度有一定困难。

5.4.1 单房间的室温调节

先讨论一个最简单的全空气系统的室内温度控制。如图5.9所示,一台空气处理装置(AHU)负责一个环境控制空间(一个房间)的温度控制。图5.10为其控制系统框图。

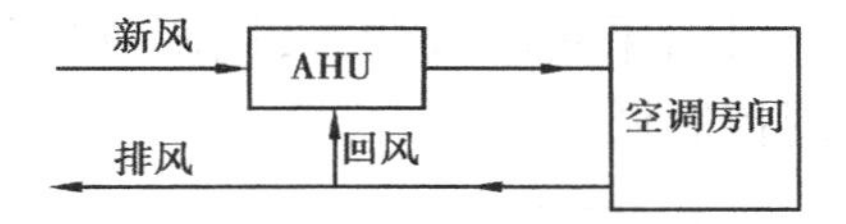

图5.9 单个房间的温控系统示意图

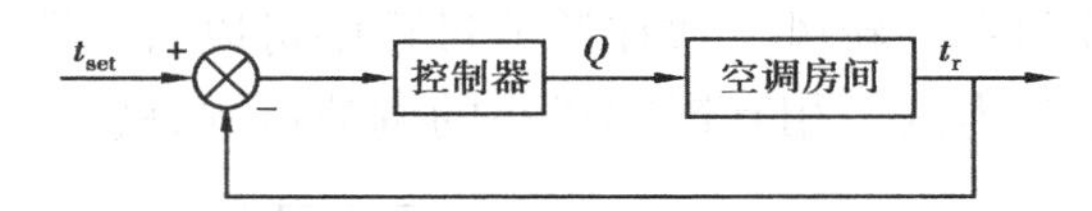

图5.10 控制系统框图

由AHU处理得到的温度为 t_s、风量为 G 的送风进入室内,吸收室内热量,再以室温 t_r 返回到AHU。这样,空调系统吸收的室内显热量 Q 为:

$$Q = Gc_p(t_s - t_r) \tag{5.2}$$

式中 c_p——空气的比热容;

G——送风的质量流量。

由于 Q 的进入,导致室温的变化,因此 Q 是调节量,室温 t_r 为被调节对象。图5.10为这一调节过程的框图。

采用离散的 PID 算法,可以得到:

$$Q_{\tau} = Q_{\tau-1} + K\left[\Delta t_{r,\tau} - \Delta t_{r,\tau-1} + \frac{\Delta\tau}{T_{I}}\Delta t_{r,\tau} + \frac{T_{D}}{\Delta\tau}(\Delta t_{r,\tau} - 2\Delta t_{r,\tau-1} + \Delta t_{r,\tau-2})\right]$$

式中,$\Delta t_{r,\tau-j} = t_{set,\tau} - t_{r,\tau-j}, j = 0,1,2$。

把式(5.2)代入上式,可以得到:

$$t_{s,\tau} = t_{s,\tau-1} - t_{r,\tau-1} + t_{r,\tau} + \frac{K}{Gc_{p}}\left[\Delta t_{r,\tau} - \Delta t_{r,\tau-1} + \frac{\Delta\tau}{T_{I}}\Delta t_{r,\tau} + \frac{T_{D}}{\Delta\tau}(\Delta t_{r,\tau} - 2\Delta t_{r,\tau-1} + \Delta t_{r,\tau-2})\right] \tag{5.3}$$

即:

$$t_{s,\tau} = t_{s,\tau-1} + \frac{K}{Gc_{p}}\left[\left(1 - \frac{Gc_{p}}{K}\right)(\Delta t_{r,\tau} - \Delta t_{r,\tau-1}) + \frac{\Delta\tau}{T_{I}}\Delta t_{r,\tau} + \frac{T_{D}}{\Delta\tau}(\Delta t_{r,\tau} - 2\Delta t_{r,\tau-1} + \Delta t_{r,\tau-2})\right] \tag{5.4}$$

这表明:当风量不变时可以把送风温度设定值作为调节量来分析室温的调节过程,与把 Q 作为调节量相比,只要适当地修改 PID 参数就可以了。

送风状态是通过调节空气处理装置 AHU 中的处理过程而改变的。例如,当需要降温时,调节通过表冷器的冷水水量;当需要升温时,调节通过加热器的热水水量;当采用室外新风降温时,调节回风与新风的比例等。AHU 的调节过程视处理工况不同而异,并且由于与房间温度的各个设备的时间常数都远小于房间的时间常数,因此 AHU 处理空气的调节特性与房间温度的调节特性有很大不同。这样就需要把这两个调节过程分开,形成如图 5.11 那样的"串级调节"过程。室温与室温设定值间的偏差,通过适当的调节得到送风温度的设定值 $t_{s,set}$;再根据 $t_{s,set}$ 调节 AHU,使其处理出要求的送风温度送到室内。由于室温调节过程的时间常数远大于 AHU 内对送风温度调节的时间常数,因此相对于室温的调节过程,AHU 对送风温度的调节过程可在很短的时间内完成。在室温调节这个大调节回路中,送风温度调节过程的时间几乎可以忽略,其调节过程完全可以按照式(5.4)进行。而相对于室温的缓慢调节过程,AHU 中对送风温度的调节又非常快,进入 AHU 的回风参数和室外新风参数在调节过程中可以看成不变的参数。这样,采用串级调节,把调节过程分解为两个相互影响很小的调节过程,就可以更好地实现控制调节。

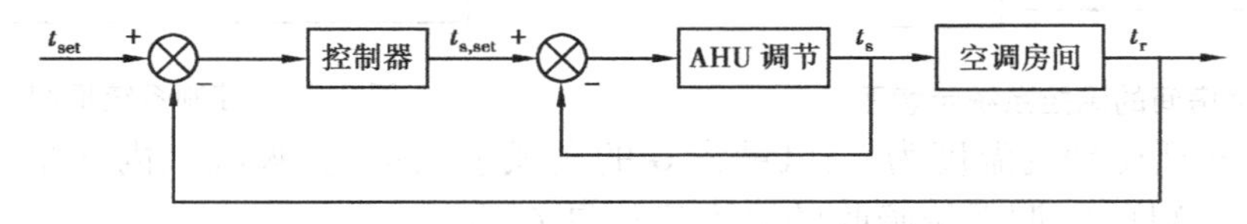

图 5.11　串级控制调节

5.4.2　房间的湿度调节

在很多情况下,还需要对房间的湿度进行控制。无论是人的舒适要求,还是产品的生产过程，一般都要求把相对湿度控制在一定的范围内。然而，相对湿度与温度并非相互独立的物理参数，当室内空气中的水分含量不变时，温度升高就可以导致相对湿度降低；反之，温度降低又可导致相对湿度增加。真正反映空气中含水量的应该是空气的绝对湿度（在湿空气热力学中的符号为 d），其含义为每千克干空气中所含的水蒸气的质量。当温度不变时，d 的变化导致相对湿度的变化。如果能准确地控制空气温度和湿度 d，也就控制了空气的相对湿度。室内空气的绝对湿度 d 的变化可以描述为：

$$V\rho \frac{\mathrm{d}C}{\mathrm{d}\tau} = G(C_s - C) + W \tag{5.5}$$

式中：V 为房间空气的体积；ρ 为空气的密度；C 为空气的绝对湿度；W 为人体或其他房间产湿源产生的水蒸气量；C_s 为送风的绝对湿度。

当送风量 G 不变时，送风空气的绝对湿度 C_s 可以看作是对房间湿度的调节手段。与温度控制完全一样，可以设计一个 PID 调节器或其他调节器，根据房间的绝对湿度与湿度设定值之差确定送风的绝对湿度 C_s。只要空气处理装置 AHU 能够根据这一设定值，将送风湿度迅速地处理到 C_s，就可以实现室内空气的湿度控制。

关于房间湿度调节的时间常数。由于室内各类表面的吸湿能力一般都很小，因此可忽略此时室内湿度变化导致表面吸湿或放湿量的变化。于是，湿度调节的时间常数 $T_h = V\rho/G$，即房间换气次数的倒数。当换气次数为 5 次/h，时间常数为 720 s。这与房间空气温度调节的时间常数处于同一数量级，与空气处理装置 AHU 的处理过程相比，都属于缓慢过程。因此，与房间温度调节一样，可以通过串级调节来进行湿度控制。根据房间的温度和湿度与温湿度设定值的偏差，确定送风的温湿度设定值；再根据送风的温湿度设定值调节空气处理装置，实现要求的送风温湿度参数，最终实现房间的温湿度环境控制。

5.4.3　多房间的全空气控制

实际工程中，更多的情况是一台空气处理机组承担多个房间的环境控制。各个空调房间由于各种原因，其产生的余热各不相同，并且各房间之间的余热之比也各不相同，而空调机组处理出的空气却只能处于同一的送风状态。如果送往各房间的风量不变，则不可能在任何时候都能对各房间温度或湿度实现要求的控制调节。对于这种情况，可以取某一主要房间作为调控的参照房间，根据该房间测出的温度或湿度，确定空调机组的设定送风参数。再一种方式是可以测出所辖各房间的温度，并计算出各房间此时所需要的送风温度，将其平均值作为空调机组的送风温度设定值。这样做可以尽可能照顾大多数房间的状态，但当各个房间的实际热状态差别较大时，也不可能实现各个房间都满意的控制调节效果。

在一些需要分别控制各房间温湿度状态的场合，有时采用末端再热的方式。由空调机通过风道统一向各个房间送风，风量不变。同时，在各个房间送风口安装电再热器或热水型再热器，通过调节再热器，实现对各个房间的单独控制。对于这种系统，先来讨论只要求温度控制时的情景。为了满足各个房间温度控制的需要，空调机组的送风温度就要控制得比较低。各个末端再分别根据各自的温度控制要求，调整加热器。当空调机是通过冷却降温得到低温的送风时，过多的再热就造成冷热抵消，能耗增加。因此，合理地确定送风温度，使得各房间的温度控制需求都能够得到满足，同时又使系统的冷热抵消现象最小，对降低能耗有较大意义。这时，原则上应该是尽可能提高送风温度以减少再热量。因此，系统在各个时刻都应该设法使至少一个房间的再热器关闭，同时各房间温度都能满足系统需求，可以根据各房间再热器的状态和房间温度的状态不断修正空调机组的送风温度设定值。

当温湿度同时要求控制时，末端再热只能对温度或相对湿度单一参数进行调节，这时只能通过调节送风参数来实现对另一个参数的调节。例如，要求各房间的温度实现高精度控制，而湿度则只需要在一定范围内控制。由于各房间室内产湿量相差不会太大，因此通过调节送风的绝对湿度，就能够实现对各房间湿度的大体控制。此时，若采用冷凝除湿、露点送风，送风温度或送风湿度就要根据各房间的湿度进行调节，而各房间温度则根据各自房间状态，自行调节末端再热器来实现。如果直接测量各房间的湿度，则可根据各房间湿度设定值计算出需要的送风湿度，取其平均值作为送风湿度的设定值。如果要求对末端的相对湿度进行高精度控制，而对温度控制要求不高时，则各末端再热器可根据实测的相对湿度与相对湿度设定值之间的差进行调节，而空调器送风温度的设定值则根据各房间的温度状态来确定。

5.4.4 空气处理过程的控制

1)全空气系统控制调节过程

根据前面的讨论，不论何种系统，全空气系统的多数控制调节都可归纳为两个过程：

①根据末端的各种要求，确定空气处理装置需要得到的送风状态设定值，包括送风温度和送风湿度。

②空气处理装置根据要求的设定值，调节各装置，实现要求的送风温湿度状态。

2)空气处理装置的调控策略

以如图5.12所示的空调处理装置为例，讨论调节策略的确定。根据图示，这一空气处理装置的调节手段有：

①同时调节混风阀 A_1、排风阀 A_2、新风阀 A_3，以改变新回风混风比。在严寒冬季和酷热的夏季实行最小新风运行，而在过渡季则可在需要的时候加大新风量，利用室外新风中可能的冷量；

②调节冷水阀B，以实现降温和除湿；

③调节表冷器旁通风阀C，以改变经过表冷器后空气的相对湿度；

④调节热水阀D，以实现空气的升温；

⑤调节加湿循环泵E转速，以调整加湿量。

这样，共有5种调节手段，可以对空气状态进行各种不同的调节，而要控制的送风参数只有温度和湿度两个独立变量，因此只需要两个调节手段，而其他的调节手段就应该全开或全闭。并且可以采取的调节手段在很多情况下并非唯一，可以有多种方式得到同样

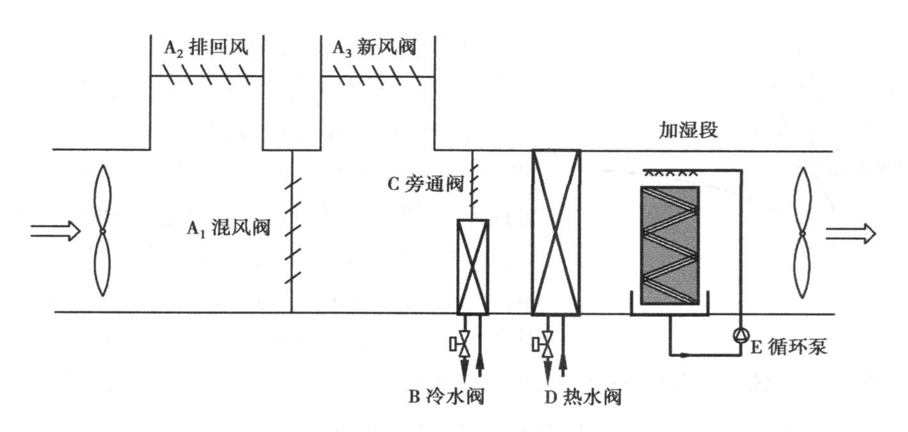

图 5.12　空气处理设备示意图

的送风温湿度。例如,可以开冷水阀 B 降温,通过旁通阀 C 调整相对湿度;也可以关闭旁通阀 C,调整热水阀 D 通过再热调整相对湿度。而这两种方式虽然可得到同样的送风参数,但处理能耗却有很大差别。好的控制策略不仅是要得到要求的送风状态的调节方法,还应是最节能的处理方案。

3)讨论

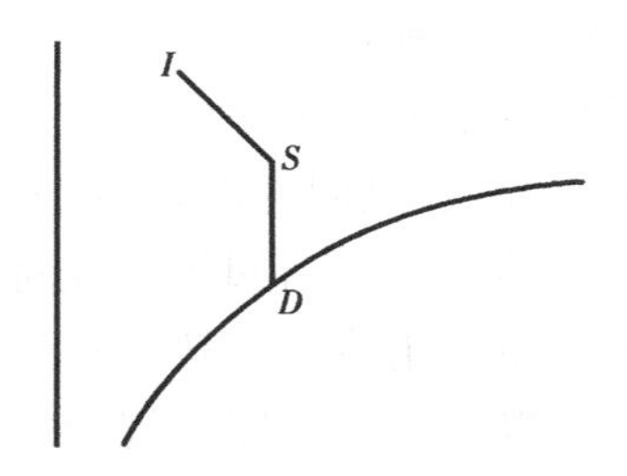

图 5.13　新风利用界线图

首先讨论新风利用问题。由于存在等焓加湿的调节手段,因此如果通过新回风混合能够使混合空气的焓与要求的送风焓相同,而绝对湿度低于送风湿度,就可以混风后通过调整加湿循环泵 E 使空气处理到要求的送风状态点 S。而如果新回风混合后温度低于要求的送风温度时,如果能够使混合后的 d 为要求的送风状态 d,则可以通过加热器 D 得到要求的送风状态,此时如果混合到与要求的送风状态相同的焓。但是由于湿度高,还要降温除湿,因此该方法不是节能的方式。这样,可以根据要求的送风状态点 S,得到图 5.13 那样的新回风混合目标线 $I—S—D$。如果新回风状态的连线横跨目标线 $I—S—D$,则应调节新回风的比例,使混风状态达到目标线 $I—S—D$ 上;如果新回风状态都处在目标线 $I—S—D$ 的左侧,则取最接近目标线 $I—S—D$ 的点为混风目标。也就是说,如果室外新风状态更接近目标线 $I—S—D$,采用最大新风,如果回风状态更接近目标线 $I—S—D$,则采用最小新风。如果新回风状态都在目标线 $I—S—D$ 的右侧,则同样根据接近目标线 $I—S—D$ 的程度决定采用全新风还是最小新风。

确定了新回风混合状态后,就可以根据这一状态进一步决定空气处理措施。

当混合点处于目标线 $I—S—D$ 左侧时,调整加热器 D,使加热后的空气到达线 $I—S$ 上,再调整循环水泵 E,使空气等焓加湿到 S,此时冷却器阀门 B 应全关。

当混合点处于线 $I—S—W$ 形构成的三角内(见图 5.14),通过表冷器 B 降温后,再通过调整循环水泵 E 加湿,就可实现送风状态点 S。这时,冷却器旁通阀 C,加热器 D 应全关。

当混合点的含湿量高于要求的送风状态时,必须通过冷却器降温除湿。此时,调节出

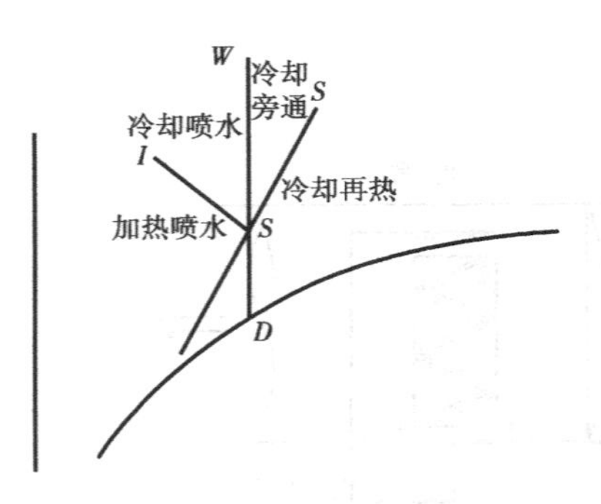

图 5.14 空气处理设备运行策略分区图

口相对湿度的手段有两种：调整旁通风阀 C 和调整再热器 D。调整旁通风阀可以避免再热造成的冷热抵消，但这要求通过表冷器处理后的空气具有较低的露点，才能再与经过旁通阀未处理的空气混合后，达到送风状态。而对于某确定的冷水温度，通过表冷器后的空气最低也只能达到图 5.14 的 D_L 点。这样延长 D_L 点和 S 点的连线到 H，当混风后的状态处于图 5.14 的 $W—S—H$ 构成的三角区内时，通过调整冷水阀 B 和表冷器旁通风阀 C，就可以使空气处理到要求的送风点 S。这时，加热器 D 和循环水泵 E 应全关。

当混风后的状态点处于线 $D—S—H$ 以下时，只能开加热器 D，冷却除湿后再加热。此时，使通过表冷器的空气处理到 D_L 点，再通过混风阀混合到线 $S—D$ 上，然后再加热才可以使再热量最小，从而也就最节能。因此，这时应全开冷水阀 B，尽量使表冷器表面温度降低，同时调整表冷器旁通阀 C，使旁通后的混风点落在线 $S—D$ 上，然后调整加热器 D，使空气达到要求的送风点 S。循环水泵 E 应全关。此时，全开冷水阀，希望获得最低的空气露点温度。由于通过表冷器的风量减少，所以并不会增加冷量的消耗，只会使冷水回水温度降低，供回水温差减小。

实际上当新回风连线跨越线 $H—S$ 时，应使混风点处于线 $H—S$ 以上，这样才可以尽可能避免采用冷却再热方式造成的冷热抵消损失。

以上按照新回风混合后的状态点与要求的送风状态点之间的关系，确定了各种情况下应采用的调节手段和各调节装置应处的位置。当具体进行控制调节时，需要了解各设备出口空气状态。但在实际系统中，各个空气出口的状态都很不均匀，不同位置可能会测得很不相同的状态，这是因为空气处理装置断面上空气状态的不均匀所致。因此，很难直接在这些设备后面安装传感器对相应的设备进行控制。工程上，可行的测量位置是送风机后面风道中的空气状态。经过风机的混合，空气的热湿状态在此点变得很均匀，这时的问题就成为怎样根据这一点的空气状态控制调节前面的各个装置。

当通过调节新回风比可以使空气混合到线 $I—S$ 时，采用调新回风比阀 A 和循环喷水泵 E 的方案调节新回风比，会导致出口空气的焓值变化，而调节循环喷水量只会改变出口温度或相对湿度，不会改变焓。因此，这种状态下根据送风的焓调节混风阀 A，根据送风温度调节循环水泵 E。

当采用最大或最小新风，使混风点处于线 $I—S—D$ 的左侧时，调节加热器 D 可改变送风空气的焓，调节循环泵转速只能改变送风的相对湿度。此时，根据焓调节加热器 D，根据相对湿度调节循环水泵 E。

当采用最大或最小新风，使混风点处于 $I—S—W$ 构成的三角区中，关闭表冷器旁通阀，调节表冷器水阀 B，会改变送风状态的焓，而调循环水泵 E 转速，只能改变送风的相对湿度。因此，根据此时送风的焓调冷水阀 B，根据送风的相对湿度调循环水泵 E 转速。

当混风后的状态点处于线 $W—S—H$ 构成的三角区中，表冷器冷水阀 B 将影响送风湿度 d，而旁通阀 C 将影响送风温度。此时，可由送风的 d 调表冷器水阀 B，根据送风温度调旁通风阀 C。

当混风后的状态点处于线 $D—S—H$ 右下方时，表冷器冷水阀全开，调整旁通阀 E 以满足送风的 d，调整再热器 D 以满足送风温度。

确定了上面这样的一一对应的调节方案后，就可以按照单参数闭环控制的方法进行闭环调节。

5.5 变风量系统的控制

简而言之，变风量空调系统（Variable Air Volume airconditioning system）就是通过改变送入房间的风量来满足室内变化的负荷。变风量空调系统有节能、无凝结水害、系统灵活性好、能实现分区控制等优点。伴随着我国各类商业办公建筑的大量建设，VAV 空调系统逐渐得到了越来越多的应用。

5.5.1 VAV 末端温度控制

VAV 末端（VAV Terminal）控制由室内温度传感器（一般设置在室内温控面板中）、VAV 末端箱（VAV Box）和 VAV 末端控制器组成。

1）控制原理（压力无关型 VAV 末端）

测量室内温度，与设定的舒适温度值进行比较，经 PID 算法后得出一输出值，该值被认为是当前室内的需求风量值。测量 VAV Box 的当前送风量，然后与需求风量值进行比较，经又一 PID 算法后得出一输出值，去调节 VAV Box 中的风门开度。控制原理如图5.15所示。

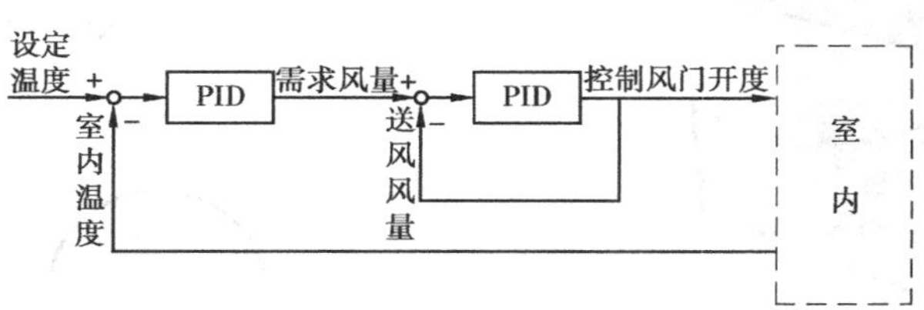

图 5.15 VAV 末端温度控制原理图

2）PID 计算方法

控制策略由 VAV 末端控制器采集信号、计算输出来实现。其中 PID 算法如下：

$$U(t)=K_p\left[e(t)+\frac{1}{T_i}\int e(t)\,dt+T_d\frac{de(t)}{dt}\right] \tag{5.6}$$

式中 $U(t)$——控制器信号输出；

K_p——比例系数；

T_i——积分系数；

T_d——微分系数；

$e(t)$——测量值与设定值之间的偏差。

式(5.6)由以下经验公式近似实现。由于现代控制器是以微处理器为基础的数字运算器件，只能把模拟信号抽象成数值信号，而不能进行完全连续的积分和微分：

$$U(kT) = U(0) + P + I + D \tag{5.7}$$

$$P = K_p e(kT)$$

$$I = K_i e(kT) + I(kT - T)$$

$$D = K_d [e(kT) - e(kT - T)]$$

式中 $U(kT)$——控制器第 k 次运算周期后的输出；

$U(0)$——控制器初值；

$e(kT)$——控制器第 k 次运算周期时，测量值与设定值之间的偏差。

当前值与上次值之间的时间间隔由数据采集、运算周期 T 决定，越短越好（可近似逼近连续的积分和微分）。

以上控制原理图中（见图5.15）的设定温度值应分使用时段值和非使用时段值，针对不同的时段有不同的要求控制值，这将有利于节能。图中的需求风量被限制在最大风量和最小风量值之间，而这两个值是由VAV空调系统设计计算后提供。

送风风量的测量是依据毕托管的测风速原理：同时测出某点的全压和静压，即可得出该点的风速。该风速测量点（毕托管）是在VAV Box中（见图5.16），VAV Box不同的生产厂家配有不同形式的毕托管，有的是一字形，有的是十字形或圆形。在迎风面的毕托管上开有一系列小孔，其目的是为了测取全压；在背风面的毕托管上也开有一系列小孔，其目的是为了测取静压。VAV Box测试示意图如图5.17所示。

图5.16 VAV Box图

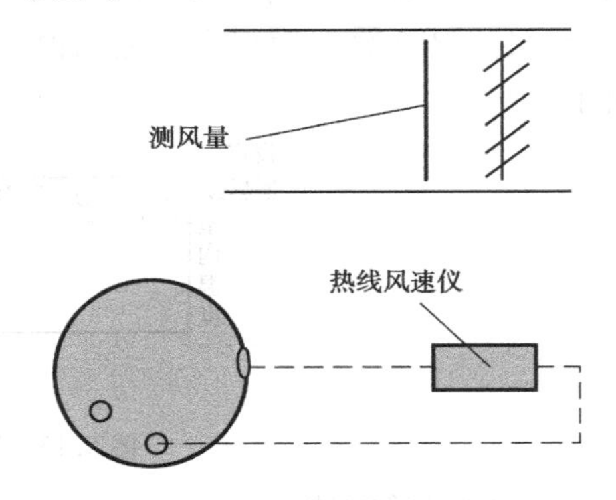

图5.17 VAV Box测试示意图

$$P = P_1 + \frac{1}{2}\rho V_1^2 \tag{5.8}$$

$$V_1 = \sqrt{\frac{2(P - P_1)}{\rho}}$$

式中　P——风管全压,Pa;

P_1——风管静压,Pa;

ρ——气流密度,kg/m^3;

V_1——风速,m/s。

测出风速后,乘以该测速点的风道截面积即可得到风量。由于全压测孔和静压测孔不可能在同一位置,探头对流场不可避免的有干扰,流体也具有黏性,故必须对每个毕托管风速传感器进行标定(标定系数)。

该控制策略能保证室内温度的舒适并节能。从控制原理图可知,它实则是一双回路串级PID,故具有这类PID算法的各种优点,如调节的稳定性和能够迅速平衡负荷突变等。

5.5.2　VAV空调机组的风量控制

1)定静压控制

定静压控制实际上包括定静压定温度法和定静压变温度法(CPT法),由于定静压定温度法控制精度差,节能效率低,噪声大,近些年基本上已被淘汰。现在,定静压控制指的就是定静压变温度法(CPT法),其主要控制原理如图5.18所示。为保证其送风系统上某一点(或几点平均)静压一定的前提下,当某一房间内所需风量(冷、热负荷)变化时,调节风阀开度,与此同时,系统内静压随之变化;当设定点实际静压值与静压设定值偏差大于某值时,通过变频器调节风机转速,满足恒定静压的需要;当VAV末端装置送风量达到最大值或最小值,还不能满足室温要求时,调节水路上电动二通调节阀,改变送风温度。这种方法由于控制简单,得到广泛地应用。但是,由于静压设定点位置及数量很难确定,静压传感器成本昂贵,恒定静压下节能效果受到一定限制,而且室内风量由风阀调节,当阀门开度较小时,易产生较大噪声。

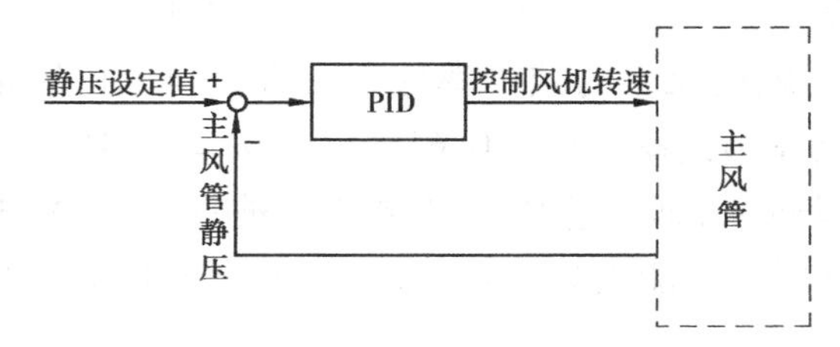

图5.18　定静压控制原理图

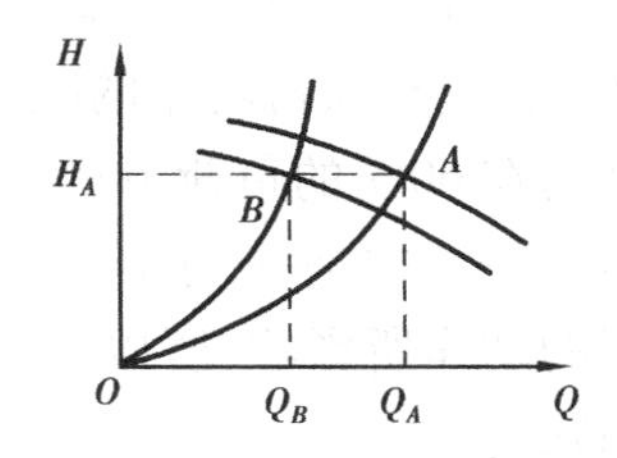

图5.19　定静压控制空调系统运行状态

定静压VAV空调系统运行状态如图5.19所示,图中横坐标Q为风量值,纵坐标H为静压值,当某部分房间空调负荷减小,所需风量随之减小,末端风阀关小,此时系统末端局部阻力增大,管路综合阻力系数增大,管路特性曲线变陡,工况点由$A \to B$,风量由$Q_A \to Q_B$。根据理论分析可以得出:对于定静压VAV空调系统,风机功率的减少率只由风机风量减少所引起,其节省风机能耗效果并不明显。

2)变静压控制(*VPT*法)

当绝大多数VAV末端的需求送风量很小时,即每个VAV Box中的风门开度较小时,

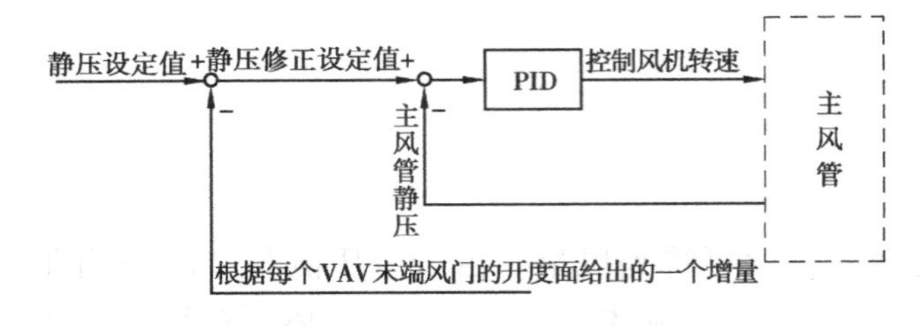

图 5.20　变静压控制原理图

可以改变主风管的静压设定值(需求静压值),使 VAV 空调风机的转速降低,以利于节能。此时,由于主风管中的静压值下降,会使每个 VAV Box 中的风门开大以满足需求风量,但是风门开度变化并不会消耗额外的能源。当然,静压设定值的调整也有限制,即主风管静压下降后,每个 VAV Box 通过调节风门开度能达到提供需求风量即可。控制原理如图 5.20。

这种控制原理的主要思想是尽量使每个末端的风阀保持全开状态(85% ~100%),尽量减少系统所需静压,所以能最大限度地降低风机转速以达到更佳的节能效果。另外,由于风阀保持较大开度,能降低末端的再生噪声。控制原理表述如下:首先根据室内温度设定值计算出所需风量(送风温度一定时),与风速传感器计算出的实际风量比较,调节风阀开度,当风阀开度过小时(小于 85%),表明系统静压过大,降低风机转速;当风阀开度过大时(达到 100%),表明系统静压过小,提高风机转速;当 VAV 末端送风量达到最大值或最小值,还不能满足室温要求时,调节水路上电动二通调节阀,改变送风温度。

变静压 VAV 空调系统运行状态如图 5.21 所示。在变静压系统中,由于 VAV 末端装置风阀始终保持 85% ~100% 的开度,末端装置局部阻力系数变化很小,相应地管路综合阻力系数变化也很小,综合阻力曲线上升或下降幅度很小。当空调系统风量减少时,工况点 A 基本上沿管路综合阻力曲线变化到工况点 B,此时 $Q_A \to Q_B$,$H_A \to H_B$(由于管路综合阻力系数的微小变化,系统实际运行工况点 B 的位置可能发生微小振荡)。对于变静压 VAV 空调系统,风机功率的减少率基本上等于风机风量的减少率的 3 次方。当风机风量全年平均在 60% 的负荷下运行时,此时风机功率节约率为$(1-0.6^3)\times 100\% = 78.4\%$。

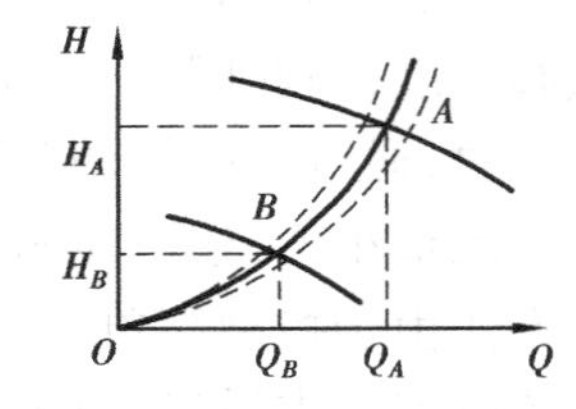

图 5.21　变静压控制空调系统运行状态

需要注意的是,由于该控制策略是多变量输入,即变静压的结果还要被每个 VAV 末端风门的动作所影响,所以该控制策略的运算周期不能太短,否则多变量的耦合将会引起控制回路的振荡。

3)总风量控制

VAV 空调机组中的风机根据相似律,在空调系统阻力系数不发生变化时,总送风量和风机转速成正比关系:

$$\frac{G_1}{G_2} = \lambda \frac{N_1}{N_2} \tag{5.9}$$

式中　N_1, N_2——改变前、后的风机转速,r/min;

G_1, G_2——风机转速改变前、后的不同送风量,m^3/h;

λ——比例系数。

根据这一关系，由于在设计工况下有一个设计送风量和设计风机转速，因此在运行过程中有一个需求的运行风量，自然可能对应一要求的风机转速。

虽然设计工况和实际运行工况下系统阻力有所变化，但可将其近似表示为：

$$\frac{G_r}{N_r} = \frac{G_d}{N_d} \tag{5.10}$$

$$N_r = \frac{N_d}{G_d} G_r$$

式中　G_r——每个 VAV 末端需求送风量计算所得的累加值，m^3/h；

N_r——计算得出的风机应达到的转速，r/min；

G_d——设计最大送风量，m^3/h；

N_d——设计最大风机转速，r/min。

总风量控制方式在控制特点上是直接根据需求风量计算出要求的风机转速，但需求风量并不是一个在房间负荷变化后立刻设定到未来能满足该负荷的风量（稳定风量），而是一个由房间温度偏差积分出的逐渐稳定下来的中间控制量。因此，总风量控制方式下，VAV 空调风机转速也不是在房间负荷变化后立刻调节到稳定转速就不转动了，它可以说是一种间接根据房间温度偏差由 PID 控制器来控制转速的风机控制方法。其控制原理参见图 5.22。

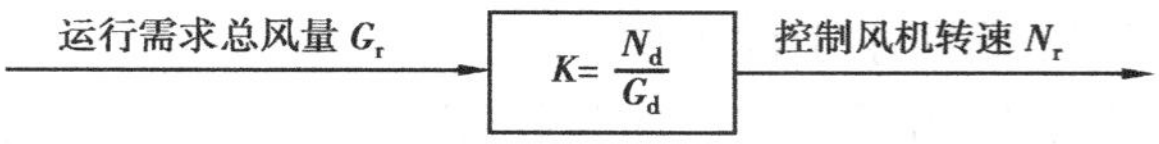

运行需求总风量 G_r → $K=\frac{N_d}{G_d}$ → 控制风机转速 N_r

图 5.22　总风量控制原理图

这种控制策略中如何准确的设计、整定 N_d 与 G_d 参数是关键，同时还牵涉每个 VAV 末端的最大、最小风量是否设计正确。总风量控制方法在控制系统形式上比静压控制简单，它可以避免使用压力测量装置，也不需要变静压控制时的末端阀位信号。

4）VAV 空调机组的送风温度控制

（1）定送风温度控制　先测量机组的送风温度，使该温度值与设定值进行比较，经算法后得出一输出值，用此值去控制空调机组冷热盘管上调节阀的开度，使送风温度保持恒定。控制原理图类似于定静压控制原理。

此控制策略由控制 VAV 空调机组的控制器采集信号、计算再输出而实现，控制简易。VAV 末端的送风温度保持不变，对 VAV 末端的调节没有扰动。

（2）变送风温度控制

$$A_{ozt} = \frac{T_1 V_{1,ncfin} + \cdots + T_n V_{n,ncfin}}{V_{1,ncfin} + \cdots + V_{n,ncfin}} \tag{5.11}$$

$$A_{ocs} = \frac{T_{1,cs} V_{1,ncfin} + \cdots + T_{n,cs} V_{n,ncfin}}{V_{1,ncfin} + \cdots + V_{n,ncfin}} \tag{5.12}$$

A_{ozt}（Average occupied zone temperature）——处于使用时段的房间的加权温度；

A_{ocs}（Average occupied cool setpoint）——处于使用时段的房间的加权制冷温度设置值；

T_i——某一房间温度,℃;

$T_{i,cs}$——某一房间制冷温度设置值,℃;

$V_{i,ncfm}$——某一房间名义最大风量,L/min。

由式(5.11)、式(5.12)计算出A_{ozt}、A_{ocs}。当加权温度A_{ozt}小于加权制冷温度设置值A_{ocs}时,可以改变机组的送风温度设定值,提升送风温度。其作用:由于$A_{ozt}<A_{ocs}$,说明大多数房间的温度偏低,故此时可以适当提高送风温度;由于送风温度的提高,也就是减小了水阀的开度,冷水需求流量减少也间接地减少了能量的消耗。其控制原理参见图5.23。

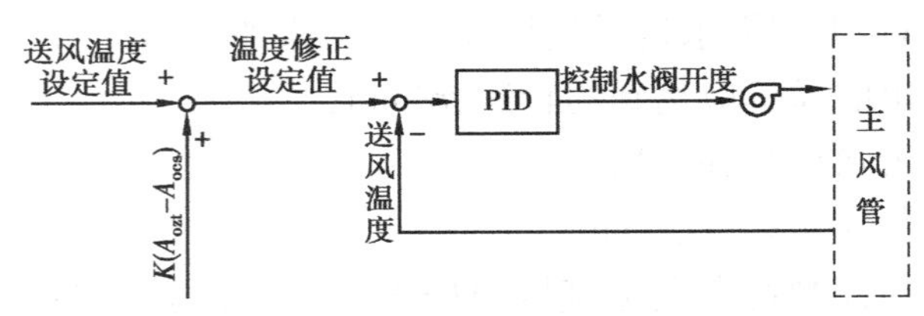

图5.23　变送风温度控制原理图

当然,送风温度设定值的调整也有限制,不能过高,即送风温度及风量要能满足室内的负荷。然而,既然VAV末端已有温度控制,那么为何房间的温度会低于设定温度?有以下两种可能:

①因每个VAV末端有最小风量控制,当需求风量很小时,为了满足最小卫生通风等的要求,可能使室内温度降低而小于设定值。

②由于某些VAV末端控制器有空气质量控制功能或除湿功能,当室内空气质量超标或需要除湿时,末端控制器可能会忽略末端温度控制而开大VAV Box中的风门,加大送风量来降低污染指数或除湿,这时室内温度可能远低于设定值。

该控制策略能避免室内过冷,且节能。

5)多个VAV末端的关联控制

在大空间内,如大会议室、教室、餐厅等,可能有多个VAV末端,如何协调这些VAV末端工作,VAV控制系统应具备如下控制策略:

(1)有共同的启/停时间　把其中1个VAV末端(Terminal)设为时间表主站(Schedule Master),该末端可以把自己的启/停时间表广播给该房间内的其他末端,使该房间中的VAV Terminal有相同的启/停时段。

(2)有共同的温度设定值　把其中1个末端设为温度设定值主站(Setpoint Temperature Master),该Terminal可以把自己的基本温度设定值广播到该房间内的其他末端,使该房间中的VAV末端有相同的基本温度设定值。

(3)有共同的室温信号　把其中1个VAV末端控制器所连接的室内温控面板作为主控制面板,可以把该面板内的温度传感器信号广播到该房间内的其他末端,使该房间中的VAV末端都根据这个室内温度值来进行风量调节(也就是说,1个VAV末端控制器并不一定必须配1个室内温控面板)。

(4)共同进入强制运行时段　一般而言,VAV温控面板上都有一个强制运行按钮,当该按钮被按动时，该温控面板对应的 VAV 末端将立即进入强制运行时段。把其中一个末端设为时间表主站，当该房间内的任意一个末端对应的温控面板上的强制按钮被按动后，该房间内的所有末端可立即进入强制运行时段。

6) VAV 空调机组的新风、回风门控制

把所有室内温控面板中的 CO_2(空气质量)传感器数值取最大、最小或平均值，将该值作为测量值，与空气质量的最低限度设定值进行比较后，控制 VAV 空调机组的新风、回风门开度。

7) VAV 空调系统的联动控制

①任意一个 VAV 末端处于工作模式(运行时段)，将立即联动开启 VAV 系统中的空调机组(AHU)，甚至联动开启冷水机组。

②如全部 VAV 末端都处于非工作模式(停运时段)，VAV 系统中的 AHU 将立即停运，甚至控制冷水机组停运。

VAV 空调系统使用的成功与否同控制系统密不可分，同时有了这些控制也使整个空调系统可进行联网集中监控、管理，其自动化程度是其他空调系统(如“新风 + 风机盘管”)不可比拟的；可监视度和管理的便易性是显而易见的；且具有良好的节能性。

思 考 题

5.1 简述空调自动控制系统的主要任务及其设置原则。

5.2 简述风机盘管的控制方法。

5.3 简述新风机组控制系统应具备的主要功能。

5.4 熟悉并简述全空气系统控制策略的制定方法。

5.5 熟悉并简述 VAV 系统末端装置及空调机组的控制方法。

6　冷热源系统的控制调节

6.1　空调水泵的变频控制

6.1.1　水泵变频控制原理

循环水泵变频调速控制原理，是通过变频器改变电动机的供电频率，进而改变水泵的转速，见式(6.1)：

$$n = 60f\frac{1 - s}{m} \tag{6.1}$$

式中　n——转子转速，r/min；

60——换算系数；

f——电源频率，Hz；

s——定子与转子之间的转差率；

m——电动机绕组的极对数。

由式(6.1)可见：转子转速与频率成正比，改变频率就可以实现水泵调速。

根据水泵的相似定律，两种流体满足几何相似、动力相似和运动相似，则水泵的转速、流量、扬程和功率之间存在以下关系：

$$\frac{Q}{Q_m} = \frac{n}{n_m} \tag{6.2}$$

$$\frac{H}{H_m} = \left(\frac{n}{n_m}\right)^2 \tag{6.3}$$

$$\frac{N}{N_m} = \left(\frac{n}{n_m}\right)^3 \tag{6.4}$$

式中　Q——水泵的流量，m^3/h；

H——水泵的扬程，m；

N——水泵的功率，kW；

把式(6.2)代入式(6.4)中，则：

$$\frac{N}{N_m} = \left(\frac{Q}{Q_m}\right)^3 \tag{6.5}$$

式(6.5)表明:水泵所耗功率与流量的三次方成正比。水泵变频控制节能就是以此为理论依据。

6.1.2 控制方法及其节能效果

1)控制方法

当前应用较多的空调冷热水循环泵变转速调节方法有定压差控制、定末端压差控制、最小阻力控制和温差控制。

(1)定压差控制　控制供、回水干管压差保持恒定的控制方法称为定压差控制。供、回水干管压差不变时水泵提供的扬程保持恒定,故定压差控制又称为定扬程控制。此控制方法做法是:根据冷热水循环泵前后的集水器和分水器的静压差,控制冷热水循环泵的转速,使此静压差始终稳定在设定值附近。

(2)定末端压差控制　控制末端(最不利)环路压差保持恒定的控制方法称为末端压差控制。此控制方法的做法是:根据空调水系统中处于最不利环路中空调设备前后的静压差,控制冷热水循环泵的转速,使此静压差始终稳定在设定值附近。

(3)最小阻力控制　最小阻力控制是根据空调冷热水循环系统中各空调设备的调节阀开度,控制冷热水循环泵的转速,使这些调解阀中至少有一个处于全开状态的控制方法。

(4)温差控制　控制供、回水干管水温差保持恒定的控制方法,称为温差控制。当负荷下降时,如流量保持不变,则回水温度下降,温差相应变小,要保持温差不变,可通过控制温差控制器、变频器来降低水泵转速,减少水流量,此时水泵能耗以转速三次方的关系递减。

2)节能效果

图6.1是不同控制方式下水泵运行工况示意图。采用不同的控制方式,所对应的管路特性曲线各不相同。曲线 A 为采用定扬程控制水力特性曲线,水泵工作点扬程始终为 H。曲线 B 为采用定末端压差控制水力特性曲线,H_1 是末端环路要求保持的压差,$Q=0$ 时,$\Delta H=H_1$。曲线 C 为采用最小阻力控制水力特性曲线,$Q=0$ 时,$\Delta H=H_2$。曲线 D 是采用温差控制的水力特性曲线,此曲线即为空调水系统原有的管路特性曲线,$Q=0$ 时,管路系统阻力 $\Delta H=0$。

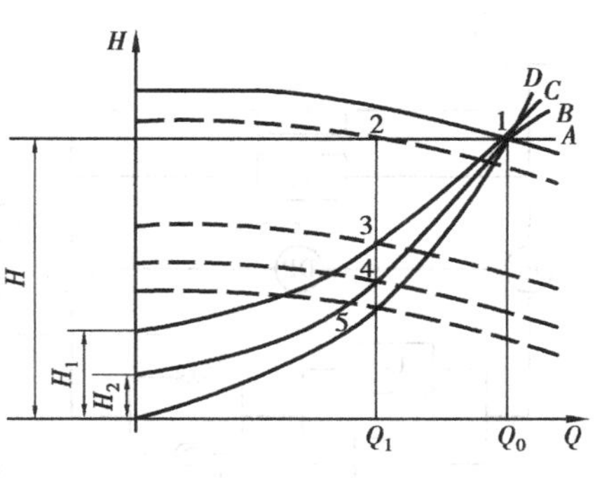

图6.1　变频控制方法比较

采用单一调节阀控制时,比较前述4种控制方法的节能效果。当流量从 Q_0 减小到 Q_1 时,定扬程控制的工作点从1沿着定扬程曲线移到2。定末端压差控制的工作点从1沿着定末端压差控制水力特性曲线变扬程移到3。而最小阻力控制的工作点从1沿管路水力特性曲线变扬程移到4。温差控制从1移到5。在上述4种控制方案里,当流量调节到 Q_1 时,温差控制的冷热水循环泵转速最小,因此节能效果最显著。

流量从 Q_0 减小到 Q_1 时，采用上述4种控制方法，水管管路系统的静压损失（含调节阀全开阻力损失）是相同的。用定扬程控制，要保持冷热水循环泵的扬程不变，必须靠关小调节阀开度增加调节阀阻力，调节阀的阻力损失为点2和点5间的扬程差。用定末端压差控制，因为要保持最不利环路空调设备前后的静压差不变，也必须靠关小调节阀开度来增加调节阀阻力，以弥补由于流量减小而使空调设备的管路系统中静压差测量点之间的阻力损失减小，即点3和点5间的扬程差。对于单一调节阀空调系统的最小阻力控制，其控制目标为尽量让这个调节阀始终处于全开状态，即用冷热水循环泵的转速控制来直接控制空调末端设备的流量。末端压差控制测量点之间的距离越大，最小阻力控制和定末端压差控制节能效益的差异也越大。因此，最小阻力控制只有在某些特定情况下，即所有末端设备负荷同比例减少，所有支管上的调节阀门一直处于全开状态，整个系统的管路阻抗 S 才可能保持不变，此时曲线 C 才能与曲线 D 重合，但这种情况在系统实际运行中不大可能出现。通过以上分析比较，可以发现温差控制节能效益最显著，其次是最小阻力控制，节能效益最差的是定扬程控制。

6.1.3 控制方法的可行性对比

在自控系统设计和构成方面，由于定扬程控制的测量目标非常明确，扬程设定值几乎与水泵选型无关，因此在实际工程压差传感器的选型与安装、检修等是非常方便的。这种方法是空调水系统冷热水循环泵变转速运行最早采用的。在压差控制系统中，当水泵转速改变时，水泵不满足相似定律中的运动相似和动力相似2个条件，仅满足几何相似。因此，水泵的变工况和额定工况不相似。也就是说，水泵转速改变时，其流量、扬程、功率不能简单采用相似定律来计算。定压差控制系统节能效果不是很理想，现已被定末端压差控制所取代。

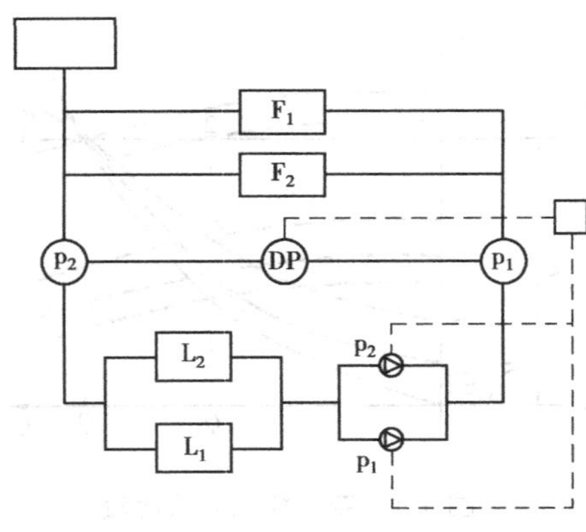

图6.2 压差控制水泵变转速原理图

(p1)—供水压力传感器；(p2)—回水压力传感器；(DP)—压差控制器

目前，定末端压差控制法应用最为广泛，如图6.2所示。压差控制点安装在远离冷冻机房的最不利环路上，虽然测点之间的压差保持恒定，但是最不利环路由于分支系统开启状况不同，其压差是变化的，所以对整个空调水系统来说压力是变化的，水泵的扬程也是变化的，因此能取得较好的节能效果。但在实际空调水系统中，末端装置常用电动二通阀控制，在负荷调节过程中，流量减少并非仅由水泵的转速降低所致，而是由水泵转速和电动二通阀共同作用的结果，致使管路特性曲线发生改变，水泵的相似定律不成立，且在实际应用中，其末端位置及压差设定值也不好确定。对于异程空调水系统，末端位置比较好判断，但是对于多分支的枝状异程管路系统，特别是对于动态运行，判断何处为最不利末端比较困难。因此，实际工程中往往使用多个末端压差传感器,相应定出多个末端压差设定值,然后根据最不利末端压差偏差来控制冷热水循环泵的转速。另外,如果空调系统的自控系统委托自控公司去做,为安全起见,不少调试人员往往将末端压差值设定得偏大。因此,其节能效果还受人为因素的影响。

最小阻力控制网路系统较复杂,初投资比较高。需要控制冷热水循环泵转速的控制器与控制各个空调设备的控制器组成控制通讯网络,冷热水循环泵转速控制器可以通过该网络获得空调水系统中各调节阀开度的信息,再把风机盘管单元的控制并入楼宇自控网络系统,实施最小阻力控制的条件就完全具备了。从控制原理来看,最小阻力控制不需要测量空调水系统的供回水压差。但考虑到分散控制的特性,为了使控制网络的通讯发生故障或中断(检修)时对冷热水循环泵的控制依然有效,最小阻力控制保留了压差控制,最小阻力控制法实施的是变压差控制。这里,压差控制仅仅是分散控制系统的需要,而不是其控制原理本身的需要,相当多的最小阻力控制采用了控制冷热水循环泵集水器和分水器压差的方式,从而继承了定扬程控制的优点。由于最小阻力控制法是根据空调水系统的各调节阀阀位设定压差值的,因此要求各调解阀为比例调解阀,这在一定程度上限制了它的应用。

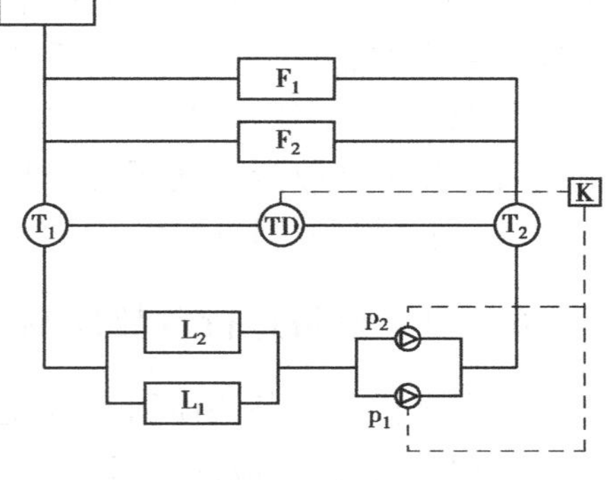

图 6.3　温差控制水泵变转速原理图

L—冷水机组;p—冷水循环泵;K—变频控制器;F—风机盘管用户;T_1—供水温度传感器;T_2—回水温度传感器;TD—温差控制器

对于温差控制,如图 6.3 所示。其组成比较简单,在实际应用中也比较容易做到。有些设计人员担心采用温差控制会影响某些场所空调系统的使用效果,如餐厅、歌舞厅等,主要是影响这些场所室内冷负荷的主要因素不是室外气象条件,而是室内人数的多少。这种情况可以采用一些控制策略,如可以采用分时段控制或者在人员较集中的场所设置温度传感器,满足特殊场所的需要。

具体工程采用何种变频控制方法,应根据空调水系统的规模、负荷的组成、水系统的阻力平衡、末端设备的同时使用率等具体情况加以分析判断。

6.2　一次泵冷冻水系统的控制

6.2.1　设备联锁

在一次泵冷冻水系统中,首先要求的是系统在启动或停止的过程中,冷水机组应与相应的冷冻水泵、冷却水泵、冷却塔等进行电气联锁。只有当所有附属设备及附件都正常运行工作之后,冷水机组才能起动;而停车时的顺序则相反,应是冷水机组优先停车。

当有多台冷水机组并联且在水管路中泵与冷水机组不是一一对应连接时,则冷水机组冷冻水和冷却水接管上还应设有电动蝶阀,以使冷水机组与水泵的运行能一一对应进行,该电动蝶阀应参加上述联锁。因此,整个联锁起动程序为:水泵—蝶阀—冷水机组;停车时联锁程序相反。

6.2.2 压差控制

对于末端采用两通阀的空调水系统,冷冻水供、回水总管之间必须设置压差控制装置,通常它由旁通电动两通阀及压差控制器组成(也可以直接采用水流压差开关)。其连接时,接口应尽可能设于水系统中水流较为稳定的管道上。在一些工程中,此旁通阀常接于分、集水缸之间,这对于阀的稳定工作及维护管理是较为有利的,但是如果冷水机组是根据冷量来控制其运行台数的话,这样的设置也许不是最好的方式,它会使控制误差加大(其原因见本书关于流量计及温度计位置设置部分)。压差控制器(或压差传感器)的两端接管应尽可能靠近旁通阀两端并也应设于水系统中压力较稳定的地点,以减少水流量的波动,提高控制的精确性。

6.2.3 设备运行台数控制

为了延长各设备的使用寿命,通常要求设备的运行累计小时数尽可能相同。因此,每次初启动系统时,都应优先启动累计运行小时数最少的设备(除特殊设计要求:如某台冷水机组是专为低负荷节能运行而设置的),这要求在控制系统中有自动记录设备运行时间的仪表。

1)回水温度控制

回水温度控制冷水机组运行台数的方式,适合于冷水机组定出水温度的空调水系统,这也是目前广泛采用的水系统形式。通常冷水机组的出水温度设定为 7 ℃,则不同的回水温度实际上反映了空调系统中不同的需冷量。

尽管从理论上来说回水温度可反映空调需冷量,但由于目前较好的水温传感器的精度在大约 0.3 ℃,而冷冻水设计供、回水温差大多为 5 ℃,因此回水温度控制的方式在控制精度上受到了温度传感器的约束,不可能很高。

当系统内只有 1 台冷水机组时,回水温度的测量显示值范围为 12.3 ~ 6.7 ℃(假定精度为 0.3 ℃),显然其控制冷量的误差在 12% 左右。

当系统有 2 台同样制冷量的冷水机组时,从 1 台运行转为 2 台运行的边界条件理论上说应是回水温度为 9.5 ℃,而实际测量值有可能是 9.2 ~ 9.8 ℃。这说明,当显示回水温度为 9.5 ℃时,系统实际需冷量的范围是在总设计冷量的 44% ~56%。如果此时是低限值,则说明转换的时间过早,已运行的冷水机组此时只有其单机容量的 88%,而不是 100%,这时投入 2 台会使每台冷水机组的负荷率只有 44%,明显是低效率运转而耗能的。如果为高限值(56%),则说明转换时间过晚,已运行的冷水机组的负荷率已达到其单机容量的 112%,处于超负荷工作状态。

当系统内有 3 台同冷量冷水机组时,上述控制的误差更为明显。从理论上说,回水温度在8.7 ℃及10.3 ℃时分别为1台转为2台运行及2台转为3台运行的转换点。但实际上,当测量回水温度值显示8.7 ℃时,总冷量可能的范围为28% ~40%,相当于单机的负荷率为84% ~120%。因此,在1台转为2台运行时,转换点过早或过晚的问题更为明显。同样,当回水温度显示值为10.3 ℃时,实际总冷量可能在60% ~72%,相当于2台已运行冷水机组的各自负荷率为90% ~108%,显然同样存在上述问题。以此类推,其结论是:冷水机组设计选用台数越多而实际运行数量越少时,上述由于温度传感器精度所带来的误差越为严重。

为了保证投入运行的新冷水机组达到所必需的负荷率(通常有20% ~30%考虑),减少误投入的可能性及降低由于迟投入带来的不利影响,如果采用回水温度来决定冷水机组的运行台数,则要求系统内冷水机组的台数不应超过2台。

2)冷量控制

相对于回水温度控制来说,冷量控制方式是更为精确的。它的基本原理是:测量用户侧供、回水温度 T_1、T_2 及冷冻水流量 W,计算出实际需冷量 $Q=W(T_2-T_1)$,由此可决定冷水机组的运行台数。

在这种控制方式中,各传感器的设置位置是设计中主要的考虑因素,位置不同,将会使测量和控制误差出现明显的区别。目前,通常有2种设置方式:一种是把传感器设于旁通阀的外侧(即用户侧),如图6.4中的各个位置;另一种是把位置定在旁通阀内侧(即冷源侧)如图6.4中A,B,C点。

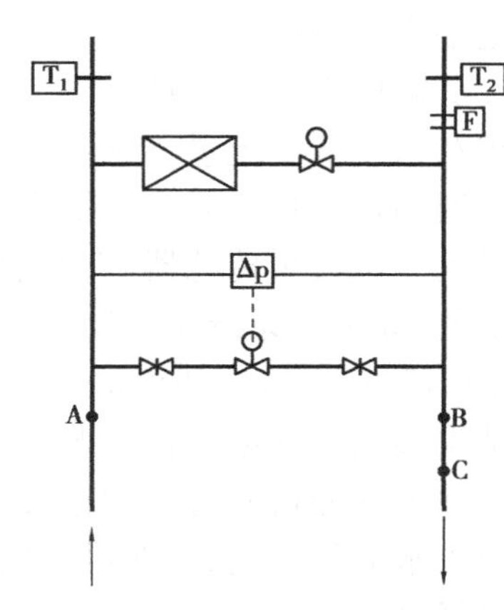

图6.4　水系统各传感器位置的选取

在空调水系统中,为了减少水系统阻力,一般不采用孔板式流量计而采用电磁式流量计,其测量精度大约为1%。以下以2台冷水机组所组成的水系统为例来分析上述2种设置位置的测量误差。假定水系统为线性系统,且2台冷水机组都正在运行,设计冷冻水流量为 W_0,当实际冷量 Q 为设计冷量 Q_0 的50%时,从控制要求上看,应停止1台冷水机组。

(1)传感器设于用户侧时　实际冷量 $Q=0.5Q_0$ 时,测量及计算出的最大可能冷量为:

$$Q_{max}=0.5W_0\times(1+1\%)\times[(12+0.3)-(7-0.3)]=2.828W_0$$

测量及计算出的最小可能冷量为:

$$Q_{min}=0.5W_0\times(1-1\%)\times[(12-0.3)-(7+0.3)]=2.178W_0$$

而实际冷量为 $Q=2.5W_0$,因此冷量的计算误差为:

最大正误差:$\Delta Q_{1(+)}=Q_{max}-Q=0.328W_0$;

最大负误差:$\Delta Q_{1(-)}=Q_{min}-Q=-0.322W_0$;

最大正误差率：$X_{1(+)}=\dfrac{\Delta Q_{1(+)}}{Q}=13.12\%$；

最大负误差率：$X_{1(-)}=\dfrac{\Delta Q_{1(-)}}{Q}=-12.88\%$。

(2)传感器设于冷源侧时　分析条件不变，则测量及计算出的最大可能的冷量为：

$$Q_{max}=W_0(1+1\%)[(9.5+0.3)-(7-0.3)]=3.131W_0$$

测量及计算出的最小可能的冷量为：

$$Q_{min}=W_0(1-1\%)[(9.5-0.3)-(7+0.3)]=1.881W_0$$

最大正误差：$\Delta Q_{2(+)}=Q_{max}-Q=0.631W_0$；

最大负误差：$\Delta Q_{2(-)}=Q_{min}-Q=-0.619W_0$；

最大正误差率：$X_{2(+)}=25.24\%$；

最大负误差率：$X_{2(-)}=-24.76\%$。

从上面2种情况中的X_1和X_2的值可以看出：无论是正误差还是负误差，$|X_2|$远大$|X_1|$，几乎超过了1倍。由此可知：用冷量控制时，传感器设于用户侧是更为合理的。如果把旁通阀设于分、集水缸之间，则传感器的设置就很难满足这种要求，会使冷量的计算误差偏大，对机组台数控制显然是不利的。

从定性来看，之所以产生上述测量及计算误差值的不同，主要是由于水温传感器的测量相对精度低于流量传感器的测量精度所造成的。当水温传感器测量精度为0.3 ℃时，其水温测量的相对误差对供水来说为0.3/7=4.3%，对回水而言则为0.3/12=2.5%，它们都远大于流量传感器1%的测量精度。同时，上述分析是在假定水系统为线性系统的基础上的，如果水系统呈一定程度的非线性，则用户侧回水温度在低负荷时可能会更高一些(大于12 ℃)，这时如果把传感器设于用户侧，相当于提高了回水温度的测量精度，其计算的结果会比上述第一种情况的结果误差更小一些。

除上述分析所得出的布置原则外，为了保证流量传感器达到其测量精度，应把它设于管路中水流稳定处，并在设计安装时保证其前面(来水流方向)直管段长管不小于5倍接管直径，后面直管段长度不小于3倍接管直径。

6.3　二次泵冷冻水系统

二次泵系统监控的内容包括：设备联锁、冷水机组台数控制、次级泵控制等。从二次泵系统的设计原理及控制要求来看，要保证其良好的节能效果，必须设置相应的自动控制系统才能实现。也就是说，所有控制都应是在自动检测各种运行参数的基础上进行的。

二次泵系统中，冷水机组、初级冷冻水泵、冷却泵、冷却塔及有关电动蝶阀的电气联锁启/停程序与一次泵系统完全相同。

6.3.1　冷水机组台数控制

在二次泵系统中，由于连通管的作用，无法通过测量回水温度来决定冷水机组的运行台数。因此,二次泵系统台数控制必须采用冷量控制的方式,其传感器设置原则与上述一次泵系统冷量控制相类似,如图 6.5 所示。

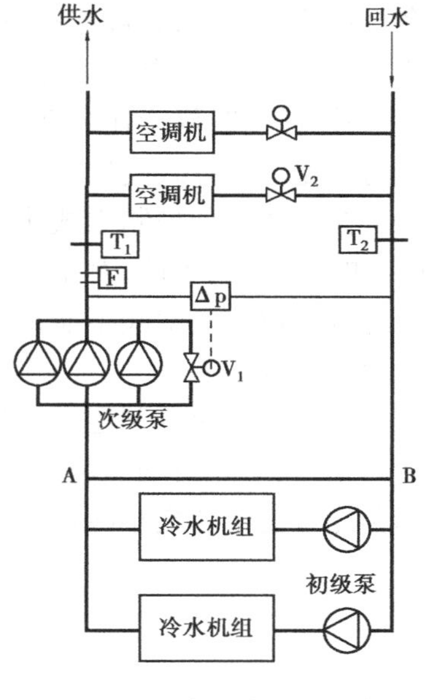

图 6.5 二次泵变流量系统

6.3.2 次级泵控制

次级泵控制可分为台数控制、变速控制和联合控制 3 种。

1) 次级泵台数控制

采用此种方式时,次级泵全部为定速泵,同时还应对压差进行控制,因此设有压差旁通电动阀。

应该注意的是,压差旁通阀旁通的水量是次级泵组总供水量与用户侧需水量的差值,而连通管 AB 的水量是初级泵组与次级泵组供水量的差值,这两者是不一样的。

压差控制旁通阀的情况与一次泵系统相类似。

(1) 压差控制　当系统需水量小于次级泵组运行的总水量时,为了保证次级泵的工作点基本不变,稳定用户环路,应在次级泵环路中设旁通电动阀,通过压差控制旁通水量。当旁通阀全开而供、回水压差继续升高时,则应停止一台次级泵运行。当系统需水量大于运行的次级泵组总水量时,反映出的结果是旁通阀全关且压差继续下降,这时应增加一台次级泵投入运行。

因此,压差控制次级泵台数时,转换边界条件如下:

①停泵过程　压差旁通阀全开,压差仍超过设定值时,则停 1 台泵;

②启泵过程　压差旁通阀全关,压差仍低于设定值时,则启动 1 台泵。

由于压差的波动较大,测量精度有限(5% ~10%),显然采用这种方式直接控制次级泵时,精度受到一定的限制,且由于必须了解两个以上的条件参数(旁通阀的开、闭情况及压差值),因而使控制变得较为复杂。

(2) 流量控制　既然用户侧必须设有流量传感器,因此直接根据此流量测定值并与每台次级泵设计流量进行比较,即可方便地得出需要运行的次级泵台数。由于流量测量的精度较高,因此这一控制是更为精确的方法。此时旁通阀仍然需要,但它只是用作为水量旁通用而并不参与次级泵台数控制。

2) 变速控制

变速控制是针对次级泵为全变速泵而设置的,其被控参数既可是次级泵出口压力,又可是供、回水管的压差。通过测量被控参数并与给定值相比较,改变水泵电机频率,控制水泵转速。显然,在这一过程中不再需要压差旁通阀。

3) 联合控制

联合控制是针对定-变速泵系统而设的,通常这时空调水系统中是采用一台变速泵与多台定速泵组合,其被控参数既可是压差也可是压力。这种控制方式既要控制变速泵转速,又要控制定速泵的运行台数,此方式相对上述2种更为复杂。同时,从控制和节能要求来看,任何时候变速泵都应保持运行状态,且其参数会随着定速泵台数启/停时发生较大的变化。此方式同样不需要设置压差旁通阀。

在上述2种控制方式中,被控参数是压力或压差。之所以这样,是因为在变速过程中,如果无控制手段,对用户侧来说,供、回水压差的变化将破坏水路系统的水力平衡,甚至使得用户的电动阀不能正常工作。因此,变速泵控制时,不能采用流量为被控参数而必须用压力或压差。

无论是变速控制还是台数控制,在系统初投入时,都应先手动启动一台次级泵(若有变速泵,则应先启动变速泵),同时监控系统供电并自动投人工作状态。当实测冷量大于单台冷水机组的最小冷量要求时,则联锁启动一台冷水机组及相关设备。

6.4 冷却水及热水系统

6.4.1 冷却水系统的控制

1)冷却水泵的控制

当冷却水泵不采用变频泵时,一般采用“一机对一泵”的方式,使冷却水泵恰好工作在冷机要求的设计流量下。冷机停止,对应的冷却泵也停止。这时,一定要在每台冷机的冷却水侧安装电动通断阀。在冷却水泵开启时,打开相应的通断阀;在冷却水泵关闭时,同时关闭通断阀。否则,通过另一台开启的冷却水泵的部分水量就会通过这台停止的冷机,从而使工作的冷机冷却水量不足,造成工作不当。

当采用变频泵时,仍按照“一机对一泵”的方式,停机停泵。同时,根据冷却水进出口温差调节冷却泵转速,使通过冷机的冷却水温差基本不变,从而使冷机与冷却水泵总的电耗最小。

2)冷却塔的控制

冷却塔与冷水机组通常是电气联锁的,但这一联锁并非要求冷却塔风机必须随冷水机组同时运行,而只是要求冷却塔的控制系统投入工作,一旦冷却回水温度不能保证时,则自动启动冷却塔风机。

因此,冷却塔的控制实际上是利用冷却回水温度来控制相应的风机(风机作台数控制或变速控制),不受冷水机组运行状态的限制(例如,室外湿球温度较低时,虽然冷水机组运行,但也可能仅靠水从塔流出后的自然冷却而不是风机强制冷却即可满足水温要求),它是一个独立的控制环路。

6.4.2 热水系统及冬夏转换

1)热交换器的控制

空调热水系统与冷水系统相似,通常是以定供水温度来设计的。因此,热交换器控制的常见做法是:

在二次水出水口设温度传感器,由此控制一次热媒的流量。当一次热媒的水系统为变水量系统时,其控制流量应采用电动两通阀;若一次热媒不允许变水量,则应采用电动三通阀。

当一次热媒为热水时,电动阀调节性能应采用等百分比型;一次热媒为蒸汽时,电动阀应采用直线阀。如果有凝结水预热器,一般作为一次热媒的凝结水的水量不用再作控制。

当系统内有多台热交换器并联使用时,与冷水机组一样,应在每台热交换器二次热水进口处加电动蝶阀,把不使用的热交换器水路切除,保证系统要求的供水温度。

2)冬、夏工况的转换

空调水系统冬、夏工况的切换只是在两管制系统中才具有的,通常是通过在冷、热回供、回水总管上设置阀门来实现,自控设备的使用方式决定了冷、热水总管的接口位置及切换方式。

(1)冷、热计量分开,压差控制分开这种情况下,冷、热水总管可接入分、集水缸(见图6.6)。从切换阀的使用要求来看,当使用标准不高时,可采用手动阀。但如果使用的自动化程度要求较高,尤其是在过渡季有过能要求来回多次切换的系统,为保证切换及时并减少人员操作的工作量,这时应采用电动阀切换。

图6.6的一个主要优点是冷、热水旁通阀各自独立,各控制设备均能根据冷、热水系统的不同特点来选择、设置和控制,这对于压差控制及测量精度都是较高的。这一系统的主要缺点是由于分别计量及控制,使投资相对较大。

(2)冷、热计量及压差控制冬夏合用　此种方式的优缺点正好与上一种方式相反(见图6.7)。通常此时冷、热量计量及测量元件和压差旁通阀都按夏季来选择,当用于热水时,由于流量测量仪表及旁通阀的选择偏大,将使其对热水系统的控制和测量精度下降。

这时,冷、热水切换不应放在分、集水缸上而应设在分、集水缸之前的供、回水总管上(见图6.7),以保证前面所述的冷、热量计算的精度。从实际情况来看,总管通常位于机房上部较高的位置,手动切换是较为困难的。因此,这时通常采用电动阀切换(双位式阀门,如电动蝶阀等)。同时,压差控制器应设于管理人员方便操作处,以使其可以较容易的进行冬、夏压差控制值的设定及修改(通常冬季运行时的控制压差小于夏季)。

在按夏季工况选择旁通阀后,为了尽可能使其在冬季时的控制较好,这里有必要研究冬季供热时对热水系统的设计要求。

假定夏季及冬季的设计控制压差分别为 Δp_s、Δp_d,最大旁通流量分别为 W_s、W_d,则按夏季选择时,阀的流通能力为:

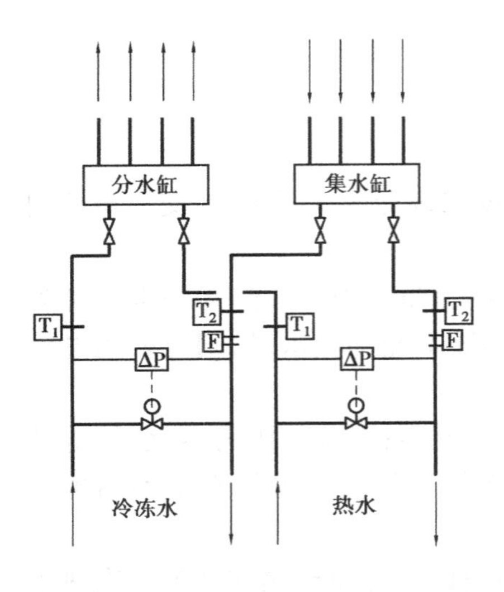

图 6.6 冷、热水分别控制及计算

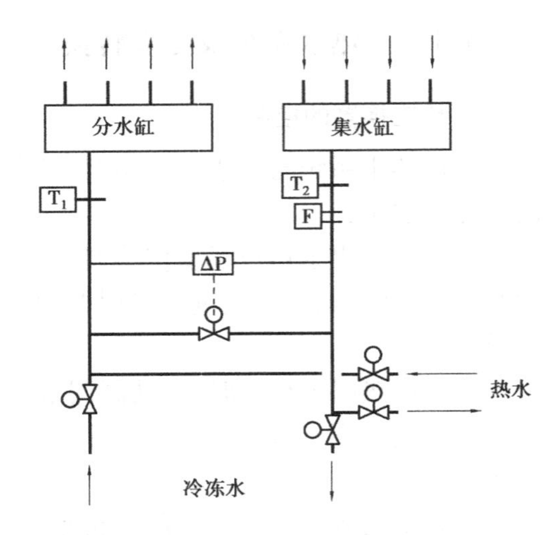

图 6.7 冷、热水合用控制及计算

$$C_s = \frac{316W_s}{\sqrt{\Delta p_s}} \tag{6.6}$$

按冬季理想控制来选择，则阀的流通能力为：

$$C_d = \frac{316W_d}{\sqrt{\Delta p_d}} \tag{6.7}$$

由于采用同一旁通阀，因此同时满足夏季与冬季控制要求的阀门应是 $C_s = C_d$，则由式(6.6)、式(6.7)得：

$$\frac{\Delta p_s}{\Delta p_d} = \left(\frac{W_s}{W_d}\right)^2 \tag{6.8}$$

与夏季压差旁通控制相同的是：冬季最大旁通量也为 1 台二次热水泵的水量。因此，当 Δp_s、Δp_d 及 W_s 都已计算出的情况下，可由式(6.8)计算出 W_d，这就是二次热水泵的水量，这一水量即是以控制来说最为理想的对二次热水泵的流量要求，由 W_d 并根据总热负荷及热水供、回水温差即可反过来确定出热交换器及二次热水泵的台数(一一对应)。当然，由此确定热交换器的台数后，还应符合热交换器的设置原则：1 台热交换器停止运行时，其余的应保证总供热量的 70% 以上。如果不能满足这一原则，则应以此原则决定热交换台数，而牺牲对热水系统的调节能力。

6.5 冰蓄冷系统

与常规空调系统不同，冰蓄冷空调系统可以通过制冷机组、蓄冷设备或者同时为建筑物供冷。用以确定在某一给定时刻，多少负荷是由制冷机组提供，多少负荷是由蓄冷设备供给，即为系统的运行策略。蓄冷系统的设计者设计过程中必须制定一个合适的运行策略,确定具体的控制策略,并详细给出系统中的设备是应用调节还是周期性开停。对于部分蓄冷式系统的运转策略主要是解决每时段制冷设备之间的供冷负荷分配问题,下面简要介绍冰蓄冷系统典型的几种运行策略。

1)制冷机组优先式

蓄冷系统采用制冷机组优先式运行策略是指制冷机组首先直接供冷,超过制冷机组供冷能力的负荷由蓄冷设备释冷提供。这种策略通常用于单位蓄冷量所需的费用高于单位制冷机组产冷量所需的费用,通过降低空调尖峰负荷值可以大幅度地节省系统的投资费用。

2)蓄冷设备优先式

蓄冷设备优先式运行策略是指蓄冷设备优先释冷,超过释冷能力的负荷由制冷机组负责供冷,这种方式通常用于单位蓄冷量所需的费用低于单位制冷机组产冷量所需的费用。蓄冷设备优先式在控制上要比制冷机组优先式相对要复杂些。在下一个蓄冷过程开始前,蓄冷设备应尽可能将蓄存的冷能全部释冷完,即充分利用蓄冷设备的可利用蓄冷量,降低蓄冷系统的运行费用;另外,应避免蓄冷设备在释冷过程的前段时间将蓄存的大部分冷能释放,而在以后尖峰负荷时,制冷机组和蓄冷设备无法满足空调负荷需要的现象,因此应合理地控制蓄冷设备的剩余冷量,特别是对于设计日空调尖峰负荷是出现在下午时段时是非常重要的。

一般情况,蓄冷设备优先式运行策略要求蓄冷系统应预测出当日 24 h 空调负荷分布图,并确定出当日制冷机组在供冷过程中最小供冷量控制分布图,以保证蓄冷设备随时有足够的释冷量配合制冷机组满足空调负荷的要求。

3)负荷控制式(限制负荷式)

简单地说负荷控制式就是在电力负荷不足的时段,对制冷机组的供冷量加以限制的一种控制方法,通常这种方法是受电力负荷限制时才采用,超过制冷机组供冷量的负荷可由蓄冷设备负责。

4)均衡负荷式

均衡负荷式是指在部分蓄冷系统中,制冷机组在设计日 24 h 内基本上全部满负荷运行;在夜间满载蓄冷,当日制冷机组产冷量大于空调冷负荷时,将满足冷负荷所剩余的冷量(用冰的形式)储存起来;当空调冷负荷大于制冷机组的制冷量时,不足的部分由蓄冷设备(融冰)来完成。这种方式系统的初投资最小,制冷机组的利用率最高。

5)优化控制

为了使冰蓄冷系统最大限度地发挥作用,尽可能地减少电负荷高峰期的用电,使用户的电费最少,就需要对冰蓄冷系统进行优化控制。无论是哪一种形式的冰蓄冷系统和工作模式,最要紧的是系统工作特性必须是可预知的,而且满负荷或部分负荷的任何一点的工况都是可以预知的。此外,系统的工作特性必须是可以进行分析的。如果系统的特性不能预知或不肯定,在这种情况下,系统就不能在符合建筑物冷负荷要求下运行,这就不能说系统设计是正确的。

对于蓄冷空调来说，无论是哪种运行模式，共同的问题是冷负荷预测。无论是哪种蓄冷系统，都需要预测出今后一段时间内系统的总冷负荷以及各时间段内的冷负荷，这样才可以规划当时的运行模式，以获得最好的经济效益。在夜间，需要预测第二天可能的冷负荷，以便根据第二天的需要蓄存适量的冷量。如果蓄冷量大于第二天需要量，则多余的冷量积存只能降低系统效率并增加了蓄冷损失。反之，如果蓄存的冷量小于第二天的需要量，就会导致在电力高峰期开动冷机，减弱了蓄冷的效果。同样，在白天运行期，如果能够较准确地预测出当天至夜间蓄冷前各时刻的冷量，则可以合理地判断是使用蓄冷冷量还是当时制冷或是蓄冷与制冷同时运行，从而使蓄存冷量充分发挥减少高峰电负荷的作用，使冷机工作在较高的效率范围内，并且不至于出现到晚高峰时蓄冷量用尽而制冷量又不足的现象。

较准确的预测出第二天全天的总耗冷量，就可以根据系统的装机容量，确定当日夜间最合运的蓄冷量，既能保证第二天用电高峰期空调系统的需求，又能保证第二天能用光蓄存的冷量。在空调系统一天内的运行过程中，准确地预测出未来各小时的冷量需求，也有助于合理地安排冷站的运行方案，在满足未来用电高峰期和用冷高峰期的冷量需求的基础上，尽可能优先使用蓄存的冷量，以免剩余到第二天。

思 考 题

6.1 熟悉并简述空调水泵变频控制的基本原理和常用方法。

6.2 熟悉并简述一次泵冷冻水系统设备运行台数的控制方法。

6.3 了解并简述二次泵冷冻水系统次级泵控制。

6.4 了解并简述冰蓄冷系统的控制。

7 其他建筑设备自动化

7.1 给排水设备监控

7.1.1 建筑给排水系统简介

建筑给排水设备监控主要针对高层民用建筑，这类建筑具有高度高、层数多、建筑面积大、建筑功能复杂、使用人数多、火灾危险性大等特点，对建筑给排水系统提出了更高的要求。设置建筑给排水监控系统，可以更好地保证供水质量，节约能源和保证对给排水设备科学的运行管理。

1)建筑给水系统的分类

就其用途而言，建筑给水系统分为3类：即生活给水系统、生产给水系统和消防给水系统。

生活给水系统又可分为生活冷水系统、生活热水系统、饮用水给水系统、中水给水系统几类；生产给水系统可分为软化水系统、循环冷却水系统、游泳池及观赏水池给水系统及复用水系统；消防给水系统可分为消火栓给水系统和自动喷洒给水系统等。

上述划分的几个系统中，生活冷水系统作为其他几种给水系统的水源，是使用范围最广、用水量最大也最为主要的一种给水系统。因此，本书重点介绍其设备监控原理及功能，简称“生活给水系统的监控”。消防给水系统的设备控制由设在消防控制中心的消防联动控制系统实施，本书在7.5.4节对其监控功能做了描述。

2)建筑给水系统的给水方式

由于高层建筑高度较高，室外给水管网的水压通常无法满足建筑物内层数较高用水点的水压要，因此必须采用加压供水方式以满足较高楼层水量和水压要求。同时，为了避免底层用水点承受过大的静水压力，必须对给水系统进行竖向分区，使水压保持在一定限度以内。

通常情况下，建筑给水方式分为高位水箱给水方式、气压罐给水方式和无水箱给水方式3种。

(1)高位水箱给水方式　高位水箱给水方式的供水设备包括离心式水泵和水箱。其主要特点是:在各分区上层的适当位置设分区高位水箱,贮存、调节本区的用水量和稳定水压,水箱里的水由设在底层或地下室的原水池中的离心式水泵输送。根据竖向分区方式的不同,不仅可以在屋顶设置高位水箱,也可以在不同高度设置多个高位水箱,然后分别采用并联给水、串联给水、减压给水和减压阀给水等方式将水配送给用户。

(2)气压罐给水方式　气压罐给水方式的供水设备包括离心式水泵和气压罐。气压罐为钢制密闭容器,利用容器内空气的可压缩性,用水泵将水压入罐内,然后再靠罐内的压力将贮存的水送入给水管网。气压罐在系统中既可贮存和调节水量,又可将罐内贮存的水压送到一定高度,可替代高位水箱。

(3)无水箱给水方式　无水箱给水方式根据给水系统中用水量情况自动调节水泵转速,既可满足供水压力的要求,又能节约能源、减少占用建筑面积。

3)建筑排水系统

建筑排水系统的任务是接纳污、废水并将其排到室外。建筑排水系统按其所接纳排除污、废水的不同,可分为生活污水排水系统和雨水排水系统2类。

7.1.2　给水系统的监控

1)高位水箱给水方式的监控

在高位水箱给水方式中,控制系统对高位水箱水位进行监测。当水箱中水位达到高水位时,水泵停止向水箱供水;当水箱中的水降到低水位时,水泵再次启动向高位水箱供水。同时,系统监测给水泵的工作状态和故障,当工作泵出现故障时,备用泵自动投入运行。

(1)监控功能

①水泵运行状态显示、故障报警;

②根据水箱高、低液位启/停水泵,水箱超高、低液位显示及报警;

③运行水泵故障时,备用泵自动投入;

④主、备用水泵自动轮换方式工作;

生活给水系统监控原理如图7.1所示。

(2)给水系统监控功能的具体描述

①给水泵启/停控制　给水泵启/停由水箱和低位蓄水池水位自动控制。

高位水箱设有3个水位信号,即水箱液位监测信号LT3、超高报警水位LT1、超低报警水位LT2;低位蓄水池设有2个水位信号,即超高、超低报警水位LT4、LT5,如图7.1所示。

高位水箱液位计的水位信号LT1、LT2通过DI通道送入现场DDC,LT3通过AI通道送入现场DDC。DDC通过一路D0通道控制水泵的启/停:当高位水箱液位低到下限水位时,DDC发出给水泵运行信号,将水由低位水池提升到高位水箱;当高位水箱液位升高至上限水位或蓄水池液位低到超低水位时,DDC发出信号停止给水泵运行。

将给水泵主电路上交流接触器的辅助触点作为开关量输入信号,接到DDC的DI输入通道上监测水泵运行状态;水泵主电路上热继电器的辅助触点信号(一路DI信号),提

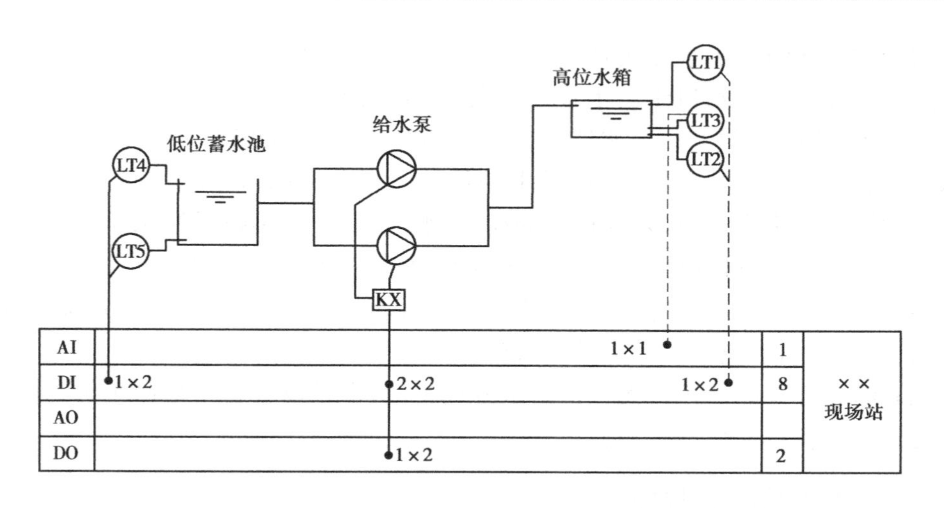

图 7.1　给水系统监控原理图

供水泵电机过载停机报警信号。当工作泵发生故障时,备用泵自动投入运行。

②检测及报警　当高位水箱液位达到超高水位,以及低位蓄水池液位低至超低警戒水位时,系统发出报警信号。

③设备运行时间累计　累计运行时间为定时维修提供依据,并根据每台泵的运行时间,自动轮换主、备用泵。

2)无水箱给水方式的监控

高位水箱给水系统的优点是预贮存一定水量,供水直接可靠,尤其对消防系统是必要的。但水箱重量很大,增加建筑物的负荷,占用建筑物面积且存在水源受二次污染的危险。因此,有必要研究无水箱的水泵直接供水系统。早期的水泵直接供水系统,由于水泵的转速不能调节,水压随用水量的变化而急剧变化。当用水量很小时,水压很高,供水效率很低,既不节能,又使系统的水压不稳定。后来这种系统被采用自动控制的多台并联运行水泵所替代,该系统能根据用水量的变化,启/停不同水泵来满足用水的要求,以利节能。

随着计算机控制技术的迅速发展,变频调速装置得到了越来越广泛的应用。实现水泵恒压供水,其理想的方式是采用计算机控制的水泵变频调速供水。变频调速供水方式由于减少了水箱储水环节,避免了水质的二次污染。泵组及控制设备集中设在泵房,占地面积小,安装快,投资省。采用闭环式供水控制方式,根据管网压力信号调节水泵转速,实现变量供水。水压稳定,全自动运行,可无人看守,可靠性高。变频调速供水方式中,水泵的转速随着管网压力的变化而变化。由于轴功率与转速的三次方成正比,因此与恒速泵运行方式相比,明显节省电能。另外,变频调速为无级调速,水泵的启动为软启动,减小了启动时对水泵及电网的冲击,且多台泵组采用"先投入,先退出"的运行方式,确保每台泵的运行时间相同,能够有效延长泵组的使用寿命。变频调速闭环供水方式确保管网压力恒定,避免了水箱供水方式中可能产生的溢流或超压供水,减小了水能的损耗。

变频调速恒压供水既节能,又节约建筑面积,且供水水质好。但无水箱给水方式必须要有可靠的电源,否则停电即停水,给人们生活带来不便。

采用变频调速恒压供水方式时，水泵通常由设备自带的变频恒压控制器控制其运转。其控制过程是在水泵出水口干管上设压力传感器，实时采集管网压力信号，通过一路AI通道送入现场DDC，通过与设定水压值比较，按PID算法得出偏差量，控制电源频率变化，调节水泵的转速，从而达到恒压变量供水的目的。当系统用水量增加时，水压下降，DDC使变频器的输出频率提高，水泵的转速提高，供水量增大，以维持系统水压基本保持不变；当系统用水量减少时，过程相反，控制系统使水泵减速，仍可维持系统水压。水泵变频调速控制器带有通信接口，可方便地接入建筑设备自动化系统之中。同时，系统中设低水位控制器，其作用是当水池水位降至最低水位时，系统自动停机。

气压罐给水方式的监控与无水箱给水方式类似，也是设备自带控制装置，并通过其通信接口与建筑设备自动化系统相连。

7.1.3　排水系统的监控

高层建筑一般都建有地下室，地下室的污水通常不能以重力排除。在此情况下，污水集中收集于集水坑(池)，然后用排水泵将污水提升至室外排水管中。

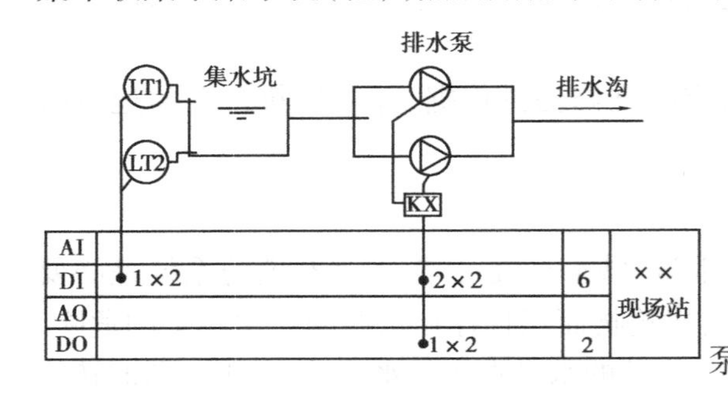

图7.2　排水泵控制原理图

1)排水监控系统的监控功能

①水泵运行及状态显示、故障报警。

②集水坑高低液位显示及报警。

③水泵启/停控制。

④运行水泵故障时，备用泵自动投入。

建筑物排水监控系统如图7.2所示，潜水泵为"一用一备"。

2)排水监控系统的监控功能描述

①启/停控制　集水坑设液位计监测液面位置，液位信号通过DI通道送入现场DDC。当水位达到高水位时，DDC启动排水泵运行，直到水位降至低水位时停止排水泵运行。

②将水泵主电路上交流接触器的辅助触点作为开关量输入信号，接到DDC的DI输入通道上监测的水泵运行状态；水泵主电路上热继电器的辅助触点信号通过1路DI通道，提供电机水泵过载停机报警信号。同时，系统监测排水泵的工作状态和故障，当工作泵出现故障时，备用泵自动投入运行。

7.2　供配电系统监测

建筑供配电系统设备监测主要针对高层民用建筑。高层民用建筑供配电系统通常由10(6)kV供电系统、0.4 kV配电系统、变压器、配电箱(柜)以及用电设备等组成。建筑供配电系统的安全、可靠运行不仅对于保证大楼内人身和设备财产安全至关重要，而且对供配电系统的科学管理、保证供电质量及经济核算等具有重要意义。因此，建筑供配电系统的监测是建筑设备自动化系统中重要的内容。

7.2.1 高层建筑供配电系统简介

1)高层建筑用电设备的特点

①用电设备种类多,有电气照明设备、电梯设备、给排水设备、冷热源设备、洗衣房设备、厨房设备、暖通空调设备、消防用电设备以及弱电设备等。

②电气线路多,电气设备用房多。

③耗电量大。

④供电可靠性要求高。

2)高层建筑供配电系统的特点

①由于用电量大,一般要设内部变配电所。

②按照《高层民用建筑设计防火规范》的有关要求,为了确保智能建筑消防设施和其他重要负荷用电,要求两路电源供电。

③为了保证电力系统在故障断电时特别重要的用电设备不致中断,必须设置应急柴油发电机组。

④为了保证在火灾、地震等特殊情况下,电力系统和柴油发电机组都不能供电时(或机组尚未启动时),楼内人员能安全疏散,应设置蓄电池电源,以保证人员疏散安全。

3)自备应急柴油发电机组

目前,城市电网的供电状况虽然比较稳定。但对一个建筑物来说,即使城市电网已提供两路电源,并且有时这两路电源来自不同的上一级变电站,实际运行中一路电源检修时不排除另一路电源出现故障的情况,而且还有可能两路电源同时出现故障(因为再上级电源往往是同一电源)。因此,为了确保智能化大楼供电的可靠、安全,设置自备柴油发电机组是必要的。

自备应急柴油发电机组应始终处于准备启动状态。当市电中断时,机组应立即启动,并在15 s内投入正常运行;当市电恢复时,自动退出工作并延时停机。

7.2.2 建筑供配电系统监测

基于目前的技术水平,为保证供配电系统运行的安全、可靠性,建筑设备自动化系统对供配电系统是只监测不控制。

1)供配电系统的监测功能

①10(6) kV进线断路器、馈线断路器和联络断路器的分、合闸显示及故障跳闸报警。

②10(6)kV进线回路及配出回路的有功功率、无功功率、功率因数、电流、电压显示及趋势图和历史数据记录,频率显示及历史数据记录。

③10(6) kV进出线回路电流、电压显示及趋势图和历史数据记录。

④0.4 kV进线开关及重要配出开关的分、合闸显示及故障跳闸报警。

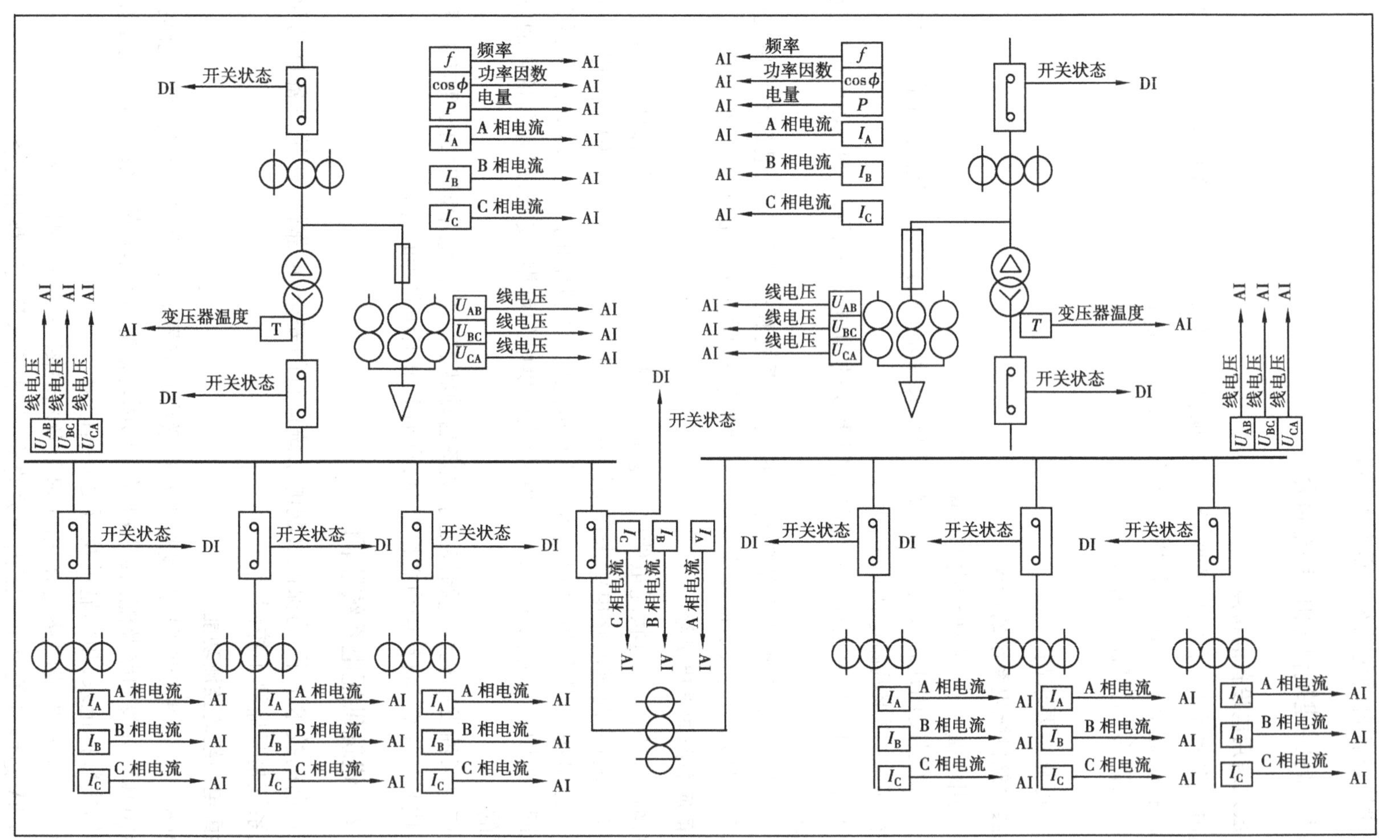

图 7.3 供配电系统监测原理图

⑤0.4 kV 进线回路电流、电压显示及趋势图和历史数据记录。

⑥功率因数补偿电流显示及历史数据记录。

⑦用电量累计。

⑧变压器线圈温度显示、超温报警、运行时间累计及强制风冷风机运行状态显示。

⑨柴油发电机工作状态显示及故障报警。

⑩日用油箱油位显示及超高、超低报警。

⑪蓄电池组电压显示及充电器故障报警。

图 7.3 所示为供配电系统监测原理图。

2)供配电系统的监测功能描述

供配电系统采用计算机监测后,对供配电系统一次接线设计并无影响,仍可按常规设计进行。监测信号取自系统中的电压互感器、电流互感器、脉冲式电度传感器、温度传感器以及开关设备的辅助触点。

(1)10(6)kV 供电系统的监测

①10(6)kV 进线及配出回路的有功功率、无功功率、功率因数、电流、电压频率的监测。在两路电源进线上采用电量变送器采集电压、电流、功率因数、电能、频率等各种电气参数,经 AI 通道送入 DDC,供显示、打印、存储及分析之用。

②10(6)kV 进线断路器、馈线断路器和联络断路器的运行状态检测及故障报警。10(6)kV 开关运行状态信号进入 DDC,要求单独使用一对常开辅助接点,接到 DDC 的 DI 通道。

事故信号为各种保护信号,一般有过流、速断、重合闸、接地及保护回路断线等。这些事故信号进入 DDC,要求选用具有两对独立接点的信号继电器,一对接点给原有信号系统,作为就地指示,一对接点连接 DDC 的 DI 通道。

③变压器温度监测及超温报警。DDC 通过温度传感器自动检测变压器线圈温度,并通过与设定值比较,如超温则发出报警信息。

(2)0.4 kV 配电系统的监测　由于低压侧的每个配电回路,其供电对像比较具体,如供冷水机组用电、照明用电、水泵用电等,因此,对这些参数的监测对大楼的管理非常有用。基于这些参数,可以分析大楼内各主要用电设备的用电情况,为科学有效的用电提供帮助。监视各主要开关的分合状态及故障状态,可以使管理人员在中央控制室就能看到整个低压配电的状况,知道各个开关的状态及哪个开关是在故障状态。

低压配电系统的电气参数及运行状态监测方法同高压供电系统,在此不再赘述。

(3)备用电源的监测　高层建筑为保证供电的可靠性,通常需要自备柴油发电机组作为应急电源。建筑设备自动化系统通常对应急柴油发电机组及切换开关并不控制,但为保障机组的正常运行,需对一

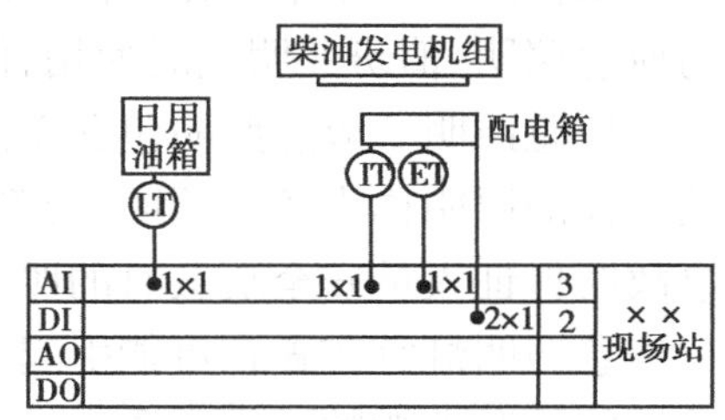

图 7.4　应急柴油发电机组监测原理图

些有关参数进行监测,如油箱油位、各开关的状态等,如图7.4所示。

7.3 照明设备监控

7.3.1 建筑照明系统简介

照明的基本功能是保证安全生产、提高劳动效率、保护视力健康和创造一个良好的人工视觉环境。在一般情况下,照明是指“明视条件”为主的功能性照明,在那些突出建筑艺术效果的厅堂内,照明的装饰功能加强,成为以装饰为主的艺术性照明。因此,照明设计的优劣除了影响建筑物的功能外,还直接影响建筑艺术的效果。

照明系统由照明装置及其电气设备组成,照明装置主要是指灯具及照明电气设备,包括电光源、照明开关、照明线路及照明配电箱等。

在建筑设备各系统中,由于照明系统用电量仅次于空调系统,因此照明设备监控是建筑设备自动化系统的重要内容。照明设备监控除需满足照明功能的需求(如场景的变化)外,还应实现节能的目标。

1)照明方式和种类

(1)照明方式

①一般照明　在整个场所或场所的某部分照度基本上均匀的照明称为一般照明。对于工作位置密度大而对光照方向又无特殊要求(如办公室),或工艺上不适宜装设局部照明装置的场所,宜采用一般照明。

②局部照明　局限于工作部位的、固定或移动的照明称为局部照明。对于局部地点需要高照度并对照射方向有要求时,宜采用局部照明。但在整个工作场所,不应只设局部照明而无一般照明。

③混合照明　一般照明与局部照明共同组成的照明称为混合照明。对于工作面需要较高照度并对照射方向有特殊要求的场所,宜采用混合照明。

(2)照明的种类

①工作照明　正常工作时使用的室内、外照明称为工作照明。它一般可单独使用,也可与应急照明、值班照明同时使用,但控制线路必须分开。

②应急照明　应急照明包含3部分内容:正常照明因故障熄灭后,供继续工作或暂时继续工作的照明称为备用照明;为确保处于危险之中的人员安全的照明称为安全照明;发生事故时保证人员安全疏散时的照明称为疏散照明。

应急照明灯宜布置在可能引起事故的工作场所以及主要通道和出入口。应急照明必须采用能瞬时点燃的可靠光源。

③值班照明　在非工作时间内,供值班人员使用的照明称为值班照明。可利用工作照明中能单独控制的一部分,或利用应急照明的一部分或全部作为值班照明。

④警卫照明　用于警卫地区周界附近的照明，可根据需要在需警戒的区域设置。

⑤障碍照明　装设在建筑物上，作为障碍标志用的照明称为障碍照明。在飞机场周围较高的建筑上，或船舶通行的航道两侧的建筑上，应按民航和交通部门的有关规定装设障碍照明。

2）照明控制

正确的控制方式是实现舒适照明的有效手段，也是节能的有效措施。目前，设计中常用的照明控制方式有跷板开关控制方式、断路器控制方式、定时控制方式、光电感应及智能控制器控制方式等。下面对各种控制方式逐一介绍。

（1）跷板开关控制方式　该方式就是以跷板开关手动控制一套或几套灯具的控制方式，这是采用得最多的控制方式。它可以配合设计者的要求随意布置。同一房间不同的出入口均需设置开关，单控开关用于在一处启闭照明。双控及多程开关用于楼梯及过道等场所，在上层、下层或两端多处启闭照明。该控制方式线路繁琐、维护量大、线路损耗多，很难实现舒适照明。

（2）断路器控制方式　该方式是以断路器控制一组灯具的控制方式。此方式控制简单、投资小，但由于控制的灯具较多，造成大量灯具同时开关，节能效果差，且很难满足特定环境下的照明要求，一般用于商场等需要同时开闭大量灯具的场所。

（3）定时控制方式　该方式是以定时方式开闭灯具，可利用 BAS 的接口通过控制中心来实现。但该方式太机械，遇到天气变化或临时更改作息时间，就比较难以适应，一定要通过改变程序设定才能实现，显得非常麻烦。

还有一类延时开关，特别适合用在一些短暂使用照明或人们容易忘记关灯的场所（如楼梯间、走道等），使灯具点燃后经过预定的延时时间后自动熄灭，达到节电的目的。另外，声控开关根据声音控制开启，并经预定的延时时间后自动熄灭，也属于节能型开关。

（4）光电感应开关控制　光电感应开关通过测定工作面的照度，经与设定值比较来开闭灯具。这样，可以最大限度地利用自然光，达到节能的目的，并可提供一个较不受季节与外部气候影响的相对稳定的视觉环境。特别适合一些采光条件好的场所，当检测的照度低于设定值的极限值时开灯，高于极限值时关灯。

（5）智能控制方式　智能照明控制系统采用分布式控制系统结构，其照明监控设备包括分布式照明控制器和照明配电箱 2 部分。照明控制器根据照度传感器的输入，通过调光方式或通、断照明配电箱中的照明配电回路方式实现照明控制。分布式照明控制器通过通信接口与建筑设备自动化系统网络相连。

7.3.2　照明设备监控

建筑照明可分为 3 类：室内工作照明、室内公共区域照明和室外照明。室内工作照明是指工作区域内的照明，这部分照明的用电量是照明系统中最大的；室内公共区域照明是指走廊、过道、楼梯间、室内停车场等区域的照明；室外照明包括航空障碍照明、庭院照明、道路广场照明、泛光照明等。相应的，对照明设备的监控应具备的功能包括：航空障碍灯、庭院灯、道路照明、泛光照明控制;广场、停车场照明控制;大空间、门厅、楼梯及走道照明控制;室内照明控制。

照明设备的监控功能描述如下:

①室内工作照明　室内工作照明应为办公人员创造一个良好的舒适的视觉环境,以提高工作效率。办公室宜采用辐射入室内的自然光和人工照明协调配合方式。不论晴天、阴天、清晨或傍晚自然光如何变化(夜间照明也可看成其中的一个特例),也不论房间朝向、进深尺寸有多大,始终能有效地保持良好的照明环境,减轻人们的视觉疲劳。

在实际工作中,办公照明控制通常根据工作分区,按预先编制的时间控制程序工作。通常将时间分为"上午工作时间"、"午餐午休时间"、"下午工作时间"、"晚餐时间"、"晚上加班时间"、"下班时间"、"清洁"、"安全"、"周末"等。在时钟管理器的管理下,根据预定的时序自动地在各种工作状态之间转换。例如,上班时间来临时,系统自动将灯打开,而且光照度会自动调节到工作人员最合适的水平。它的调光原理是:配置照度传感器,根据室外自然光的强弱,自动调节室内人工照明。当自然光较弱时,自动增强人工照明;当自然光较强时,自动减弱人工照明,使两者始终能够动态地补偿,以保持室内恒定的照度。

当每个工作日结束,系统将自动进入"晚上"工作状态。同时,系统将没有人的办公室的灯光自动关掉,保证有员工加班的办公区灯光处于合适的照度。

②室内公共区域照明　公共区域的照明通常按时间控制程序控制,即下班后除保留必要的值班照明外,其他的照明灯应关掉,以节约能源。当办公区有员工加班时,楼梯间、走道等公共区域的灯就保持基本的照度,只有当所有办公区的人走完后,才关掉相关公共区域的照明。

③障碍照明、庭院照明、建筑物泛光照明、广场及道路照明　此类室外照明一般按预先设定的时间程序控制。

7.4　电梯系统监控

电梯是高层建筑必备的垂直交通工具。建筑内的电梯包括普通客梯、消防梯、观光梯、货梯以及自动扶梯等。电梯由轿厢、曳引机构、导轨、对重、安全装置和控制系统组成。对电梯系统的要求是:安全可靠,启动、制动平稳,感觉舒适,平层准确,候梯时间短,节约能源等。

因为对电梯控制系统有非常高的要求,电梯控制系统都是有生产厂家配套提供,并提供与建筑设备自动化系统的通信接口。建筑设备自动化系统通常不对电梯控制系统内部的控制信息进行处理,只是监测电梯的运行状态和故障报警信息。

电梯系统的监控内容包括:电梯运行状态及故障报警。

运行状态监视包括启/停状态、运行方向等,动态地显示出各台电梯的实时状态。

故障检测包括电动机、电磁制动器等各种装置出现故障后,自动报警,并显示故障电梯的地点、发生故障时间、故障状态等。

电梯运行状监视原理图,如图 7.5 所示。

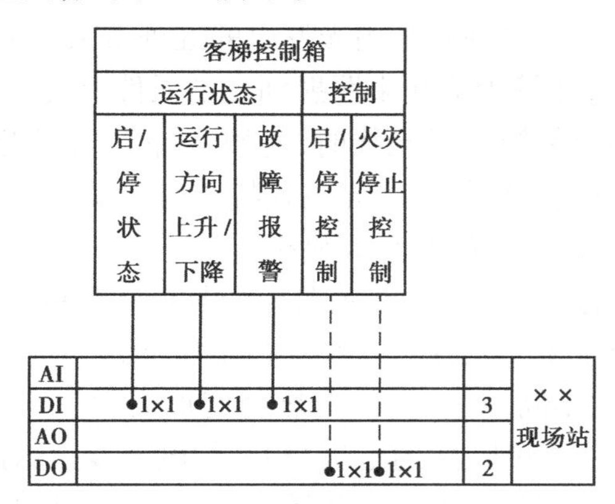

图 7.5　电梯监控原理图

7.5　火灾自动报警与消防联动控制系统

火灾自动报警与消防联动控制系统(FAS)作为建筑设备管理自动化系统(BMS)的一个子系统,是保障智能建筑防火安全的关键。

FAS 作为 BMS 的一部分,在智能建筑中既可以与安防系统(SAS)、建筑设备自动化系统(BAS)联网通信,向上级管理系统传递信息,又能与城市消防调度指挥系统、城市消防管理系统及城市综合信息管理网络联网运行,提供楼宇火灾及消防系统状况的有效信息。

7.5.1　火灾自动报警系统的组成

火灾自动报警系统由火灾探测装置、火灾报警控制器、火灾警报装置以及信号传输线路等组成。

1)火灾探测装置

火灾探测装置包括火灾探测器和手动报警按钮。火灾手动报警按钮用于火灾发生时,人工手动向消防报警系统发出火情信号。所谓火灾探测器,是指用来响应其附近区域由火灾产生的物理和(或)化学现象的探测器件。火灾探测器有几十种,智能建筑中常用的有如下 4 种:

(1)感烟探测器　感烟探测器包括离子感烟探测器和光电感烟探测器。

离子感烟探测器的核心部分由放射性元素镅 241(Am241)、电池、标准室、检测室组成。因为镅放射出 α 射线,使得标准室和检测室空气均电离,平时这两室的电阻都相等。但标准室密封,检测室外界空气可自由出入。当检测室进烟后,加快了其中的离子复合,使电阻增大,两室电压失去平衡,使电子线路导通,发出信号而启动报警系统。离子式感烟火灾探测器的特点是灵敏度高、不受外面环境光和热的影响及干扰、使用寿命长、构造简单、价格低廉。

光电式火灾探测器的工作原理是利用光发出的红外线或紫外线作用于光电管。内部光源(灯泡)发出的光,通过透镜聚成光束照射到光敏元件上转换为电的信号,电路保持正常状态。当有一定浓度的烟雾挡住了光线时,光敏元件立刻把光强变弱的信号传给放大器发大,电路得电动作而发出报警信号。光电式特点是灵敏度较高,适用于火灾危险性较大的场所,如有易燃物的车间、电缆间、计算机机房等。

(2)感温探测器　感温探测器分定温感温探测器和差温感温探测器。

定温感温探测器的温度敏感元件是一块双金属片,当火灾发生时,探测器周围的环境温度升高,由于热膨胀系数不同,双金属片受热会变形而发生弯曲;当温度升高到某一规定值时,弯曲的双金属片推动触头、接通电极,相关的电子线路送出报警信号。

定温探测器一般适用于温度缓慢上升的场合,它的缺点就是受气温变化的影响较大。为克服定温探测器受环境温度的影响较大的缺点,人们开发出差温式探测器。电子差温式探测器是利用热敏电阻作主要敏感元件。热敏电阻阻值随着温度的升高而下降。探测器内通常设置两个阻值相同、特性相似的热敏电阻,一个贴在探测器外壳上,而另一个在外部加一个金属外罩罩住。当外界温度缓慢变化时,两个电阻值相等或近似;当火灾发生时,由于温度变化剧烈,贴在外壳上的电阻直接受热,随着外界温度的升高其阻值迅速下降,而另一个电阻由于外罩了金属外壳,受外界温度变化影响小,其阻值下降也小。两个电阻值变化差异,通过相关的电子线路发出火警信号。

差温探测器较之定温探测器来说,具有灵敏度、可靠性较高及受环境变化的影响小等优点。

(3)可燃气体火灾探测器　它是利用对可燃气体敏感的元件来探测可燃气体的浓度,当可燃气体超过限度时报警。

(4)火焰探测器　火焰探测器分红外火焰探测器和紫外火焰探测器。

红外火焰感光探测器是利用火焰的红外辐射和闪烁效应进行火情探测。而对恒定的红外辐射和一般光源(如灯泡、太阳光和各种热辐射 X、Y 射线)却不起反应。此类探测器抗干扰性能较好,工作稳定可靠,响应速度快,通用性较强。

紫外火焰探测器能监测微小火焰发生场合并及时报警,其特点是灵敏度高,对火焰反应快,抗干扰能力强。

2)火灾报警控制器

火灾报警控制器是火灾自动报警系统的核心组成部分,它具备为火灾探测器供电,接收、显示和记录火灾报警信号,并对消防联动控制设备发出控制命令的完整功能。

火灾报警控制器有 2 种类型,即区域火灾报警控制器和集中火灾报警控制器。

3)火灾警报装置

在火灾自动报警系统中,用于火灾发生时在报警区域发出声、光报警信号的装置叫做火灾警报装置。

7.5.2 火灾自动报警系统的形式

根据所保护对象的不同,火灾自动报警系统有3种形式,即区域报警系统、集中报警系统和控制中心报警系统。考虑到智能建筑的特点,控制中心报警系统是智能建筑最适用的火灾自动报警系统类型。

1)区域报警系统

区域报警系统由区域火灾报警控制器和火灾探测器等组成,可设置消防联动控制设备,是一种功能简单的火灾自动报警系统,宜用于二级保护对象。图7.6为区域报警系统框图。

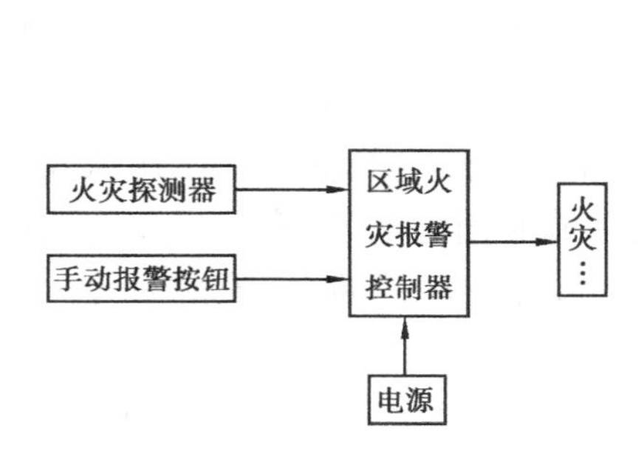

图7.6　区域报警系统框图

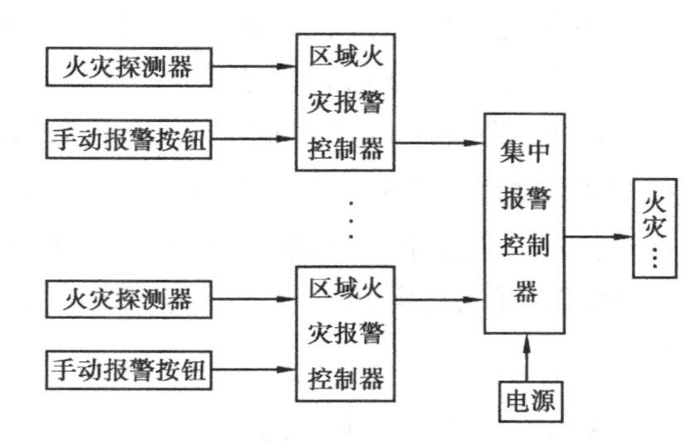

图7.7　集中报警系统框图

2)集中报警系统

集中报警系统由集中火灾报警控制器、区域火灾报警控制器和火灾探测器等组成,应设置消防联动控制设备,是一种功能较复杂的火灾自动报警控制系统,宜用于一级和二级保护对象。图7.7为集中报警系统框图。

3)控制中心报警系统

控制中心报警系统由消防控制室的集中火灾报警控制器、区域火灾报警控制器、专用消防联动控制设备及火灾探测器等组成,是一种功能复杂的火灾自动报警系统。宜用于特级和一级保护对象。如图7.8为控制中心报警系统框图。

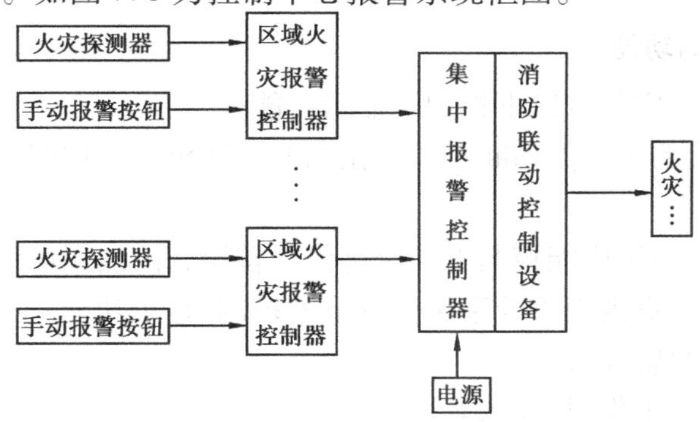

图7.8　控制中心报警系统框图

7.5.3 火灾自动报警系统的工作原理

平时,安装在探测区域的火灾探测器不断地向所监视的区域发出巡测信号,监视现场的烟雾浓度、温度等情况,并通过传输线路不断反馈给火灾报警控制器,控制器将接收的信号与内存的正常设定值相比较、判断确定火灾。当火灾发生时,在火灾的初期阶段,火灾探测器根据现场探测到的情况(包括温、烟、可燃气体等),将首先动作——发信给各所在区域的报警控制(显示)器及消防控制室的系统主机(当系统不设区域报警控制器时,将直接发信给系统主机),或当人员发现后,用手动报警器或消防专用电话报警给系统主机。

消防系统主机在接收到报警信号后,首先进行火情确认。当确定火情后,报警系统发出声、光报警信号、显示烟雾浓度、火灾区域或楼层房号的地址编码,并打印报警时间、地址等。同时,系统主机将根据火情及时启动联动控制系统,诸如及时开启着火层及上下相邻层的疏散警铃、消防广播通知人员尽快疏散;打开电梯前室、楼梯前室的正压送风及走道内的排烟系统;停止空调机、送风机的运行;切断相关区域非消防电源、启动应急照明电源;电梯迫降首层、消防电梯投入紧急运行;关闭放火卷帘,并启动消防泵、喷淋泵等灭火设施。

7.5.4 消防联动控制系统

消防联动设备是火灾自动报警系统的重要控制对象,联动控制的正确可靠与否,直接影响火灾扑救工作的成败。

1)消防联动控制对象

消防联动控制对象应包括以下内容:

①灭火设施;

②防排烟设施;

③电动防火卷帘、防火门、水幕;

④电梯;

⑤非消防电源的断电控制等。

2)消防联动控制的功能

消防联动控制系统应具有以下控制及显示功能:

①在确认火灾后,系统应能切断有关部位的非消防电源,并接通警报装置及火灾应急照明灯和疏散标志灯。

②在确认火灾后,系统应能控制电梯全部停于首层,并接收其反馈信号。

③消防控制设备对室内消火栓系统应有下列控制、显示功能。

a. 控制消防水泵的启/停;

b. 显示消防水泵的工作、故障状态;

c. 显示启泵按钮的位置。

④消防控制设备对自动喷水和水喷雾灭火系统应有下列控制、显示功能。

a. 控制系统的启/停；

b. 显示喷洒水泵的工作、故障状态；

c. 显示水流指示器、报警阀、安全信号阀的工作状态。

⑤消防控制设备对管网气体灭火系统应有下列控制、显示功能：

a. 显示系统的手动、自动工作状态；

b. 在报警、喷射各阶段，控制室应有相应的声、光警报信号，并能手动切除声响信号；

c. 在延时阶段，应自动关闭防火门、窗，停止通风空调系统，关闭有关部位防火阀；

d. 显示气体灭火系统防护区的报警、喷放及防火门（帘）、通风空调等设备的状态。

⑥消防控制设备对泡沫灭火系统应有下列控制、显示功能：

a. 控制泡沫泵及消防水泵的启/停；

b. 显示系统的工作状态。

⑦消防控制设备对干粉灭火系统应有下列控制、显示功能：

a. 控制系统的启/停；

b. 显示系统的工作状态。

⑧消防控制设备对常开防火门的控制，应符合下列要求：

a. 防火门任一侧的火灾探测器报警后，防火门应自动关闭；

b. 防火门关闭信号应送到消防控制室。

⑨消防控制设备对防火卷帘的控制，应符合下列要求：

a. 疏散通道上的防火卷帘两侧，应设置火灾探测器组及其警报装置，且两侧应设置手动控制按钮；

b. 疏散通道上的防火卷帘，应按下列程序自动控制下降：感烟探测器动作后，卷帘下降至距地（楼）面 1.8 m；感温探测器动作后，卷帘下降到底；

c. 用作防火分隔的防火卷帘，火灾探测器动作后，卷帘应下降到底；

d. 感烟、感温火灾探测器的报警信号及防火卷帘的关闭信号应送至消防控制室。

⑩火灾报警后，消防控制设备对防烟、排烟设施应有下列控制、显示功能：

a. 停止有关部位的空调、送风机，关闭电动防火阀，并接收其反馈信号；

b. 启动有关部位的防烟和排烟风机、排烟阀等，并接收其反馈信号；

c. 控制挡烟垂壁等防烟设施。

7.5.5 火灾应急广播

火灾应急广播是消防联动控制中的一类重要的安全设备，起着组织火灾区域人员安全、有序地疏散撤离和指挥灭火的作用。

1）火灾应急广播系统的控制要求

①二层及其以上的楼房发生火灾，应先接通着火层及其相邻的上、下层。

②首层发生火灾，应先接通本层、二层及地下各层。

③地下室发生火灾,应先接通地下各层及首层。

④含多个防火分区的单层建筑,应先接通着火的防火分区及相邻的防火分区。

火灾应急广播系统有2种设置方式,即独立的火灾应急广播系统和与建筑内服务性音乐广播合用的系统。后者是目前广泛采用的方式。火灾应急广播与公共广播合同时,应符合下列要求:

①火灾时应能在消防控制室将火灾疏散层的扬声器和公共广播扩音机强制转入火灾应急广播状态。

②消防控制定应能监控用于火灾应急广播时的扩音机的工作状态,并应具有遥控开启扩音机和采用传声器播音的功能。

③床头控制柜内设有服务性音乐广播扬声器时,应有应急广播功能。

④应设置火灾应急广播备用扩音机,其容量不应小于火灾时需同时广播的范围内火灾应急扬声器最大容量总和的1.5倍。

2)火灾应急广播扬声器的设置要求

①民用建筑内扬声器应设置在走道和大厅等公共场所,每个扬声器的额定功率不应小于3 W,其数量应能保证从一个防火分区内的任何部位到最近一个扬声器的步行距离不大于25 m。走道内最后一个扬声器与走道末端的距离不应大于12.5 m。

②在环境噪声大于60 dB的场所设置的扬声器,在其播放范围内最远点的播放声压级应高于背景噪声15 dB。

③客房设置专用扬声器时,其功率不宜小于1.0 W。

7.5.6 消防专用电话

消防专用电话是重要的消防通信工具之一。为了保证火灾自动报警系统快速反应和可靠报警,同时保证火灾时消防通信指挥系统的可靠、灵活、畅通,消防专用电话的设置应符合下列要求:

①消防专用电话网络应为独立的消防通信系统,不得与一般电话线路共用。

②消防控制室应设置消防专用电话总机,且宜选择共电式电话总机或对讲通信电话设备。消防专用电话总机与电话分机或塞孔之间的呼叫方式应当是直通的,不应有交换或转接设备。

③下列部位应设置消防专用电话分机:

a.消防水泵房、备用发电机房、变配电室、主要通风和空调机房、排烟机房、消防电梯及其他与消防联动控制有关的且经常有人值班的机房。

b.灭火控制系统操作装置处或控制室。

c.企业消防站、消防值班室、总调度室。

④设有手动火灾报警按钮、消火栓按钮等处宜设置电话塞孔。电话塞孔在墙上安装时,其底边距地面高度宜为1.3~1.5 m。

⑤特级保护对象的各避难层宜每隔20 m设置1个消防专用电话分机或电话塞孔。

⑥消防控制室、消防值班室或企业消防站等处,应设置可直接报警的外线电话。

7.6 安全防范系统

智能建筑的安全防范系统是智能建筑设备管理自动化的一个重要的子系统,是确保向大厦内工作和居住的人们提供安全、舒适及便利工作生活环境的可靠保证。

7.6.1 概 述

1)智能建筑对安全防范系统的要求

(1)防范 不论是对财物、人身或信息资源等的安全保护,都应把防范放在首位。也就是说,安全防范系统使罪犯不可能进入或在企图犯罪时就能察觉,从而采取措施。

(2)报警 当发现安全受到破坏时,系统应能在安保中心和有关地方发出各种特定的声光报警信号,并把报警信号通过网络送到有关安保部门。

(3)监视与记录 在发生报警的同时,系统应能迅速地把出事的现场图像和声音传送到安保中心进行监视,并实时记录下来。此外,系统应有自检和防破坏功能。一旦线路遭到破坏,系统应能触发出报警信号;系统在某些情况下不妨应有适当的延时动能,以免工作人员还在布防区域就发出报警信号,造成误报。

2)智能建筑安全防范系统的组成

根据系统应具备的功能,智能建筑的公共安全防范系统通常由以下几部分组成:

(1)入侵报警系统 系统能根据建筑物的安全技术防范管理的需要,对设防区域的非法入侵、盗窃、破坏和抢劫等,进行实时有效的探测和报警。

(2)视频安防监控系统 系统能对必须进行监控的场所、部位、通道等进行实时、有效的视频探测、视频监视、视频传输、显示和记录。

(3)出入口控制系统 系统能对需要控制的各类出入口,按各种不同的通行对象及其准入级别,对其进、出实施实时控制与管理,并具有报警功能。

(4)电子巡查系统 系统按照预先编制的保安人员巡查软件程序,通过读卡器或其他方式对保安人员巡逻的工作状态(是否准时、是否遵守顺序等)进行监督、记录,并能对意外情况及时报警。

(5)汽车库(场)管理系统 系统根据各类建筑物的管理要求,对车库(场)的车辆通行道口实施出人控制、监视、行车信号指示、停车计费及汽车防盗报警等综合管理。

3)智能建筑安全防范系统的基本框架

智能建筑的安全防范系统不是一个孤立的系统,图 7.9 描述了安全防范系统的基本框架。

图 7.9 是一个基本的综合安防管理系统结构框图。其中系统主机位于建筑设备管理

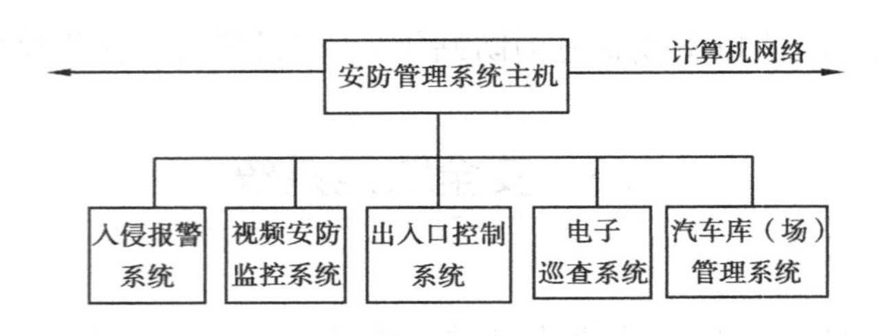

图7.9　安全防范系统框图

系统网络层，现场信息可以通过BMS网络传送给建筑中央监控管理中心。

7.6.2　入侵报警系统

智能建筑的入侵报警系统是利用传感器技术和电子信息技术探测并指示非法进入或试图非法进入设防区域的行为、处理报警信息、发出报警信息的电子系统或网络。

1）系统组成

入侵报警系统通常由前端设备（包括探测器和紧急报警装置）、传输设备、处理/控制/管理设备和显示/记录设备4部分组成。

2）系统结构模式

根据信号传输方式的不同，入侵报警系统结构模式有以下4种：

（1）分线制　探测器、紧急报警装置通过多芯电缆与报警控制主机之间采用一对一专线相连。其中一个防区内的紧急报警装置不得大于4个，如图7.10所示。

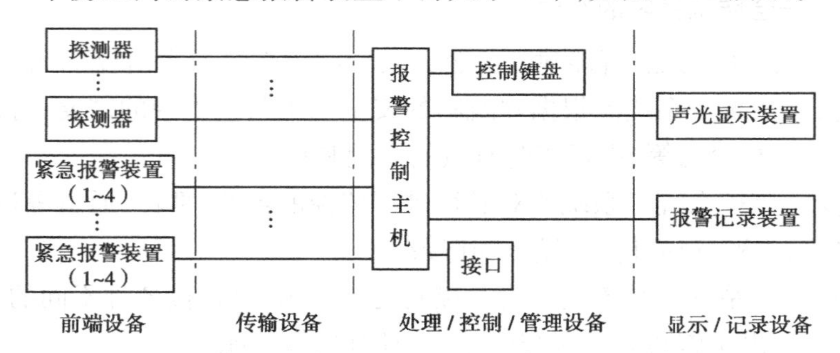

图7.10　分线制模式

分线制也称多线制，通常用于距离较近、探测防区较少并集中的情况。该构成模式最简单、传统，报警控制设备的每个探测回路与前端探测防区的探测器采用电缆直接相连。多用于小于16防区的系统。

（2）总线制　探测器、紧急报警装置通过其相应的编址模块与报警控制主机之间采用报警总线（专线）相连，如图7.11所示。

总线制模式通常用于距离较远、探测防区较多并分散的情况。该模式前端每个探测防区的探测器利用相应的传输设备（模块）通过总线连接到报警控制设备。多用于小于128防区的系统。

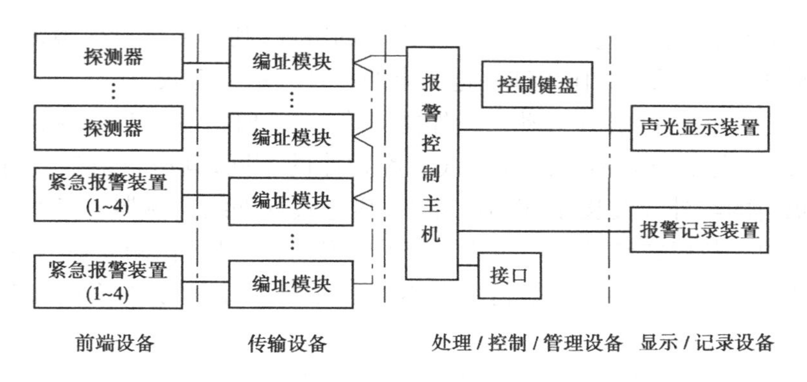

图 7.11　总线制模式

(3)无线制　探测器、紧急报警装置通过其相应的无线设备与报警控制主机通信。无线制模式通常用于现场难以布线的情况。前端每个探测防区的探测器通过分线方式连接到现场无线发射接收中继设备,再通过无线电波传送到无线发射接收设备,无线发射接收设备的输出与报警控制设备相连。其中探测器与现场无线发射接收中继设备、报警控制主机与无线发射接收设备可为独立的设备,也可集成为一体。目前,前端多数产品是集成为一体的,一般采用电池供电。

(4)公共网络　探测器、紧急报警装置通过现场报警控制设备和/或网络传输接入设备与报警控制主机之间采用公共网络相连。公共网络包括局域网、广域网、电话网络、有线电视网、电力传输网等现有的或未来发展的公共传输网络。

3)探测设备

如何根据具体的环境恰当地选用探测器,发挥各种探测器的功效,是设计防盗报警系统要解决的首要问题。一套优秀的安防系统需要各种探测器配合使用,取长补短,过滤错误的警报,完成周密而安全的防护。入侵报警系统中常用探测器如下:

(1)门磁开关　门磁开关是入侵报警系统是最基本的、简单而经济有效的探测器。最常用的有微动开关和磁簧开关 2 种。开关一般装在门窗上,线路的连接可分常开和常闭两种。常开式平常处于开路状态,当有情况时(如门、窗被推开)开关就闭合,使电路导通启动警报。这种方式优点是平常开关不耗电,其缺点是如果电线被剪断或接触不良,将使其失效。常闭式则相反,平常开关为闭合,异常时打开,使电路断路而报警。这种方式在线路被剪断或线路有故障时会启动报警,但罪犯在断开回路之前先用导线将其短路,就会使其失效。另外,开关在闭合期间要耗电,长时间警戒对电池工作不利。

为避免机械开关接点锈蚀而导致的接触不良,目前多数场合下普遍采用磁簧开关。

(2)光束遮断式探测器(主动式红外探测器)　这是一类能够探测光束是否被遮断的探测器。目前用得最多的是红外线对射式,它由一个红外线发射器和一个接收器以相对方式布置组成。当罪犯横跨门窗或其他防护区域时,遮挡不可见的红外光束,从而引发报警。探测器的红外线必须先调制到特定的频率再发送出去,而接收器也必须配有频率与相位鉴别电路来判别光束的真伪或防止日光等光源的干扰。先进的光束遮断式探测器已采用激光作为光束,由于激光具有直射而不发散的特性,利用多个折射镜来回交织构成一个防护圈或形成一个防护网,比单纯一道光束的红外线更为有效。

(3)热感式红外线探测器(被动式红外探测器) 任何物体(包括生物和矿物)因表面温度的不同,都会发出强弱不等的红外线。因物体的不同,其所辐射的红外线波长也不同。人体所辐射的红外线波长在 10 μm 左右,热感式红外线探测器就是利用这种特点来探测人体的。由于热感式红外线探测器不需另配发射器,且可探测立体的空间,所以又称为被动式立体红外线探测器。它是利用人体的温度来进行探测的,有时也称它为人体探测器。

(4)微波物体移动探测器 微波物体移动探测器是利用超高频的无线电波来进行探测的。探测器发出无线电波的同时接受反射波,当有物体在探测区域移动时,反射波的频率与发射波的频率有差异,两者频率差称为多普勒频率。该探测器是根据多普勒频率来判定探测区域中是否有物体移动。

(5)超声波物体移动探测器 超声波物体移动探测器与微波物体移动探测器一样,都是采用多普勒效应的原理工作的,不同的是它们所采用的波长不一样。通常将 20 kHz 以上频率的声波称为超声波。

由于超声波物体移动探测器所采用的频率段容易受到震动和气流的影响,使用时不要放在松动的物体上,同时要防止其他超声波源的干扰。

(6)玻璃破碎探测器 玻璃破碎探测器常利用压电式拾音器,装在面对玻璃的位置。它只对高频的玻璃破碎声音进行有效的检测,不会受到玻璃本身震动的影响。现已普遍应用在玻璃门、窗的防护上。

(7)震动探测器 震动探测器用于铁门、窗户等通道和防止重要物品被人移动的场合,以机械惯性式和压电效应式 2 种为主。机械惯性式是利用软簧片终端的重锤受到震动产生惯性摆动,振幅足够大时,碰到旁边的另一金属片而引起报警;压电效应式是利用压电材料,当震动导致机械变形而产生电特性变化时,检测电路根据其特性的变化来判断震动的大小并可报警。

由于探测器地位重要,人们正不断开发各种更高性能的产品。探测器选择是否适当,布置是否合理将直接影响保安的效果。

4)报警控制设备(主机)

报警控制设备是入侵报警系统中,实施设防、撤防、测试、判断、传送报警信息,并对探测器的信号进行处理以判断是否应该产生报警状态以及完成某些显示、控制、记录和通信功能的装置。

7.6.3 视频安防监控系统

视频安防监控系统是利用视频探测技术,监视设防区域并实时显示、记录现场图像的电子系统或网络。在智能建筑安防系统中,视频安防监控系统使管理人员在控制室中能观察到所有重要地点的人员活动状况,并提供动态图像信息,也为消防系统的运行提供了监视手段。

1)系统组成

视频安防监控系统包括前端设备、传输设备、处理/控制设备和记录/显示设备4部分组成。

(1)前端设备　前端设备包括安装在现场的摄像机及与之配套的相关设备(如镜头、防护罩、云台、解码器等)设备。其任务是对现场进行摄像并将其转换成电信号。

(2)传输设备　通常,监视现场和控制中心存在一定距离,二者之间需要信号传输。一方面,摄像机得到的图像要传到控制中心;另一方面,控制中心的控制信号要传送到现场,因此包括视频信号的传输和控制信号的传输2大部分。

传输设备一般包括线缆、调制与解调设备、线路驱动设备等。

(3)处理/控制设备　处理/控制设备包括视频切换器、画面分割器、视频分配器、矩阵切换器等。

(4)记录/显示部分　记录/显示设备安装在控制室内,主要由监视器、视频记录设备构成。其任务是把从现场传来的电信号转换成在监视设备上显示的图像,如果必要,同时视频记录设备予以记录。

2)系统结构模式

(1)简单对应模式　监视器和摄像机简单对应,如图7.12所示。这是一种监控点数较少情形下的系统结构模式。

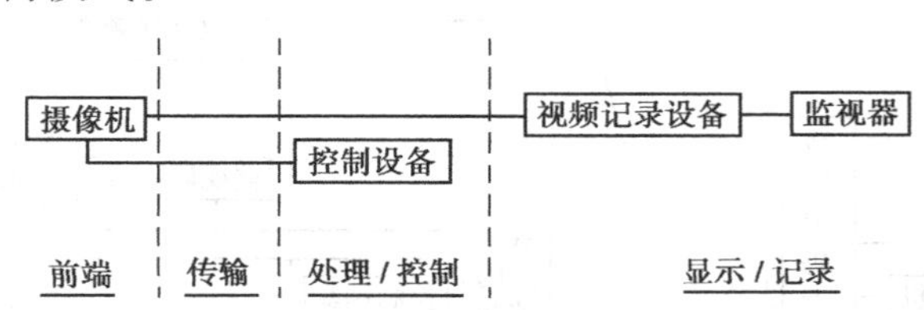

图7.12　简单对应模式

(2)时序切换模式　视频输出中至少有一路可进行视频图像的时序切换,如图7.13所示。这是一种监控点数较多但不要求数字视频传输情形下的系统结构模式。

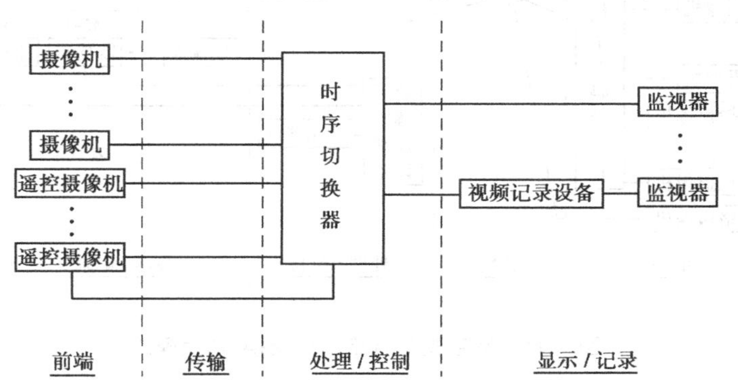

图7.13　时序切换模式

(3)矩阵切换模式　可以通过任一控制键盘,将任一路前端视频输入信号切换到任一路输出的监视器上,并可编制各种时序切换程序,如图 7.14 所示。这是一种大规模模拟方式情形下的系统结构模式。摄像机是模拟式的,传输设备采用普通的模拟视频传输,中心控制主机为矩阵切换控制系统。

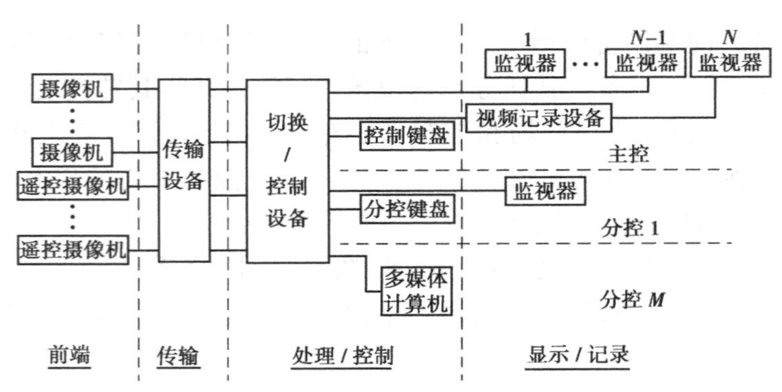

图 7.14　矩阵切换模式

(4)数字视频网络虚拟交换/切换模式　模拟摄像机经过数字编码设备进行模拟/数字视频音频转换后,被称作网络摄像机。当然,数字视频前端也可以是数字摄像机;数字交换传输网络可以是以太网和 DDN、SDH 等传输网络;数字解码设备对数字视频音频信号进行解码还原,如图 7.15 所示。这是一种大规模数字方式情形下的系统结构模式。

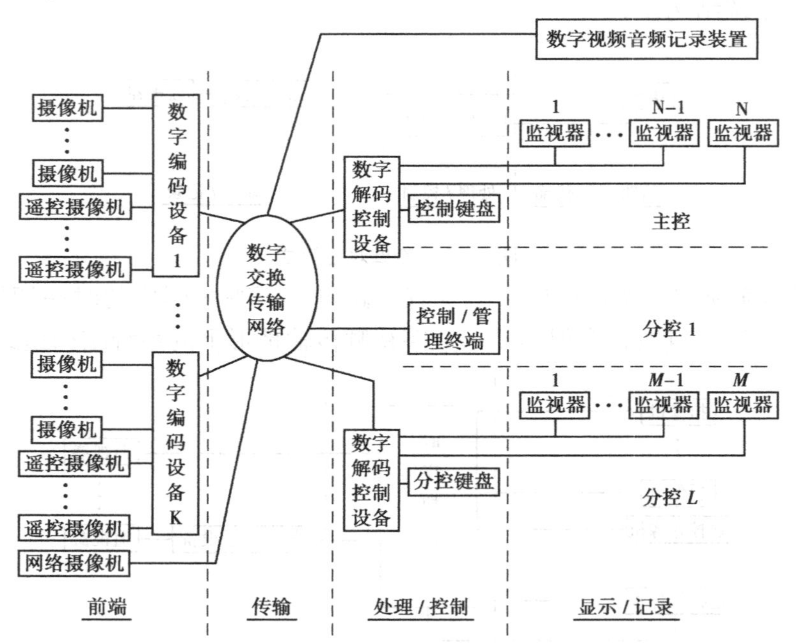

图 7.15　数字视频网络虚拟交换/切换模式

7.6.4 出入口控制系统

出入口控制系统是利用自定义符识别或/和模式识别技术对出入口目标进行识别并控制出入口执行机构启闭的电子系统或网络。

为了安全保卫的需要,一些建筑往往只允许被授权的人进入相应确定的区域。要实现人员出入口的监控,出入口控制系统的首要任务是能识别进出入员的身份;进而根据存储子系统中的信息,判断是否已授权该人员具有进出的权利;最后完成控制命令的传送与执行,包括开/关门动作。为保证系统的安全可靠,每一次出入动作都应作为一个事件而加以存储记录。存储上述信息除可用于考勤等目的外,在安全事件中,尚可通过对持卡人行踪的跟踪,提供有价值的数据与信息。

1)系统组成

出入口控制系统由识读部分、传输部分、管理/控制部分和执行部分及相应的系统软件组成。

2)系统连接方式

出入口控制系统按现场设备连接方式可分为以下几种形式:

(1)单出入口控制设备　仅能对单个出入口实施控制的单个出入口控制器所构成的控制设备,如图 7.16 所示。

(2)多出入口控制设备　能同时对 2 个以上出入口实施控制的单个出入口控制器所构成的控制设备,如图 7.17 所示。

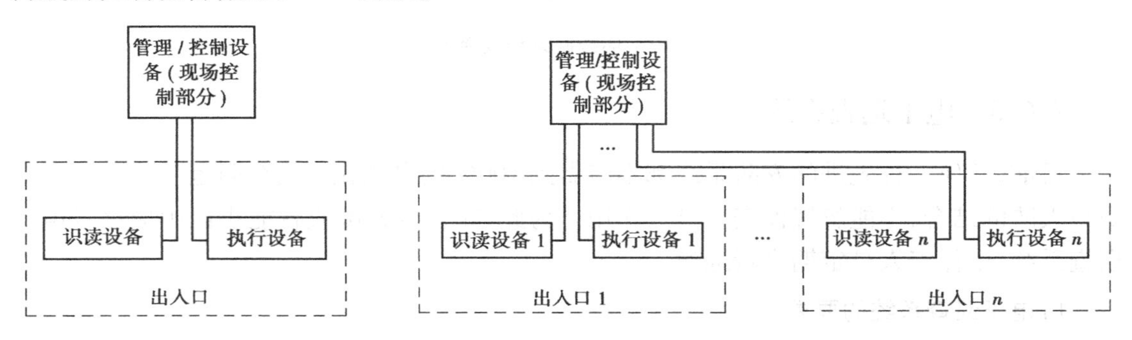

图 7.16　单出入口控制设备　　　　图 7.17　多出入口控制设备

(3)总线制　现场控制设备通过联网数据总线与出入口管理中心的显示、编程设备相连,每条总线在出入口管理中心只有 1 个网络接口,如图 7.18 所示。

(4)环线制　现场控制设备通过联网数据总线与出入口管理中心的显示、编程设备相连,每条总线在出入口管理中心只有 2 个网络接口,如图 7.19 所示。

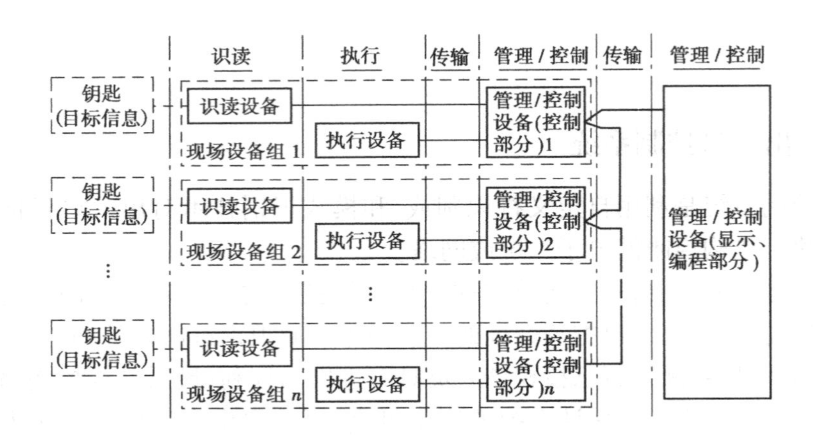

图7.18　总线制系统连接方式

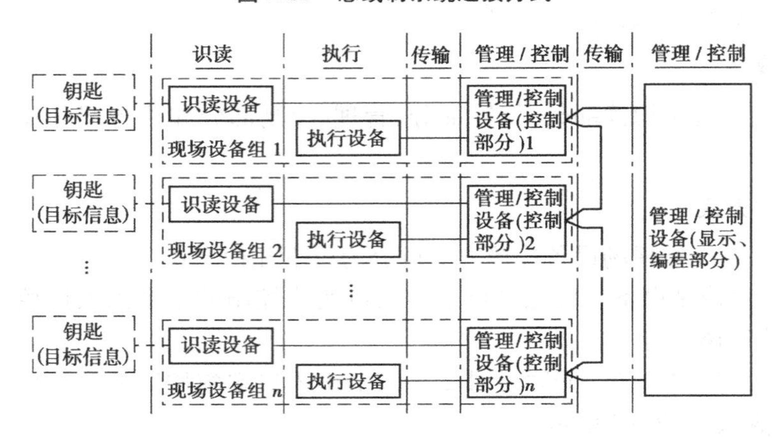

图7.19　环线制系统连接方式

7.6.5　电子巡查系统

目前,任何一种先进的安防系统都不能做到100%的自动化。安全防范系统应强调技防与人防的结合,不能忽视保安人员的作用。为此,在智能大厦或智能小区中应该设电子巡查系统,由保安人员定期进行巡逻。

1)电子巡查系统的要求

(1)保证巡查值班人员能够按巡查程序所规定的路线与时间到达指定的巡查点,进行巡视,不能迟到,更不能绕道。

(2)对巡查人员自身的安全要充分保护　通常,在巡查的路线上安装巡查开关或巡查信号箱。巡查人员在规定的时间内到达指定的巡查点,使用专门的钥匙开启巡查开关或按下巡查信号箱上的按钮,向系统监控中心发出"巡查到位"的信号,系统监控中心同时记录下巡查到位的时间、巡查点编号等信息。如果在规定的时间内,指定的巡查点未发出"到位"信号,该巡查点将发出报警信号;如果未按顺序开启巡查开关或按下按钮,未巡视的巡查点也会发出未巡视的信号，中断巡查程序并记录在系统监控中心，同时发出警报。此时，应立即派人前往处理。

2）系统构成

典型巡查系统构成如图 7.20 所示，主要由以下 4 部分构成：

（1）巡查开关　可以是带锁开关，也可以是巡查棒、磁卡、IC 卡等其他形式的产品。

（2）控制器　可以独立设置，也可以与安全防范系统或建筑设备自动化系统共用。

（3）传输通道　一般多采用价格低廉的双绞线传输，特殊情况下采用无线传输等方式。

（4）中央操作站　多由 PC 机、网络通信接口、打印机与 UPS 电源等组成，可以独立设置，也可以与其他系统共用。

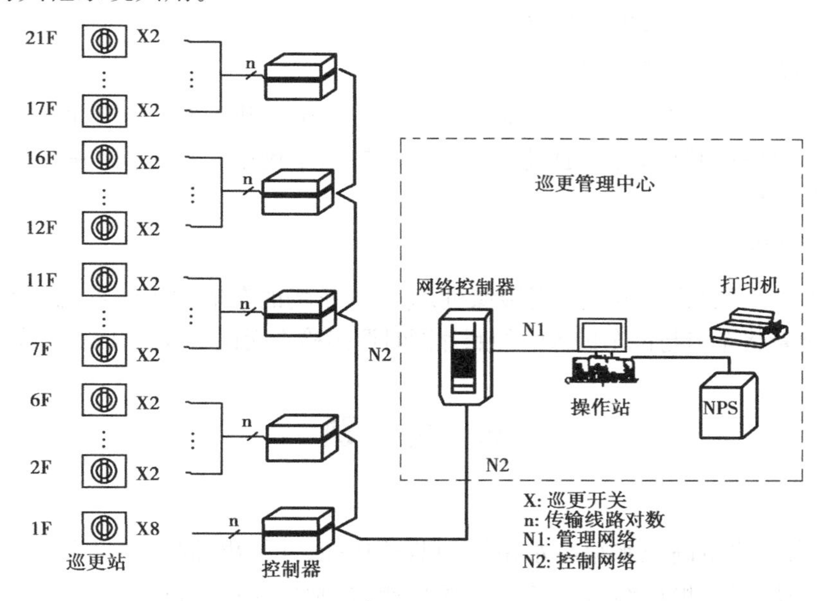

图 7.20　电子巡查系统图

7.6.6　停车场管理系统

停车场自动管理系统由车辆自动识别子系统、收费子系统、视频监控子系统组成，通常包括中央控制计算机、自动识别装置、临时车票发放及检验装置、挡车器、车辆探测器、监控摄像机、车位提示牌等设备。

1）中央控制计算机

停车场自动管理系统的控制中枢是中央控制计算机。它负责整个系统的协调与管理，包括软硬件参数控制、信息交流与分析、命令发布等，既可以独立工作构成停车场管理系统，也可以与其他计算机网相连，组成一个更大的自控装置。

2)车辆自动识别装置

停车场自动管理的核心技术是车辆自动识别。车辆自动识别装置一般采用磁卡、条码卡、IC卡、射频(RF)识别卡等。

3)临时车票发放及检验装置

此装置安装在停车场出入口处,对临时停放的车辆自动发放临时车票。车票可采用简单便宜的热敏票据打印机打印条码信息,记录车辆进入的时间/日期等信息,再在出口处或其他适当地方收费。

4)挡车器

在每个停车场的出入口处都安装电动挡车器,它受系统的控制升起或落下,只对合法车辆放行,防止非法车辆进出停车场。

5)车辆探测器和车位提示牌

车辆探测器一般设在出入口处,对进出车场的每辆车进行检测、统计。将车辆进出车场数量传送给中央控制计算机,通过车位提示牌显示车场中车位状况,并在车辆通过检测器时控制挡车栏杆落下。

6)监控摄像机

在车场进出口等处设置电视监视摄像机,将进入车场的车辆输入计算机。当车辆驶出出口处时,验车装置将车卡与该车进入时的照片同时调出检查无误后放行,以避免车辆丢失。

思考题

7.1 试描述高层建筑高位水箱给水系统的监控功能,并画出监控原理图。

7.2 试描述高层建筑恒压给水系统的监控功能,并画出监控原理图。

7.3 试描述高层建筑集坑排水系统的监控功能,并画出监控原理图。

7.4 试描述高层建筑供配电系统的监测功能,并画出监控原理图。

7.5 照明控制方式有哪些?试描述照明设备监控系统的功能。

7.6 火灾探测器有那几大类?各有什么特点?分别适用于什么场所?

7.7 简述火灾自动报警系统的类型及组成,并说明其工作原理。

7.8 消防电话的设置要求是什么?

7.9 如何设置消防广播扬声器?请说明消防广播系统的控制要求。

7.10 试绘制智能建筑安全防范系统的组成框图。

7.11 简述入侵报警子系统的组成及结构模式。

7.12 简述视频安防系统的组成及结构模式。

7.13 简述出入口控制子系统的组成及系统连接方式。

7.14 简述停车场管理子系统的组成及功能。

8　建筑设备自动化系统集成

所谓系统集成，一般来说是指在一个大系统环境中，为了整个系统的协调和优化，在相同的总目标之下，将相互之间存在一定关联的各子系统，通过某种方式或技术结合在一起。

建筑设备自动化系统发展的初期，各个子系统规模小，控制对象少而简单，各个子系统间彼此相对独立，信息共享主要依赖于手工传递，维护管理工作处于人工或半自动化状态。自20世纪90年代以来，建筑设备自动化子系统的数量越来越多、规模越来越大，控制对象越来越多且分散、运行操作及维护管理的工作量越来越大。将各种建筑设备自动化子系统通过一定的技术手段集成在一起，即建筑智能化系统集成这一新的概念和技术产生了。

8.1　建筑设备自动化系统集成概述

8.1.1　建筑设备自动化系统集成的含义

建筑设备自动化系统集成，就是将建筑物中分离的设备、系统、功能和数据通过计算机网络与系统集成技术，集成为一个相互关联、统一协调的系统，实现数据、资源、任务的重组与共享，达成系统的整体优化，为建筑空间中人们的活动提供更有效的服务及应对突发性全局事件的能力。由此可见，系统集成不是建筑设备自动化的目的，而只是一种技术方法。

1）建筑设备自动化系统集成的目的

（1）根本目的　营建一个安全、健康、高效、便利、节能环保的建筑空间环境。

（2）主要目的　提高物业服务的水平、效率和质量，及时应对全局性突发紧急事件（如火灾、安防等事件），以及节能环保。

（3）直接目的　通过各建筑设备自动化子系统的集成，实现数据的交换与共享，全局突发紧急事件时的系统联动，系统运行数据的深度利用（如统计分析、数据挖掘、决策支持等）。

2）建筑设备自动化系统集成的目标

（1）根本目标　将各建筑设备自动化子系统集成为一个相互关联、运行优化、管理综合、统一协调的建筑智能化系统。

(2)主要目标　一是横向实现各建筑设备自动化子系统的互联,二是纵向实现各建筑设备自动化子系统与上层建筑设备管理系统的互通。

(3)直接目标

①网络集成　网络集成是通过采用网络集成技术及相应软硬件,实现各建筑设备自动化系统中的网络(同构网络或异构网络)之间的互联。其关键是实现异构网络不同网络协议之间的转换,以实现数据交换。网络集成是实现数据集成和应用集成的基础。

②数据集成　各建筑设备自动化子系统的实时数据库通常是异构的。数据集成是在实现网络集成的基础上,将各建筑设备自控子系统采集的现场实时数据,按统一格式上传到高层的中央数据库存储,以支撑建筑设备自动化系统的集中监管、数据统计分析,数据挖掘与决策支持等功能的实现。数据集成是实现界面集成和全局性应用集成的基础。

③界面集成　通常各建筑设备自动化子系统的运行和操作界面是不同的,界面集成就是要在集成系统的中央监管计算机显示器上使用统一的用户界面实现系统的操作,即基于统一的用户界面实现各建筑设备自动化子系统运行的集中监管。根据用户对统一界面的操作,会自动调用不同应用(如不同的建筑设备自动化子系统)的相应功能,避免了用户在不同应用的多个界面之间的切换,从而简化了操作,提高了效率。界面集成是实现全局性应用集成的基础。

④全局集成　全局集成是不同应用系统之间的融合,而不是应用系统的简单堆砌。全局集成的目的,是在各应用系统的基础上,实现被集成的应用系统所没有的、新的全局性功能。

3)建筑设备自动化系统集成的层次性

建筑设备自动化系统集成可分为3个层次:位于基础层面的建筑设备自动化子系统内部的集成(也称为纵向集成);位于中间层面的建筑设备自动化子系统之间的集成(也称为横向集成);位于最高层面的建筑设备自动化系统的一体化集成。

建筑设备自动化子系统内部的纵向集成,通常是由子系统的产品商完成,即买回来就已经集成好了的。建筑设备自动化子系统之间的横向集成和一体化集成,是根据工程需要由系统集成商实施完成的,且涉及的技术最为复杂。上一层的系统集成是在下一层系统集成的基础上实现的。

8.1.2　建筑设备自动化系统集成的发展

随着社会、经济和IT技术的发展,人们对建筑物在安全、舒适、便利、高效、节能等方面的要求不断增加,对建筑设备自动化系统集成提出了更高的要求。

建筑设备自动化系统集成发展至今,大致可分为3个阶段:

1)纵向集成阶段

21世纪前,是建筑设备自动化系统的纵向集成发展阶段。在系统发展的早期,系统控制对象简单、规模小,各建筑设备系统之间相互独立。随着建筑设备系统的控制对象的增加和规模的增大,系统内部产生和处理的数据越来越多,人工操作变得越来越困难,各建筑设备系统的厂家在子系统的内部进行集成,如火灾自动报警系统、安防系统、制冷系统、照明系统、建筑设备监控系统等子系统内部的集成。

2)横向集成阶段

2000—2005 年,是建筑设备自动化系统的横向集成发展阶段,即 BMS 阶段。

各建筑设备自动化子系统的横向集成,主要体现各子系统的联动和优化组合。横向集成时,需集成的子系统的数量可根据需要确定。可实现全部子系统的横向集成,也可实现几个关键子系统的协调优化运行和报警联动控制等功能。

该阶段的标志性事件,一是我国《智能建筑设计标准》(GB/T 50314—2000)的颁布施行(其中给出了系统集成的定义),二是西安协同 2000 年底推出的系统集成软件 SynchroBMS。

西安协同 SynchroBMS 采用平等子系统集成模式,基于 Web 技术和 OPC 技术,实现集中监视和管理、子系统之间的联动和时间表功能、设备历史数据的存储、查询和分析功能。

这一时期的 BMS 主要立足于维护建筑运行的各建筑设备自动化子系统,集成它们的信息,为建筑的管理、运营提供服务。同时,它还能提供有限的控制功能,为集成系统的集中监控提供必要的服务。其后,诸多厂商开始借鉴西安协同的软件集成思路,推出自己的集成软件产品。

3)一体化集成阶段

自 2006 年以来,是建筑设备自动化系统的一体化集成发展阶段,即 IBMS(Intelligent Building Management System)阶段。

这一阶段系统集成发展迅速,集成软件的实现从集成内容、软件功能、管理模式、集成地理范围等方面都在逐渐丰富和增强中。总体看来,BMS 集成软件的模式、功能已发展到成熟期,IBMS 集成软件的市场需求已开始增多。

该阶段的标志性事件,是在新修订的《智能建筑设计标准》(GB/T 50314—2006)中给出了建筑设备自动化系统集成更完善的定义:“智能化集成系统将不同功能的建筑智能化系统,通过统一的信息平台实现集成,以形成具有信息汇集、资源共享及优化管理等综合功能的系统”。

这一时期的智能化集成系统以建筑物的建设规模、业务性质和物业管理模式等为依据,建立实用、可靠和高效的信息化应用系统,以实施综合管理功能。简而言之,就是按需集成、关注建筑物(住宅小区)的信息共享平台建设和信息化应用功能实施。

各集成软件厂商相继推出了自己的 IBMS 产品,如西安协同 IBMS1.0,清华同方的 ^{ez}IBS、中创立方的 I^3BMS 等。满足大型建筑/建筑群项目、注重信息集成、个性化应用等更高智能化需求的 IBMS 软件产品也已经开始应用。

8.2 建筑设备自动化系统的集成技术

建筑设备自动化系统的集成技术主要包括网络集成技术、数据集成技术、界面集成技术和全局集成技术几类。

8.2.1 网络集成技术——BACnet

1)BACnet 概述

1987 年 1 月美国供热制冷与空调工程师协会(ASHRAE)成立了一个标准技术委员会 SPC135P(Standard Project Committee 135P),制定一个关于将开放系统互联模型(OSI)应用于建筑设备自动控制系统的通信协议。在 1995 年 6 月《建筑物自动控制网络数据通信协议》(A Data Communication Protocol for Building Automation and Control Networks,简称"《BACnet 数据通信协议》")获得正式通过,同年 12 月通过美国 ANSI(American National Standards Institute)认证,成为美国国家标准,并且成为欧盟标准组织 CEN 标准草案。2000 年 8 月国际标准化组织(ISO)的 205 技术委员会(建筑环境设计技术委员会)将《BACnet 数据通信协议》列为正式的"委员会草案"发布进行公开评议,并于 2003 年 1 月被国际标准组织 ISO 宣布为 ISO 的正式标准(ISO 16484-5)。

BACnet 数据通信协议是专用于建筑设备自控的数据通信标准,具有许多建筑设备自动化系统特有的特性和功能,为暖通、空调、制冷设备之间建立了一种统一的数据通信标准,使得按这种标准生产的设备,都可以进行通信,实现互操作,同时也为其他建筑设备自动化系统(如供配电、照明、给排水、安防、消防系统等)的集成提供了基本原则。

2)BACnet 数据通信协议的体系结构

BACnet 数据通信协议作为一种开放性的网络协议,也采用 ISO/OSI 模型的分层体系结构,但没有从网络的最低层重新定义自己的层次,而是选用已成熟的局域网技术,简化层次结构,形成简单而实用的四层体系结构如表 8.1 所示。它根据大部分建筑设备自动控制系统通信体系的实际需要,选用了 OSI 基本模型中的物理层、数据链路层、网络层和应用层 4 层协议,这样可减少报文的长度和通信处理开销,节约建筑设备自动控制产品的成本,而且使用现有的、普遍使用的局域网技术,可提高性能、开辟系统集成的新途径。

①BACnet 物理层与数据链路层　计算机网络中物理层的作用是在物理媒体上传输原始的数据比特流。数据链路层协议将比特组合成数据链路协议数据单元——帧,并解决数据传输时的流量控制问题。它们在 BACnet 中都是必需的。在物理层与数据链路层 BACnet 采纳了 5 种网络技术:ISO8802.3 以太网、ARCnet、主从/令牌传递(MS/TP)网、点到点连接(PTP)和 LonTalk 协议网。下面对这几个协议进行简单的介绍。

a. Ethernet 协议　Ethernet 是目前使用最广泛的局域网,Ethernet 的拓扑结构有星形和总线形,其协议包括逻辑链路控制(LLC),载波帧听多路访问/冲突检测(CSMA/CD)协议

表 8.1　BACnet 的体系结构

<table>
<tr><td colspan="5">BACnet 协议的层次</td><td>对应的 ISO 层次</td></tr>
<tr><td colspan="5">BACnet 应用层</td><td>应用层</td></tr>
<tr><td colspan="5">BACnet 网络层</td><td>网络层</td></tr>
<tr><td colspan="2">ISO8802.2
(IEEE802.2)类型 1</td><td>MS/TP
主从/令牌传递</td><td>PTP
(点到点协议)</td><td rowspan="2">LonTalk</td><td>数据链路层</td></tr>
<tr><td>ISO8802.3
(IEEE802.3)</td><td>ARCnet</td><td>EIA-485
(RS-485)</td><td>EIA-232
(RS-232)</td><td>物理层</td></tr>
</table>

和相应的物理介质协议等。BACnet 选择了 ISO8802.2 中的 Class Ⅰ 定义的逻辑链路控制(LLC)协议,加上 ISO8802.3 介质访问控制(MAC)协议和物理层协议。ISO8802.2 Class Ⅰ 提供了无连接不确认服务,ISO8802.3 则是著名的以太网协议的国际标准。

b. ARCnet 协议　ARCnet(Attached Resources Computer network)是美国国家标准(ATA/ANSI878.1)。这是一种很成熟的局域网技术,采用总线型拓扑结构。其特点是使用令牌传递协议作为设备访问介质的方式,每个设备可以设置等待发送报文时间的最大值,这对一些应用非常有用。BACnet 将 ATA/ANSI878.1 包括将来的扩展,再加上 ISO8802.2 中 Class Ⅰ 定义的逻辑链路控制(LLC)作为自己的标准。

c. 主从/令牌传递(MS/TP)协议　主从/令牌传递(MS/TP)协议配合 EIA-485 协议,是 BACnet 标准在数据链路与物理层自定义的一种协议。EIA-485 是美国电子工业协会的串口通信标准,是楼宇自控系统在现场级控制器通信中最常用的物理层通信协议,用于现场控制器及 I/O 设备之间。BACnet 定义了 MS/TP 协议提供数据链路层的功能。

在 MS/TP 网络中有一个或多个主节点,主节点在逻辑令牌环路中是对等的。每个主节点可以有一些从节点,从节点只有在主结点的请求下才能传送报文。主节点之间采用令牌环方式通信,主节点和从节点间采用主从通信。

d. 点到点(PTP)通信协议　EIA-232 也是美国电子工业协会的串口通信标准。是指直接连接或通过电话 Modem 连接的两个设备之间的串口通信。PTP 协议是 BACnet 特有的数据链路层协议,该协议的功能是使两个 BACnet 网络层实体建立点到点数据链路连接,可靠地交换 BACnet 的协议数据单元(PDU)和使用已建立的物理连接执行 BACnet 点到点连接的有序终止。

点到点通信协议只适用于半路由器设备之间的通信,具有全双工通信、通信的断续性和通信速率慢的特点。当呼叫设备和被叫设备之间建立起物理连接之后,两个 BACnet 设备之间交换一系列的信息帧,以建立一个 BACnet 连接。一旦这种连接成功建立之后,两个设备就可以透明地交换 BACnet 的 PDU。不论是呼叫设备,还是被叫设备,都可以启动释放连接过程,而只有每个设备都发送了终止请求之后连接才会终止。点到点协议是面向连接的协议,这与其他的 BACnet 数据链路层协议不同。

e. LonTalk 协议　LonTalk 是美国 Echelon 公司开发的数据通讯协议,较为广泛地应用于控制网络的数据通信中。BACnet 将 LonTalk 协议的最低两层,包括将来的扩展,纳入自己的标准。

选择这几种网络技术主要是基于以下几个方面的考虑:网络传输速率,执行协议对选用多种网络技术硬件的适用性,与传统的建筑设备自动控制系统的兼容性以及设计的复杂性等。表8.2为4种BACnet局域网的数据速率表。

表8.2 4种BACnet局域网的数据速率表

局域网	标 准	数据速率	局域网	标 准	数据速率
Ethernet	ISO/IEE 8802.3	10 TO 100 Mb/s	MS/TP	ANSI/ASHRAE 135-1995	9.6 TO 78.4 kb/s
ARCnet	ATA/ANSI 878.1	0.156 TO 10 Mb/s	LonTalk	PROPRIETARY	4.8 TO 1 250 kb/s

②BACnet网络层　BACnet数据链路层实现报文在一个局域网内传递到某个设备或广播到所有设备,而BACnet网络层协议则提供将报文直接传递到一个远程的BACnet设备、广播到所有的BACnet网络中的所有BACnet设备的能力。从协议的观点看,网络层的功能是向应用层提供同一的网络服务平台,屏蔽异类网络的差异。同时,BACnet网络层协议也创建路由器建立和维护它们的路由表的方法,这使得路由器自动配置和报文在路由器之间的流动成为可能。BACnet网络层并未完全采用OSI中的网络层次模型,如不需要在源和目标设备中选择路径,BACnet保证在其间只有一条通路。BACnet不支持信息包分拆和重组,规定了固定的信息包长度。对于更长的信息包需要在应用层分拆后传输。

③BACnet应用层　BACnet应用层的功能是:向应用程序提供通信服务的规范;与下层协议进行通信交换的规范;与对等的远程应用层实体交互的规范。应用层还提供了3个方面的传输层的功能:可靠的端到端传输和差错校正功能;报文分段和端到端的流量控制;实现报文的正确重组,序列控制。

3)BACnet路由器

将连接两个或者多个BACnet网络从而形成BACnet互联网的设备称为BACnet路由器。在BACnet路由器中可以有BACnet应用层功能,也可以没有此功能。

在BACnet网络中,将两个网络通过广域网(如公共电话网)进行连接的设备是半路由器。半路由器创建路由的和同步的规程与路由器不同,点到点连接总是需要在两个半路由器之间建立连接,从而形成一个完整的路由器。图8.1表示了点到点连接的示意图。

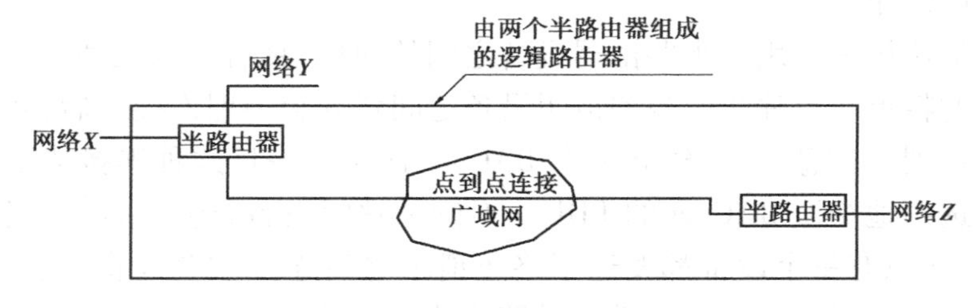

由两个半路由器组成的点到点连接

图8.1　由两个半路由器组成的点到点连接

4）BACnet 通信协议的对象

面对多种多样的建筑设备及其自控设备，如何用统一的方式表示，并使之成为网络上相互可以"识别和访问的实体"就成为了实现系统集成的关键。只有表示建筑设备及其自控设备的实体在网络上相互可见，并能从网络上相互识别和访问，才能构成信息共享和交换的基础，才能实现互操作。同时，这种表示方法也要求具有一般性，以适用于建筑设备自动化的各个方面。另外，这种表示方法还不能规定建筑设备自动化的内部设计、结构和有关配置，否则这种表示方法就不利于新技术的应用。

工控领域习惯用"点"来表示输入、输出以及控制量等，不同的厂家还会附加不同的特性。BACnet 突破常规，采用面向对象的技术，定义了一个"对象"的标准集，其中的每个对象又有一个"属性"标准集。

所谓对象，就是与某一特定功能相关的数据结构。BACnet 标准根据建筑设备自动化系统的特点，定义了一套完整的标准对象。在 BACnet-95 标准中，共定义了 18 个标准对象。在 18 个标准对对象中，有些标准对象是与硬件基本控制功能单元直接相对应的，而大多数则反应了控制系统的控制逻辑和控制参数。BACnet 标准对象类型如表 8.3 所示。

表 8.3　BACnet 标准对象类型

标准对象	应用示例
Analog Input(模拟输入)	传感器输入
Analog Output(模拟输出)	控制输出
Analog Value(模拟值)	控制设置值
Binary Input(二进制输入)	开关输入
Binary Output(二进制输出)	继电器控制输出
Binary Value(二进制值)	控制系统参数
Calendar(日历表)	一年中所有的法定假日
Command(命令)	上、下班时办公室内的所有设备的启动/停止动作
Device(设备)	一个温度传感器基本属性描述
Event Enrollment(事件注册)	空调过滤器压差报警处理方式的定义
File(文件)	某一空调系统能耗记录数据
Group(组)	一次读入新风机组室外新风温度与送风温度
Loop(控制环)	一次回风空调系统的温度闭环控制系统
Multi-state Input(多态输入)	风冷热泵机组的运行状态：运行、暂停、停止、除霜
Multi-state Output(多态输出)	通用与排烟合用系统的控制状态：正常运行、排烟运行、停止
Notification Class(通告类)	火灾联动设备列表
Program(程序)	一个模糊控制算法程序的描述
Schedule(时间安排)	上、下班时间表

在 BACnet-95 标准以后，为了满足 BACnet 标准在其他领域的应用，虽然增加了几个

新对象,但所有对象的基本原理都是一样的。随着 BACnet 标准应用范围的扩展,增补一些其他应用领域中常用的对象是理所当然的。同理,为了某些特殊应用,也可以定义非标准的对象类型。

用 BACnet 标准对象表示的楼宇自控设备称为 BACnet 设备(BACnet Device)。BACnet 标准对象没有具体规定如何表示一个实际楼宇设备,或一个实际楼宇设备需要多少个标准对象来表示。但 BACnet 规定任何一个 BACnet 设备有且仅有一个 Device 对象和任意数量的其他 BACnet 标准对象组合而成。一个 BACnet 设备可以只有一个 Device 对象组成,而不包括其他类型的对象,如果还有其他类型的对象,则根据楼宇设备的实际功能选择相应的标准对象。例如,一个专用控制器可能由一个 Device 对象、几个 Analog Input 对象和几个 Analog Output 对象组成,而一个智能温度传感器可能只由一个 Device 对象和一个 Analog Input 对象组成。通常,一个实际楼宇设备可以表示为一个 BACnet 设备,但也有复杂的实际楼宇设备可以划分为多个 BACnet 设备,每个 BACnet 设备同样包含一个 Device 对象和相应数量的其他类型对象。

为了实现对象间的相互识别和访问,对象就必须具有标志属性。BACnet 对象通过 Object-Identifier(对象标志符)属性进行引用,每个 BACnet 对象均有一个 Object-Identifier 属性。其中,Device 对象的 Object-Identifier 属性要求在整个"BACnet 互联网络"范围内唯一,而且可以通过这个唯一的属性引用或访问 Device 对象。而其他对象的 Object-Identifier 属性只要求在 BACnet 设备内唯一,对这些对象的引用和访问通过 Device 和该对象的 Object-Identifier 组合来进行。

BACnet 对象是由属性组成的一组数据结构。对象的属性用于向 BACnet 网络上的其他设备描述该对象以及它的当前状态。正是通过这些属性,该对象才能被其他设备操作和控制。由于实际楼宇设备功能上的差别,并不要求所有的对象都具有相同的属性集合。功能较多的对象有较多的属性,功能少的则要求较少的属性。

表 8.3 设计得很全面,一个完备的建筑设备监控系统中的每个部分都可用表中的一个或多个对象表示出来。一个 BACnet 设备应包括哪些对象,取决于该设备的功能和特性。BACnet 标准并不要求所有 BACnet 设备都包含全部的对象类型。

BACnet 标准确立了所有对象可能具有的总共 123 种属性。对象的属性就是数据结构中的信息,是对象特征和功能的进一步描述。每一种对象都规定了 123 种属性的某些子集。BACnet 规范要求每个对象必须包含某些属性(如对象标识符、对象名称、对象类型等),还有一些属性则是可选的。

通过对象的属性,可以不用考虑设备内部详细资料,就可以实现信息数据的识别与访问。BACnet 中的设备之间的通信,实际上就是设备的应用程序将相应的对象数据结构装入设备的应用层协议数据单元(APDU)中,按照协议传输给相应的接收设备,接收设备中的应用程序对这些属性进行操作,从而完成通信的目的。

表 8.4 是一个模拟输入对象的属性。它描述了一个气体温度传感器的模拟传感输入信号。这个对象可能驻留在连接传感器的结点设备中,也可能驻留在作为 BACnet 设备的

智能传感器中。网络设备可以通过当前值、描述、设备类型、脱离服务、单位等属性访问该对象,其中描述、设备类型和单位属性值是在设备安装时设定的,而当前值和脱离服务属性值是表示设备的当前状态的值。还有一些属性值是在设备出厂时设定的。

表 8.4　一个模拟输入对象的属性

对象标识符	模拟输入　2#	必需	对象名称	"2 区温度"	必需
对象类型	模拟输入	必需	当前值	70.0	必需
状态标志	报警 错误　超出服务 强制	必需	事件状态	正常	必需
单位	℃	必需	选择特性		
描述	"第二层电梯附近温度"	可选	设备类型	"温度计"	可选
可靠性	未检测到错误	可选	超出服务	否	可选
更改时间	10 s	可选	最小当前值	0.0	可选
最大当前值	120.0	可选	精度	0.5	可选
COV 增量	2.0	可选	时间延迟	15 s	可选
通知类型	5	可选	上限	84.0	可选
下限	60.0	可选	极限使能	高极限 = T,低极限 = T	可选
事件使能	反常 = T,正常 = T,出错 = T	可选	转变确认	接收到上述变化的确认标志	可选
死区	1.0	可选			

5) BACnet 数据通信协议的服务

对象提供了对一个建筑物自动控制设备的"网络可见"部分的抽象描述,属性是对象为进一步阐述,而 BACnet 的服务功能则提供了访问和操作这些对象发出的信息的命令。所谓服务,就是一个 BACnet 设备可以用来向其他 BACnet 设备请求获得信息,命令其他设备执行某种操作或者通知其他设备有某件事件发生的方法。每个发出的服务请求和返回的服务应答,都是一个报文分组,该报文分组通过网络从发送端传输到接收端。

BACnet 定义了 35 种服务功能,并将这 35 种服务划分为 5 个类别:报警与事件服务(Alarm and Event Services)、文件访问服务(File Access Services)、对象访问服务(Object Access Services)、远程设备管理服务(Remote Device Management Services)、虚拟终端服务(Virtual Terminal Services)和网络安全性服务(Network Security Services)。

对一个具体的楼宇自控系统来说,没有必要所有的设备都支持所有 BACnet 功能。为此,BACnet 规定了 6 个"一致性等级"和 13 个"功能组",如表 8.5 所示。每级都规定了在设备上必须实现的最小服务子集,且包含有比它低一级的等级的所有服务。随着一致性等级的提高,不断增加设备应能够响应的服务请求和能够启动的服务请求数量。

功能组是针对特定楼宇自动化功能的需要而规定的一种对象与服务的组合。功能组是独立于一致性等级规范而专门设定的,是对一致性等级的补充。低于一致性等级的设备要实现本级所不具备的功能,可通过功能组而获得。

表 8.5　BACnet 一致性等级表

级别(Class)	设备初始化功能	设备执行功能	设备举例
1	无	读取参数	智能传感器
2	无	1 级 + 写参数	智能驱动器
3	"我是" "我有"	2 级 + 读多个参数 写多个参数 "谁有" "谁是"	控制器
4	3 级 + 增加列表元素 消除列表元素 读参数 读多个参数 写参数 写多个参数	3 级 + 增加列表元素 消除列表元素	主控制器操作站
5	4 级 + "谁有" "谁是"	4 级 + 建立对象 删除对象 有条件地读取参数	主控制器操作站
6	5 级 + 时钟 PCWS 事件初始化 事件响应 文件功能组	5 级 + 时钟 PCWS 事件初始化 事件响应 文件功能组	主控制器操作站

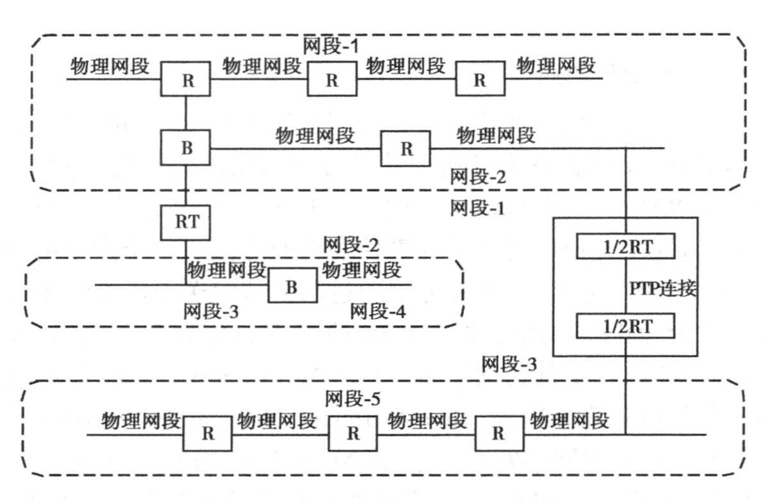

图 8.2　BACnet 互联网络拓扑结构示意图

B—网桥;RT—路由器;

R—中继器;1/2RT—半路由器

6) BACnet 的拓扑结构

尽管 4 种 BACnet 局域网的速度、拓扑性能及价格不一,但它们可通过路由器构成 BACnet 互联网。为了应用的灵活性,BACnet 协议没有严格定义局域网互联的网络拓扑结构，但通常为树形结构。

7）BACnet 的扩展

Internet 在世界范围内得到了广泛的应用。将 BACnet 连接到 Internet 后，就可以从任何地方通过一个简单的浏览器方便地进行存取、监控。

ASHRAE 推出《BACnet 数据通讯协议》的附件 H 和 J，为应用 Internet 实现 BACnet 网络的互联奠定了基础。目前，可采用两种技术，一种是"遂道"技术，另一种是 BACnet/IP 技术。

①"遂道"技术　采用"遂道"技术实现与 Internet 的互联，需要在 BACnet 与 Internet 之间利用包封装拆装装置 PAD（Packet Assembler Disassembler）。PAD 的功能类似于一种特殊的路由器，但它们又有所不同。当它接收到一条利用 Internet 发往另一 BACnet 设备的消息时，PAD 将这条消息封装进 IP 帧中，以目标 BACnet 中的 PAD 的 IP 地址为目的地址发出。接受一边的 PAD 则从中取出 BACnet 信息，并发给本地局域网。使用"遂道"技术的好处是在将数据包发往远程目的地之前，PAD 设备可以修改数据包。为此，最常见的用法就是对数据包加密，从而形成一个安全的网络。

②BACnet/IP 技术　"遂道"技术实现在 IP 网络上互联 BACnet 网络最简单的方法，但是这种方法有一些不足。其中之一是不容易从网络中增删设备，如果要重构网络时，必须重新改写每一个 PAD 中的对等 PAD 设备表。为此，ASHRAE 推出《BACnet 数据通讯协议》的附件 J，规范了使用 TCP/IP 协议通信的设备组建 BACnet 的技术，并将这种网络称为 BACnet/IP 网络。BACnet/IP 网络是由一个或者多个具有 IP 域名的子网组成的、整体具有一个单独的 BACnet 网络号的集合网络。BACnet 互联网由 2 个或者多个 BACnet 网络组成，这里的 BACnet 网络是 BACnet/IP 网络、BACnet 的以太网、BACnet 的 ARCnet 网、BACnet 的主从/令牌传递网和 BACnet 的 LonTalk 网。BACnet/IP 能够比 PAD 设备更有效地处理在 IP 网络上进行 BACnet 广播传输。BACnet/IP 允许设备从因特网的任何地方接入系统，并且支持"纯 IP"的 BACnet 设备。所谓纯 IP 设备，是指那些使用 IP 帧而不是 BACnet 帧来装载要传送的 BACnet 报文的单一控制器。这样，它就可以有效地利用因特网甚至是广域网作为 BACnet 局域网。

8）BACnet 和 LonWorks 之间的关系

BACnet 和 LonWorks 协议均是开放性协议，虽然两者的目标不尽一致，但两套标准有重叠的地方。

LonWorks 协议是在实时控制域为建筑设备自动化系统中传感器与执行器之间的网络化，实现互操作而制定的。因此，适合 HVAC、供配电系统、照明系统、给排水系统之间进行通讯和互操作。

BACnet 协议是在信息管理域为实现不同的建筑设备自动化子系统互联而制定的标准。BACnet 有比 LonWorks 更为强大的数据交换和运行高级复杂算法的能力，适用于大型建筑或建筑群。

总之，在实时控制域，尤其在设备级适于采用 LonWorks 标准，而在信息管理域的系统集成适于采用 BACnet 标准,这二者之间即有竞争也是互补。

8.2.2 数据集成技术——OPC

数据集成技术主要有:OPC,ODBC,JDBC,XML 等。

1) OPC

目前,应用中的 BMS 和 IBMS 大多都是基于 OPC 技术实现各建筑设备自动化子系统的系统集成,并且国内外主流的楼控系统产品几乎都支持 OPC 接口。

(1)概述 OPC(OLE for Process Control),即用于过程控制的对象链接与嵌入。过去为了存取现场设备的数据信息,每一个应用软件开发商都需要针对每种现场设备编写专用的接口程序,设备厂商为其生产的每种设备编写面向不同应用平台的设备驱动程序。由于现场设备的种类繁多,且现场设备产品和应用平台产品(如操作系统)的不断升级,给应用软件开发商和设备厂商带来了巨大的开发负担。

针对上述问题,成立于 1997 年 9 月的 OPC Foundation(OPC 基金会)陆续发布了系列 OPC 规范。OPC 采用客户/服务器模式,由设备厂家或第三方厂家针对每种现场设备只需一次性编写该设备的符合 OPC 规范的设备驱动程序(称为该设备的 OPC Server 或 OPC 服务器),而对于应用软件开发商只需一次性开发符合 OPC 规范的 OPC Client(也称为 OPC 客户端)即可。

OPC 规范的出现为基于 Windows 的应用程序和现场过程控制应用之间建立了标准化的桥梁。OPC 规范的技术基础是 Microsoft 的 OLE、COM/DCOM 技术。

OLE(Object Linking and Embedding)原意是对象链接与嵌入,而随着 OLE 技术的广泛应用,现在的 OLE 包含了许多新的特征,如统一数据传输、结构化存储和自动化等,已经成为独立于计算机语言、操作系统甚至硬件平台的一种规范,是面向对象程序设计概念的进一步推广。

COM(Component Object Model,组件对象模型)是一种通用的与语言无关的二进制标准。它提供组件之间通信的标准接口,是一种跨平台的开放结构,用于开发基于面向对象技术的客户端/服务器应用程序。

DCOM(Distributed COM)技术是 COM 技术的扩展,使其能够支持在局域网、广域网甚至 Internet 上不同计算机对象之间的通信。对于 COM 客户端来说,连接远程计算机上的 COM 服务器就像连接本地计算机上的 COM 服务器一样(除了通信的速度不一样)。

总之,COM/DCOM 提供了一种软件架构,结合 OLE 使 OPC 为工业控制系统中各种不同的现场设备之间的通信提供了一个公共接口。

(2)OPC 接口方式 OPC 规范提供了两套接口方案,即定制接口(Custom Interface)和自动化接口(Automation Interface),以方便开发者设计和实现 OPC 服务器程序或客户端程序。

定制接口是 OPC 服务器的必选接口,描述了 OPC 组件对象的接口和方法,主要针对 C/C ++ ,Pascal 等使用 COM 接口的语言设计。定制接口数据传输效率高,通过该接口客户端能发挥 OPC 服务器的最佳性能,但它没有项对象,对项的操作都是通过包容此项的组对象进行的。

自动化接口是可选接口,是对定制接口的进一步封装,实际上是屏蔽了定制接口的虚函数表,使定制的 COM 接口转换为自动化的 OLE 接口,主要针对 Delphi, Visual Basic 等使用 OLE 接口的高级语言设计。相对定制接口而言,自动化接口数据传输效率相对较低。如图 8.3 所示,OPC 基金会提供了标准的自动化接口封装器,方便了自动化接口和定制接口之间的转化,使采用自动化接口的客户端也能访问仅实现了定制接口的服务器。

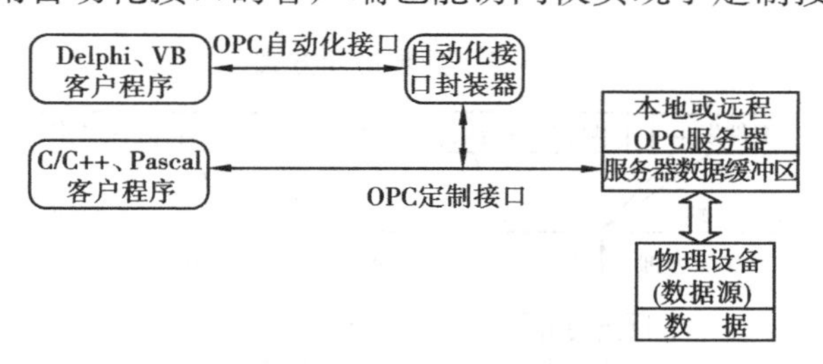

图 8.3　OPC 接口示意图

对客户端的开发可以选择访问两种接口的任意一种。一般来说,定制接口的功能比较强大,但开发难度也大一些,需用到较深的 COM/DCOM 知识。运用自动化接口则有以下优点:客户端可以很容易地应用接口,无需了解接口内部的细节;可以运用事件触发机制;可以生成通用的动态链接库或控件供所有客户端使用。

(3)OPC 数据访问方式

①同步访问方式　OPC 服务器接到 OPC 客户端的请求后,将得到的数据访问结果作为方法的参数返回给 OPC 客户端,OPC 客户端则处于等待状态,直到 OPC 服务器将数据访问结果返回给 OPC 客户端。数据访问处理过程见图 8.4。

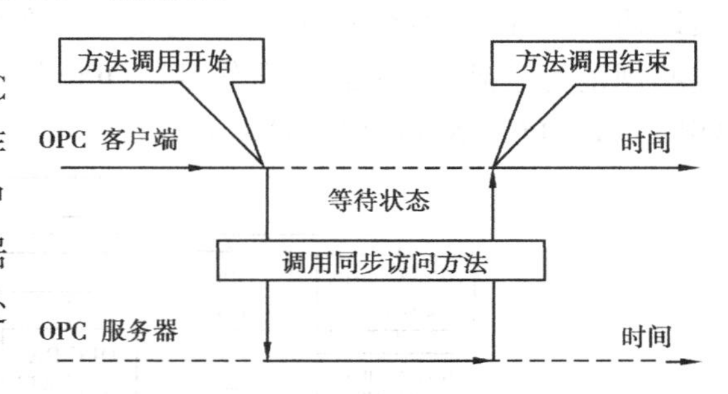

图 8.4　同步访问方式

②异步访问方式　OPC 服务器接到 OPC 客户端的请求后,立即将方法返回给 OPC 客户端,OPC 客户端随后可进行其他处理。当 OPC 服务器完成数据访问时,触发 OPC 客户端的异步访问完成事件,将数据访问结果传送给 OPC 客户端。OPC 客户端在 Delphi(或 VB 等)的事件处理程序中接受从 OPC 服务器传送来的数据。数据访问处理过程如图8.5 所示。

③订阅访问方式　同步和异步访问方式都需要 OPC 客户端向 OPC 服务器请求,而订阅(Subscription)访问方式可以自动接收从 OPC 服务器送来的变化通知。OPC 服务器会按一定的更新周期(Update Rate)更新数据缓冲器的数值,如果发现数值有变化,就以数据变化事件(Data Change)通知 OPC 客户端。数据访问处理过程如图 8.6 所示。

(4)OPC 技术规范　OPC 基金会制定了各类 OPC 规范,并不断地进行升级和功能扩

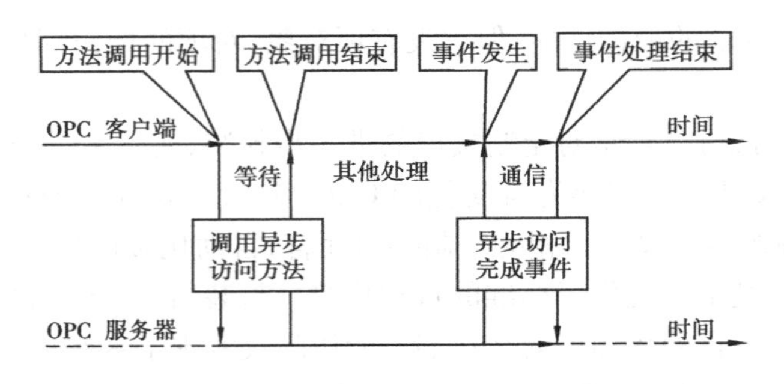

图 8.5　异步访问方式

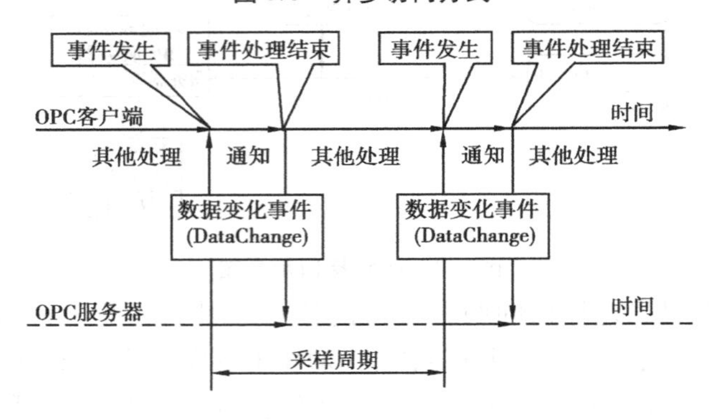

图 8.6　订阅访问方式

展以适应工业自动化领域的发展与变化。在设计相应的 OPC 服务器或客户程序时需要以这些规范为基础,以保证互操作性。OPC 规范的组成结构如图 8.7 所示,本书重点介绍 OPC DA、OPC DX 和 OPC XML DA。

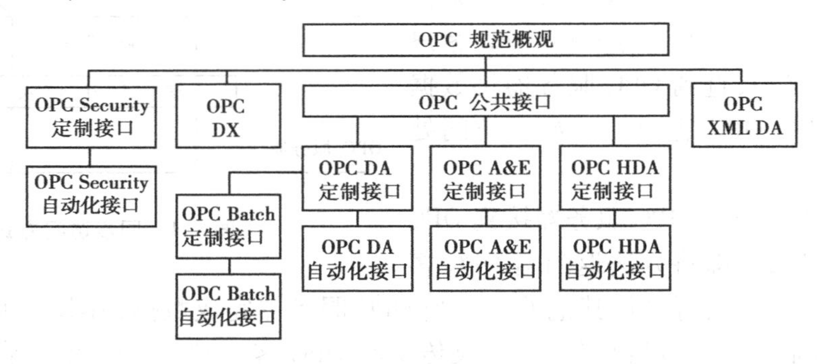

图 8.7　OPC 规范

①OPC DA(数据存取规范)　OPC DA(Data Access)规范是 OPC 基金会最初制定的一个工业标准,其重点是对现场设备的在线数据进行存取。OPC 数据存取服务器主要由服务器(Server)对象、组(Group)对象和项(Item)对象组成。OPC 服务器对象维护有关服务器的信息并作为 OPC 组对象的包容器,可动态的创建或释放组对象;而 OPC 组对象除了维护有关自身的信息,还提供了包容 OPC 项的机制,逻辑上管理 OPC 项;OPC 项则表示了与 OPC 服务器中数据的连接。图 8.8 示意了这几个对象的相互关系以及它们和 OPC 客户端的关系。

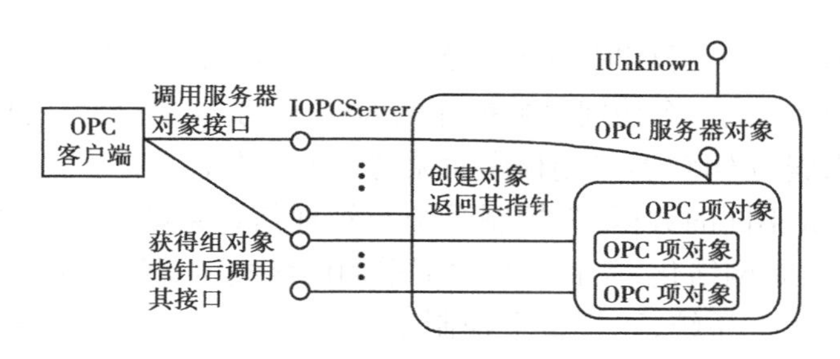

图 8.8　OPC DA 服务器中对象及 OPC 客户端的相互关系

②OPC DX(数据交换规范)　OPC DX (Data eXchange)其实是一个 OPC 以太网数据交换标准,是对 OPC DA 数据存取规范的扩展,与 OPC DA 的最大不同在于 OPC DA 解决的是现场信息在系统内部控制网络中纵向传输问题,而 OPC DX 解决的是在不同子系统控制网络之间的横向数据交换问题。该规范提出一个标准的组态接口架构,使得任何控制网络上的 OPC DA 服务器之间只要支持该接口就能通信,提高了数据交换的效率,增强了 OPC DA 服务器的功能;同时,它还支持远程的组态、诊断、监控、管理,其目标是即插即用。

③OPC XML DA　OPC XML DA 是一套基于 XML(eXtensible Markup Language,可扩展标记语言)的面向工业自动化和过程控制领域的数据信息交换接口,采用了 XML 和 SOAP (Simple Object Access Protocal,简单对象访问协议)技术。它使用 SOAP 为交互协议 HTTP 作为传输协议,并采用与 OPC DA 类似的接口暴露信息。OPC XML DA 主要应用于更高层次(应用层)的信息交互(特别是基于不同操作系统的应用)和基于 Internet 的远程连接,实现远程监控和不同监控系统的数据远程交换与共享。

(5)OPC 技术在系统集成中的应用　OPC 技术对建筑设备自动化系统集成有着重大的影响。其作用主要表现在以下几个方面:

①OPC 提供了统一的接口标准,硬件厂商只需提供一套符合 OPC 技术的程序,应用软件开发商也只需编写一个接口程序,就可以方便地进行设备的选型和功能的扩充,实现各子系统的集成。只要集成的控制系统或设备符合 OPC 规范即可,不再受具体设备生产厂商的限制。

②OPC 解决了现场总线系统中异构网段之间数据交换的问题。由于现场总线系统仍然是多种总线并存,因此系统集成和异构控制网段之间的数据交换面临许多困难。有了 OPC 作为异构网段集成的中间件,只要每个异构网段提供各自的 OPC 服务器,任一 OPC 客户端软件都可以通过一致的 OPC 接口访问这些 OPC 服务器,从而获取各个异构网段的数据,并可以很好地实现异构网段之间的数据交互。当其中某个网段的协议版本进行了升级,也只需对相对应网段的程序做升级修改。

③OPC 可作为访问专有数据库的中间件。实际应用中,许多控制软件都采用专有的实时数据库或历史数据库,这些数据库由控制软件的开发商自主开发。对这类数据库的访问不像访问通用数据库那么容易,只能通过调用开发商提供的 API(Application Program Interface)函数或其他特殊的方式。然而不同开发商提供的 API 函数是不一样的,这就带来和硬件驱动器开发类似的问题:要访问不同监控软件的专有数据库,必须编写不同的代

码,这样显然十分复杂。采用 OPC 则能有效解决这个问题,只要专有数据库的开发商在提供数据库的同时也能提供一个访问该数据库的 OPC 服务器,那么当用户要访问时只需按照 OPC 规范的要求编写 OPC 客户端程序而无需了解该专有数据库特定的接口要求。

④OPC 便于集成不同的数据,为控制系统与管理信息系统集成提供了方便。控制系统的发展趋势之一就是网络化,控制系统内部采用网络技术,控制系统与控制系统之间也是网络连接,组成更大的系统,而且整个控制系统与企业管理信息系统也网络连接,控制系统只是整个企业网的一个子网。在实现这样的企业网络过程中,OPC 也能够发挥重要作用。在企业的信息集成,包括现场设备与监控系统之间、监控系统内部各组件之间、监控系统与企业管理系统之间以及监控系统与 Internet 之间的信息集成。

⑤OPC 作为连接件,按一套标准的 COM 对象、方法和属性,提供了标准化的信息传输和交换方法。无论是管理信息系统还是控制系统,无论是 PLC 还是 DCS,或者是 FCS(现场总线控制系统),都可以通过 OPC 快速可靠地交换信息。

8.2.3 数据集成技术——其他技术

1) ODBC

不同的建筑设备自动化系统可能使用不同的数据库系统,它们之间的互访成为一个棘手的问题,特别是当用户需要从客户机端访问不同的服务器时。目前,主流的数据库系统均支持 SQL,对于由 SQL 数据库组成的异构数据库系统,ODBC 和 JDBC 为访问其异构成员提供了统一的方式。

ODBC 是微软倡导的、当前被业界广泛接受的、用于数据库访问的应用程序编程接口。一个基于 ODBC 的应用程序对数据库的操作不依赖任何 DBMS(关系数据库管理系统),不直接与 DBMS 打交道,所有的数据库操作由对应的 DBMS 的 ODBC 驱动程序完成。也就是说,不论是 FoxPro、Access、Server SQL200、DB2,还是 Oracle 数据库,均可用 ODBC API 进行访问。由此可见,ODBC 的最大优点是能以统一的方式访问所有的 SQL 数据库。

2) JDBC

JDBC(Java Data Base Connectivity),即 Java 数据库连接,它是 Java 与数据库的接口规范。JDBC 定义了一个支持标准 SQL 功能的应用程序编程接口,它由 Java 语言编写的类和接口组成,旨在让各数据库开发商为 Java 程序员提供标准的数据库 API。换句话说,当采用 Java 语言编写一个访问多个异构数据库的应用程序时,那就采用 JDBC,而不是 ODBC。也就是说,有了 JDBC,就不必为访问 Sybase 数据库专门写一个程序,为访问 Oracle 数据库又专门写一个程序,或为访问 Informix 数据库又编写另一个程序,程序员只需用 JDBC API 写一个 Java 程序就足够了。JDBC 使用已有的 SQL 标准,并支持与其他数据库连接标准(如 ODBC)之间的桥接。JDBC 除了具有 ODBC 的特点外,还具有对硬件平台、操作系统异构性的支持。这主要是因为 ODBC 使用的是 C 语言,而 JDBC 使用的是 Java 语言。Java 语言具有与平台无关、移植性强、安全性高、稳定性好、分布式、面向对象等众多优点。因此,JDBC 应用程序可以自然地实现跨平台特性,因而更适合于 Internet 上异构环境的数据库应用。

3)XML

XML(eXtensible Markup Language),即扩展标记语言,它是一种通用的数据和数据结构描述语言,可应用于不同的领域,包括数据交换、数据库互操作和文档发布等。通过使用开始标记和结束标记定位,可以方便地被各种语言解析;可以表示各种复杂的数据结构,并确保数据格式的正确性和一致性。XML不仅已经成为应用系统之间交换数据的标准,而且已经成为Internet重要的信息交换标准和数据表示技术之一。

XML与Access,Oracle和SQL Server等数据库不同,数据库提供了更强有力的数据存储和分析能力,如数据索引、排序、查找、相关一致性等。XML仅仅表示数据,是以一种非常简单的方式表示数据的。

8.2.4 界面集成技术——Portal及SSO

1)Portal技术

(1)Portal的定义　一个Portal(门户)就是指一个基于Web的系统,通常都会提供个人化设置、单一登录以及由各种不同来源或不同网站取得各式各样的信息,并且将这些信息放在网页中组合而成的呈现平台上。Portal有精巧的个性化设置,可提供定制的网页,不同的使用者浏览该页面将看到不同的信息内容。

(2)Portal的界面集成原理　Portal技术主要用于用户界面集成。用户界面集成是指门户能够提供统一的用户界面,用户可以用统一的操作习惯使用门户提供的所有功能(包括对硬件的控制),访问不同功能的建筑设备自动化子系统。

随着Portal技术的不断成熟,使用Portal技术可以在门户的一个页面中轻松、高效地实现各应用系统之间的相互协作、统一管理、状态监控、信息综合共享和决策辅助支持等功能,无需切换多个不同风格的子系统界面。

通过Portal技术,可以将不同的建筑设备自动化子系统以及其他应用系统(如物业管理系统)集成在一个统一风格的用户界面中,用户只需要登录一次,便可使用定制的页面(页面风格由自己定制,可用的功能由系统定制)访问门户,进而访问权限内的相应系统。

2)SSO技术

SSO(Single Sign-On),即单点登录,也称为单一登录,是一种认证和授权机制。它允许用户在网络中一次性地进行身份认证过程,然后就可以访问被授权使用的所有处在网络上的资源。单点登录的目的是允许用户从一个入口登录一次就能访问到所有授权访问的资源(应用、数据)。

当用户第一次访问应用系统1时,因为还没有登录,会被引导到认证系统中进行登录。根据用户提供的登录信息,认证系统进行身份效验,如果通过效验就应该返回给用户一个认证的凭据——ticket。当用户再访问别的应用时就会自动将这个ticket带上,并作为认证的凭据,认证系统对ticket进行效验,检查ticket的合法性。如果通过效验,用户就可在不用再次登录的情况下直接访问应用系统2和其他授权访问的应用系统了。

8.2.5　全局集成技术——SOA与Web Services

1)SOA

SOA(Service-Oriented Architecture)是一种可以根据需求，并通过网络对松散耦合的粗粒度应用组件进行分布式部署、组合和使用的软件系统架构，它的出现为信息系统集成设计带来了一种全新的设计理念。

SOA是一个组件模型,它将应用程序的不同功能单元(称为服务)通过定义良好的接口和契约联系起来。接口是采用中立的方式进行定义的,它独立于实现服务的硬件平台、操作系统和编程语言,这使得构建在各种系统中的服务能够以统一和通用的方式进行交互。从上述定义中可看出SOA的几个关键特性:一种粗粒度、松耦合的服务架构,服务之间通过简单、精确定义的接口进行通信,不涉及底层编程接口和通信模型。

SOA不是一种语言,也不是一种具体的技术,更不是一种产品,而是一种方法。它不仅是设计方法,还是涉及服务的整个生命周期——服务的设计、部署、维护和最后停止使用的方法,它尝试给出在特定环境下指导人们采用一种新的软件系统架构模型。SOA技术具有简单性、开放性、灵活性、透明性、动态性、低代价和高效率等特性,是目前解决信息孤岛和遗留程序最好的选择。

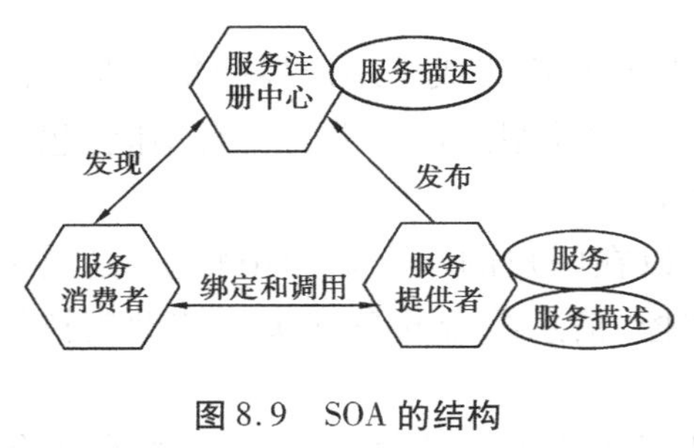

图8.9　SOA的结构

如图8.9所示，SOA中必须有以下3个参与者:服务消费者、服务提供者和服务注册中心。

(1)服务注册中心　服务注册中心又称为服务代理者,相当于一个服务信息的数据库,为服务消费者和服务提供者提供一个平台,使两者可以各取所需，同时中心有一个通用的标准，使服务提供商提供的服务符合这个标准,服务消费者使用的服务才可以跨越不同的服务提供商。

(2)服务提供者　服务提供者通俗地讲就是软件供应商,它通过在服务注册中心提供符合契约的服务,将它们发布到服务注册中心,并对使用自身服务的请求进行响应,同时必须保证修改该服务不会影响到客户。

(3)服务消费者　服务消费者也称为服务使用者或服务请求者，它发现并调用其他的软件服务来提供商业解决方案。从概念上来说，SOA本质上是将网络、传输协议和安全细节留给特定的实现来处理(即没有给出它们具体实现的技术规定)。

服务请求者、服务提供者和服务代理者通过3种基本操作相互作用。具体如下:

发布:服务提供者向服务代理者发布服务,包括注册自己的功能和访问接口。

发现:服务消费者通过服务注册中心查找所需的服务,并绑定到这些服务上。

绑定:服务提供者和服务请求者之间可以交互,并使服务请求者能够真正使用服务提供者提供的服务。

2) Web Services

目前,Web Services 技术是 SOA 的最佳实现方式,但 SOA 的实现并不局限于 Web Services。

国际化标准组织 W3C 对 Web Services 的定义如下:“Web Services 是由 URI 标志的应用程序,其接口和绑定可以通过使用 XML 来进行定义、描述和发现,Web Services 通过支持基于因特网的协议使用基于 XML 的消息与其他应用程序直接交互。”

基本的 Web 服务由 XML,SOAP,WSDL,UDDI 等核心技术组成。

Web Services 是一个基于网络的、解决应用程序间互相通信的技术。它的客户端必须通过本机上的代理程序来访问 Web Services 服务器,客户端不用处理网络通信数据处理的细节。

Web Services 技术具有以下几个特点:

(1)松散耦合性　当一个 Web Services 发生变更或者 Web Services 的物理平台发生转移时,使用者不需要变更客户端。

(2)封装性　Web Services 是一种部署在 Web 上的服务对象,所发布的功能列表供网络中的其他服务使用,并且封装了实现细节。

(3)规范性　在 Web Services 中所有的技术实现都基于开放的标准协议规范,如 HTTP,XML,SOAP 等。

(4)可集成性　Web Services 采用国际标准协议作为描述,屏蔽了不同软件系统的差异,任何软件都可以通过标准协议进行互操作。

由此可知:Web Services 的应用与服务其实是一组基于 Web 的通用标准与协议,并且可以在 Web 上加以描述、发布、发现、定位、绑定、调用和集成,它的一个明显优势就是能够在不同环境下实现相互调用,这也是它越来越多地应用在企业系统集成(EAI)和分布式系统接口程序上的原因。

8.3　建筑设备自动化系统的互联方式

建筑设备自动化系统是由不同厂家生产的,系统内部采用了不同的技术和标准,很难把它们直接集成起来。系统集成首先要实现物理层面的互联(即网络集成),然后才能实现逻辑层面的集成(数据集成、界面集成和应用集成)。

系统互联方式主要有以下几种:

1)硬接方式

这种方式是早期系统互联的手段。该方式是通过增加一个设备系统的输入/输出接点或传感器,接入另一个设备系统的输入/输出接点实现互联。其特点是电路级连接、点对点和非标准。

2)串行总线方式

常见的方式是将现场控制器加以改造,增加串行通讯接口(如RS-232,RS-485等),使之与其他设备子系统进行通信。其特点是数字通信、规范化和多点连接。

3)特定BAS产品的专有互联方式

20世纪80—90年代,各楼控系统厂家纷纷推出了采用自己专有技术的楼控产品(BAS),实现了如HVAC、消防、安防等子系统之间的互联。但是,各厂家产品采用的控制网络技术是专有和封闭的,很难实现这些不同的专有控制网络之间的互联。用户一旦选用了某个厂家的产品,其后的系统维修和升级改造等都只能“套牢”于该厂家。因此,特定BAS产品内部的互联方式仍然存在明显的缺点:各厂家的BAS是一个相对封闭的体系,BAS内部各设备子系统的接口设备和接口软件局限于特定产品、特定型号和特定网络通信协议。因此,不同厂家产品之间的互联能力差,且维护、升级成本高。

4)开放、标准化的控制网络互联方式

20世纪90年代至今,陆续有了LonWorks、BACnet和OPC等开放的、标准化的控制网络技术及其互联方式。

分别基于LonWorks、BACnet的建筑设备自动化系统之间都可以实现直接的互联。只要产品遵循同一标准,用户可选用任何一个厂家的产品,即可方便地实现系统之间的互联。

上述基于开放的控制网络的系统互联方式,用户需要购买相应的硬件设备。而基于OPC的系统互联方式则是纯软件的。基于OPC的系统互联方式,将互联的各子系统视为OPC服务器与OPC客户端,通过客户端对服务器的访问实现系统间的互联。

基于开放的、标准化的控制网络互联方式具有通用性强、应用范围广的特点,可适用于不同厂家子系统的集成,有利于降低系统集成和维护成本。

8.4 建筑设备自动化系统的集成模式

根据不同的系统配置、功能、技术和成本的要求,建筑设备自动化子系统之间常采用的集成模式有:子系统集成模式,BAS集成模式,BMS集成模式,IBMS集成模式,分布式集成模式。

1)子系统集成模式

子系统集成是指建筑设备自动化子系统内部的集成,这也是实现更高层次集成的基础。有的建筑智能化工程项目,只配置若干个各自独立的子系统,各子系统内部实现集成。例如,HVAC、火灾自动报警系统、停车库管理系统、门禁系统等子系统的内部集成。

2)BAS集成模式

在子系统集成的基础上,采用集散控制系统或现场总线控制系统,上层由中央监控计算机进行监控与管理,下层由DDC进行现场控制,需要集成的有暖通空调、给水排水、供配电、照明、电梯等子系统。

3) BMS 集成模式

在 BAS 集成的基础上,实现 BAS 与安全防范系统(SAS)和火灾自动报警系统(FAS)的集成。这种集成一般有 2 种模式:

一种模式是基于 BAS 平台(以 BAS 平台为主)的模式,将 SAS 和 FAS 系统的信号接入 BAS 系统中央监控主机,实现 FAS、SAS 的集中监视与联动,实现起来相对简单,造价较低,可以很好地实现联动功能。已完成的工程项目多采用的是这种集成模式,如图 8.10 所示。

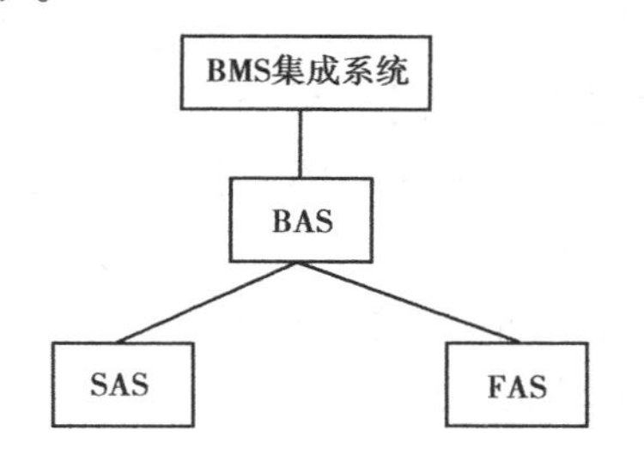

图 8.10　基于 BAS 平台的 BMS 集成模式

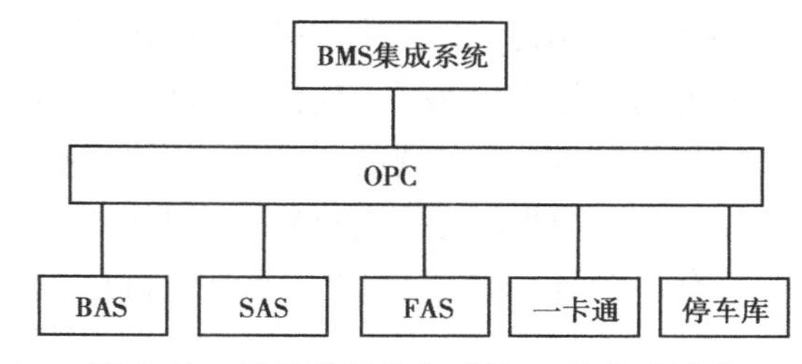

图 8.11　子系统平等集成的 BMS 集成模式

另一种 BMS 集成模式是子系统平等集成模式,这是近几年发展较快的集成模式。其主要是采用 OPC 技术,将各子系统(SAS、FAS、一卡通系统、停车库管理系统等)以平等方式(无主从之分)集成在一起。国产的 BMS 软件几乎都是基于该种模式的,如图8.11 所示。

4) IBMS 集成模式

IBMS 集成模式就是一体化集成模式,是在 BMS 集成的基础上,将物业管理系统(FMS)甚至企业 OA 系统集成进来。IBMS 模式是高层次的系统集成,实现较为复杂,系统造价高,适用于大型建筑或建筑群,如图 8.12 所示。

从技术角度看,IBMS 集成模式可以分为 3 种子模式:OPC 集成模式,门户集成模式和分布式集成模式。

所谓 OPC 集成模式,是利用基于 OPC 集成技术的 BMS 软件,将包括物业管理系统在

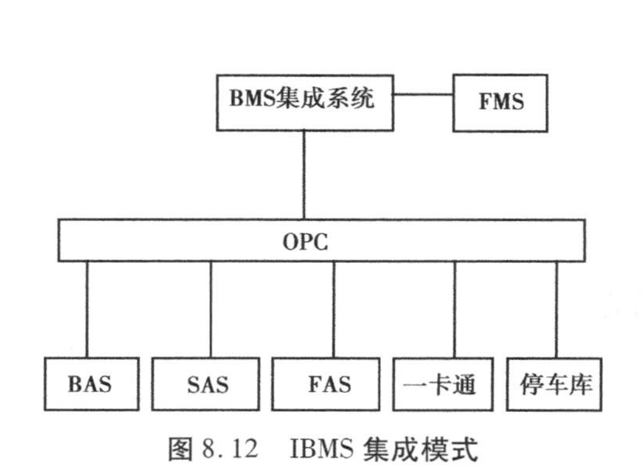

图 8.12　IBMS 集成模式

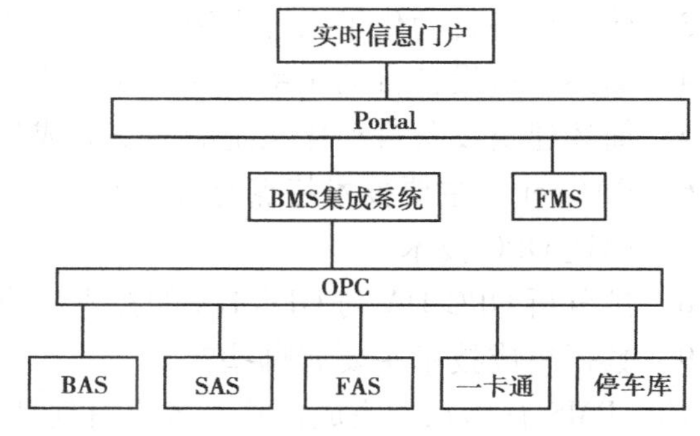

图 8.13　门户(Portal)集成模式

内的各子系统都平等地集成在一起,形成 BMS 集成系统,如图 8.12 所示。通过开放标准的 OPC Server 程序实现各子系统数据的采集、交换和处理,实现统一界面下的设备运行监视、报警故障处理、联动与时间表调度、历史数据分析等监控和管理功能。

所谓门户(Portal)集成模式,是利用 Portal 技术实现 BMS 与物业管理系统的集成,并提供用户的个性化服务,如图 8.13 所示。在该模式中,BMS 将已采集的现场数据传给物业管理系统,物业管理部门可实时获取各建筑设备自动化系统的运行状态及故障报警信息,以及三表远传数据的自动录入和处理等。

所谓分布式集成模式,是利用 SOA、Web Services 及 Portal 技术,实现异地多个楼盘项目的 BMS 和公司统一的物业管理系统及 OA 系统的远程网络集成。该模式通过预提供的标准 Web 服务应用,实现与各分布式 BMS 异构网络环境的集成。门户系统与各分布式系统之间采用动态缓存和发布/预订技术优化访问性能,使集成系统的整体监控点扩充到更大的规模和范围,同时实现统一界面下的数据监视、报警处理、维护诊断、历史分析等功能,还可与物业管理系统系或 OA 系统进行数据交换,适用于同一个物业管理公司或楼控系统厂家有多个异地楼盘项目且需要进行远程集中监管的情形,如图8.14所示。

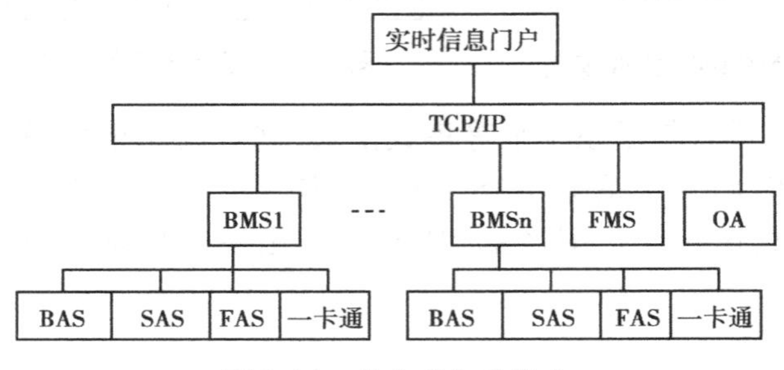

图 8.14　分布式集成模式

思　考　题

8.1　简述建筑设备自动化系统集成的目的与目标。

8.2　试说明建筑设备自动化系统集成的发展阶段。

8.3　建筑设备自动化子系统常用的互联方式有哪些?

8.4　简述建筑设备自动化系统的集成模式。

8.5　简述建筑设备自动化系统的网络集成技术。

8.6　BACnet 的主要技术特点有哪些?

8.7　简述 OPC 技术。

8.8　试分析 OPC DA 与 OPC DX 的技术与应用特点。

8.9　数据集成技术主要有哪些?

8.10　BMS 有哪几种集成模式?各自有何特点?

8.11　IBMS 有哪几种集成模式?各自有何特点?

9 典型建筑设备监控系统产品及工程案例

近十几年来,许多国外著名自动控制公司或系统集成公司进入我国楼宇控制市场,对促进我国楼宇自控技术的发展起到了积极的作用,对我国在该领域开发具有自主知识产权的产品也起到了积极的推动作用。本章主要介绍几家国内外著名楼宇自控公司的产品及其典型的工程案例。

9.1 清华同方楼宇控制系统及工程案例

清华同方数字城市科技公司的 Techcon BAS 采用开放的全分布式对等网络结构,将分布的概念由 DDC 扩展到了 I/O 模块。所有的 I/O 模块都有独立的 CPU 与存储器,不仅易于扩展配置,而且有效地降低了单点故障的风险。标准配置的冗余热备功能保证了即使遭受意外事件的影响系统仍可保持稳定运行。同时,Techcon BAS 系统具有很强的数据交换能力,其监控软件——TechVue 除了基本功能之外,还提供 OPC Server 与 Client Server,并且支持 OLE、DDE 及 NET 等标准数据接口。

9.1.1 Techcon 楼控系统网络结构

Techcon BAS 结构如图 9.1 所示。

Techcon BAS 采用控制层和管理层的两层网络结构。服务器、中央工作站、网络通信设备等通过管理层网络相联。管理层网络采用 100M BASE-T 以太网,标准 TCP/IP 协议互相通信。在物理连接上利用现有的综合布线路由,通过网络设备将管理层网络连通。所有控制器通过控制层网络以 CAN 总线方式通信,允许在线增减设备,便于系统实施和维护。控制层网络中任一节点故障时均不致影响系统的正常运行和信号的传输。

1)管理层网络

管理层网络除了将系统自身的管理设备连接起来外,还将建筑物中其他相关系统和

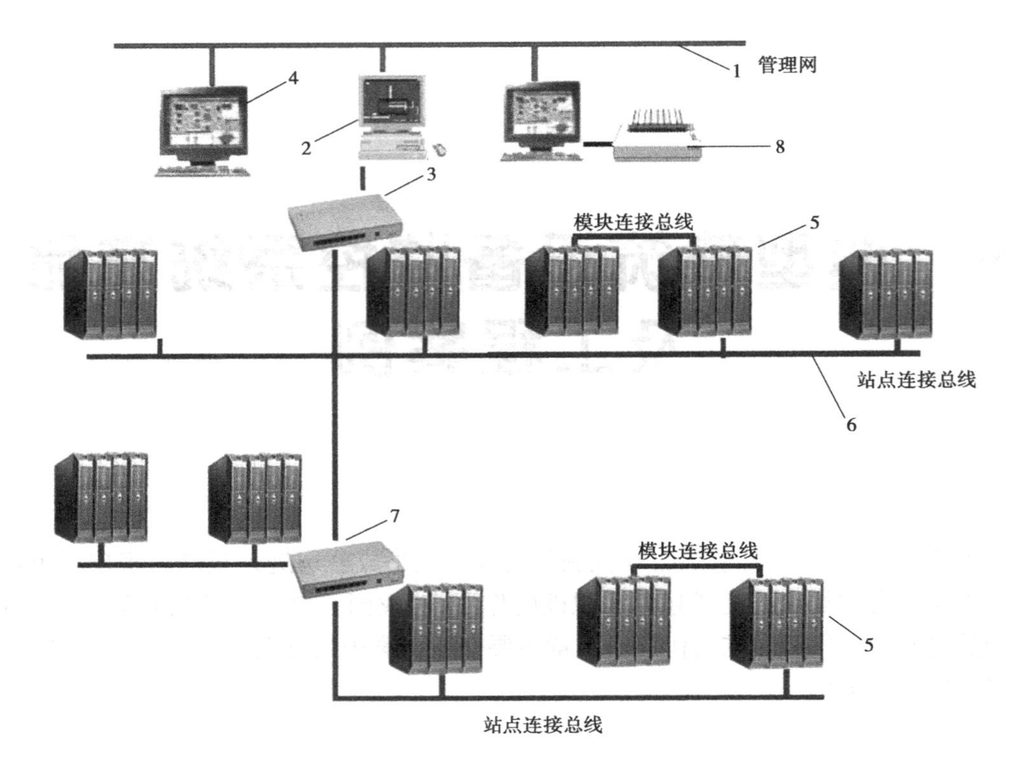

图 9.1　Techcon BAS 系统结构图

1—管理网;2—服务器;3—通信适配器;4—中央工作站;

5—主控模块;6—站点连接总线;7—集线器;8—打印机

独立的智能化系统连接起来,实现各系统之间的数据通信、信息共享及其他厂商设备和系统的通信。同时,管理层网络还将建筑设备监控系统中的所有监控信息及时地反馈到中心数据库,并获取信息共享管理系统的相关运行信息,实现相关信息的双向通信。

管理层采用 TCP/IP 协议,网上各节点之间的数据交换采用点对点方式,各节点均具备动态数据访问功能,用户可以在网络的任意节点添加计算机。通过数据共享,即可以轻松访问权限范围内的被控设备。用户也可以在全世界任何地方通过内联网或互联网进行显示和控制操作。

2)控制层网络

控制层网络采用现场总线 CAN,通过 MS/TP 标准协议,将通用控制器、专用控制器以及扩展模块等现场设备连接在一起,通信速率 38.4 kb/s。系统支持灵活的拓扑结构,易于在网络中添加或减少设备,为组网实施和今后升级改造提供了便利。控制层网络传输距离 1 200 m,通过中继可以扩展至 4 800 m。

另外,Techcon BAS 的 Techview-iDCS 系统架构是面向 IBMS 集成的强大平台,可以提供 TCP/IP,OPC,ODBC 等开放手段。既可以完成向下读取热力站、制冷站和电梯系统等数据,接入建筑设备管理系统,又能够向上为纳入智能化系统集成提供基础。

9.1.2 常用控制器

1)Techcon 509L-D 自由编程控制器

Techcon 509L-D 控制器是一种基于微处理器的可自由编程的控制器,设计用于各种 HVAC 控制,也适用于照明控制以及电力测量,如图 9.2 所示。其产品特点如下:

(1)交互性

①控制器之间基于 LonWorksR 点对点对等通讯技术;

②依照 Lonmark 3.4 版本认证。

(2)硬件

①防火塑料外壳;

②可分离的底座;

③重量轻、外壳紧凑;

④10 路通用输入(跳线设置);

⑤8 路带保护的通用输出;

⑥128 kb 闪存用于配置及多至 12 000 个事件的趋势记录;

⑦15 年使用寿命的时钟后备电池;

⑧具有发送,接收和电源 LED 指示灯;

⑨-Din 安装滑轨与外壳成为一体。

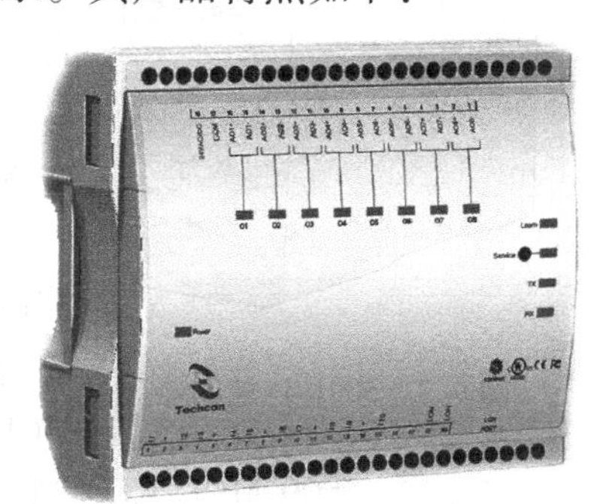

图 9.2 509L-D 控制器

(3)软件

①超过 60 个网络变量;

②支持多对一绑定(Fan-in)的分区应用;

③每个对象都可以通过其 LNSR plug-in 进行配置和编程;

④自由编程对象;

⑤配置、代码和标志存在独有控制器内用于高级的备份用途;

⑥多种特色程序可供使用,如 PID、计时、优化启动等;

⑦可以查看所有内部点(如常数、变量等),使用 10 个 UNVT,每个 UNVT 有 15 个值。

(4)时间计划表对象

①所有时间计划表存储于闪存之中;

②时间计划表网络变量类型及长度可变;

③每时间计划表 7 天工作日模板;

④每时间计划表每天 6 个可配置事件;

⑤每时间计划表 4 个假日模板;

⑥时间计划表可在设备上进行本地编辑实时时钟对象;

⑦可设置夏令时;

⑧控制器应用的精确计时。

另一款 Techcon 1009L-D 自由编程控制器功能及特性与 Techcon 509L-D 控制器类似，但具有 10 路通用输入，8 路带保护的通用输出。

2) Techcon 509-MCU-CC 可自由编程控制器

图 9.3　509L-D 控制器

Techcon 509-MCU-CC 是 Techcon 系列中专为楼宇管理而设计的可自由编程控制器，可用于监控冷机、空调机组、风机盘管机组、排风扇、泵和照明等设备，如图 9.3 所示。

模块化的设计使其可作为独立单元运行，也可作为网络的一部分，适合于各种不同规模的楼宇。

Techcon 509-MCU-CC 的功能包括闭环控制、温度和时间控制以及报警处理等。该控制器没有配备输入和输出通道，需要与 Techcon I/O 模块一起使用来控制设备。Techcon 509-MCU-CC 可以最多与 15 个 I/O 模块连接，采用 DIN 导轨安装。

Techcon 509-MCU-CC 控制器可以通过 Techview-SYS 配置工具以远程方式，或在本地使用 Techview-iNET 进行编程。Techcon 509-MCU-CC 的地址在内部设定，配置软件可以自动检测该地址。控制器之间的数据传输速率是 38 400 b/s，与 Techcon I/O 模块的通讯速率是 57 600 b/s。

技术特点：

①自动检测和注册 Techcon I/O 模块；

②上传和下载控制程序；

③网络变量绑定；

④系统配置和恢复；

⑤存储应用程序的大容量内存。

3) Techcon 409-GCA 通用控制模块

Techcon 409-GCA 是 Techcon 系列中的具有各种输入和输出的模块，可用于空调机组、新风机组、风机盘管机组、通风扇和泵等设备的控制。它作为标准的 Techcon I/O 模块，有 6 个数字量输入端、4 个模拟量输入端、3 个数字量输出端和 3 个模拟量输出端，可选择的输入有集电极开路的数字量输入、电流或电压型的模拟量输入，还可选择的输出有数字量输出和模拟量输出。数字量输出可通过扩展继电器单元控制设备。

Techcon 409-GCA 与 Techcon 509-MCU-CC 控制器配合使用，可通过 Techcon 配置工具远程配置，也可通过 Techcon 调试工具现场配置，与同一网络中的任何一个 Techcon 509-MCU-CC 连接都可通过 Techcon 调试工具检查输入和输出状态。所有的输入值都主动发送给特定的 Techcon 509-MCU-CC 而不需要其进行查询。另外，Techcon 409-GCA 的每一路数字量输入和数字量输出都有 LED 状态指示灯。

Techcon 409-GCA 的地址通过一个 DIP 开关设置，与其相连的 Techcon 509-MCU-CC 可以自动检测该地址。

技术特点：

①使用双绞线(最长 1 km)与控制器进行本地或远程连接。

②主动发送输入值。

③输入值变化即发送提高性能。

④可插拔的接线端子。

9.1.3 常用传感器

1)TVI-10K 系列热敏电阻温度传感器

TVI-10K 系列是一种热敏电阻传感器,具有高精度和可替换性,温度量程较宽的特点。如图 9.4 所示,这种传感器可以在指定的温度量程基础上提供可预测输出值。

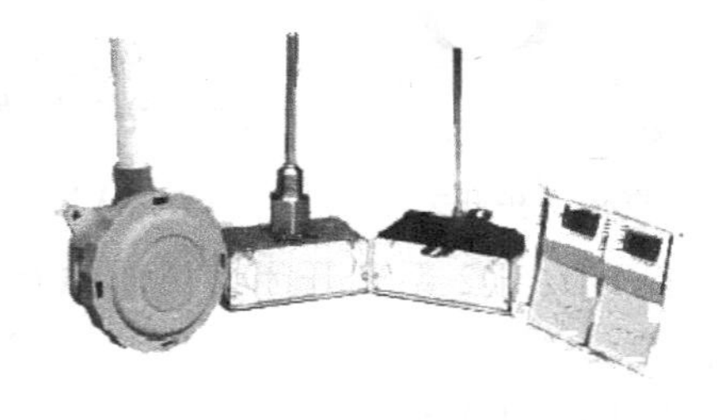

图 9.4 TVI-10K 系列热敏电阻温度传感器

传感器的类型有:室内型、室内带设定点型、室内带超控型、室内带设定点及超控型、室内带设定点与超控及 RJ11 插座型;不锈钢风道型与无接线盒的风道型;浸入式、不锈钢板式、裸状、可折弯铜质或刚性不锈钢式平均温度型、捆绑型、弹头探测器型及室外型。

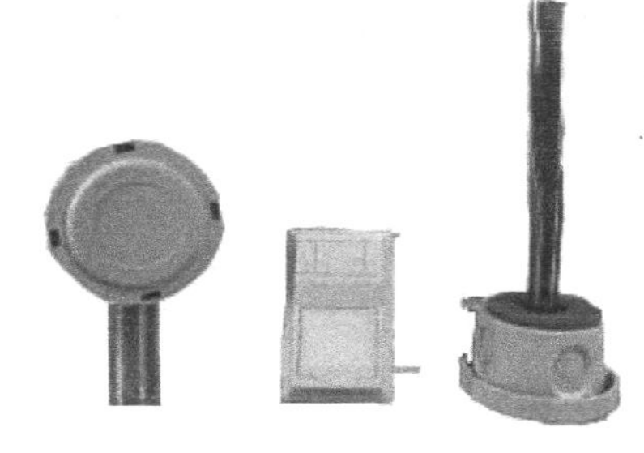

图 9.5 TVI-RH 系列风道/室内湿度变送器

设定值选项包括一个线性的 4 000 hm,1 K,2 K,3 K,5 K,8.5 K,10 K,20 K,100 K 电位计。一个选配的串联电阻允许设定点电位计任意的偏移量。同时,设定点电位计可设置为正向或反向动作。

2)TVI-RH 系列风道/室内湿度变送器

TVI-RH 系列风道/室内湿度变送器把电阻变化转换为 4~20 mA, DC0~5 V,或 DC0~10 V 的线性输出,如图 9.5所示。

采用陶瓷科技设计不仅经济,而且传感器经冷凝作用后可完全恢复功用。同时,通过使用热敏电阻温度补偿,可在整个量程范围内保持精度。传感器的公差变动范围保持在 ±3%。可通过跳线选择输入输出信号范围的 TVI-RH 更具通用性,同时可使传感器的用量大大减少。

3)TVI-DPS 空气压差开关

TVI-DPS 系列压开关专用于通风、空调系统中风道、过滤器及风扇的监控。该开关适用于空气及其他非腐蚀性气体,如图 9.6 所示。

图 9.6 TVI-DPS 空气压差开关

TVI-DPS 系列压开关具有如下特点:

①On/Off 输出。

②5 段压差范围:20~200,30~300,30~500,40~600,100~1 500 Pa。

图 9.7　TVI-FPT 防冻保护开关

③配备便于调节开关压力的范围调节。

④IP 54。

4) TVI-FPT 防冻保护开关

TVI-FPT 系列防冻保护开关主要用于热交换和冷暖空调系统，防止电源或毛细管故障时，设备工作温度低于安全值，导致热水盘管冻结，如图 9.7 所示。

5) TVI-D1/D2 系列开闭型风阀执行器

TVI-D1/D2 系列开闭型风阀执行器使用双向电机控制风阀，有 10,15,20,30 四种扭矩的基本型号。标准运行电压为 DC24 V 或 AC230 V。其他电压可选。

TVI-D1/D2 系列开闭型风阀执行器使用双向磁吸附同步电机，具有过载保护功能，无需限位开关，并可选配 1 ~2 个辅助开关。

9.1.4　工程案例

1) 工程概况

中国音乐学院排演厅是一幢以观演为主要功能的综合性建筑。排演厅建筑总建筑面积为 1.4 万平方米，共 9 层楼(地下 2 层、地上 7 层)，包含 1 000 座的音乐厅、300 座的小剧场，学校图书馆以及行政办公用房等。

2) 楼控系统设计范围

(1) 音乐厅、合唱排练厅空调系统

(2) 录音室控制室、排练厅空调系统

(3) 门厅及办公室新风系统

(4) 冷热源系统

3) 各监控子系统介绍

(1) 音乐厅、合唱排练厅空调系统　本监控子系统包括音乐厅观众席、合唱排练厅观众席、合唱排练厅舞台、合唱排练厅观众席、音乐厅控制室等服务区域。

①负荷性质分析　音乐厅、合唱排练厅不同上座率造成的人体显热、潜热负荷变化和演出照明灯光的变化是音乐厅内主要的空调负荷变化。与通常的空调系统不同，这种变化并不是时刻存在的，在特定时间(演出时)内负荷是相对稳定的。这种负荷性质使得自控系统对系统内的风机调控处于一种微小的、稳定的状态上。所以，尽管音乐厅是一种典型的大惯性系统，可理论上并不要求在控制环节上额外增加微分环节进行补偿。

②控制原则　首先音乐厅、合唱排练厅空调自控系统要面对繁多的系统变量。例如：如何补偿音乐厅听众人数的变化和不同演出要求下的灯光负荷变化(即热湿负荷的变化)对空调系统风量和冷量的影响；如何减小空调系统运行时噪声对现场演出的影响；厅内大量温湿度传感器对测量可信度及装饰效果的影响；为了节能而减小新风量对厅内空气环境的影响；作为一个巨大的热惯性系统，以数小时计的时间常数对自控调节时效性的影响

等。这里,为了整个系统的稳定,尽量使变量少,系统简单,过渡期短。

③控制策略

a. 预冷　音乐厅属于建筑物内区,结构决定了它既能隔声,又能保温。在演出前经过预冷阶段后,厅内空气温度达到设计送风温度所要求后,自控系统再根据入场听众和灯光负荷进行调节控制,这样就避免了系统极限调节的工况,降低了对控制系统、空调设备参数的要求。在演出过程中,厅内空调系统受外界影响很小。冬季时,预冷时间酌情缩短。经过调试和试运行阶段,操控人员掌握不同季节时音乐厅所需的预冷时间。

b. 维持风量平衡　在音乐厅的空调系统中,维持风量平衡和厅内正压是保证空调调节效果的必要条件,是控制回风机转速跟踪送风机转速变化以及控制排风机转速的基本依据。

④控制原理图　音乐厅、合唱排练厅空调系统控制原理图如图 9.8 所示。

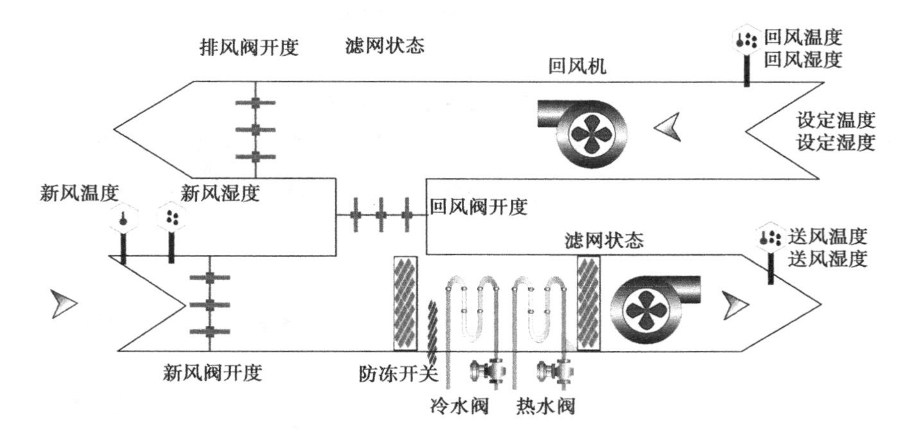

图 9.8　音乐厅、合唱排练厅空调机控制原理图

(2)录音室、控制室、排练厅空调系统　在录音室的空调除了要满足一般的舒适性外,还要求尽量的减少噪声,同时保持一定的相对湿度,以利于保存乐器及录音设备。其控制原理图如图 9.9 所示。

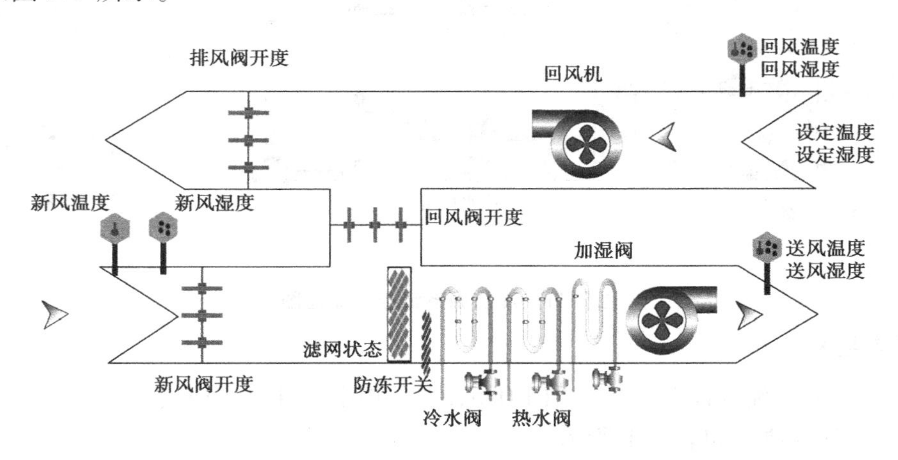

图 9.9　录音室、控制室、排练厅空调机控制原理图

(3)门厅及办公室新风系统　在门厅及办公室采用新风加盘管的方式。其控制原理图如图 9.10 所示。

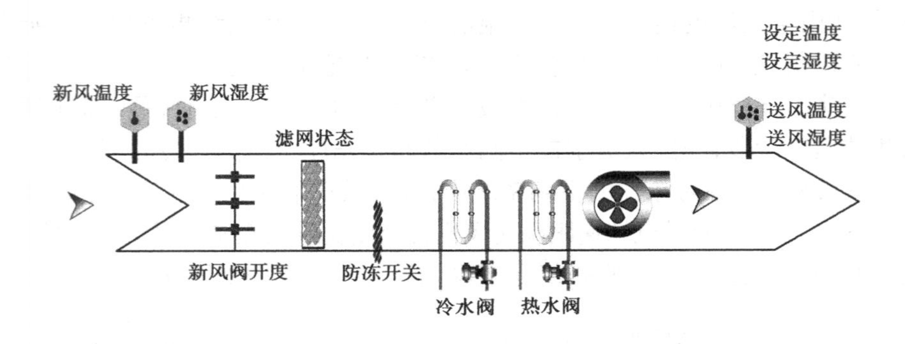

图 9.10　门厅及办公室新风机组控制原理图

(4)冷热源系统　空调冷热源系统,冷源采用 2 台冷水机组,设于地下室冷冻机房,提供 6 ~ 12 ℃的冷冻水;空调热源为一套水-水换热机组,供 60 ~ 50 ℃的热水。水路为变流量系统。冷热源系统控制原理如图 9.11 所示。

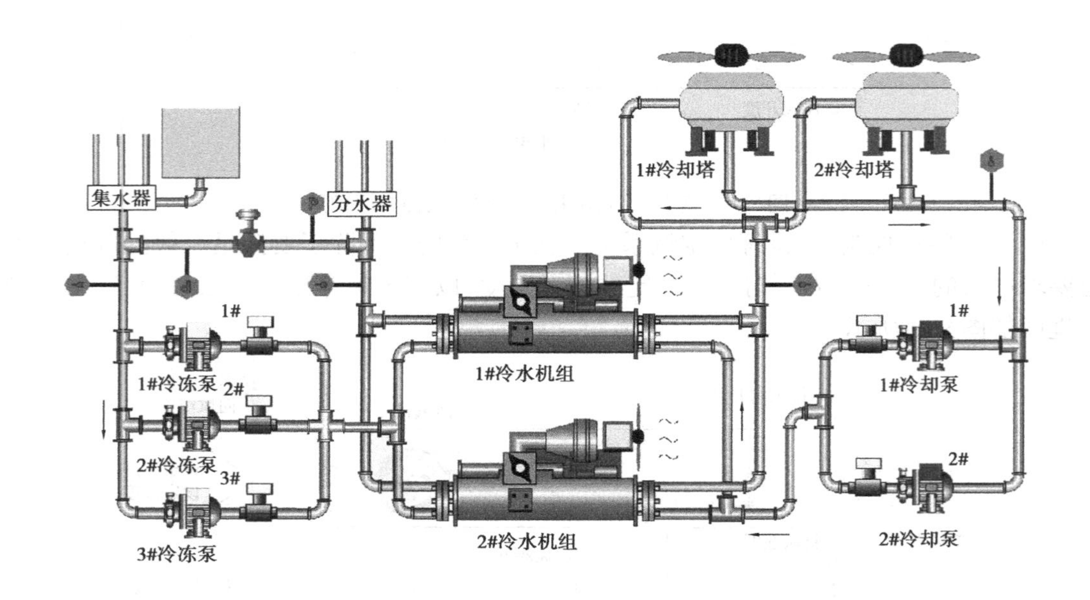

图 9.11　冷热源系统控制原理图

4) 总点数表

共有 5 个子系统合计总监控点数 1 095,现场共用了 24 个 DDC 控制器,各类输入输出模块 88 个。总点数表如表 9.1 所示。

表9.1 总点数表

系统名称	DI	AI	DO	AO
空调机组:共26台	230	218	72	113
新风机组:共6台	36	26	24	12
送排风机:共63台	178	2	60	1
制冷机组	36	16	26	1
换热站	15	15	10	4
合 计	495	277	192	131
总监控点数	1 095			

5)楼宇自控系统

楼宇自控系统网络结构分为二级:第一级为中央工作站,即控制中心。中央工作站系统由PC主机及打印机及UPS等组成,是楼宇控制系统的核心。整个排演厅内被监控的机电设备都在这里进行集中管理和显示,它可以直接和以太网相连,通信方式为TCP/IP,客户端可以通过网络访问;第二级为直接式数字控制器(DDC),分散在控制设备现场,DDC之间及DDC与中央工作站之间以CAN总线通讯。

(1)系统图 整个系统以微型计算机(中央管理工作站)为核心,包括:中央管理工作站;分站总线(CAN总线);现场控制器;传感器、变送器及电动执行机构等。

上述设备与被控对象及相应软件组成一套完整的控制系统,系统图如图9.12所示。

(2)中央管理工作站配置 微机处理器包括:INTEL PentiumIV或以上;内存:512 MB或以上;硬盘:120 GB或以上;高速CD-ROM;10/100 Mb/s自适应Ethernet网卡;键盘:104键通用键盘及专用功能键盘;定位器:MICROSOFT鼠标器;打印机:HP 6L打印机;操作系统:WINDOWS 2000/NT WINDOWS 98等;网络通讯协议:TCP/IP;IPX/SPX。

中央管理工作站为Technovator公司TECHCON系统的管理与调度中心,它可实现对全系统的集中监督管理及运行方案指导,并可实现设备的远动控制;还可对整个楼宇的被控设备进行监测、调度、管理。专用的工程开发及运行环境组态软件可提供标准的用户应用程序接口,提供Modbus、OPC等多种第三方接口方式。开放的用户环境使整个系统易于扩展,为系统的修改、完善提供了方便。

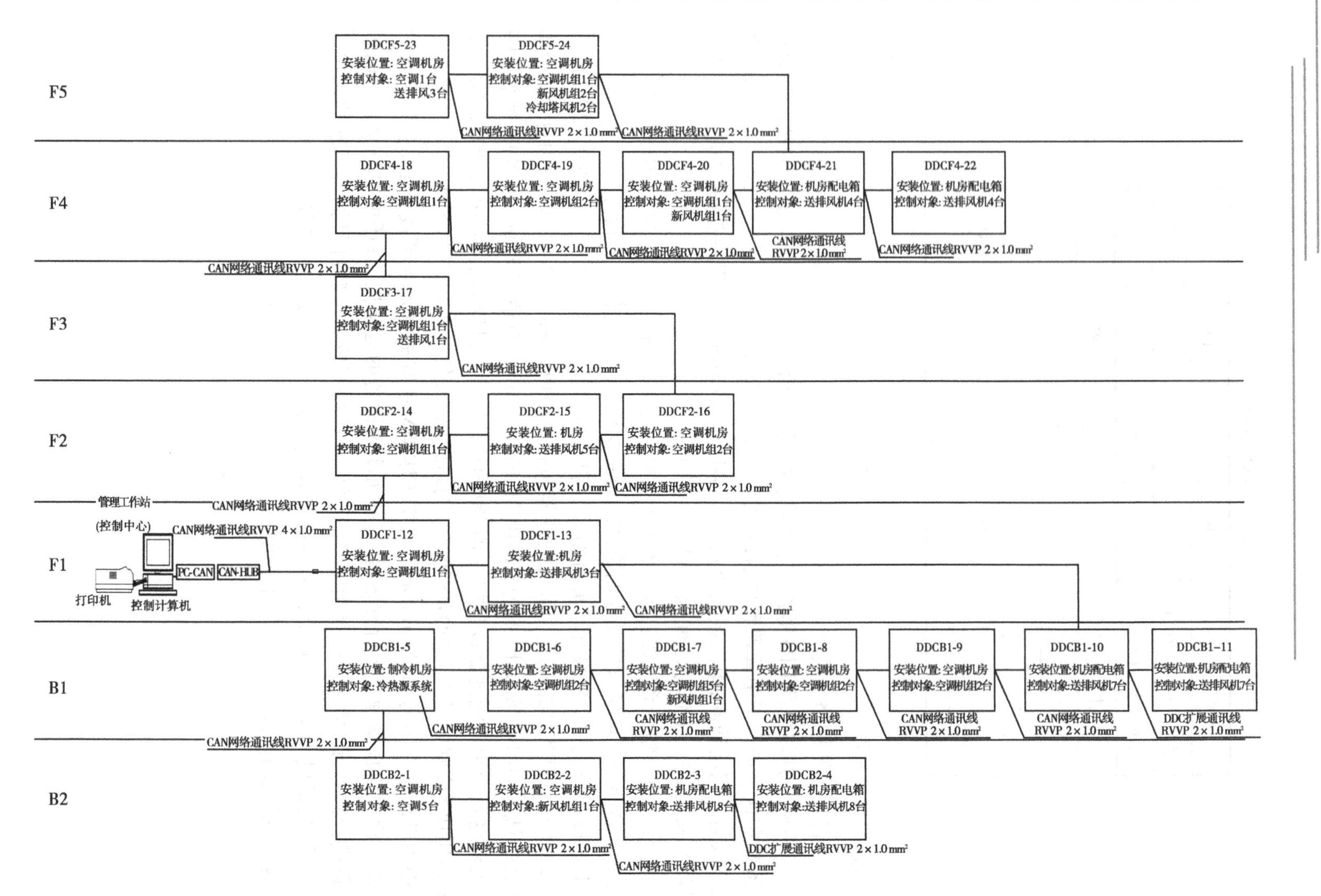
F5
DDCF5-23
安装位置: 空调机房
控制对象: 空调1台
送排风3台
DDCF5-24
安装位置: 空调机房
控制对象: 空调机组1台
新风机组2台
冷却塔风机2台
CAN网络通讯线RVVP 2×1.0 mm²
CAN网络通讯线RVVP 2×1.0 mm²
F4
DDCF4-18
安装位置: 空调机房
控制对象: 空调机组1台
DDCF4-19
安装位置: 空调机房
控制对象: 空调机组2台
DDCF4-20
安装位置: 空调机房
控制对象: 空调机组1台
新风机组1台
DDCF4-21
安装位置: 机房配电箱
控制对象: 送排风机4台
DDCF4-22
安装位置: 机房配电箱
控制对象: 送排风机4台
CAN网络通讯线RVVP 2×1.0 mm²
CAN网络通讯线RVVP 2×1.0 mm²
CAN网络通讯线
RVVP 2×1.0 mm²
CAN网络通讯线RVVP 2×1.0 mm²
CAN网络通讯线RVVP 2×1.0 mm²
F3
DDCF3-17
安装位置: 空调机房
控制对象: 空调机组1台
送排风1台
CAN网络通讯线RVVP 2×1.0 mm²
F2
DDCF2-14
安装位置: 空调机房
控制对象: 空调机组1台
DDCF2-15
安装位置: 机房
控制对象: 送排风机5台
DDCF2-16
安装位置: 空调机房
控制对象: 空调机组2台
CAN网络通讯线RVVP 2×1.0 mm²
CAN网络通讯线RVVP 2×1.0 mm²
管理工作站
(控制中心)
CAN网络通讯线RVVP 2×1.0 mm²
CAN网络通讯线RVVP 4×1.0 mm²
F1
PC-CAN
CAN-HUB
打印机
控制计算机
DDCF1-12
安装位置: 空调机房
控制对象: 空调机组1台
DDCF1-13
安装位置: 机房
控制对象: 送排风机3台
CAN网络通讯线RVVP 2×1.0 mm²
CAN网络通讯线RVVP 2×1.0 mm²
B1
DDCB1-5
安装位置: 制冷机房
控制对象: 冷热源系统
DDCB1-6
安装位置: 空调机房
控制对象: 空调机组2台
DDCB1-7
安装位置: 空调机房
控制对象: 空调机组5台
新风机组1台
DDCB1-8
安装位置: 空调机房
控制对象: 空调机组2台
DDCB1-9
安装位置: 空调机房
控制对象: 空调机组2台
DDCB1-10
安装位置: 机房配电箱
控制对象: 送排风机7台
DDCB1-11
安装位置: 机房配电箱
控制对象: 送排风机7台
CAN网络通讯线RVVP 2×1.0 mm²
CAN网络通讯线
RVVP 2×1.0 mm²
CAN网络通讯线
RVVP 2×1.0 mm²
CAN网络通讯线
RVVP 2×1.0 mm²
CAN网络通讯线
RVVP 2×1.0 mm²
DDC扩展通讯线
RVVP 2×1.0 mm²
CAN网络通讯线RVVP 2×1.0 mm²
B2
DDCB2-1
安装位置: 空调机房
控制对象: 空调5台
DDCB2-2
安装位置: 空调机房
控制对象: 新风机组1台
DDCB2-3
安装位置: 机房配电箱
控制对象: 送排风机8台
DDCB2-4
安装位置: 机房配电箱
控制对象: 送排风机8台
CAN网络通讯线RVVP 2×1.0 mm²
CAN网络通讯线RVVP 2×1.0 mm²
DDC扩展通讯线RVVP 2×1.0 mm²

图9.12　监控系统图

9.2 西门子楼宇控制系统及工程案例

德国西门子(SIMENS)楼宇科技的控制管理系统 APOGEE,是用于楼宇设备的集散型控制系统。安装在现场的直接数字控制器 MBC,MEC 等实现对现场设备的控制;系统通过 MLN,ALN,FLN 实现集中管理的功能。

9.2.1 APOGEE 的网络结构

APOGEE 楼宇控制管理系统采用 3 层网络结构,如图 9.13 所示。

1)管理级网络(MLN:Management Level Network)

MLN 支持 Client/Server 结构,采用高速以太网连接,运行 TCP/IP 协议。操作员可以在任何拥有足够权限的工作站实施监测设备状态、控制设备启/停、修正设定值、改变末端设备开度等得到授权的操作。APOGEE 系统最多可以通过以太网连接 25 台工作站。

2)自控层网络(ALN:Automation Level Network)

ALN 由 DDC 控制器和 Insight 工作站组成,DDC 控制器 MBC/MEC 通过 ALN 网络连接。ALN 采用点对点的通信方式。同一条 ALN 上的 DDC 控制器可以进行无主从的对话,并不依赖于 Insight 工作站。如果不同 ALN 上的 DDC 控制器要进行数据交换就必须通过 Insight 工作站运行相应的服务程序。

ALN 共有 3 种类型:

(1)RS-485 ALN　RS-485 ALN 最快通信速度 115.2 kb/s,最远传输距离为 1 200 m。当通信速率为 9 600 b/s 时,使用 18AWG,20AWG,22AWG 和 24AWG 等双绞屏蔽线;当通信速率大于 19.2 kb/s 时,必须使用低电容的 24AWG 双绞屏蔽线。RS-485 ALN 为总线连接,当网络传输距离超过 1 000 m 或网络连接设备超过 32 个时,必须使用总线隔离/放大器(TIE)或光纤接口。

RS-485 ALN 网络与 Insight 工作站采用直接连接方式。每个 Insight 工作站最多可连接 4 条 RS-485 ALN 网络。每条 RS-485 ALN 网络最多可连接 100 台设备,设备地址从 0 ~ 99,每个 DDC 控制器和 Insight 工作站都要占用一个网络地址。

(2)Ethernet ALN　Ethernet ALN 是指带有以太网接口的 MBC/MEC 控制器直接连接到与 Insight 工作站相连的以太网上。每个 MBC/MEC 控制器都有独立的 IP 地址,使用 TCP/IP 网络协议互联。每个 Insight 工作站可以管理 64 条以太网 ALN,每条以太网 ALN 可最多包括 1 000 台设备,包括 Insight 工作站和 DDC 控制器。

(3)Remote ALN　Remote ALN 即远程连接。一种方式是使用调制解调器(MODEM),即安装 Insight 软件的 PC 机使用 MODEM,经公用和内部电话线与远端的 ALN 连接,每个 Insight 工作站最多可同时管理 300 条拨号 ALN;另一种连接方式是使用 APOGEE 以太网接口(AEM200)将 ALN 总线连接到与 Insight 工作站相连的以太网上。每个 AEM200 都有

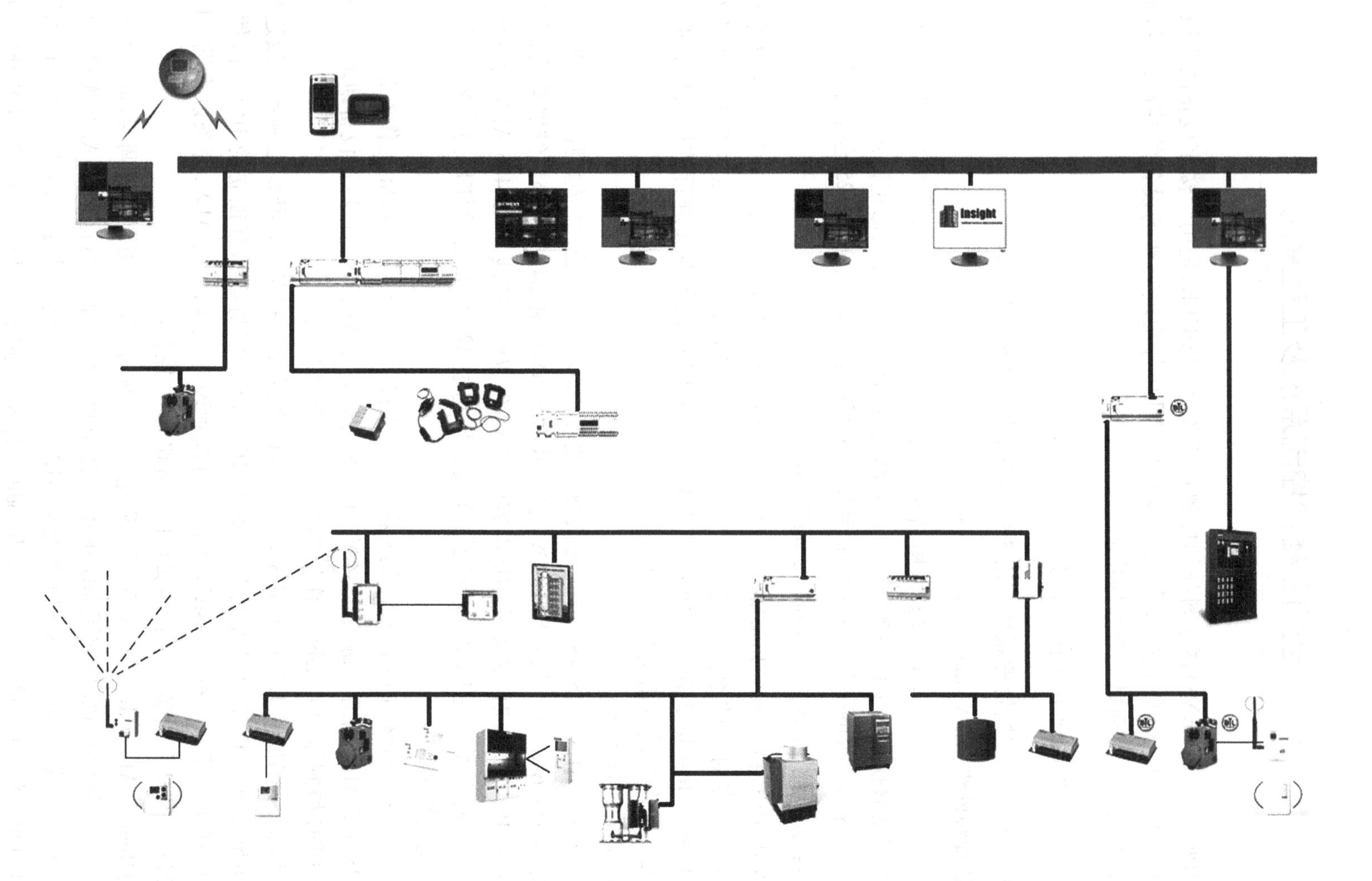

图9.13 Apogee的3层网络结构

独立的IP地址,每个Insight工作站最多管理64条通过以太网方式连接的ALN。

(4)无线ALN　作为有线方案的补充,当ALN布线困难或者布线昂贵时,无线ALN将显示出其独到的优势。无线ALN选项可以帮助用户节约布线的成本和安装维护费用。

构成一个无线ALN最少需要2台无线设备:一个以太网桥(EB)和一个收发器(AP)。以太网桥是实现无线ALN的关键设备,而每个Ethernet DDC一般均需要一个以太网桥;无线收发器则被安装在远端,把Ethernet DDC和ALN连接起来,Ethernet DDC通过以太网桥和无线收发器通信。

作为无线ALN方案的进一步延伸,西门子楼宇科技于2008年1月推出了WFLN(无线FLN)解决方案,从此实现了从上自下完全“无线”连接的网络架构。

3)楼层级网络(FLN:Floor Level Network)

DDC控制器支持最多3条楼层级网络,每条楼层级网络最多可连接32个扩展点模块(PXM)或终端设备控制器(TEC)。楼层级网络最快支持38.4 kb/s的通信速率。

9.2.2　Insight监控软件

Insight监控软件是以动态图形为界面,向用户提供楼宇管理和监控的集成管理软件。Insight监控软件基于Windows 2003/XP/2000操作平台,采用Client/Server架构,最多可支持25个客户端(Client)同时运行Insight监控软件。Insight监控软件使用Windows 2003/XP/2000的用户认证机制,保证了Insight监控软件的安全性和可靠性。

Insight监控软件提供了用户对APOGEE系统的3大功能:

1)监视功能

用户可通过动态图形(新增动画功能)、趋势图等应用程序对APOGEE系统控制设备的运行状态、被控对象的控制效果进行实时和历史的监视。

2)控制功能

用户可通过控制命令,程序控制和日程表控制等应用程序控制楼宇自控设备的启/停或调节。

3)管理功能

其管理功能包括用户账户管理、系统设备管理、程序上下载管理,用户还能通过系统活动记录、报表等应用程序了解APOGEE系统自身的状态。

9.2.3　常用控制器

1)模块式设备控制器

模块式设备控制器(Modular Equipment Controller,MEC)是Apogee现场管理和控制系统的组成部分,是一种高性能的DDC,其外形如图9.14所示。MEC工作于ALN上,在不依靠较高层处理机的情形下,可以独立工作和联网以完成复杂的控制、监视和能源管理功能,可以连接FLN设备并提供中央监控功能。MEC控制器目前共有24种,所有MEC控制

图 9.14　MEC 控制器

器 I/O 点均为 32 点。其中 MEC-11XX 系列不能扩展 I/O 点，MEC-12XX 系列可以通过扩展总线连接最多达 8 个点扩展模块，MEC-1X1X 系列配有手动/停止/自动（HOA）切换开关，MEC-13XX 系列支持 MODEM 拨号功能，MEC-1XXXF 系列支持多达 3 条 FLN，MEC-1XXXE 系列支持以太网的自控层网络（E-ALN），MEC-1XXXL 系列支持 1 条 LonWorks 现场总线。

2）紧凑型 PXC 控制器

紧凑型 PXC 控制器是最新推出的控制器，如图 9.15 所示。紧凑型 PXC 控制器处理器的工作主频达到 100 MHz，超过了 MBC 和 MEC 控制器。同样，PXC 控制器不仅内置了 PID 算法和最优化启/停（SSTO）的应用程序，更提供了最新的自适应控制算法。

目前，紧凑型 PXC 控制器共有 8 种型号，其中按照 I/O 控制点数有 16 点和 24 点 2 种选择，按照安装位置有室内型（工作温度 0～50 ℃）和室外型（工作温度 -40～70 ℃）2 种选择，安装网络连接方式有传统的 RS-485 网络和以太网 2 种选择。

PXC 控制器最大的特点是采用了 TX-I/O 的最新技术，使输入输出的选择变得更加灵活。

3）PXC Modular 控制器

PXC Modular 控制器是 APOGEE 系统于 2007 年底最新推出的高性能 DDC 控制器，如图 9.16 所示。它安装灵活，控制点数多，并支持 FLN 设备。

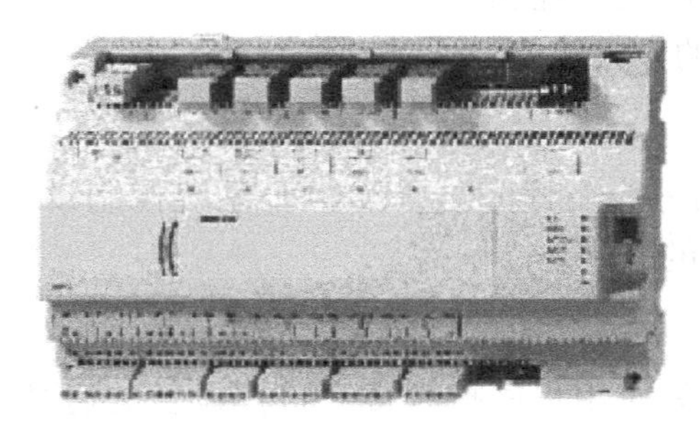

图 9.15　PXC 控制器

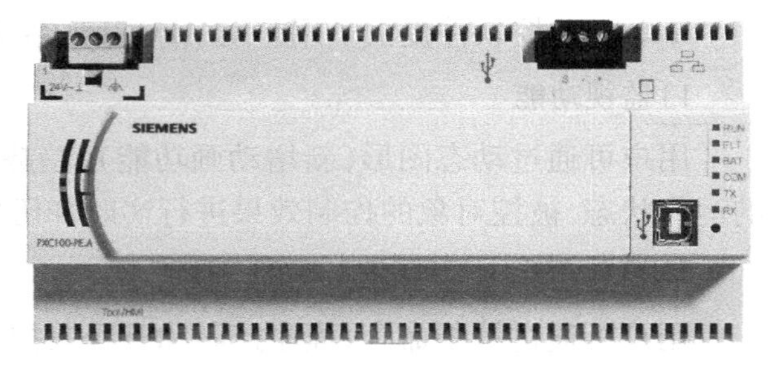

图 9.16　PXC Modular 控制器

PXC Modular 控制器和 TX-I/O 模块组合，可以形成独特的解决方案：

①通过“自组”总线可以控制最多达 500 点的 TX-I/O 模块。

②部分 TX-I/O 模块带有 LCD 就地显示和手动操持功能。

PXC Modular 控制器使用了 32 位 POWER PC 的 CPU，主频由原来 48 MHz 提高到 133 MHz，内存最多可达 72 MB。PXC Modular 控制器同时有以太网和 RS-485 的接口，可以支持以太网或 RS-485 通信（不能同时使用）。

4）控制算法

西门子楼宇科技将 Cybosoft 公司研发的无模型自适应控制（Model-Free Adaptive，MFA）专利技术嵌入到西门子 APOGEE 楼宇自控系统中，可获得明显优于传统 PID 控制的控制品质。

9.2.4 工程案例

1)工程概况

重庆长安酒店地下3层,地面27层,采用西门子楼宇科技APOGEE顶峰楼宇自控系统,对建筑物内的空调系统、照明系统、给排水系统、配电系统等设备实行全时间的集中监测、分散控制和管理。

2)监控范围

(1)冷热源系统(含冷冻系统、热水机组和热交换系统)

(2)空调/新风系统

(3)灯饰照明系统

(4)给排水系统

(5)变配电系统

3)各子系统描述

(1)中央工作站　中央管理工作站位于酒店中央控制室内,对整个BAS进行集中管理。

①硬件配置

a.中央工作站(BAS):Pentium 4/2.6 GB;512 MB内存,80 GB硬盘,10/100 Mb/s自适应网卡,40倍光驱;17英寸液晶显示器;控制接口板或通讯卡1只;

b.工作站(BMS):DELL PE 4600;

c.打印机:EPSON点阵打印机LQ-1600K3。

d.通讯卡:1套。

e.UPS电源:1台。

②软件配置　预装中文WIN2000 PORFESSIONAL,Apogee高级用户端软件。

(2)冷水机组的监控

a.监控内容及方法:

冷负荷计算:根据冷冻水供、回水温度和供水流量测量值,计算建筑空调实际所需冷负荷量,计算公式如下:

$$Q = c_p G(T_1 - T_2)$$

式中　T_1——回水管温度;

T_2——供水总管温度;

G——回水管流量。

机组台数控制:根据建筑所需冷负荷及差压旁通阀开度,自动调整冷水机组运行台数,达到最佳节能目的。当负荷大于第一台机组的15%时,则第二台机组运行。

机组联锁控制。启动:冷却塔蝶阀开启,冷却水蝶阀开启,开启冷却塔风机,开启冷却水泵,开启冷冻水蝶阀,开启冷冻水泵,开启冷水机组;停止:停止冷水机组,关闭冷冻泵,关闭冷冻水蝶阀,关闭冷却水泵,关闭冷却水蝶阀,关闭冷却塔风机、蝶阀。

冷冻水差压控制:根据冷冻水供回水压差,自动调节旁通调节阀,维持供水压差恒定。

冷却水温度控制:根据冷却水温度,自动控制冷却塔风机的启/停台数。

水泵保护控制:水泵启动后,水流开关检测水流状态,如果发生故障则自动停机;水泵运行时,如果发生故障,则备用泵自动投入运行。

机组定时启/停控制:根据事先排定的工作节假日作息时间表,定时启/停机组,自动统计机组各水泵、风机的累计工作时间,提示定时维修。

机组运行状态:监测系统内各机组的工作状态,自动显示,定时打印及故障报警。

水箱补水控制:自动控制进水电磁阀的开启与闭合,使膨胀水箱水位维持在允许范围内,水位超限进行故障报警。

b. 设备基本配置:

DDC 控制器:SIEMENS 模块化楼宇控制器 MBC 及扩展模块。

液位开关。

电动调节阀及驱动器。

电动蝶阀及驱动器。

冷水系统由冷冻主机自身的控制器实现对冷冻主机和冷水系统的群控功能。冷水系统通过网关方式和楼宇自控系统进行通信,实现集中监控。冷冻机组控制流程框图如图 9.17 所示。

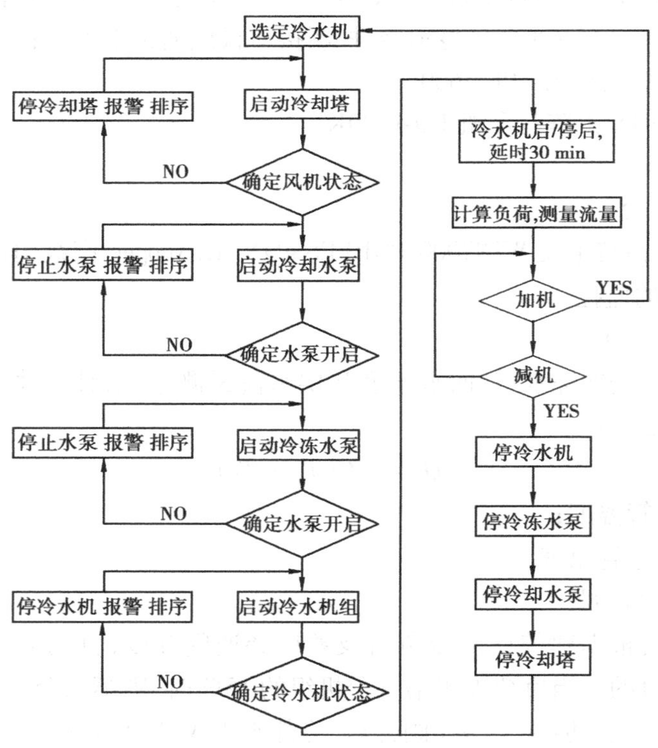

图 9.17　冷冻机组控制流程框图

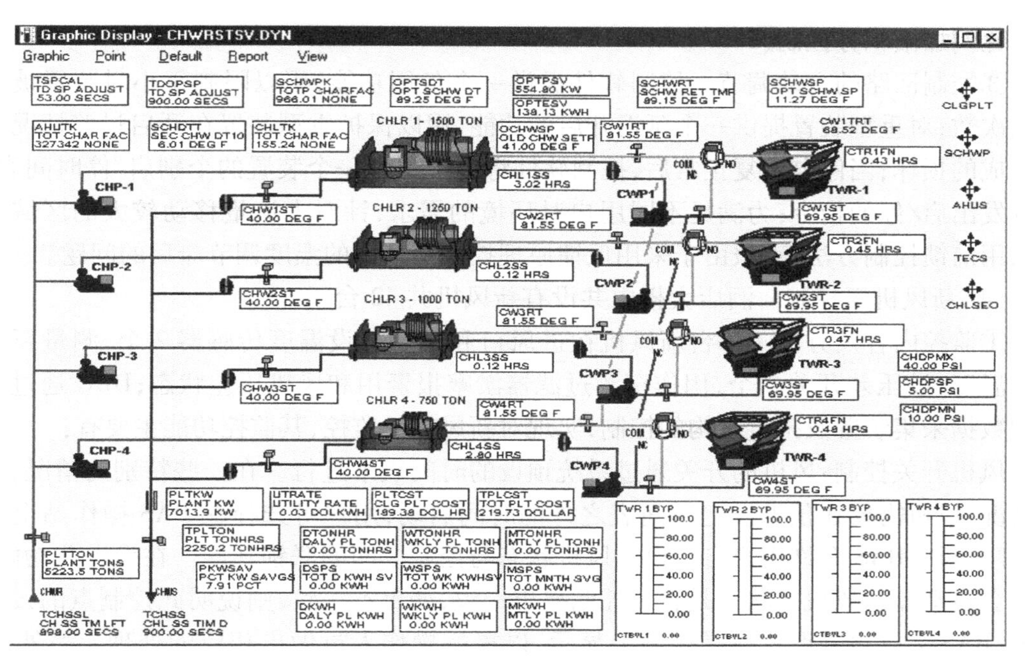

图 9.18　冷冻机组控制界面图

c. 控制界面图:冷冻机组控制界面如图 9.18 所示。

(3)空调机组的监控　酒店共设有 4 台空调机,设置在同一层内。

①监控内容及方法

启/停控制:在中央管理站设定时间表程序,并下载至相应的 DDC,控制空调机组风机的启/停。并可根据要求临时或者永久设定、改变有关时间表,确定高峰和特殊时段。

温度控制:通过安装在室内的空气质量传感器和风管上的风管温度传感器测量新风温度、回风温度和送风温度来调节新风、排风和回风风门开度。在提供室内舒适环境的前提下,控制新风和回风比例,实现节能的目标。

根据系统的设定参数控制调节阀开度,以达到降温或加热的功能,以保证控制区域内温度的要求,同时节约能源。

根据室外温度、湿度和比焓值计算对空调机设定温度进行修正。

状态监测:通过对风机热继电器状态监测,产生风机故障报警信号;通过空调控制柜的二次回路监测风机的运行状态信号;通过空调控制柜的二次回路监测风机的手/自动状态信号;通过安装压差开关,监测过滤网两侧压差,根据设定值产生阻塞报警信号,提示清洗过滤网;通过安装压差开关,监测风机两侧压差,根据设定值产生风机压差状态信号,检测风机实际的运行状态。压差设定值 20 ~ 300 Pa 可调范围。

②软件控制模式　DDC 控制器能进行下列各项标准及完备的控制模式:

两位控制(ON/OFF);

比例控制(P);

比例加积分控制(PI);

比例加微积分控制(PID)。

③控制回路的自动调节　控制软件提供一个备用功能,用以限制每小时装置被控制周期次数;对重型装置提供一个延迟开启的功能,用以保护重型装置在开启过渡情况下可能造成的损坏;当停电恢复正常后,控制软件将会根据每一个装置的个别启/停时间表,对装置发出启/停的指令;为满足不同用户对环境的需求,针对人流量移动较大的区域或时段采用前馈控制方法,克服由于采用反馈原理控制而造成的温度调节滞后的问题。

(4)新风机组控制　酒店大楼内共设有新风机共42台。

①监控内容及方法　每台新风机在进风口和送风口设温度传感器2个,测量新风和送风温度,设压差开关2个,用作探测过滤器淤塞报警用和风机压差状态;DDC通过对以上的数据采集装置及执行机构的控制,实现对新风机的监控,其监控功能主要有:

风机开关控制:风机的开关通过系统预设的时间表来进行。在一些特别的情况,如加班情况,风机需要在预先设定时间表之外的时间启动,用户可选择在BAS操作站上操作启/停风机。BAS允许用户自行设定风机状态与控制之间的联锁功能。在设定此功能后,BAS会自动监测风机的状态是否与控制要求一致,如果不一致,则说明此控制点的设备有故障,BAS会以报警形式在操作站上显示,以提醒操作人员做出相应的处理。另外,BAS会将有关的事项一一记录,以作日后检查之用。另外, BAS允许用户自行设定测量设备的累积运行时间,以便维修人员在设备运行至一定时间后, 进行维修工作。

风机运行状态监测:通过风机主接触器监测风机的运行状态,以便操作人员了解风机的运行状态。

滤网状态检测:通过压差开关,监测过滤网的前后压差。当压差超过压差开关的预设值(在压差开关上可调), 系统会以报警形式在操作站上显示,以提醒操作人员做滤网清洗工作。而系统也会将有关的事项一一记录,以备日后检查之用。

运行时间累计:系统利用软件统计记时功能,可以实时的累计风机的运行时间,并记录显示。

冷冻水阀门、送风温度控制。

风机报警监测:DDC控制器会检测风机热继电器辅助触点。在有报警时,停下风机并以报警形式在操作站上显示,以提醒操作人员安排有关人员做检修工作。而系统也会将有关的事项一一记录,以备日后检查之用。

节能控制:在春秋过渡季节,尽量使用新风能量;在冬夏季节,在保持最小新风量的前提下,尽量利用回风能量,以达到节能效果。

②控制界面图　新风机组控制界面如图9.19所示。

(5)给排水系统

①监控内容及方法　液位监视:液位计提供干接点信号给DDC,当集水坑中污水达到高水位时报警,同时对水泵运行状态和故障报警进行监控。运行时间统计软件实现对水泵的运行时间进行累计。

②设备基本配置　其配置包括SIEMENS扩展模块和液位传感器。

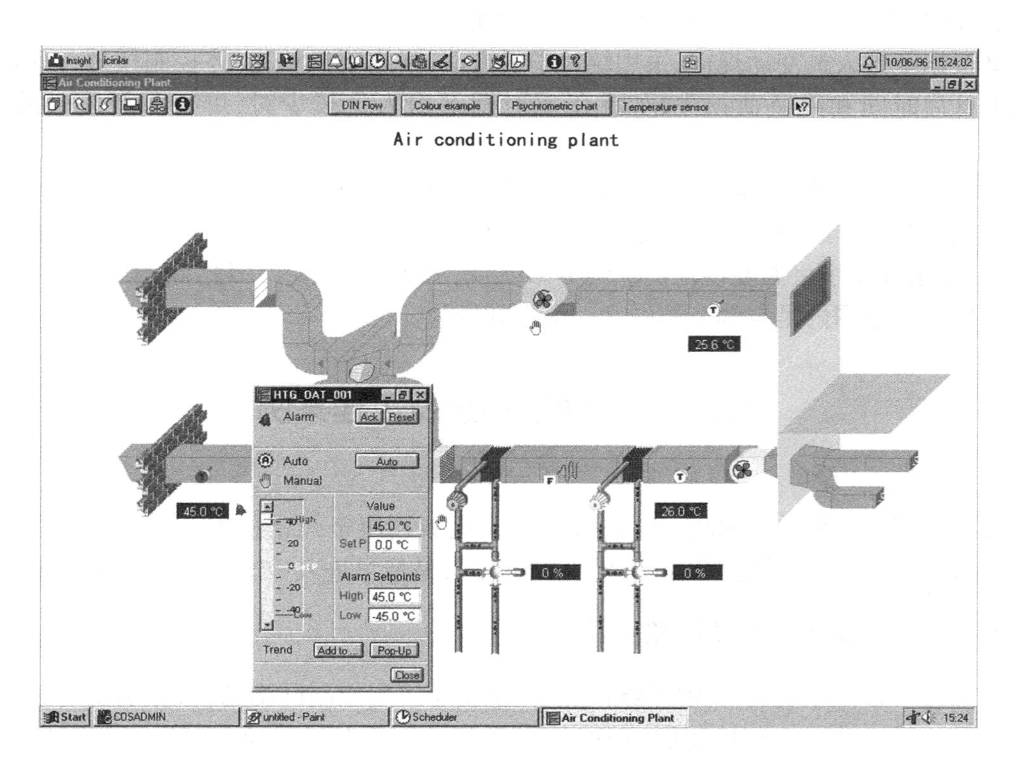

图 9.19　新风机组控制界面图

(6)变配电及照明系统监控

①监控内容及方法　参数检测及报警:自动检测电力参数,如电压、电流、回路状态、变压器温度等。

②设备基本配置　其配置包括 SIEMENS 控制器 MBC、点模块及通讯网关。

4)节能措施

在不影响舒适性的前提下,通过对冷冻水温度的最佳设定值及实际冷负荷计算,对空调系统进行优化启/停控制,以缩短设备的运行时间,从而达到节能的目的。具体节能措施如下:

(1)空调场所温度设定　对于没有确切温湿度要求的公共区域,适当提高设定温度可减少能耗。如办公用房温度设定在 25 ℃左右,在室内外过渡的前厅,若同样设于 250 ℃左右,则与室外温差过大,人一进门会感觉不适,可设定在 28 ~ 30 ℃,比室外低 4 ~ 5 ℃;走道可设定在 27 ~ 28 ℃。这样,逐渐过渡到办公区域,不但人体感觉舒适,还可有效地减少不必要的能耗。

(2)新风控制　根据季节变化,合理地进行新风控制是节能的另一个措施。在满足室内空气卫生的前提下,减少新风量,有显著的节能效果。新风量控制的措施有以下几种方法:

①在夏季午夜室外温度最低时,开启新风机,使室外低温空气充盈室内,然后关闭风

门,从而减少第二天上班前空调系统的预冷时间。

②根据室内人员变动规律,采用统计学的方法,建立新风机启/停控制模型,以减少新风机的开启时间和冷负荷损失,如在午餐时间室内人员较少时,可减少新风机的开启台数。

③在过渡性季节,尽量使用室外新风,以减少冷负荷损失。

(3)提高室内温湿度控制精度　楼宇内温湿度的变化与楼宇节能有着紧密的关系。据报道,如果在夏季将温度设定值下调 1 ℃,将增加 9% 的能耗。因此,将楼内温湿度控制在设定值精度范围内是空调节能的又一个有效措施。

9.3　江森楼控系统及工程案例

江森自控公司创立于 1885 年,总部位于美国威斯康辛州密执根湖畔的米沃尔基市,其楼宇自控系统于 20 世纪 80 年代初期进入中国,是最早进入中国的楼宇自控品牌。

9.3.1　江森楼控系统网络结构

江森楼宇自控系统简称 METASYS,总体上基于三层控制网络结构,分别是现场层(传感检测及执行驱动器件)、控制层(DDC 直接数字控制器及扩展控制模块)、管理层(系统软件管理平台及网络控制单元)。

METASYS 管理层主要有以下两种系统架构:

1)ADS/NAE 架构

即应用数据服务器/网络控制引擎结构,该架构在远程信息交换、与 IT 技术的完全融合及提升能源管理效率等方面表现卓越。

2)M5/NCU 架构

即 M5 工作站/网络控制器结构,METASYS 系统 M 系列是江森自控王牌系列,拥有一万多套应用案例。管理层均采用 TCP/IP 网络传输协议。

METASYS 系统控制层主要有 3 种基于总线结构的协议架构:N2 协议、BACnet 协议、Lon 协议。根据选择的传输协议选择相应 DDC 控制设备。

9.3.2　常用控制器

江森自控常用控制器由 3 个系列构成:DX 系列、FX 系列和 FEC 系列。各个系列控制器其点位分布有所差异,应根据项目点位分布选择合适的系列。

9.3.3　常用传感器和执行器

江森自控传感器及执行器件产品主要包括:

①水及风路温/湿度传感器:如 TE-6300 系列温度传感器,HT-9000 系列温湿度传

感器等。

②水流状态开关:如 F61KB 系列。

③水路压力传感器:如 P499 系列。

④风路压差开关:如 P233 系列。

⑤风路静压差传感器:DPT266 系列。

⑥盘管低温保护:A11D 低温保护。

⑦水流量检测:DWM2000 系列。

⑧风阀执行机构:M9000 系列。

⑨电动水阀机构:VG1000 系列,VG8000 系列。

9.3.4 工程案例

重庆永川锦绣花园大酒店,占地 50 多亩,是一座按照五星级标准建造,总投资上亿元的高标准、现代化的花园式酒店。酒店设有标准客房、豪华套房等 200 多套;大、中、小会议室数十个,并配备现代化会议系统,可提供多媒体和远程电视电话会议服务;还设有票务中心、商务中心、购物中心、体育健身及各式餐饮娱乐等配套服务场所。

1)系统方案设计

(1)设计范围　根据业主需求,该项目设计范围包括:冷热源系统、发电机组及变配电系统、给排水系统、电梯系统、空调机组、新风机组、照明系统等 8 个子系统。

大楼各子系统主要设备的数量及监控点设计如下:

①冷热源热交换系统主要设备(4 台冷冻泵、4 台冷却泵、3 台冷却塔、3 台冷水机组、3 台热水机组、4 台热交换泵)初步设计 124 个监控点;

②发电机组及变配电系统主要设备(4 台变压器、1 台柴油发电机组、12 台高压配电柜、39 台低压配电柜)初步设计 239 个监控点;

③给排水系统(4 台生活泵、8 台污水泵、3 个生活水箱、4 个集水池等)初步设计 69 个监控点;

④ -2F ~ 25F 共有 27 台空调机组、28 台新风机组,初步设计 412 个监控点;

⑤大楼有照明及动力配电箱 60 个,双电源切换控制箱 30 个,初步设计 259 个监控点;

⑥电梯系统共计 8 部,初步设计 16 个监控点。

(2)中央工作站　中央管理工作站设置 1 个,位于大楼负一层物业管理用房用。

(3)各现场控制站监控功能

①冷水机组的监控

a. 监控内容及方法如表 9.2 所示。

表 9.2　冷水机组监控内容及方法

监控内容	控 制 方 法
冷负荷计算及机组台数控制	根据冷冻水供、回水温度和供水流量测量值,计算实际需要的冷负荷:根据建筑所需冷负荷及差压旁通阀开度,自动调 $Q=c_pG(T_1-T_2)$,T_1 为冷冻水回水总管温度;T_2 为冷冻水供水总管温度;G 为冷冻水回水流量。当负荷大于一台机组的15%时,则第二台机组运行
机组联锁控制	启动顺序:冷却塔蝶阀开启,冷却水蝶阀开启;开启冷却塔风机;开启冷却水泵;冷冻水蝶阀开启,开启冷冻水泵;开启冷水机组
	停止顺序:停止冷水机组;关闭冷冻泵,关闭冷冻水蝶阀;关闭冷却水泵,关闭冷却水蝶阀;关闭冷却塔风机、关闭冷却塔蝶阀
冷却水温度控制	根据冷却水温度,自动控制冷却塔风机的启/停台数
水泵保护控制	水泵启动后,水流开关检测水流状态,如发生故障,则自动停机;水泵运行时,如发生故障,则备用泵自动投入运行
机组定时启/停控制	根据事先编制的时间假日程序,定时启/停机组,自动统计机组各水泵、风机的累计工作时间,提示定时维修
机组运行状态	监测系统内各机组的工作状态,自动显示,定时打印及故障报警
水箱补水控制	自动控制进水电磁阀的开启与闭合,使膨胀水箱水位维持在允许范围内,水位超限进行故障报警

b. 监控原理如图 9.20 所示。

②热交换系统的监控

a. 监控内容及方法如表 9.3 所示。

表 9.3　热交换系统监控内容及方法

监控内容	控 制 方 法
热交换器监控	热交换阀门控制、水流状态、水压及温度检测
热水循环泵监控	热水循环泵启/停控制,运行状态、手/自动状态、故障报警
水箱补水控制	自动控制进水电磁阀的开启与闭合,使膨胀水箱水位维持在允许范围内,水位超限进行故障报警

b. 监控原理图原理图如图 9.21 所示。

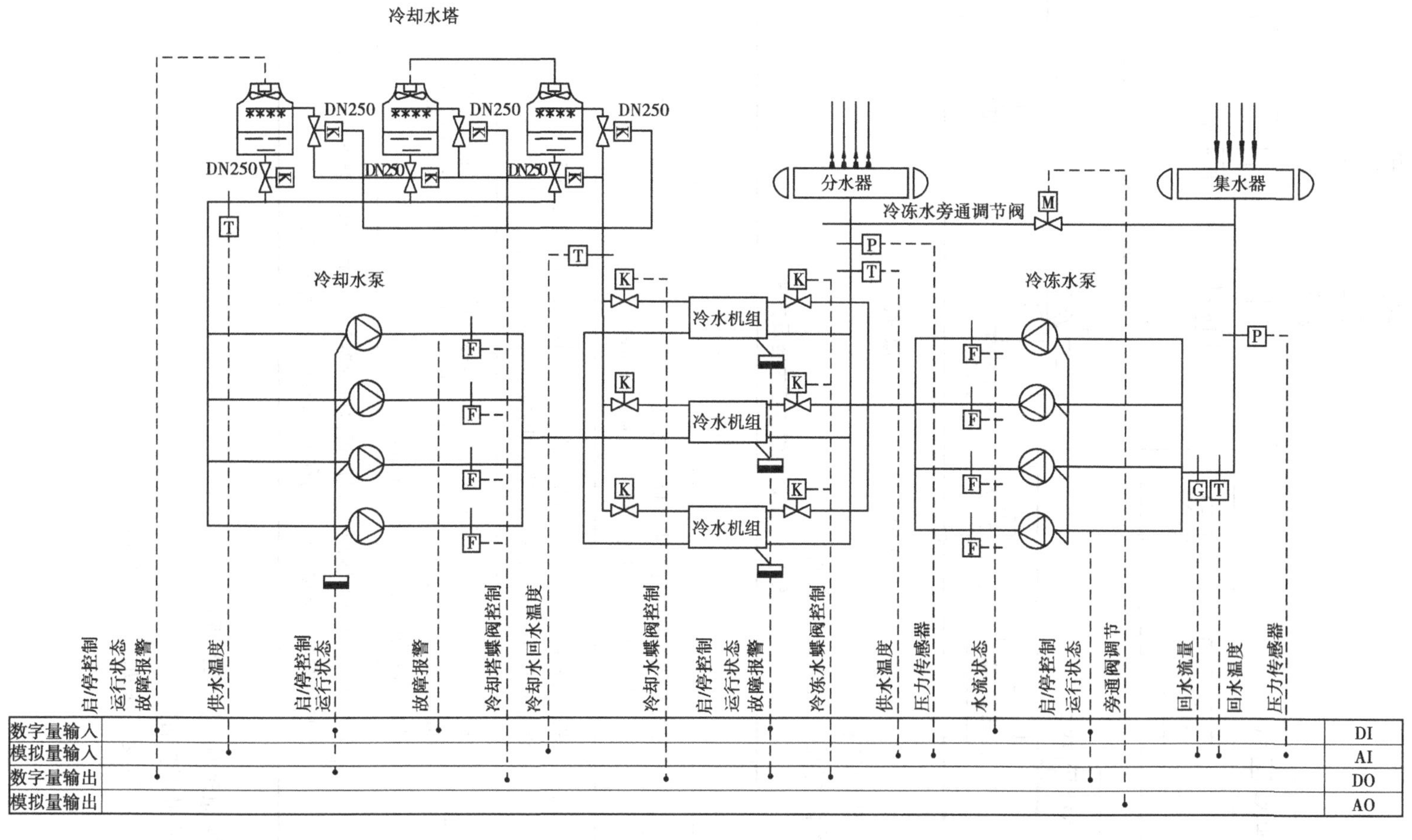

图9.20 冷水机组的监控原理图

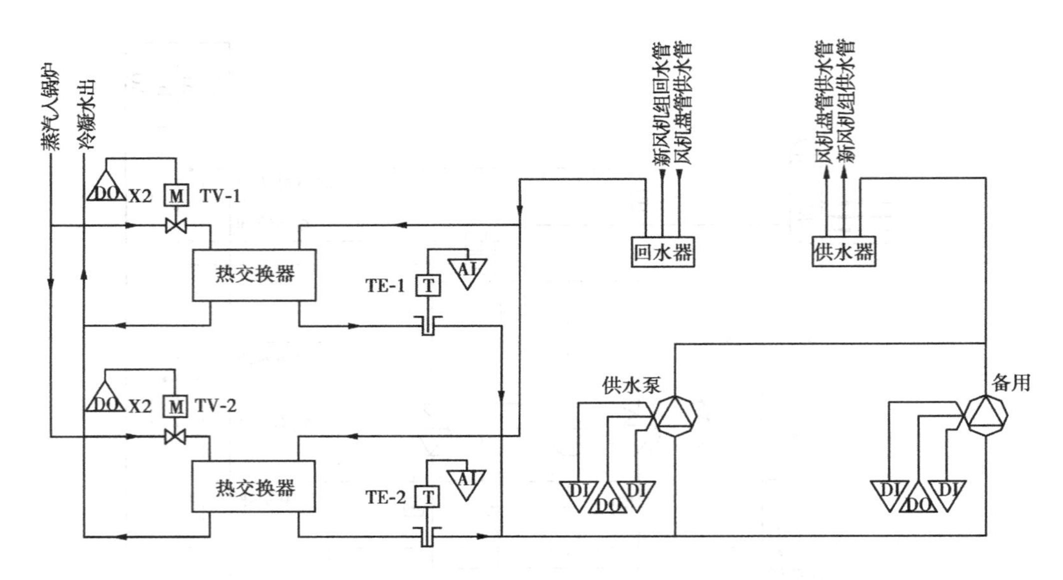

图 9.21　热交换器监控原理图

③空调机组监控

a. 监控内容及方法如表 9.4 所示。

表 9.4　空调机组监控内容及方法

监控内容	控　制　方　法
启/停控制	根据事先编制的时间假日程序,控制空调机组的启/停;根据要求临时或者永久设定、改变有关时间表,确定高峰和特殊时段
温度控制	通过安装在回风管上的温度传感器测量回风温度;根据系统的设定温度控制暴调节阀开度;根据室外温、湿度和焓值计算对空调机设定温(湿)度进行修正
状态监测	通过风机热继电器状态监测,产生风机故障报警信号;通过空调控制柜的二次回路,产生风机的运行状态信号和手/自动状态信号;通过安装压差开关,监测过滤网两侧压差,产生阻塞报警信号
调节	通过回风管和新风管上的风阀模拟执行器对新风和回风比进行调节,在满足空气质量的要求下提高回风的利用率,实行最大化的节能

b. 监控原理如图 9.22 所示。

④新风机组控制。

a. 监控内容及方法如表 9.5 所示。

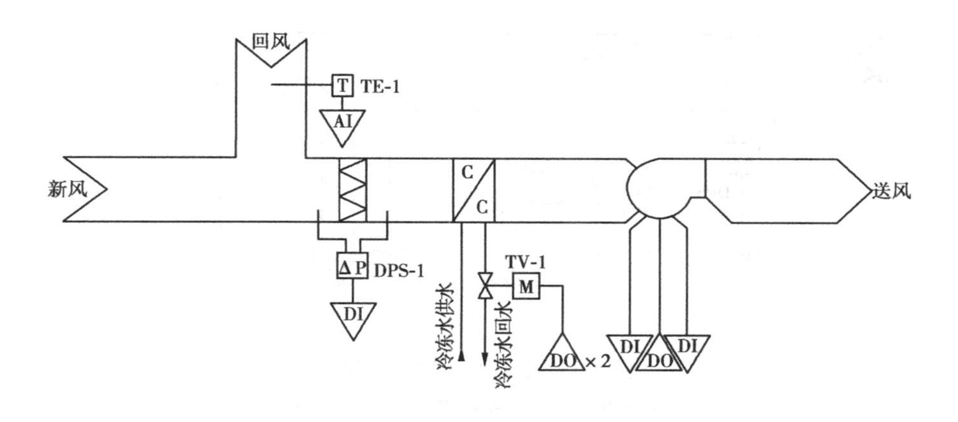

图 9.22 空调机组监控原理图

表 9.5 新风机组监控内容及方法

监控内容	监 控 方 法
风机开关控制	根据事先编制的时间假日程序进行风机启/停控制,并可根据临时需要在 BAS 操作站上操作启/停风机;允许用户自行设定风机状态与控制之间的联锁监测功能,系统会自动监测风机的状态是否与控制要求一致。如果不一致,则说明此控制点的设备有故障,BAS 会以报警形式在操作站上显示,以提醒操作人员做出相应的处理,同时系统会将有关的事项一一记录,以备日后检查之用。BAS 允许用户自行设定测量设备的累积运行时间,以便维修人员在设备运行至一定时间后,进行维修工作
滤网状态检测	通过压差开关,监测过滤网的前后压差。当压差超过压差开关的预设值(在压差开关上可调),系统会在操作站上显示报警信息,以提醒操作人员做滤网清洗工作。而 BAS 也会将有关的事项一一记录,以备日后检查之用
冷冻水阀门、送风温度控制	检测送风温度,并与设定的温度值进行比较,进行 PID 运算,然后输出至冷冻水阀,以调节送风温度;冷冻水阀与风机状态联锁,在风机关闭的情况下,将冷冻水阀关闭
风机报警监测	检测风机热继电器辅助触点。有报警时,停下风机并在操作站上显示报警信息,以提醒操作人员做检修工作。而 BAS 也会将有关的事项一一记录,以备日后检查之用
其他	根据室外温、湿度的比较,自动调节风机转速比例,在春秋过渡季节,尽量使用新风能量;冬、夏季节,在保持最小新风量的前提下,尽量利用回风能量,以达到节能效果

b. 监控原理如图 9.23 所示。

⑤给排水系统。

a. 监控内容及方法如表 9.6 所示。

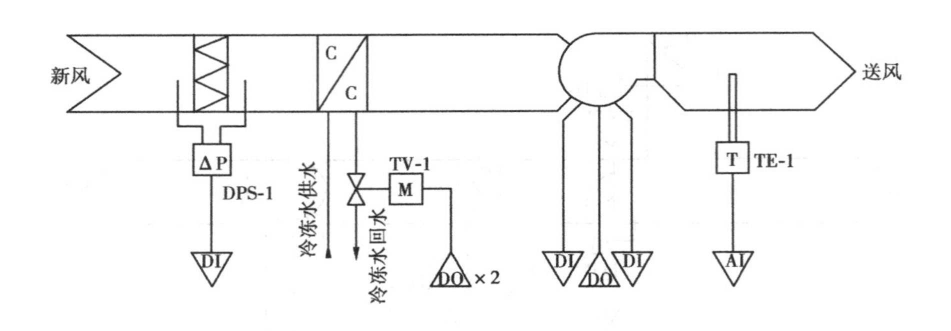

图 9.23　新风机组监控原理图

表 9.6　给排水系统监控内容及方法

监控内容	监　控　方　法
开关控制	DDC 输出 DO 控制，于预定时间启/停。水泵液位计提供干接点信号给 DDC，当集水坑中污水达到高水位时，启动排水泵，低水位停泵，各类水泵运行状态、故障报警和手自动状态的监控
生活/消防水池	高低液位监控
生活/消防水箱	高低液位监控

b. 监控原理如图 9.24 所示。

⑥照明系统。

a. 监控内容及方法如表 9.7 所示。

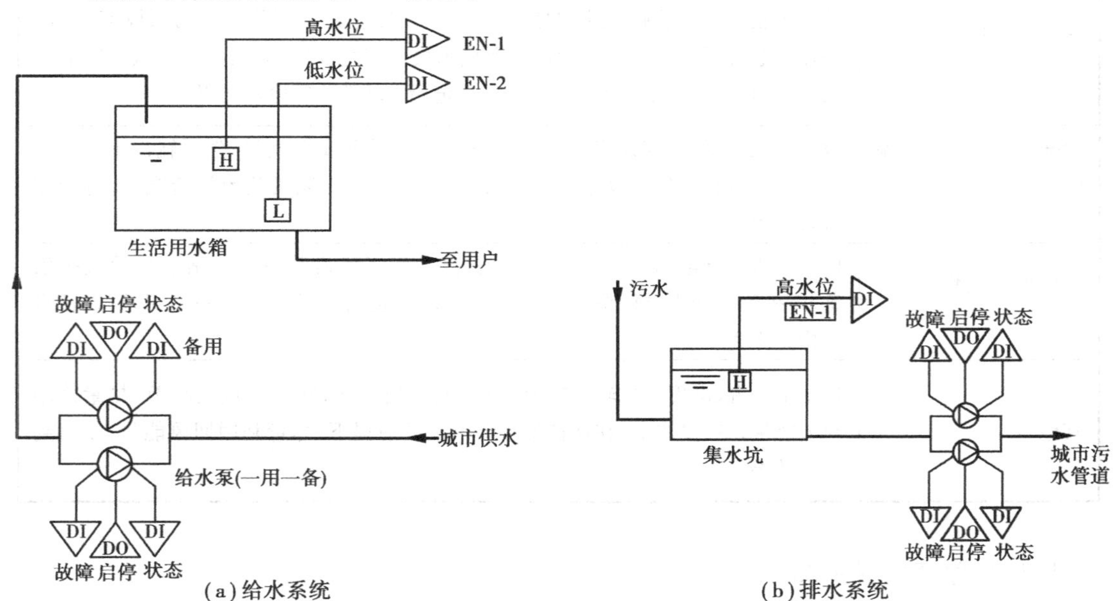

图 9.24　给排水系统监控原理图

表 9.7　照明系统监控内容及方法

监控内容	监　控　方　法
开关控制	DDC 输出 DO 接点控制辅助继电器,实现公共照明的远程启/停,环境照明的调光控制
状态监测及报警	监测每个照明回路的运行状态、手自动状态及故障时报警

b. 监控原理如图 9.25 所示。

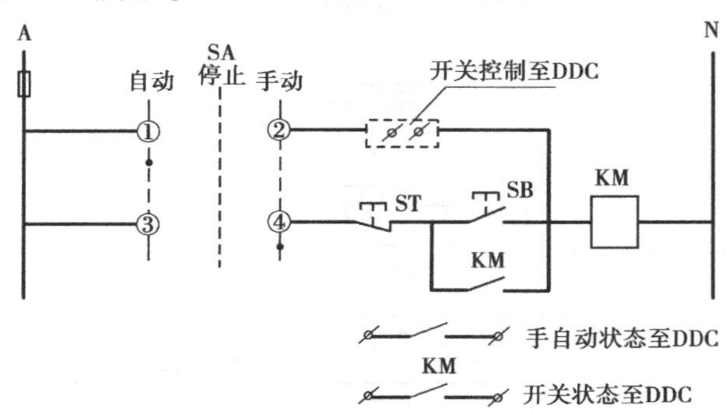

图 9.25　给排水系统监控原理图

⑦发电及变配电系统。

a. 监控内容及方法如表 9.8 所示。

表 9.8　发电及变配电系统监控内容及方法

监控内容	监　控　方　法
柴油发电机组	运行状态、故障报警、手/自动状态监测;温度监测、电力参数监测:如电压、电流、有功功率、功率因数及频率等
变压器	运行状态、故障报警、超温报警和开关状态监测
高低压进出线	高压进线的有功功率、功率因数、电压、电流以及低压出线的有功功率、功率因数、频率、电压、电流等

b. 监控原理如图 9.26 所示。

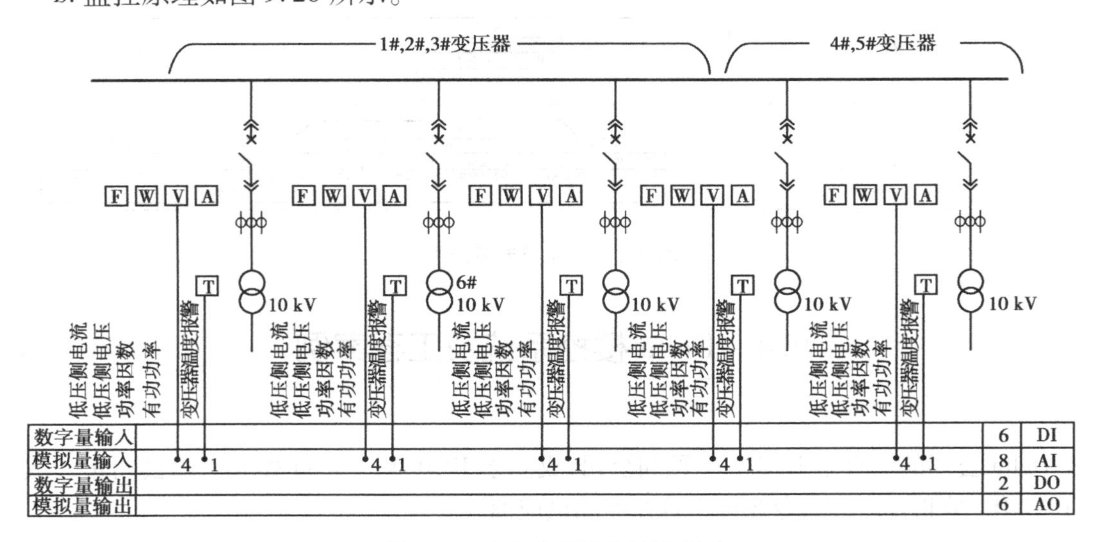

图 9.26　变配电系统监控原理图

⑧BA 控制系统图。

BA 控制系统图如图 9.27 所示。

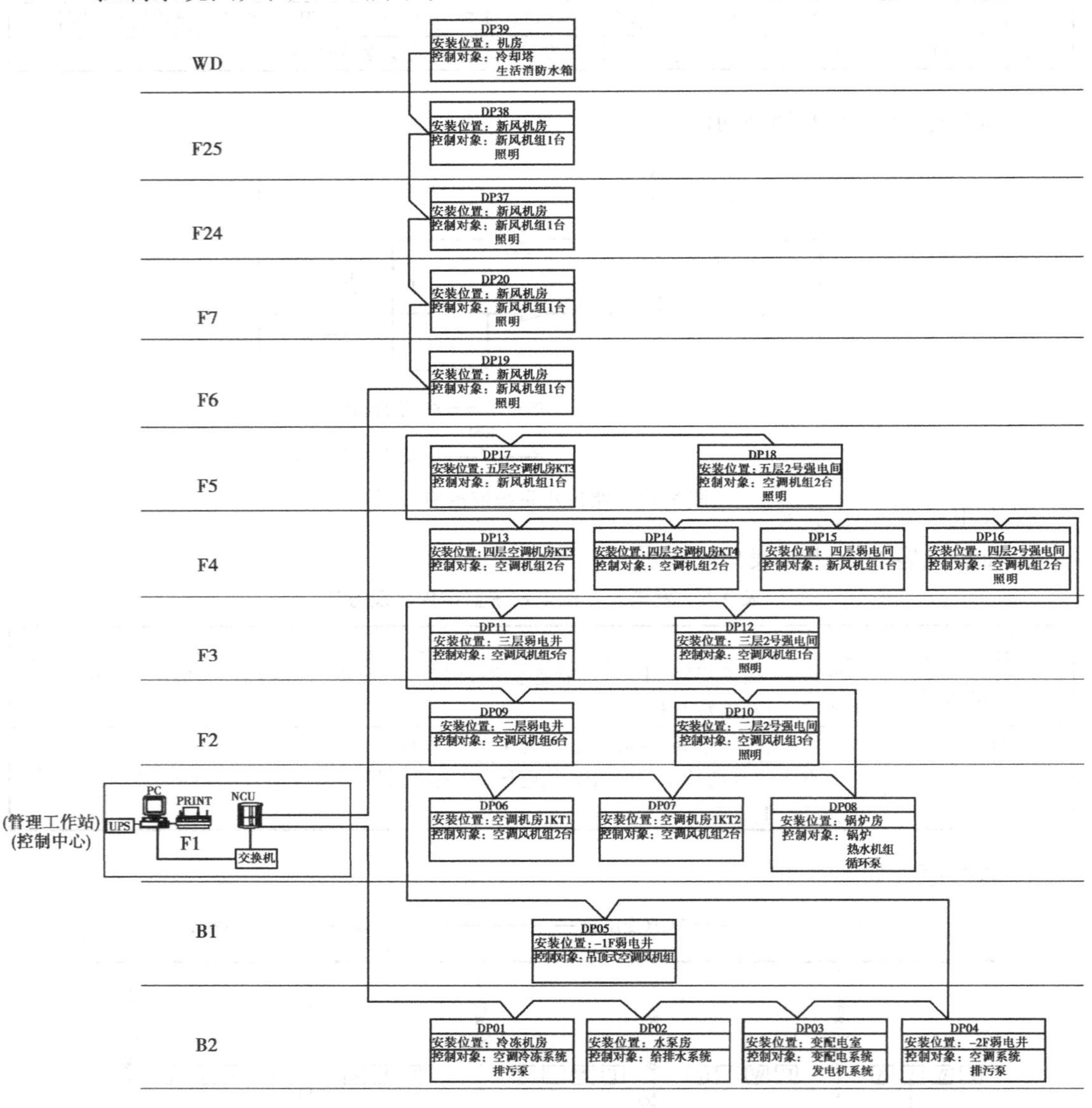

图 9.27　BA 控制系统图

9.4　Delta 楼控系统及工程案例

Delta 公司的前身是 ESC 工程顾问公司，成立于 1980 年。Delta 控制有限公司正式成立于 1987 年，是北美最大的专业楼宇自控产品供应商。

9.4.1 Delta 楼控系统概述

1)真正的 BACnet

Delta 的 ORCA 硬件是遵循 BACnet 协议的硬件产品,在与其他 BACnet 系统通信中可直接进行数据的交换而无需使用网关。由于 Delta 的硬件产品实现了全部标准的 BACnet 属性,并提供编辑命令对其直接进行编辑,使得其产品可方便地连接到其他供应商提供的 BACnet 系统中。

2)点对点通信

Delta 的 DSM(系统管理器)、DSC(系统控制器)及 DAC(应用控制器)都支持点对点的数据通信方式。

3)暖通空调、照明及门禁系统的集成

Delta 设计了真正的 BACnet 暖通空调控制、照明控制及门禁控制系统,这些系统可方便地集成在一起,而不会产生不兼容的问题。

4)LINKnet

Delta 开发了自己的 LINKnet 通信方式,可以和 BACnet 协议协同工作,使用 LINKnet 的目的是为了实现对控制器以外的其他 I/O 控制点的操控。

5)系统管理器

系统管理器是网络路由器,没有 I/O 接口,但是具有同其他控制器相同的数据库。它还包括实时计时器,后备电池和 EIA-232 接口。系统管理器是可编程的。

DSM-TO 是一种房间控制器,没有 I/O 接口能力,可连接由 DAC 控制器和 LINKnet 设备组成的网络。DSM-TO 主要用于需要 LCD 显示而无需任何 I/O 的场合。

6)系统控制器

系统控制器是具有独立控制能力的单元,具有 I/O 接口、实时时间芯片、后备电池、RS-232 接口等,并且支持 BACnet MS/TP 协议。系统控制器是可编程的,并带封装外壳。

7)应用控制器

应用控制器不能单独应用在需要时钟的场合,它需要与系统控制器或系统管理器配合使用。应用控制器没有实时的时间芯片、后备电池及 RS-232 串口,但可编程和支持 BACnet MS/TP 通信协议。

8)远程 I/O 模块

DFM 系列产品应用在 Delta LINKnet 网络中,向位于一级或二级网络的控制器提供远程 I/O。DFM 系列产品不能进行编程,其内部也不存在任何算法。

9)DNT-T221(模拟网络温控器)

DNT-T221 是一种既可选固定算法又可编程的控制器,内含固化的被控对象数据库,可选择5种不同的控制算法:VAV、VVT、风机盘管、单元加热器、热循环/热辐射器。这种控制器中内置一个集成的10 K热敏电阻、2个通用输入、2个模拟量输出和1个数字量输出。其数字量输出可通过脉宽调制变成时间比例信号,用来操作模拟量执行器。

9.4.2 楼控系统网络

I/O扩展网:每台DSC或DAC的扩展网可连接多台独立式单元控制器或扩展模块。为系统扩展及连接分散的I/O提供了方便,同时减少了布线材料和工作量,提高了可靠性。如图9.28所示,Delta的ORCA采用了多层网络结构。

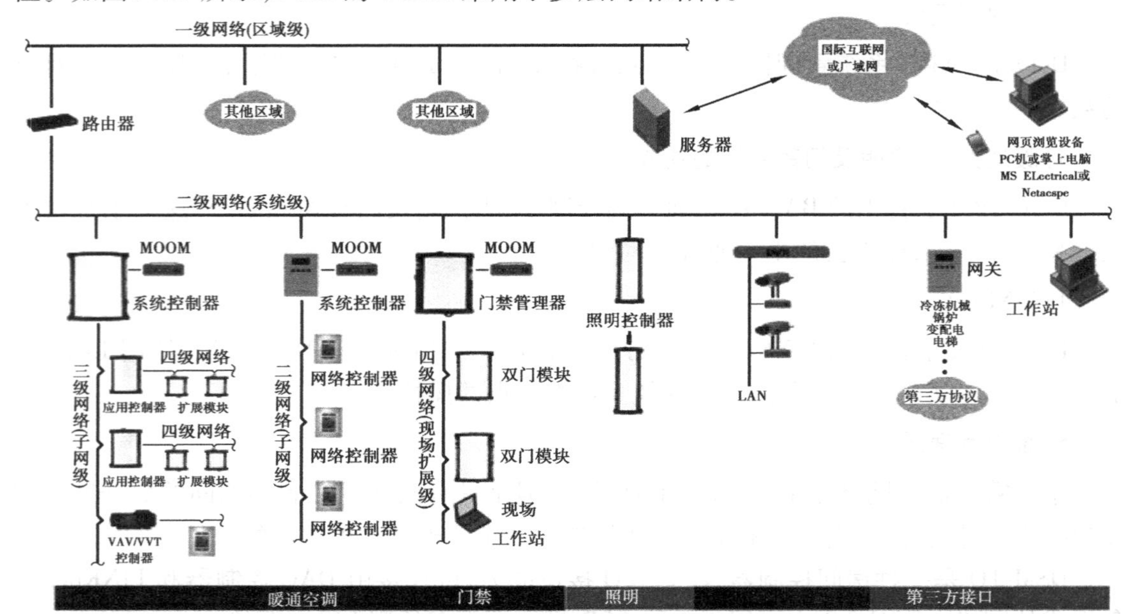

图9.28 楼控系统网络

一级网:采用以太网进行数据交换,实现区域性高速数据联网,通信速率10 Mbit/s。

二级网:通过Peer To Peer Network(同层总线共享无主从方式),可以连接多台控制器组成一个区域性应用。

9.4.3 常用控制器

1)系统控制器DSC-1616

Delta DSC-1616可以使用BACnet协议通过RS-485网络(NET1,NET2)通信,或者通过以太网(10BaseT)接口通信。它也支持MS/TP子网,用来连接VAV或其他应用控制器。NET1也可以被配置为LINKnet,这样可以支持最多12个Delta BACstats和其他Delta LINKnet I/O设备。

DSC-1616使用GCL语编写控制策略。嵌入软件和控制器数据库都可以通过网络下载。

Delta DSC-1616有16个输入和16个输出,适合于以下应用:空调机组、锅炉、制冷机组和其他各种暖通空调系统。其外形如图9.29所示。

2）应用控制器 DAC-633

Delta DAC-633 控制器是应用 BACnet MS/TP 协议，通过 RS-485 网络通信的 BACnet 应用控制器。这种控制器是针对用途广泛而 I/O 控制点数量比较少的设备设计的应用控制器，可以支持 4 个 Delta BACstat，使用 GLC 语言编写控制软件。嵌入软件和数据库都可以从网上下载。

图 9.29　DSC-1616 控制器

图 9.30　DAC-633 控制器

图 9.31　DAC-1600 控制器

Delta-633 控制器有 6 个输入点和 6 个输出点，适合控制风机盘管、送/排风机、热泵、小型锅炉和冷机等小型装置或 I/O 控制点数比较少的设备。

Delta 633 控制器是完全可编程的。GCL 程序和 BACnet 对象可依据特定的应用而建立和修改。其外形如图 9.30 所示。

3）应用控制器 DAC-1600

Delta 16 输入控制器是应用 BACnet MS/TP 协议，通过 RS-485 网络通信的 BACnet 应用控制器。这种控制器是针对 I/O 输入点数比较多而没有输出点的设备设计的应用控制器，它可以支持 4 个 Delta BACstat，使用 GLC 语言编写控制软件。嵌入软件和数据库都可以从网上下载。

Delta 16 输入控制器有 16 个输入点。它比较适合监视如电梯、变配电开关等输入点数比较多的设备。Delta 16 输入控制器是完全可编程的。GCL 程序和 BACnet 对象可依据特定的应用而建立和修改。其外形如图 9.31 所示。

9.4.4　常用传感器及执行器

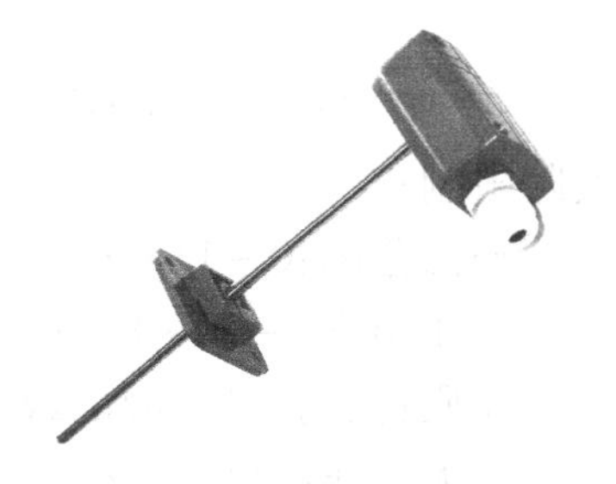

图 9.32　插入式温度传感器

1）插入式温度传感器

插入式温度传感器通过高精度热敏电阻 NTC 检测温度，可代替防冻保护开关功能。它通常安装在送回风风道上，测量空调送回风温度；也可以安装在空调箱体上，测量电加热器出风温度；还可以安装在热交换器上。插入式温度传感器外形如图 9.32 所示。

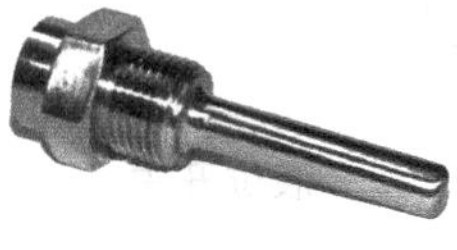

图 9.33　水管温度传感器

2）水管温度传感器

回水和供水管道水温测量的套管，可配套使用在电子温度传感器和变送器上。水管温度传感器外形如图 9.33 所示，主要性能指标如表9.9所示。

表9.9　水管温度传感器主要性能指标

工况	黄铜镀镍套管 气候条件 温度 管道压力	To IEC 721-3-3 class 3 K5 400 ℃ 16 PN.
	不锈钢套管 气候条件 温度 管道压力	To IEC 721-3-3 class 3 K5 600 ℃ 40 PN.
标准	CE 公认标准 EMC 标准	EN 61 000-6-1/ EN 61 000-6-3
外形	尺寸/(mm × mm)	外表: 32 × 27 + YY(H × W) 探针:ϕ12 × YY
	质量（标准净重）	100 g

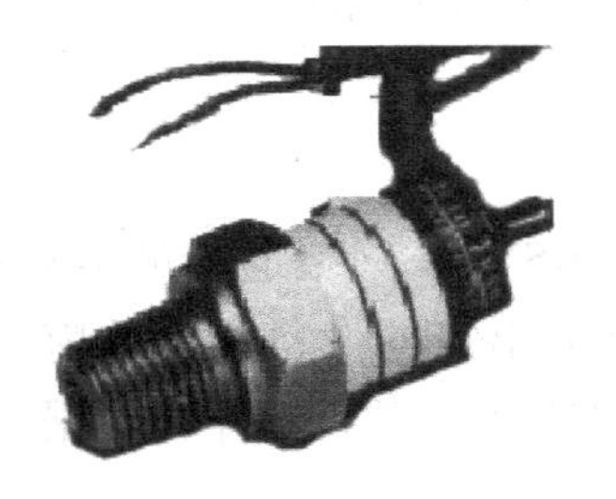

图9.34　压力变送器

3)压力变送器(高压型)

压力变送器外形如图9.34所示。其主要性能指标如下:

压力范围:0 ~ 100 到 0 ~ 10 000 Pa;

精度: < 1% 满量程;

稳定性: < 0.25% 满量程,在补偿范围内;

温度影响: < 2% 满量程;

过压:5 倍于满量程、20 000 Pa,二者较小数为实际限制;

补偿范围:0 ~ 130 ℃(30 ~ 130 ℉);

工作温度: −20 ~ 85 ℃(−4 ~ 185 ℉);

介质:任何介质,湿的或干的,只要17-4PH不锈钢可以承受;

最大工作湿度:90%,不结露;

电源:10 ~ 30 VDC;

供电电流:10 mA;

负载电阻(电压输出):最小500 Ω;最大1 100 Ω;

输出信号:4 ~ 20 mA;1 ~ 5 V。

4)液位开关

图9.35　液位开关

液位开关外形如图9.35所示,主要性能指标如表9.10所示。

表9.10　液位开关主要性能指标

型号	规格(所配电缆长度)	额定工作电压	额定工作电流	约定发热电流	工作环境温度	电寿命	机械寿命
Key	2 m	220 V	4 A	16 A	0～60 ℃	5×10^4 次	1×10^5 次
	3 m						
	5 m						
	10 m						
	15 m						

9.4.5　工程案例

1)工程概况

某办公综合楼机电设备主要分布在主楼-2～-1层、1～20层和附楼的1～3层。主楼-2～-1层主要有给排水系统、变配电系统和冷热源系统;主楼1～20层和附楼的1～3层主要有空调系统、电梯系统及照明系统。

2)楼控系统设计范围

(1)冷热源子系统

(2)空调机组子系统

(3)新风机组子系统

(4)变配电子系统

(5)照明子系统

(6)给排水子系统

3)各监控子系统介绍

(1)冷热源子系统　冷热源子系统是大楼空调系统的核心部分,为空调系统提供冷/热源。工程采用集中冷暖中央空调系统,主机采用风冷冷(热)水直燃机组。

针对系统特性,设计采用DSC系统控制器结合DAC应用控制器和DFM扩展模块对其进行监控。冷热源系统点位设计如表9.11所示:

表 9.11　冷热原系统设计

序号	设备名称	位置	数量	控制内容
1	冷冻水泵	B1F	3	启/停控制 运行状态 故障报警 手/自动状态
2	热水水泵	B1F	3	启/停控制 运行状态 故障报警 手/自动状态
3	冷却水泵	B1F	3	启/停控制 运行状态 故障报警 手/自动状态
4	直燃机组	B1F	2	启/停控制 蝶阀开关 运行状态 故障报警 手/自动状态
5	冷冻水总管	B1F	1	供/回水温度监测 回水流量监测
6	冷却水总管	B1F	1	供/回水温度监测
7	旁通总管	B1F	1	旁通阀调节控制 供回水压力监测
8	膨胀水箱	WDF	1	溢流液位监测 高液位监测 低液位监测
9	冷却塔	WDF	2	启/停控制 运行状态 故障报警 手/自动状态 蝶阀开关

(2)空调机组子系统　大楼空调机组为两管制新风机组,冷热阀共用,冬、夏季转换。监控对象为附楼3F的1台组合式空调机组。

结合大楼实际功能需求,设计采用DAC应用控制器和DFM扩展模块对空调机组进行机组的启/停和对机组的运行、故障监测等。空调机组系统点位设计如表9.12所示:

表 9.12　空调机组点位设计

序号	设备名称	位置	数量	控制内容
1	空调机组	附楼3F	1	启/停控制 运行状态 故障报警 手/自动状态
2	冷/热水阀	回水管	1	调节控制
3	新风风阀	新风段风管	1	调节控制
4	回风风阀	回风段风管	1	调节控制
5	过滤网	送风段风管	1	过滤网压差报警
6	送风温度	送风段风管	1	送风温度监测
7	回风温度	回风段风管	1	回风温度监测 回风湿度监测

(3)新风机组子系统　大楼新风机组为两管制新风机组,冷热阀共用,冬夏季转换。

监控对象包括主楼 1～12F 的 25 台新风机组(每层 2 台,其中 5F 设 1 台),共计 23 套。结合大楼实际功能需求,设计采用 DAC 应用控制器和 DFM 扩展模块对新风机组进行机组的启/停和对机组的运行、故障监测等。新风机组系统点位设计如表 9.13 所示:

表 9.13　新风机组系统点位设计

序号	设备名称	位置	数量	控制内容	序号	设备名称	位置	数量	控制内容
1	新风机组	1～12F	23	启/停控制	2	冷/热水阀	回水管	23	调节控制
				运行状态	3	过滤网	送风段风管	23	过滤网压差报警
				故障报警	4	送风温度	送风段风管	23	送风温度监测
				手/自动状态					

(4)变配电子系统　变配电子系统只用于大楼的高、低压设备的运行状态和发电机组及低压母联柜的状态进行监测,以使值班人员能了解高、低压设备的运行状况。

针对变压器和发电机组的运行状态、故障报警等监测,高、低压进线的运行状态监测和故障报警设计采用 DAC 应用控制器和 DFM 扩展模块对其进行监测。变配电系统点位设计如表 9.14 所示:

表 9.14　变配电系统点位设计

序号	设备名称	位置	数量	控制内容	序号	设备名称	位置	数量	控制内容
1	变压器	B1F	2	高温报警	3	发电机组	B1F	1	运行状态 故障报警
2	低压进线回路	B1F	2	运行状态 故障报警	4	低压母联柜	B1F	1	运行状态

(5)照明子系统　照明子系统主要针对大楼公共区域的照明和环境照明等场所的需求进行集中监控,以实现照明自控和节能的功能。合理分配控制区域,照明开/关设有预先时间程序控制,以实现对照明开关状态和开关控制的监控,同时配合安保系统实现联锁控制。监控对象包括楼层办公区域及公共照明:45 回路(主楼 1～12F 和附楼 1～3F 每层设 3 回路);大楼泛光照明:10 回路。设计采用 DFM 扩展模块对楼层公共照明以及大楼泛光的照明系统对其进行监控。照明系统点位设计如表 9.15 所示:

表 9.15　照明系统点位设计

序号	设备名称	位置	数量	控制内容	序号	设备名称	位置	数量	控制内容
1	楼层照明回路	主楼 1～12F 附楼 1～3F	45	启/停控制 状态监测 故障报警	2	泛光照明回路	室外	10	启/停控制 状态监测 故障报警

(6)给排水子系统　给排水子系统用于对大楼 B2F 及屋顶给排水系统内的各类水泵、水箱及集水坑等进行监测和控制,以减少物业管理人员的工作量。

给排水系统设备分布比较集中,以数字输出和数字输入监控点为主,考虑系统的可靠性,设计采用 DAC 应用控制器和 DFM 扩展模块对给排水系统相关设施进行监控。给排水子系统点位设计如表 9.16 所示：

表 9.16　给排水子系统点位设计

序号	设备名称	位置	数量	控制内容
1	屋顶生活水箱	WDF	1	高、低液位监测 溢流液位监测
2	集水坑	B1F ~ B2F	4	高、低液位监测 溢流液位监测
3	生活水泵	B1F	2	运行状态 故障报警
4	排水泵	B1F ~ B2F	8	运行状态 故障报警

(7)楼控系统图

楼控系统图如 9.36 所示。

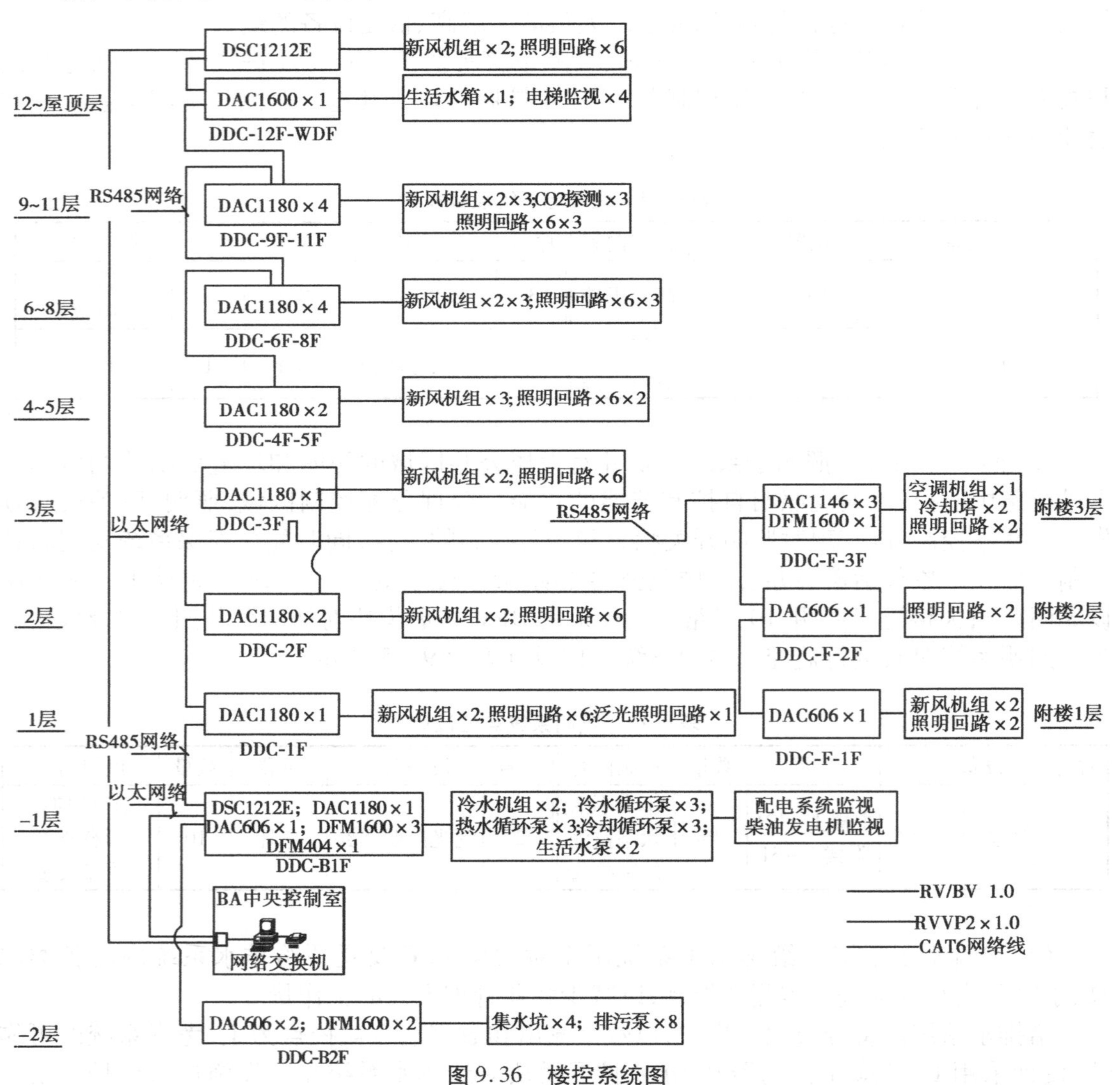

图 9.36　楼控系统图

参考文献

[1] 卿晓霞,等.建筑设备自动化[M].重庆:重庆大学出版社,2002.
[2] 王波,等.智能建筑导论[M].北京:高等教育出版社,2003.
[3] 董春桥,等.建筑设备自动化[M].北京:中国建筑工业出版社,2006.
[4] 江亿,等.建筑设备自动化[M].北京:中国建筑工业出版社,2007.
[5] 于海生,等.计算机控制技术[M].北京:机械工业出版社,2007.
[6] 潘新民,等.微型计算机控制技术[M].北京:高等教育出版社,2001.
[7] 曹承志.微型计算机控制新技术[M].北京:机械工业出版社,2001.
[8] 阳宪惠.现场总线技术及其应用[M].北京:清华大学出版社,1999.
[9] 李正军.现场总线与工业以太网及其应用系统设计[M].北京:人民邮电出版社,2006.
[10] 薛迎成,等.工控机及组态控制技术原理与应用[M].北京:中国电力出版社,2007.
[11] 杨育红.LON 网络控制技术及应用[M].西安:西安电子科技大学出版社,1999.
[12] 吴秋峰.自动化系统计算机网络[M].北京:清华大学出版社,2001.
[13] 惠晓实,等.BACnet 协议标准技术系列讲座[M].工程设计 CAD 及智能建筑,1999(9~12),2000(1~4).
[14] 王俊杰,等.LonWorKs 技术及其应用[M].自动化仪表,1999(7~12),2000(1~3).
[15] 俞金寿,等.过程控制系统和应用[M].北京:机械工业出版社,2003.
[16] 金以慧.过程控制[M].北京:清华大学出版社,1991.
[17] 邵裕森.过程控制及仪表[M].上海:上海交通大学出版社,1997.
[18] 张子慧.热工测量与自动控制[M].北京:中国建筑工业出版社,1996.
[19] 中华人民共和国国家标准.智能建筑设计标准(GB/T50314—2006)[S].北京:中国计划出版社,2000.
[20] 中华人民共和国国家标准.火灾自动报警系统设计规范(GB50116—98)[S].北京:中国计划出版社,1999.
[21] 中华人民共和国国家标准.民用建筑电气设计规范(JGJ16—2008)[S].北京:中国建筑工业出版社,2008.
[22] 刘耀浩.建筑环境设备控制技术[M].天津:天津大学出版社,2005.
[23] 郭维均,等.建筑智能化技术基础[M].北京:中国计量出版社,2001.

[24] 张振昭,等.楼宇智能化技术[M].北京:机械工业出版社,2000.
[25] 胡崇岳.智能建筑自动化技术[M].北京:机械工业出版社,1999.
[26] 上海市智能建筑试点工作领导小组办公室.智能建筑工程设计与实施[M].上海:同济大学出版社,2001.
[27] 刘国林.建筑物自动化系统[M].北京:机械工业出版社,2002.
[28] 杨文玲,等.高层建筑给水排水工程[M].重庆:重庆大学出版社,1996.
[29] 谢秉正.绿色智能建筑工程技术[M].南京:东南大学出版社,2007.
[30] 佟震亚,等.现代计算机网络教程[M].2 版.北京:电子工业出版社,2001.
[31] 谢希仁.计算机网络[M].4 版.北京:电子工业出版社,2003.
[32] 杨建军.智能化集成系统的发展与实现[M].智能建筑,2008(6).
[33] 邹超群,徐珍喜.智能建筑软件接口技术综述[M].智能建筑,2007(2).
[34] 董玉安.开放式协议在建筑智能化领域的应用[M].智能建筑电气技术,2008(2).
[35] 潘云钢.高层民用建筑空调设计[M].北京:中国建筑工业出版社,1999.
[36] 李金川,郑智慧.空调制冷自控系统运行与管理[M].北京:中国建材工业出版社,2002.
[37] ASHRAE Handbook(2007-HVAC Applications-SI),2007.
[38] 霍小平.中央空调自控系统设计[M].北京:中国电力出版社,2004.
[39] 荣剑文.VAV 空调系统的几个控制策略[J].制冷空调与电力机械. 2007(28).
[40] 陈建胜.变风量空调系统控制方式[J].福建建设科技,2005(3).
[41] 许淑惠,马麦国,王娟. 空调循环水泵变频控制方法的应用探讨[J].北京建筑工程学院学报,2007,1(23).
[42] 龚少博.冰蓄冷系统的控制策略[J].楼宇自动化,2007(3).